Programmable
Logic
Controller

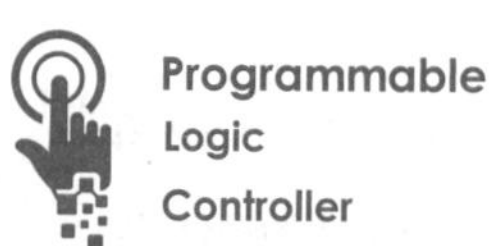

零基础学西门子S7-1200 PLC编程与实战

蔡杏山　主编

化学工业出版社
·北京·

内容简介

本书从 PLC 编程基础入手，采用双色图解和全实例讲解的方式，全面介绍西门子 S7-1200 PLC 的编程及组态应用技术。主要内容包括 PLC 编程入门，西门子 S7-1200 PLC 的硬件系统，TIA 博途软件的使用，S7-1200 PLC 的基本指令和扩展指令及应用，S7-1200 PLC 的函数（FC）、函数块（FB）和组织块（OB）的编程，S7-1200 PLC 的顺序控制方式与编程实例，模拟量功能与 PID 控制的使用，S7-1200 PLC 的通信。

本书讲解由浅入深，通俗易懂，内容实用，案例丰富。为方便读者学习，本书对重要内容还配有视频辅助讲解演示，扫描书中二维码即可观看，帮助读者快速理解并掌握西门子 S7-1200 PLC 编程及应用。

本书适合 PLC 技术人员自学使用，也可作为职业院校电类相关专业的教材。

图书在版编目（CIP）数据

零基础学西门子S7-1200 PLC编程与实战 / 蔡杏山主编. -- 北京 ：化学工业出版社，2024. 9. -- ISBN 978-7-122-45796-7

Ⅰ. TM571.61

中国国家版本馆CIP数据核字第2024NT3406号

责任编辑：李军亮　徐卿华　　　文字编辑：李亚楠　陈小滔
责任校对：李雨晴　　　装帧设计：王晓宇

出版发行：化学工业出版社
（北京市东城区青年湖南街13号　邮政编码100011）
印　　装：河北鑫兆源印刷有限公司
787mm×1092mm　1/16　印张18　字数420千字
2025年1月北京第1版第1次印刷

购书咨询：010-64518888　　　售后服务：010-64518899
网　　址：http://www.cip.com.cn
凡购买本书，如有缺损质量问题，本社销售中心负责调换。

定　　价：78.00元

前言

西门子 S7-1200 PLC 和 S7-200 SMART PLC 都是 S7-200 PLC 的升级产品，但 S7-1200 PLC 属于西门子中小型控制器，其性能较 S7-200 PLC 和 S7-200 SMART PLC 更为强大。

在编程软件方面，S7-1200 PLC 与 S7-300/400 、S7-1500 PLC 都使用 TIA 博途软件，S7-200 PLC 使用 STEP 7-MicroWIN 软件，S7-200 SMART PLC 则使用 STEP 7-MicroWIN SMART 软件。在程序结构方面，S7-1200 PLC 有组织块（用于编写主程序和各种中断程序）、函数（某一功能的程序块，可反复调用）、函数块（函数 + 背景数据块）和数据块（存放各类数据），S7-200 PLC 和 S7-200 SMART PLC 只有主程序、子程序和中断程序。在 CPU 模块自带通信接口方面，S7-200 PLC 自带 RS485 接口，S7-200 SMART PLC 自带 RS485 接口和 PROFINET 接口（RJ45 网口），S7-1200 PLC 自带 PROFINET 接口。在编程时，S7-1200 PLC 可以直接在编程软件配置复杂指令参数、模块参数和数据块的数值，再与程序一起下载到 PLC，而 S7-200 PLC 和 S7-200 SMART PLC 则需要在程序中用指令来配置参数，代码量大。除此之外，S7-1200 PLC 与 S7-200、S7-200 SMART PLC 相比还有很多其他不同，在学习过程中会逐渐了解其他优点，如功能多、扩展能力强、编程调试方便及其高性能等。

本书具有以下特点：

1. 零基础入门。本书基础起步低，语言通俗易懂，同时尽量避免较难理解的专业术语和复杂的理论分析及公式推导，并以大量图表的方式呈现内容，使学习更加轻松，很适合 PLC 入门自学使用。

2. 内容由浅入深、循序渐进。内容安排符合学习规律，读者只需按照顺序从前往后阅读学习，便会水到渠成，掌握西门子 S7-1200 PLC 的编程技术。

3. 实例丰富。本书对指令应用、块结构编程、顺序控制方式编程、模拟量功能和 PID 控制及 PLC 通信等采用大量实例及工程应用案例辅助讲解，帮助读者快速入门。

4. 视频讲解。为方便读者学习，本书对重要知识还配有视频讲解演示，读者用手机扫描书中二维码即可观看，边看边学，提高学习效率，同时，视频配合书本内容，深入理解并全面掌握西门子 S7-1200 PLC 编程应用。

本书在编写过程中得到了许多老师的支持，在此一并表示感谢。由于水平有限，书中疏漏和不足之处在所难免，望广大读者和同仁予以批评指正。

编者

目录

第1章

PLC编程入门

1.1 概述

认识 PLC

1.1.1 PLC的定义

PLC是英文Programmable Logic Controller的缩写，意为可编程序逻辑控制器。世界上第一台PLC于1969年由美国数字设备公司（DEC）研制成功，随着技术的发展，PLC的功能大大增强，不仅限于逻辑控制，因此美国电气制造商协会（NEMA）于1980年对它进行重命名，即为可编程控制器（Programmable Controller），简称PC，但由于PC容易和个人计算机PC（Personal Computer）混淆，故人们仍习惯将PLC当作可编程控制器的缩写。

由于可编程控制器一直在发展中，至今尚未对其下最后的定义。**国际电工学会（IEC）对PLC最新定义要点如下：**

① PLC是一种专为工业环境下应用而设计的数字电子设备；

② 内部采用了可编程序的存储器，可进行逻辑运算、顺序控制、定时、计数和算术运算等操作；

③ 通过数字量或模拟量输入端接收外部信号或操作指令，内部程序运行后从数字量或模拟量输出端输出需要的信号；

④ 可以通过扩展接口连接扩展单元以增强和扩展功能，还可以通过通信接口与其他设备进行通信。

1.1.2 PLC 的分类

PLC 的种类很多，下面按结构形式、控制规模和实现功能对 PLC 进行分类。

（1）按结构形式分类

按硬件的结构形式不同，PLC 可分为整体式和模块式。

整体式 PLC 又称箱式 PLC，图 1-1 是一种常见的整体式 PLC，其外形像一个长方形的箱体，这种 PLC 的 CPU、存储器、I/O 接口等都安装在一个箱体内。整体式 PLC 的结构简单、体积小、价格低。小型 PLC 一般采用整体式结构。

模块式 PLC 又称组合式 PLC，其外形如图 1-2 所示，它有一个总线基板，基板上有很多总线插槽，其中由 CPU、存储器和电源构成的一个模块通常固定安装在某个插槽中，其他功能模块安装在其他不同的插槽内。模块式 PLC 配置灵活，可通过增减模块来组成不同规模的系统，安装维修方便，但价格较贵。大中型 PLC 一般采用模块式结构。

图 1-1 整体式 PLC

图 1-2 模块式 PLC（组合式 PLC）

（2）按控制规模分类

I/O 点数（输入 / 输出端子数量）是衡量 PLC 控制规模的重要参数，根据 I/O 点数多少，可将 PLC 分为小型、中型和大型三类。

① 小型 PLC：其 I/O 点数小于 256 点，采用 8 位或 16 位单 CPU，用户存储器容量小。

② 中型 PLC：其 I/O 点数在 256 ～ 2048 点之间，采用双 CPU，用户存储器容量较大。

③ 大型 PLC：其 I/O 点数大于 2048 点，采用 16 位、32 位多 CPU，用户存储器容量很大。

（3）按功能分类

根据 PLC 的功能强弱不同，可将 PLC 分为低档、中档、高档三类。

① 低档 PLC。它具有逻辑运算、定时、计数、移位以及自诊断、监控等基本功能，有些还有少量模拟量输入 / 输出、算术运算、数据传送和比较、通信等功能。低档 PLC 主要用于逻辑控制、顺序控制或少量模拟量控制的单机控制系统。

② 中档 PLC。它除了具有低档 PLC 的功能外，还具有较强的模拟量输入 / 输出、算术运算、数据传送和比较、数制转换、远程 I/O、子程序、通信联网等功能，有些还增设有中断控制、PID 控制等功能。中档 PLC 适用于比较复杂的控制系统。

③ 高档 PLC。它除了具有中档 PLC 的功能外，还增加了带符号算术运算、矩阵运算、位逻辑运算、平方根运算及其他特殊功能函数的运算、制表及表格传送功能等。高档 PLC 具有很强的通信联网功能，一般用于大规模过程控制或构成分布式网络控制系统，实现工厂控制自动化。

1.1.3　PLC 的特点

PLC 是一种专为工业应用而设计的控制器，它主要有以下特点。

（1）可靠性高，抗干扰能力强

为了适应工业应用要求，PLC 从硬件和软件方面采用了大量的技术措施，以便能在恶劣环境下长时间可靠运行，现在大多数 PLC 的平均无故障运行时间可达几十万小时。

（2）通用性强，控制程序可变，使用方便

PLC 可利用齐全的各种硬件装置来组成各种控制系统，用户不必自己再设计和制作硬件装置。用户在硬件确定以后，在生产工艺流程改变或生产设备更新的情况下，无需大量改变 PLC 的硬件设备，只需更改程序就可以满足要求。

（3）功能强，适应范围广

现代 PLC 不仅有逻辑运算、计时、计数、顺序控制等功能，还具有数字量和模拟量的输入 / 输出、功率驱动、通信、人机对话、自检、记录显示等功能，既可控制一台生产机械、一条生产线，又可控制一个生产过程。

（4）编程简单，易用易学

目前大多数 PLC 采用梯形图编程方式，梯形图语言的编程元件符号和表达方式与继电器控制电路原理图非常接近，这样大多数工厂企业电气技术人员就非常容易接受和掌握。

（5）系统设计、调试和维修方便

PLC 用软件来取代继电器控制系统中大量的中间继电器、时间继电器、计数器等器件，使控制柜的设计安装接线工作量大为减少。另外，PLC 的用户程序可以通过电脑在实验室仿真调试，减少了现场的调试工作量。此外，由于 PLC 结构模块化及其很强的自我诊断能力，维修也极为方便。

1.2　PLC 控制与继电器控制比较

PLC 控制是在继电器控制基础上发展起来的，为了让读者能初步了解 PLC 控制方式，本节以电动机正转控制为例对两种控制系统进行比较。

1.2.1　继电器正转控制线路

图 1-3 是一种常见的继电器正转控制线路，可以对电动机进行正转和停转控制，右图为主电路，左图为控制电路。

电路原理说明：按下启动按钮 SB1，接触器 KM 线圈得电，主电路中的 KM 主触点闭合，电动机得电运转，与此同时，控制电路中的 KM 常开自锁触点也闭合，锁定 KM 线圈得电（即 SB1 断开后 KM 线圈仍可得电）。按下停止按钮 SB2，接触器 KM 线圈失电，KM 主触点断开，电动机失电停转，同时 KM 常开自锁触点也断开，解除自锁（即 SB2 闭合后 KM 线圈无法得电）。

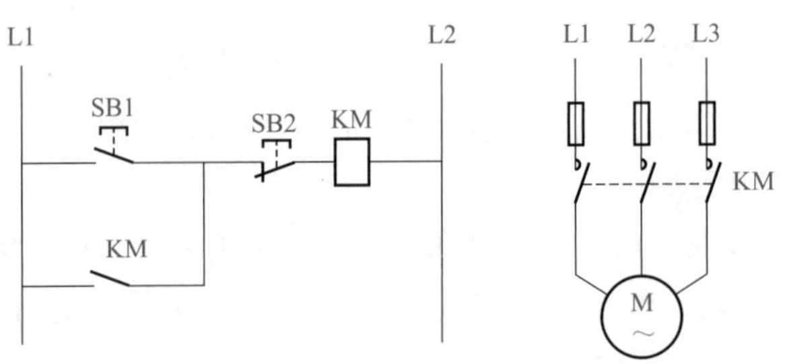

图 1-3　继电器正转控制线路

PLC 软硬件工作过程 1

PLC 软硬件工作过程 2

1.2.2　PLC 正转控制线路

图 1-4 是一种采用 S7-1200 PLC 作为控制器的正转控制线路，该 PLC 的型号为 CPU 1211C（AC/DC/RLY），采用 220V 交流电源（AC）供电，输入端使用 24V 直流电源（DC），输出端内部采用继电器输出（RLY）。图 1-4 线路可以实现与图 1-3 所示的继电器正转控制线路相同的功能。PLC 正转控制线路也可分作主电路和控制电路两部分，PLC 与外接的输入、输出部件构成控制电路，主电路与继电器正转控制主线路相同。

在组建 PLC 控制系统时，要给 PLC 输入端子连接输入部件（如开关），给输出端子连接输出部件，并给 PLC 提供电源。在图 1-4 中，PLC 输入端子连接 SB1（启动）、SB2（停止）按钮和 24V 直流电源（24V DC），输出端子连接接触器 KM 线圈和 220V 交流电源（220V AC），电源端子连接 220V 交流电源供电，在内部由电源电路转换成 5V 和 24V 的直流电压，5V 供给内部电路使用，24V 送到 L+、M 端子输出，可以提供给输入端子使用。PLC 硬件连接完成后，在计算机中使用 PLC 编程软件编写梯形图程序，并用通信电缆将计算机与 PLC 连接起来，将程序下载到 PLC。

图 1-4 所示的 PLC 正转控制线路的硬、软件工作过程说明如下：

当按下启动按钮 SB1 时，有电流流过 I0.0 端子（即 DIa.0 端子）内部的输入电路，电流途径是 24V+ → SB1 → I0.0 端子入→ I0.0 输入电路→ 1M 端子出→ 24V-，I0.0 输入电路有电流流过，会使程序中的 I0.0 常开触点闭合，程序中左母线的模拟电流（也称能流）经闭合的 I0.0 常开触点、I0.1 常闭触点流经 Q0.0 线圈到达右母线（程序中的右母线通常不显示出来），程序中的 Q0.0 线圈得电，一方面会使程序中的 Q0.0 常开自锁触点闭合，还会控制 Q0.0 输出电路，使之输出电流流过 Q0.0 硬件继电器的线圈，继电器触点吸合，有电流流过主电路中的接触器 KM 线圈，电流途径是：交流 220V 一端→ 1L 端子入→内部 Q0.0 硬件继电器触点→ Q0.0 端子（即 DQa.0 端子）出→接触器 KM 线圈→交流 220V 另一端，接触器 KM 线圈通电产生磁场使 KM 主触点闭合，电动机得电运转。

当按下停止按钮 SB2 时，有电流流过 I0.1 端子（即 DIa.1 端子）内部的输入电路，程序中的 I0.1 常闭触点断开，Q0.0 线圈失电，一方面会使程序中的 Q0.0 常开自锁触点断开解除自锁，还会控制 Q0.0 输出电路，使之停止输出电流，Q0.0 硬件继电器线圈无电流流过，其触点断开，主电路中的接触器 KM 线圈失电，KM 主触点断开，电动机停转。

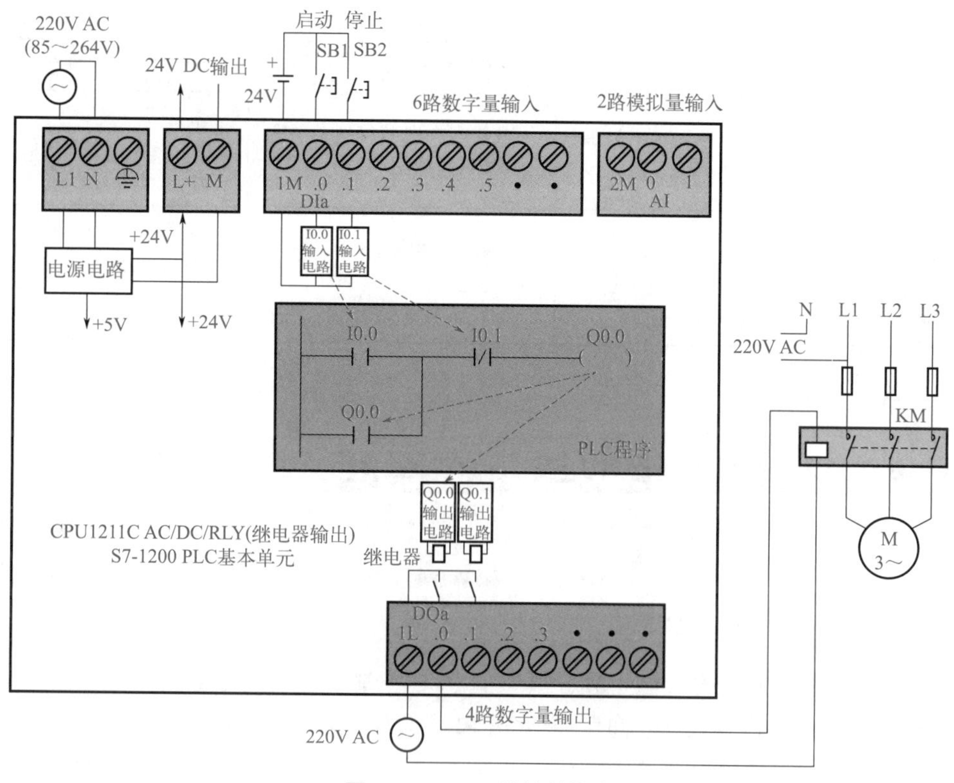

图 1-4　PLC 正转控制线路

1.2.3　PLC 控制、继电器控制和单片机控制的比较

PLC 控制与继电器控制相比，具有改变程序就能变换控制功能的优点，但在简单控制时成本较高，另外，利用单片机也可以实现控制。PLC、继电器和单片机控制系统比较见表 1-1。

表1-1　PLC、继电器和单片机控制系统的比较

比较内容	PLC 控制系统	继电器控制系统	单片机控制系统
功能	用程序可以实现各种复杂控制	用大量继电器布线逻辑实现顺序控制	用程序实现各种复杂控制，功能最强
改变控制内容	修改程序，较简单容易	改变硬件接线，工作量大	修改程序，技术难度大
可靠性	平均无故障工作时间长	受机械触点寿命限制	一般比 PLC 差
工作方式	顺序扫描	顺序控制	中断处理，响应最快
接口	直接与生产设备相连	直接与生产设备相连	要设计专门的接口
环境适应性	可适应一般工业生产现场环境	环境差，会降低可靠性和寿命	要求有较好的环境，如机房、实验室、办公室
抗干扰	一般不用专门考虑抗干扰问题	能抗一般电磁干扰	要专门设计抗干扰措施，否则易受干扰影响
维护	现场检查，维修方便	定期更换继电器，维修费时	技术难度较高

续表

比较内容	PLC 控制系统	继电器控制系统	单片机控制系统
系统开发	设计容易，安装简单，调试周期短	图样多，安装接线工作量大，调试周期长	系统设计复杂，调试技术难度大，需要有系统的计算机知识
通用性	较好，适应面广	一般是专用	要进行软、硬件技术改造才能作其他用
硬件成本	比单片机控制系统高	少于 30 个继电器时成本较低	一般比 PLC 低

1.3 PLC 的组成与工作原理

PLC 组成与工作原理

1.3.1 PLC 的组成

PLC 种类很多，但结构大同小异，典型的 PLC 控制系统组成方框图如图 1-5 所示。在组建 PLC 控制系统时，需要给 PLC 的输入端子连接有关的输入设备（如按钮、触点和行程开关等）；给输出端子连接有关的输出设备（如指示灯、电磁线圈和电磁阀等）；如果需要 PLC 与其他设备通信，可在 PLC 的通信接口连接其他设备；如果希望增强 PLC 的功能，可给 PLC 的扩展接口接上扩展单元。

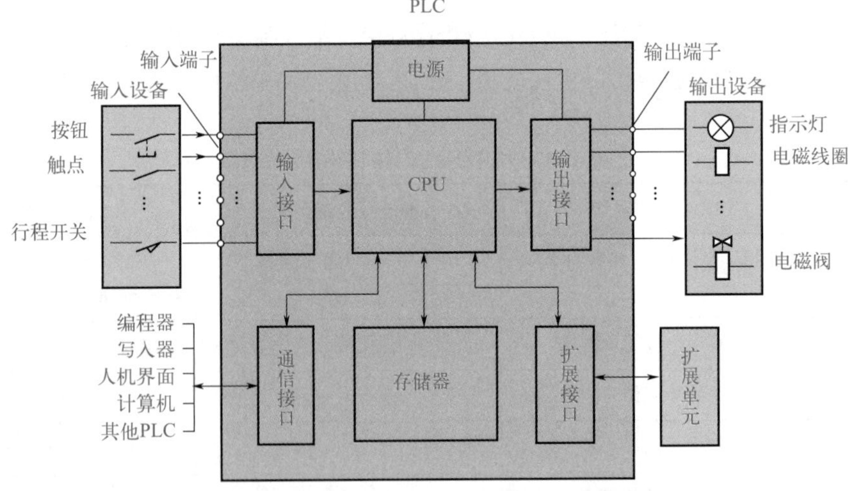

图 1-5　典型的 PLC 控制系统组成方框图

1.3.2 PLC 内部组成

从图 1-5 可以看出，**PLC 内部主要由 CPU、存储器、输入接口、输出接口、通信接口和扩展接口等组成。**

（1）CPU

CPU 又称中央处理器，它是 PLC 的控制中心，它通过总线（包括数据总线、地址总线和控制总线）与存储器和各种接口连接，以控制它们有条不紊地工作。CPU 的性能对 PLC 工作速度和效率有很大的影响，故大型 PLC 通常采用高性能的 CPU。

CPU 有以下主要功能。

① 接收通信接口送来的程序和信息，并将它们存入存储器。

② 采用循环检测（即扫描检测）方式不断检测输入接口送来的状态信息，以判断输入设备的输入状态。

③ 逐条运行存储器中的程序，并进行各种运算，再将运算结果存储下来，然后通过输出接口输出，以对输出设备进行相关的控制。

④ 监测和诊断内部各电路的工作状态。

（2）存储器

存储器的功能是存储程序和数据。PLC 通常配有 ROM（只读存储器）和 RAM（随机存储器）两种存储器，ROM 用来存储系统程序，RAM 用来存储用户程序和程序运行时产生的数据。

系统程序由厂家编写并固化在 ROM 存储器中，用户无法访问和修改系统程序。系统程序主要包括系统管理程序和指令解释程序。系统管理程序的功能是管理整个 PLC，让内部各个电路能有条不紊地工作。指令解释程序的功能是将用户编写的程序翻译成 CPU 可以识别和执行的程序。

用户程序是由用户编写并输入存储器的程序，为了方便调试和修改，用户程序通常存放在 RAM 中，由于断电后 RAM 中的程序会丢失，所以 RAM 专门配有后备电池供电。有些 PLC 采用 EEPROM（电可擦写只读存储器）来存储用户程序，由于 EEPROM 存储器中的信息可使用电信号擦写，并且掉电后内容不会丢失，因此采用这种存储器后可不要备用电池。

（3）输入 / 输出接口电路

输入 / 输出接口电路（即输入 / 输出电路）又称 I/O 接口电路，是 PLC 与外围设备之间的连接桥梁。PLC 通过输入接口电路检测输入设备的状态，以此作为对输出设备控制的依据，同时 PLC 又通过输出接口电路对输出设备进行控制。**PLC 的 I/O 接口能接受的输入和输出信号个数称为 PLC 的 I/O 点数。**I/O 点数是选择 PLC 的重要依据之一。

PLC 外围设备提供或需要的信号电平是多种多样的，而 PLC 内部 CPU 只能处理标准电平信号，所以 I/O 接口要能进行电平转换；另外，为了提高 PLC 的抗干扰能力，I/O 接口一般采用光电隔离和滤波功能；此外，为了显示 I/O 接口的工作状态，I/O 接口还带有状态指示灯。

1）输入接口电路　**PLC 的输入接口电路分为数字量输入接口电路和模拟量输入接口电路。数字量输入接口用于接收“1”“0”数字信号或开关通断信号，又称开关量输入接口；模拟量输入接口用于接收模拟量信号（连续变化的电压或电流）。**模拟量输入接口通常采用 A/D 转换电路，将模拟量信号转换成数字信号。数字量输入接口电路如图 1-6 所示。

PLC 的数字量
输入接口电路

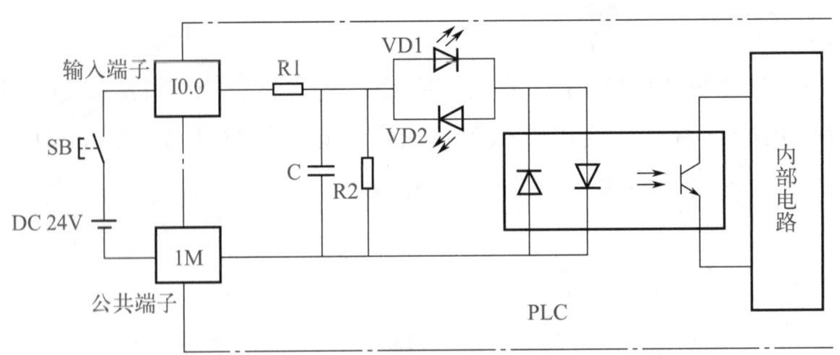

图 1-6　数字量输入接口电路

当按钮 SB 闭合后，24V 直流电源产生的电流流过 I0.0 端子内部电路，电流途径是：24V 正极→按钮 SB → I0.0 端子入→ R1 →发光二极管 VD1 →光电耦合器中的一个发光二极管→ 1M 端子出→ 24V 负极。光电耦合器的光敏管受光导通，这样给内部电路输入一个 ON 信号，即 I0.0 端子输入为 ON（或称输入为 1）。由于光电耦合器内部是通过光线传递，故可以将外部电路与内部电路进行有效的电气隔离。

输入指示灯 VD1、VD2 用于指示输入端子是否有输入。R2、C 为滤波电路，用于滤除输入端子窜入的干扰信号，R1 为限流电阻。1M 端为同一组数字量（如 I0.0 ～ I0.7）的公共端。从图中不难看出，DC 24V 电源的极性可以改变（即 24V 也可以正极接 1M 端）。

2）输出接口电路　**PLC 的输出接口电路也分为数字量输出接口电路和模拟量输出接口电路。模拟量输出接口电路采用 D/A 转换电路，**将数字量信号转换成模拟量信号。**数字量输出接口电路采用的电路形式较多，根据使用的输出开关器件不同可分为：继电器输出型接口电路、晶体管输出型接口电路和晶闸管输出型接口电路。**

PLC 输出类型一：继电器输出型

① 继电器输出型接口电路　图 1-7 为继电器输出型接口电路。当 PLC 内部电路输出 ON 信号（或称输出为 ON）时，会输出电流流经继电器 KA 线圈，继电器常开触点 KA 闭合，负载有电流通过，电流途径是：AC 电源（或 DC 电源）的一端→负载→ Q0.1 端子入→内部闭合的继电器 KA 触点→ 1L 端出→ AC 电源（或 DC 电源）的另一端。R2、C 和压敏电阻 RV 用来吸收继电器触点断开时负载线圈产生的瞬间反峰电压。由于继电器触点无极性，所以输出端外部电源可以是直流电源，也可以是交流电源。

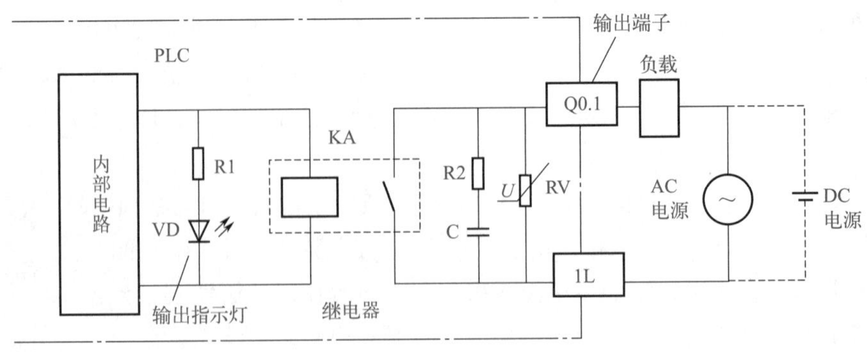

图 1-7　继电器输出型接口电路

继电器输出接口的特点是可驱动交流或直流负载，允许通过的电流大，但其响应时间长，通断变化速度慢（即通断频率低）。

② 晶体管输出型接口电路　图 1-8 为晶体管输出型接口电路，它采用光电耦合器与晶体管配合使用。当 PLC 内部电路输出 ON 信号（或称输出为 ON）时，会输出电流流过光电耦合器的发光管使之发光，光敏管受光导通，晶体管 VT 的 G 极电压下降，由于 VT 为耗尽型 P 沟道晶体管，当 G 极为高电压时截止，为低电压时导通，因此光电耦合器导通时 VT 也导通，VT 导通后相当于 1L+、Q0.2 端子内部接通，有电流流过负载，电流途径是：DC 电源正极→负载→ 1L+ 端子入→导通的晶体管 VT → Q0.2 端子出→ DC 电源负极。由于晶体管有极性，所以输出端外部只能接直流电源，并且晶体管的漏极只能接电源正极，源极接电源的负极。

PLC 输出类型二：晶体管输出型

晶体管输出接口响应速度快，通断频率高（可达 20 ~ 200kHz），但只能用于驱动直流负载，且过流能力差。

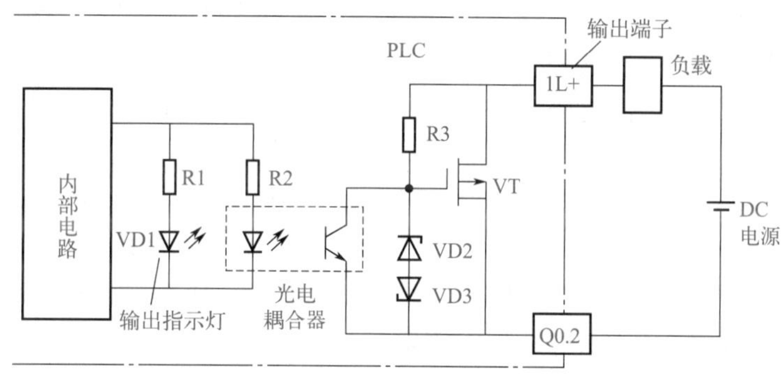

图 1-8　晶体管输出型接口电路

③ 晶闸管输出型接口电路　图 1-9 为晶闸管输出型接口电路，它采用双向晶闸管型光电耦合器。当 PLC 内部电路输出 ON 信号（或称输出为 ON）时，输出电流流过光电双向晶闸管内部的发光管，双向晶闸管受光导通，电流可以从上往下流过晶闸管，也可以从下往上流过晶闸管。由于交流电源的极性是周期性变化的，所以晶闸管输出接口电路外部通常接交流电源。

双向晶闸管输出接口电路的响应速度快，动作频率高，一般用于驱动交流负载。

PLC 输出类型三：晶闸管输出型

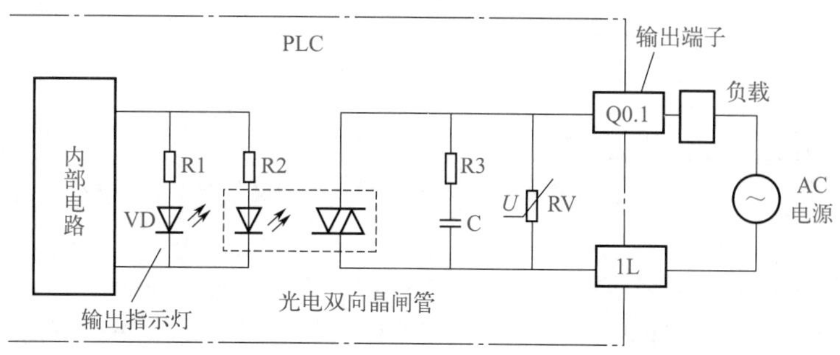

图 1-9　晶闸管输出型接口电路

（4）通信接口

PLC 配有通信接口，PLC 可通过通信接口与编程器、打印机、其他 PLC、计算机等设备实现通信。PLC 与编程器或写入器连接，可以接收编程器或写入器输入的程序；PLC 与打印机连接，可将过程信息、系统参数等打印出来；PLC 与人机界面（如触摸屏）连接，可以在人机界面直接操作 PLC 或监视 PLC 工作状态；PLC 与其他 PLC 连接，可组成多机系统或连成网络，实现更大规模控制；PLC 与计算机连接，可组成多级分布式控制系统，实现控制与管理相结合。

（5）扩展接口

为了提升 PLC 的性能，增强 PLC 的控制功能，可以通过扩展接口给 PLC 增加一些专用功能模块，如高速计数模块、闭环控制模块、运动控制模块、中断控制模块等。

（6）电源

PLC 一般采用开关电源供电，与普通电源相比，PLC 电源的稳定性好、抗干扰能力强。PLC 的电源对电网提供的电源稳定度要求不高，一般允许电源电压在其额定值 ±15% 的范围内波动。有些 PLC 还可以通过端子往外提供直流 24V 稳压电源。

1.3.3 PLC 的工作方式

PLC 是一种由程序控制运行的设备，其工作方式与微型计算机不同，微型计算机运行到结束指令时，程序运行结束。**PLC 运行程序时，会按顺序依次逐条执行存储器中的程序指令，当执行完最后的指令后，并不会马上停止，而是又从头开始再次执行存储器中的程序，如此周而复始，PLC 的这种工作方式称为循环扫描方式。**

PLC 的一般工作过程如图 1-10 所示。

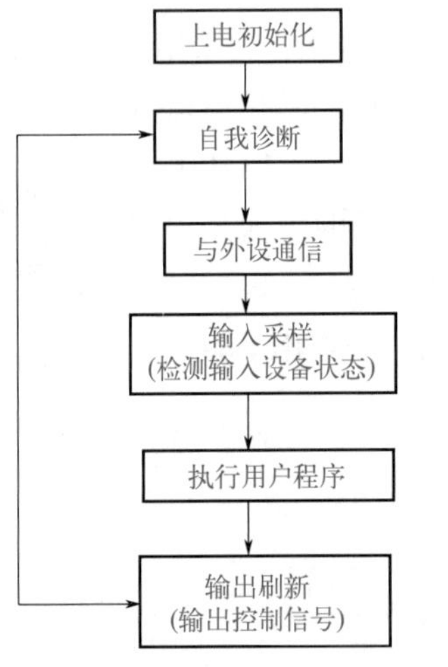

PLC通电后，首先进行系统初始化，将内部电路恢复到初始状态，然后进行自我诊断，检测内部电路是否正常，以确保系统能正常运行，诊断结束后对通信接口进行扫描，若接有外部设备则与之通信。通信接口无外设或通信完成后，系统开始进行输入采样，检测输入端的输入状态(输入端外部开关闭合时输入为ON、断开时输入为OFF)，并将这些状态值写入输入映像寄存器(也称输入继电器)，然后开始从头到尾执行用户程序，程序执行结束后，将得到的输出值写入输出映像寄存器(该过程称为输出刷新)，输出映像寄存器通过输出电路使输出端内部的硬件继电器、晶体管或晶闸管导通或断开，从而产生控制输出。

以上过程完成后，系统又返回，重复开始自我诊断，以后不断重复上述过程。

图 1-10　PLC 的一般工作过程

PLC 有两个工作状态：RUN（运行）状态和 STOP（停止）状态。当 PLC 工作于 RUN 状态时，系统会执行用户程序；当 PLC 工作在 STOP 状态时，系统不执行用户程序。PLC 正常工作时应处于 RUN 状态，而在往 PLC 写入程序时，应让 PLC 处于 STOP 状态。PLC 的两种工作状态可通过面板上的开关切换或在编程软件中设置。

PLC 工作在 RUN 状态时，自我诊断至输出刷新过程会反复循环执行，执行一次所需要的时间称为扫描周期，一般为 1 ~ 100ms。扫描周期与用户程序的长短、指令的种类和 CPU 执行指令的速度有很大的关系。

1.4　PLC 的编程语言

PLC 是一种由软件驱动的控制设备，PLC 软件由系统程序和用户程序组成。系统程序由 PLC 制造厂商设计编制，并写入 PLC 内部的 ROM 中，用户无法修改。用户程序是由用户根据控制需要编制的程序，并写入 PLC 存储器中。

写一篇相同内容的文章，既可以采用中文，也可以采用英文，还可以使用法文。同样地，编制 PLC 用户程序也可以使用多种语言。**PLC 常用的编程语言主要有梯形图（LAD）、功能块图（FBD）和指令语句表（STL）等，其中梯形图语言最为常用。**

1.4.1　梯形图（LAD）

梯形图采用类似传统继电器控制电路的符号来编程，用梯形图编制的程序具有形象、直观、实用的特点，因此这种编程语言成为电气工程人员应用最广泛的 PLC 编程语言。

下面对相同功能的继电器控制电路与梯形图程序进行比较，具体如图 1-11 所示。

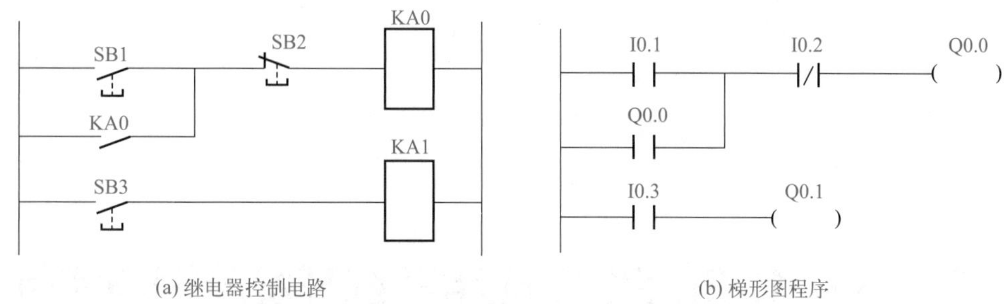

(a) 继电器控制电路　　(b) 梯形图程序

图 1-11　继电器控制电路与梯形图程序的比较

图 1-11（a）为继电器控制电路，当 SB1 闭合时，继电器 KA0 线圈得电，KA0 自锁触点闭合，锁定 KA0 线圈得电；当 SB2 断开时，KA0 线圈失电，KA0 自锁触点断开，解除锁定；当 SB3 闭合时，继电器 KA1 线圈得电。

图 1-11（b）为梯形图程序，当常开触点 I0.1 闭合时，左母线产生的能流（可理解为电流）经 I0.1 和常闭触点 I0.2 流经输出继电器 Q0.0 线圈到达右母线（西门子 PLC 梯形图程序省去右母线），Q0.0 自锁触点闭合，锁定 Q0.0 线圈得电；当常闭触点 I0.2 断开时，Q0.0 线圈失电，Q0.0 自锁触点断开，解除锁定；当常开触点 I0.3 闭合时，继电器 Q0.1 线圈得电。

不难看出，两种图的表达方式很相似，**不过梯形图使用的继电器是由软件来实现的，使用和修改灵活方便，而继电器控制线路采用实际元件，拆换元件更改线路比较麻烦。**

1.4.2 功能块图（FBD）

功能块图采用了类似数字逻辑电路的符号来编程，对于有数字电路基础的人很容易掌握这种语言。图 1-12 为功能相同的梯形图和功能块图，在功能块图中，左端为输入端，右端为输出端，输入、输出端的小圆圈表示“非运算”。

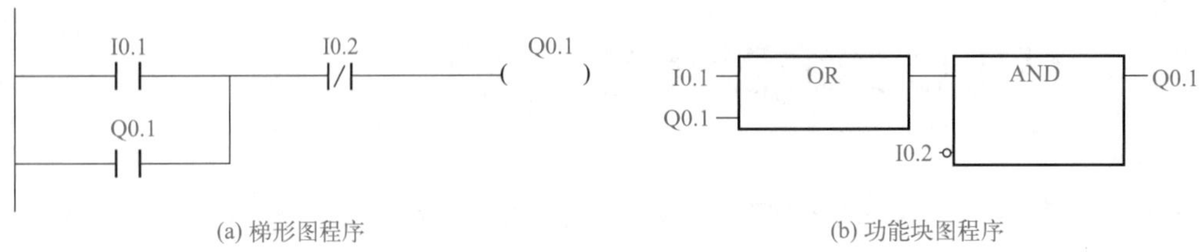

图 1-12 梯形图程序与功能块图程序的比较

1.4.3 指令语句表（STL）

语句表语言与微型计算机采用的汇编语言类似，也采用助记符形式编程。在使用简易编程器对 PLC 进行编程时，一般采用语句表，这主要是因为简易编程器显示屏很小，难以采用梯形图编程。图 1-13 为功能相同的梯形图和指令语句表。不难看出，指令语句表就像是描述绘制梯形图的文字，指令语句表主要由指令助记符和操作数组成。

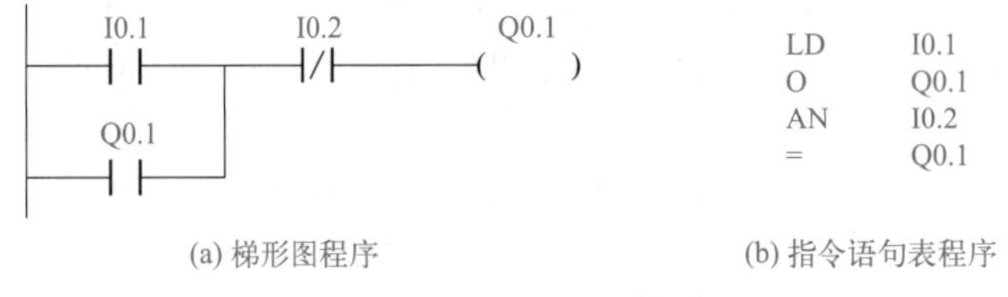

图 1-13 梯形图程序与指令语句表程序的比较

1.5 S7-1200 PLC 应用系统开发流程与实例

1.5.1 PLC 应用系统开发的一般流程

PLC 应用系统开发的一般流程如图 1-14 所示。

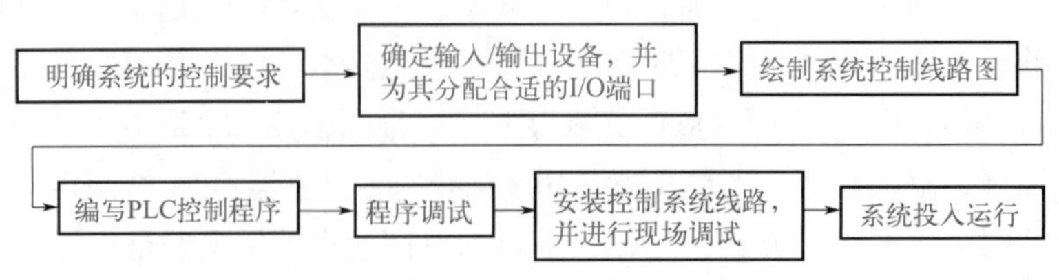

图 1-14 PLC 应用系统开发的一般流程

1.5.2　PLC 控制电动机正反转的开发实例

下面通过开发一个电动机正、反转控制线路实例来说明 PLC 应用系统的开发过程。

（1）明确系统的控制要求

系统控制要求如下：

① 通过 3 个按钮分别控制电动机正转、反转和停转；

② 采用热继电器对电动机进行过载保护；

③ 正、反转控制时能进行联锁控制保护。

（2）选择合适型号的 PLC，确定需要连接的输入 / 输出设备，并为其分配合适的 I/O 端子

这里选用 S7-1200 PLC 作为控制器，具体采用的 PLC 型号为 CPU1211C AC/DC/RLY，PLC 有关端子连接的输入、输出设备及功能见表 1-2。

表1-2　PLC有关端子连接的输入、输出设备及功能

输入			输出		
输入设备	对应 PLC 端子	功能	输出设备	对应 PLC 端子	功能
SB1	DIa.0	正转控制	KM1 线圈	DQa.0	驱动电动机正转
SB2	DIa.1	反转控制	KM2 线圈	DQa.1	驱动电动机反转
SB3	DIa.2	停转控制			
FR 常开触点	DIa.3	过热保护			

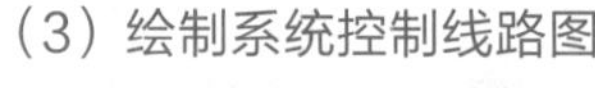
（3）绘制系统控制线路图

PLC 控制电动机正反转线路接线说明

PLC 控制电动机正反转线路工作过程

绘制 PLC 控制电动机正、反转线路图，如图 1-15 所示。

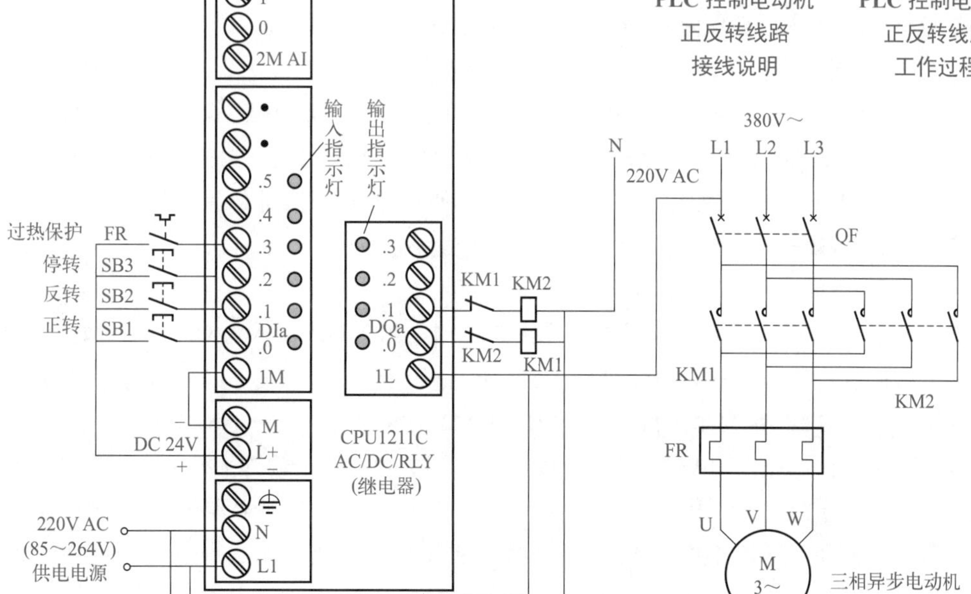

图 1-15　PLC 控制电动机正、反转线路图

（4）编写 PLC 控制程序

用编程软件编写程序

程序工作过程

在计算机中安装 TIA Portal STEP7 Professional 软件（S7-1200 PLC 编程组态软件），再使用该软件编写图 1-16 所示的梯形图程序。TIA Portal STEP7 Professional 软件的使用将在后面的章节详细介绍。

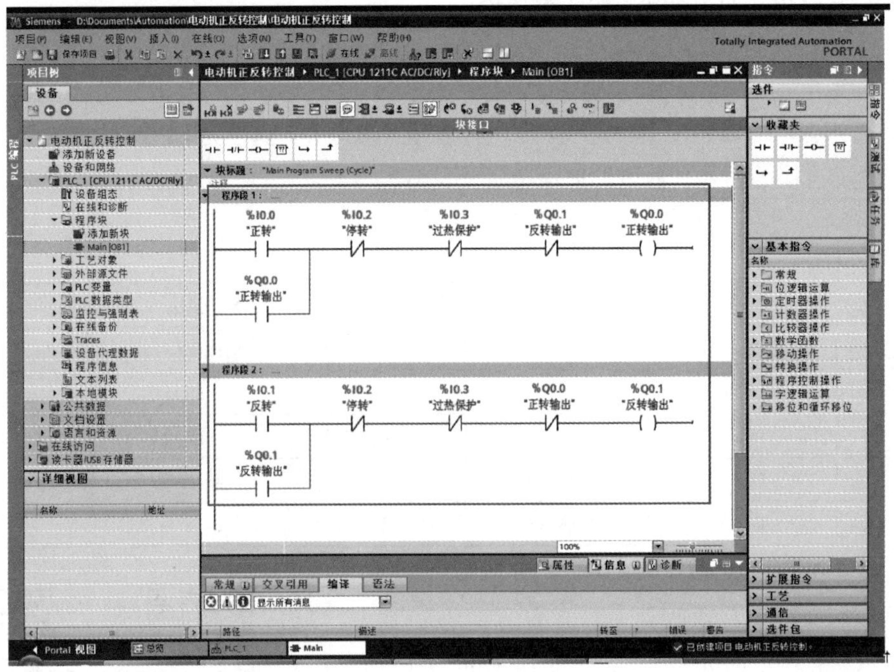

图 1-16　用 TIA Portal STEP7 Professional 软件编写的电动机正、反转控制梯形图程序

下面对照图 1-15 线路图来说明图 1-16 梯形图程序的工作原理。

① 正转控制　当按下 PLC 的 I0.0 端子外接按钮 SB1 时，I0.0 端子输入为 ON→程序中的 I0.0（编程时输入 I0.0 时会自动在前面加 % 变成 %I0.0）常开触点闭合→ Q0.0 线圈得电，一方面使程序中的 Q0.0 常开自锁触点闭合，锁定 Q0.0 线圈供电，另一方面使程序段 2 中的 Q0.0 常闭触点断开，Q0.1 线圈无法得电，此外还使 Q0.0 端子内部的硬件触点闭合→ Q0.0 端子外接的 KM1 线圈得电，它一方面使 KM1 常闭联锁触点断开，KM2 线圈无法得电，另一方面使 KM1 主触点闭合→电动机得电正向运转。

② 停转控制　当按下 I0.2 端子外接按钮 SB3 时，I0.2 端子输入为 ON→程序段 1、2 中的两个 I0.2 常闭触点均断开→ Q0.0、Q0.1 线圈均无法得电，Q0.0、Q0.1 端子内部的硬件触点均断开→ KM1、KM2 线圈均无法得电→ KM1、KM2 主触点均断开→电动机失电停转。

③ 反转控制　当按下 I0.1 端子外接按钮 SB2 时，I0.1 端子输入为 ON→程序中的 I0.1 常开触点闭合→ Q0.1 线圈得电，一方面使程序中的 Q0.1 常开自锁触点闭合，锁定 Q0.1 线圈供电，另一方面使程序段 1 中的 Q0.1 常闭触点断开，Q0.0 线圈无法得电，还使 Q0.1 端子内部的硬件触点闭合→ Q0.1 端子外接的 KM2 线圈得电，它一方面使 KM2 常闭联锁触点断开，KM1 线圈无法得电，另一方面使 KM2 主触点闭合→电动机 L1、L3 相电源切换，反向运转。

④ 过载保护　当电动机过载运行时，热继电器FR发热元件使I0.3端子外接的FR常开触点闭合→ I0.3端子输入为ON →程序段1、2中的两个I0.3常闭触点均断开→ Q0.0、Q0.1线圈均无法得电，Q0.0、Q0.1端子内部的硬件触点均断开→ KM1、KM2线圈均无法得电→ KM1、KM2主触点均断开→电动机失电停转。

（5）连接计算机与PLC

连接PLC下载程序

S7-1200 PLC具有以太网通信功能，若要将计算机中编写好的程序下载到PLC，可以使用图1-17所示的普通网线将计算机与PLC连接起来，网线一端插入PLC的以太网端口（PROFINET端口），另一端插入编程计算机的以太网端口（RJ45口），另外给PLC的L1、N端接上220V交流电源，再在计算机的STEP7-Micro/WIN SMART软件中执行下载程序操作，就可以将编写好的程序写入PLC。

图1-17　S7-1200 PLC与计算机用网线连接通信

（6）模拟测试运行

PLC模拟测试运行

PLC写入控制程序后，通常先进行模拟测试运行，如果运行结果与要求一致，再将PLC接入系统线路。

PLC的模拟测试运行操作如图1-18所示。在PLC的L1、N端连接220V交流电源，为整个PLC供电；将PLC的M端（内部输出24V电压的负端）与输入端的1M端连接在一起，然后将一根导线的一端固定接在L+端（内部输出24V电压的正端），另一端接触I0.0端，这样相当于将I0.0端的外接按钮SB1闭合（见图1-15线路）。如果I0.0端的输入指示灯变亮，表示I0.0端有输入（即I0.0端输入为ON），若PLC程序正常，运行结果会使Q0.0端内部硬件触点闭合（也称Q0.0端输出为ON），Q0.0端输出指示灯变亮。再用同样的方法测试SB2、SB3、FR触点闭合时PLC输出端的输出情况（查看相应输出端状态指示灯的亮灭），如果输出结果与预期不一致，应检查编写的程序是否有问题，改正后重新下载到PLC进行测试，另外导线接触不良或PLC本身硬件有问题也会导致测试不正常。

大多数PLC面板上有RUN/STOP工作模式开关，测试时应将工作模式开关置于RUN处，这样PLC接通电源启动后就会运行内部的程序，S7-1200 PLC面板上没有RUN/STOP切换开关，需要在编程软件中将PLC上电启动后的模式设为RUN。

（7）安装系统控制线路，并进行现场调试

模拟测试运行通过后，就可以按照绘制的系统控制线路图将PLC及外围设备安装在实际现场。线路安装完成后，还要进行现场调试，观察是否达到控制要求，若达不到要求，需检查是硬件问题还是软件问题，并解决这些问题。

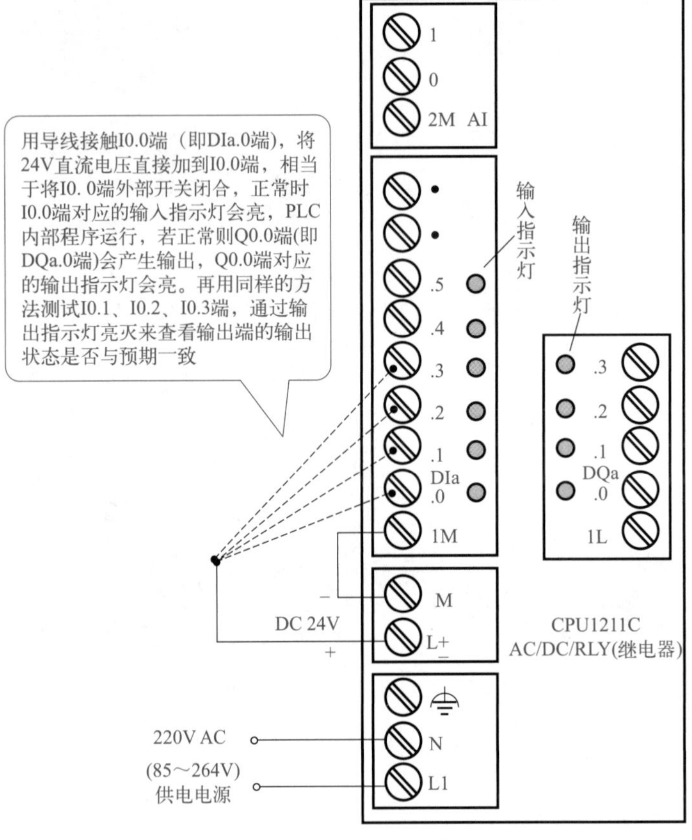
1
0
2M AI
用导线接触I0.0端（即DIa.0端），将24V直流电压直接加到I0.0端，相当于将I0. 0端外部开关闭合，正常时I0.0端对应的输入指示灯会亮，PLC内部程序运行，若正常则Q0.0端(即DQa.0端)会产生输出，Q0.0端对应的输出指示灯会亮。再用同样的方法测试I0.1、I0.2、I0.3端，通过输出指示灯亮灭来查看输出端的输出状态是否与预期一致
输入指示灯
输出指示灯
.5
.4
.3
.2
.1
DIa
.0
1M
.3
.2
.1
DQa
.0
1L
M
DC 24V
L+
CPU1211C
AC/DC/RLY(继电器)
220V AC
N
(85～264V)
供电电源
L1

图 1-18　PLC 的模拟测试运行

（8）系统投入运行

系统现场调试通过后，可试运行一段时间，若无问题发生可正式投入运行。

PLC

第 2 章

西门子 S7-1200 PLC 的硬件与存储区

S7-1200 PLC 属于西门子中小型控制器，是 S7-200 PLC 的升级产品，其性能和功能较 S7-200 PLC 和 S7-200 SMART PLC 更为强大。常见的西门子控制器如图 2-1 所示。

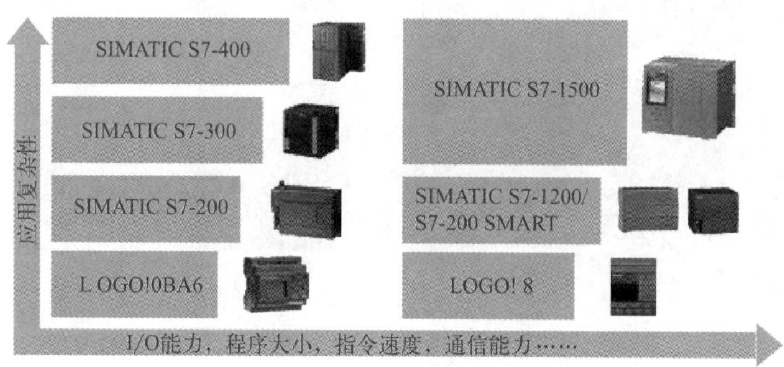

图 2-1　常见的西门子控制器

2.1　CPU 模块与扩展单元

S7-1200 PLC 的 CPU 模块又称基本单元，内部包括微处理器、输入电路、输出电路、通信电路、扩展接口电路和电源电路等。CPU 模块可以独立使用，如果需要增强其功能，可以给它连接扩展单元。

CPU 模块外形

CPU 模块的面板组件

2.1.1 CPU 模块的外形与面板组件

S7-1200 CPU 模块的型号有 CPU1211C、CPU1212C、CPU1214C、CPU1215C 和 CPU1217C，其面板大同小异，区别主要为 IO 点数不同，CPU1211C 点数少、体积小（箱体短），CPU1217C 点数多、体积大（箱体长）。图 2-2 是 CPU1211C（DC/DC/DC）型 S7-1200 CPU 模块的外形与面板组件。该型号 CPU 模块左侧有一个连接口，可以连接通信单元，右侧无连接口，不可连接扩展单元，CPU1212C 及以上 CPU 模块右侧可连接扩展单元。

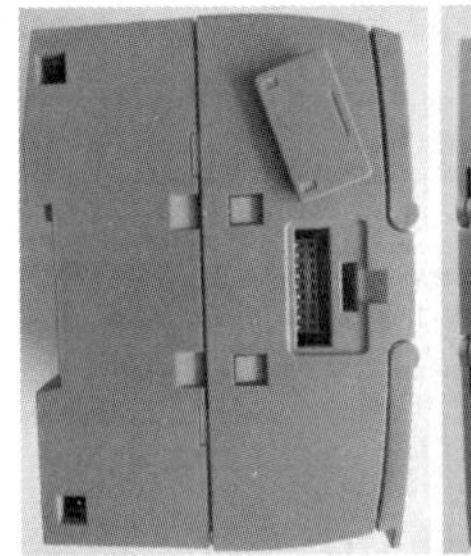

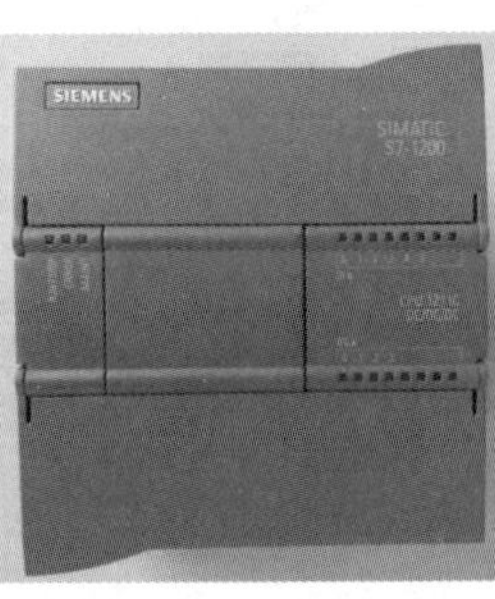

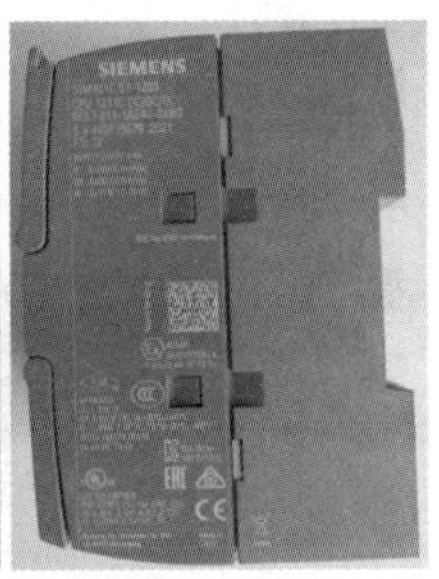

(a) 左侧面/正面/右侧面

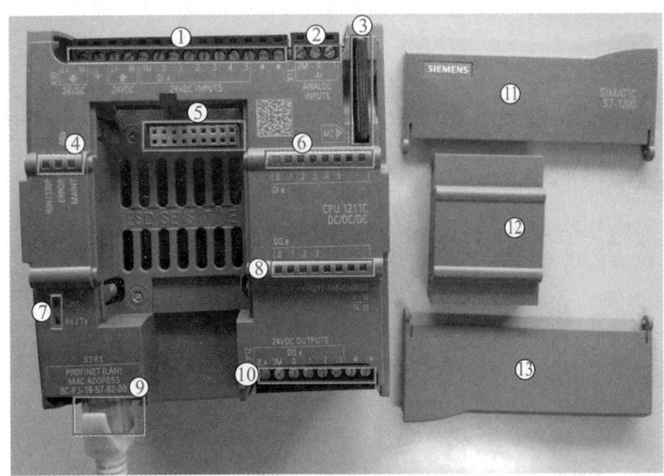

①电源端子和数字量输入端子
②模拟量输入端子
③存储卡插槽
④运行状态指示灯
⑤信号板SB的连接端口
⑥输入状态指示灯
⑦通信状态指示灯
⑧输出状态指示灯
⑨PROFINET端口(RJ45口)
⑩数字量输出端子
⑪输入端子保护盖
⑫信号板保护盖
⑬输出端子保护盖

(b) 面板组件

图 2-2　S7-1200 CPU 模块的外形与面板组件

2.1.2 各型号 CPU 模块的比较与技术规范

S7-1200 PLC 各型号 CPU 模块常规规范及比较见表 2-1，其技术规范见附录（以 CPU1215C 为例），CPU121×FC 为故障安全型 CPU，除具有普通 CPU 的功能外，工作时出现故障会执行故障安全系统以进行安全保护。

表2-1　S7-1200 PLC各型号CPU模块常规规范及比较

<table>
<tr><td colspan="2">型号</td><td>CPU 1211C</td><td>CPU 1212C</td><td>CPU 1212FC</td><td>CPU 1214C</td><td>CPU 1214FC</td><td>CPU 1215C</td><td>CPU 1215FC</td><td>CPU 1217C</td></tr>
<tr><td colspan="2">外观</td><td></td><td colspan="2"></td><td colspan="2"></td><td colspan="2"></td><td></td></tr>
<tr><td colspan="2">标准 CPU</td><td colspan="7">DC/DC/DC，AC/DC/RLY，DC/DC/RLY</td><td>DC/DC/DC</td></tr>
<tr><td colspan="2">故障安全 CPU</td><td>—</td><td colspan="6">DC/DC/DC，DC/DC/RLY</td><td>—</td></tr>
<tr><td colspan="2">物理尺寸 /mm</td><td colspan="3">90×100×75</td><td colspan="2">110×100×75</td><td colspan="2">130×100×75</td><td>150×100×75</td></tr>
<tr><td colspan="2">用户存储器
·工作存储器
·装载存储器
·保持性存储器</td><td>• 50KB
• 1MB
• 10KB</td><td>• 75KB
• 2MB
• 10KB</td><td>• 100KB
• 2MB
• 10KB</td><td>• 100KB
• 4MB
• 10KB</td><td>• 125KB
• 4MB
• 10KB</td><td>• 125KB
• 4MB
• 10KB</td><td>• 150KB
• 4MB
• 10KB</td><td>• 150KB
• 4MB
• 10KB</td></tr>
<tr><td colspan="2">本体集成 I/O
·数字量
·模拟量</td><td>• 6 点输入 /4 点输出
• 2 路输入</td><td colspan="2">• 8 点输入 /6 点输出
• 2 路输入</td><td colspan="2">• 14 点输入 /10 点输出
• 2 路输入</td><td colspan="3">• 14 点输入 /10 点输出
• 2 路输入 /2 路输出</td></tr>
<tr><td colspan="2">过程映像大小</td><td colspan="8">1024 字节输入（I）和 1024 字节输出（Q）</td></tr>
<tr><td colspan="2">位存储器（M）</td><td colspan="3">4096 字节</td><td colspan="5">8192 字节</td></tr>
<tr><td colspan="2">信号模块扩展</td><td>无</td><td colspan="2">2</td><td colspan="5">8</td></tr>
<tr><td colspan="2">信号板</td><td colspan="8">1</td></tr>
<tr><td colspan="2">最大本地 I/O-数字量</td><td>14</td><td colspan="2">82</td><td colspan="5">284</td></tr>
<tr><td colspan="2">最大本地 I/O-模拟量</td><td>3</td><td colspan="2">19</td><td colspan="2">67</td><td colspan="3">69</td></tr>
<tr><td colspan="2">通信模块</td><td colspan="8">3（左侧扩展）</td></tr>
<tr><td rowspan="5">高速计数器</td><td>总计</td><td colspan="8">最多可组态 6 个使用任意内置输入或 SB 输入的高速计数器</td></tr>
<tr><td>差分 1MHz</td><td colspan="7">—</td><td>Ib.2 ～ Ib.5</td></tr>
<tr><td>100/80kHz</td><td colspan="8">Ia.0 ～ Ia.5</td></tr>
<tr><td rowspan="2">30/20kHz</td><td colspan="3">—</td><td colspan="2">Ia.6 ～ Ia.7</td><td colspan="2">Ia.6 ～ Ib.5</td><td>Ia.6 ～ Ib.1</td></tr>
<tr><td colspan="8">使用 SB 1223 DI 2×24V DC，DQ 2×24V DC 时可达 30/20kHz</td></tr>
</table>

续表

高速计数器	200/160kHz	使用 SB 1221 DI 4×24V DC（200kHz）、SB 1221 DI 4×5V DC（200kHz）、SB 1223 DI 2×24V DC/DQ 2×24V DC（200kHz）、SB 1223 DI 2×5V DC/DQ 2×5V DC（200kHz）时最高可达 200/160kHz			
脉冲输出	总计	最多可组态 4 个使用 DC/DC/DC CPU 任意内置输出或 SB 输出的脉冲输出			
	差分 1MHz	—			Qa.0 ~ Qa.3
	100kHz	Qa.0 ~ Qa.3			Qa.4 ~ Qb.1
	20kHz	—	Qa.4 ~ Qa.5	Qa.4 ~ Qb.1	—
		使用 SB 1223 DI 2×24V DC，DQ 2×24V DC 时可达 20kHz			
	200kHz	使用 SB 1222 DQ 4×24V DC（200kHz）、SB 1222 DQ 4×5V DC（200kHz）、SB 1223 DI 2×24V DC/DQ 2×24V DC（200kHz）、SB 1223 DI 2×5V DC/DQ 2×5V DC（200kHz）时最高可达 200kHz			
存储卡		SIMATIC 存储卡（选件）			
实时时钟保持时间		通常为 20 天，40℃时最少 12 天			
FROFINET		1 个以太网通信端口，支持 PROFINET 通信		2 个以太网端口，支持 PROFINET 通信	
实数数学运算执行速度		2.3μs/ 指令			
布尔运算执行速度		0.08μs/ 指令			

2.1.3 CPU 模块的接线

CPU 模块接线一

CPU 模块接线二

CPU 模块接线三

根据供电电源和输出类型不同，S7-1200 CPU 模块可分为 AC/DC/DC（交流电源 / 直流输入 / 晶体管输出）、DC/DC/RLY（直流电源 / 直流输入 / 继电器输出）和 DC/DC/DC（直流电源 / 直流输入 / 晶体管输出）。对于晶体管输出型 PLC，其输出端内部为晶体管，晶体管有极性要求，故输出端的电源必须为 DC；对于继电器输出型 PLC，因输出端内部为触点，触点无正、负之分，输出端的电源可分 AC 或 DC。

S7-1200 CPU 模块的具体型号很多，主要区别在于供电电源类型、输出类型和数字量 IO 端子数量不同，另外，CPU1211C、CPU1212C、CPU1214C 型 CPU 模块只有 2 路模拟量输入端，无模拟量输出端，而 CPU1215C、CPU1217C 模块有 2 路模拟量输入端和 2 路模拟量输出端。S7-1200 CPU 模块的接线如图 2-3 所示（以 CPU1211C 和 CPU1215C 为例）。

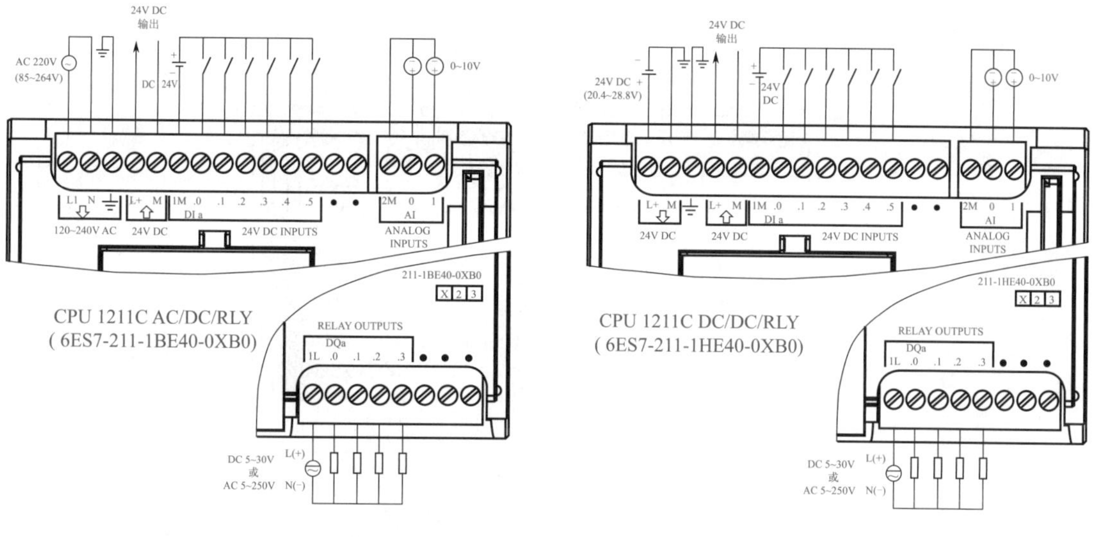

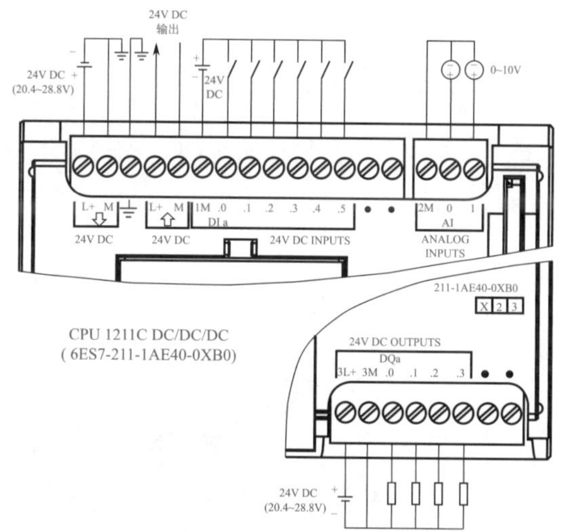

(a) CPU1211C型CPU模块的接线

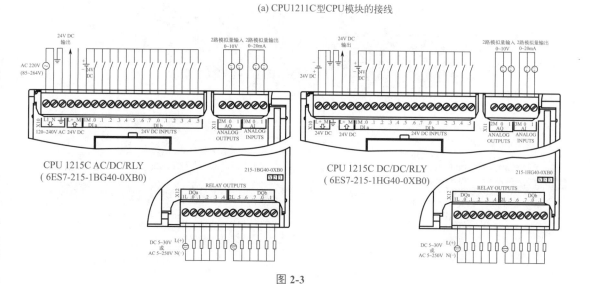

CPU 1215C AC/DC/RLY
(6ES7-215-1BG40-0XB0)

CPU 1215C DC/DC/RLY
(6ES7-215-1HG40-0XB0)

图 2-3

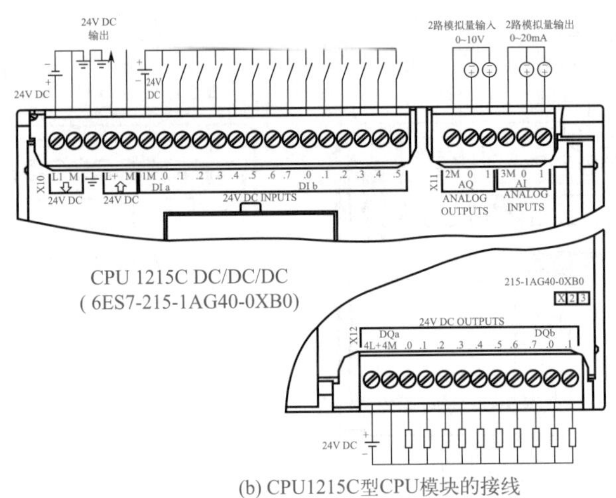

(b) CPU1215C型CPU模块的接线

图 2-3　**S7-1200 CPU** 模块的接线

2.1.4　S7-1200 的扩展单元

CPU 模块与扩展单元

S7-1200 的 CPU 模块可以独立使用，如果单独 CPU 模块无法满足要求，可以给 CPU 模块连接扩展单元，增强扩展 PLC 的功能。S7-1200 CPU 模块及扩展单元如图 2-4 所示，CPU 模块左侧可以连接通信模块，右侧可以连接输入 / 输出模块，CPU 模块本体上可安装输入 / 输出扩展信号板 SB 或通信信号板 CB。

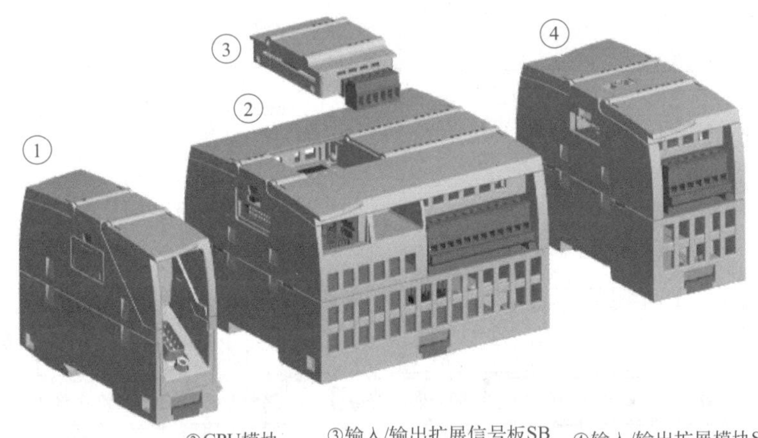

①通信模块

CM 1241通信模块
CSM 1277紧凑型交换机模块
CM 1243-5 PROFIBUS DP 主站模块
CM 1242-5 PROFIBUS DP 从站模块
CP 1242-7 GPRS 模块
CP 1243-1 以太网通信处理器
SM 1278 IO 主站模块
SM 1238 电能模块

②CPU模块

CPU 1211C
CPU 1212(F)C
CPU 1214(F)C
CPU 1215(F)C
CPU 1217(F)C

③输入/输出扩展信号板SB和通信信号板CB

SB 1221 数字量输入信号板
SB 1222 数字量输出信号板
SB 1223 数字量输入/输出信号板
SB 1231 热电偶和热电阻模拟量输入信号板
SB 1231 模拟量输入信号板
SB 1232 模拟量输出信号板
CB 1241 RS485 通信信号板

④输入/输出扩展模块SM

SM 1221 数字量输入模块
SM 1222 数字量输出模块
SM 1223 数字量输入/直流输出模块
SM 1223 数字量输入/交流输出模块
SM 1231 模拟量输入模块
SM 1232 模拟量输出模块
SM 1231 热电偶和热电阻模拟量输入模块
SM 1234 模拟量输入/输出模块

图 2-4　**S7-1200 CPU** 模块及扩展单元

2.2　数制、数据类型与存储区

2.2.1　数制

2.2.1.1　二进制数

二进制数又称 BIN 数，它是一种由 1、0 组成的数据，PLC 的指令只能处理二进制数。

（1）二进制数的特点

二进制数有以下两个特点。

① 有两个数码：0 和 1。任何一个二进制数都可以由这两个数码组成。

② 遵循“逢二进一”的计数原则。

（2）二进制数转换成十进制数

二进制数转换成十进制数可采用以下表达式：

$$\text{二进制数}=a_{n-1}\times2^{n-1}+a_{n-2}\times2^{n-2}+\cdots+a_0\times2^0+a_{-1}\times2^{-1}+\cdots+a_{-m}\times2^{-m}=\text{十进制数}$$

其中，m 和 n 为正整数。

举例：将二进制数 11011.01 转换成十进制数。

$$11011.01\text{B}=1\times2^4+1\times2^3+0\times2^2+1\times2^1+1\times2^0+0\times2^{-1}+1\times2^{-2}=27.25$$

（3）十进制数转换成二进制数

十进制数转换成二进制数的方法是：采用除 2 取余法，即将十进制数依次除 2，并依次记下余数，一直除到商数为 0，最后把全部余数按相反次序排列，就能得到二进制数。

举例：将十进制数 29 转换成二进制数。

除数	被除数/商	余数	位	
2	29	余 1	a_0	低位
2	14	余 0	a_1	↑
2	7	余 1	a_2	↑
2	3	余 1	a_3	↑
2	1	余 1	a_4	高位
	0			

即十进制数 29 转换成二进制数为 11101B，B 表示当前数据为二进制数。

2.2.1.2　十六进制数

（1）十六进制数的特点

十六进制数有以下两个特点。

① 有 16 个数码：0、1、2、3、4、5、6、7、8、9、A、B、C、D、E、F。这里的 A、B、C、D、E、F 分别代表 10、11、12、13、14、15。

② 遵循“逢十六进一”的计数原则。

（2）十六进制数转换成十进制数

十六进制数转换成十进制数可采用以下表达式：

$$十六进制数 = a_{n-1}\times16^{n-1}+a_{n-2}\times16^{n-2}+\cdots+a_0\times16^0+a_{-1}\times16^{-1}+\cdots+a_{-m}\times16^{-m} = 十进制数$$

其中 m 和 n 为正整数。

举例：将十六进制数 3A6.8 转换成十进制数。

$$3A6.8H=3\times16^2+10\times16^1+6\times16^0+8\times16^{-1}=934.5$$

（3）二进制数转换成十六进制数

二进制数转换成十六进制数的方法是：从小数点起向左、右按 4 位分组，不足 4 位的，整数部分可在最高位的左边加“0”补齐，小数点部分不足 4 位的，可在最低位右边加“0”补齐，每组以其对应的十六进制数代替即可。

举例：将二进制数 1011000110.111101 转换为十六进制数。

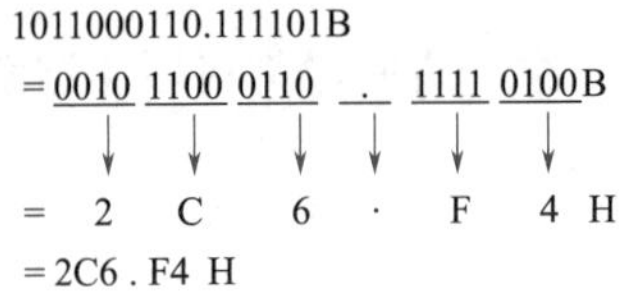

注意：十六进制的 16 个数码为 0、1、2、3、4、5、6、7、8、9、A、B、C、D、E、F，它们分别与二进制数 0000、0001、0010、0011、0100、0101、0110、0111、1000、1001、1010、1011、1100、1101、1110、1111 相对应。

（4）十六进制数转换成二进制数

十六进制数转换成二进制数的方法是：从左到右将待转换的十六进制数中的每个数依次用 4 位二进制数表示。

举例：将十六进制数 13AB.6D 转换成二进制数。

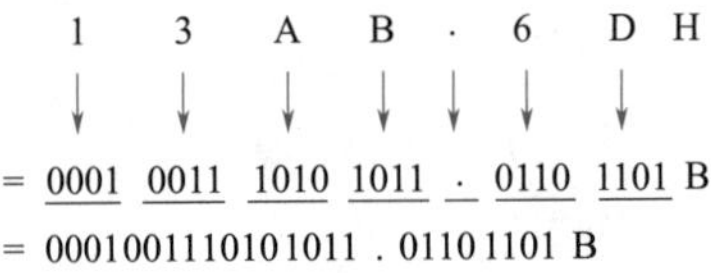

2.2.1.3 BCD 数

BCD 数采用 4 位二进制数表示 1 位十进制数（0 ～ 9）。BCD 数用 0000、0001、0010、0011、0100、0101、0110、0111、1000、1001 分别表示十进制数的 0、1、2、3、4、5、6、7、8、9。BCD 数中 1、0 的个数必须是 4 的整数倍，且不允许出现 1010、1011、1100、1101、1110、1111。

（1）十进制数转换成 BCD 数

十进制数转换成 BCD 数的方法是：从左到右将待转换的十进制数中的每个数依次用 4 位二进制数表示。

举例：将十进制数 13.6 转换成 BCD 数。

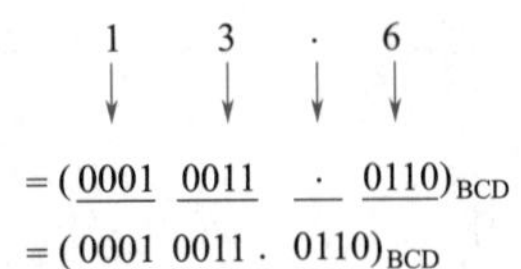

（2）BCD 数转换成十进制数

BCD 数转换成十进制数的方法是：从小数点起向左、右按 4 位分组，每组以其对应的十进制数代替即可。

举例：将 BCD 数 00100110. 0100 转换为十进制数。

$$
\begin{aligned}
&(00100110.0100)_{BCD}\\
&=(\underline{0010}\ \ \underline{0110}\ \ \underline{.}\ \ \underline{0100})_{BCD}\\
&\qquad\ \downarrow\qquad\ \downarrow\qquad\quad\ \downarrow\\
&=\qquad 2\qquad 6\quad .\quad 4\\
&=26.4
\end{aligned}
$$

2.2.2　数据类型

数据类型用于描述数据的长度和属性。PLC 的指令参数至少支持一种数据类型，有些参数支持多种数据类型，在编程软件中将光标停在指令的参数域上方，会显示该参数支持的数据类型。

（1）基本数据类型

S7-1200 PLC 的基本数据类型见表 2-2。Byte、Word、DWord 数据类型统称为位字符串，不能比较大小，其常数一般用十六进制表示。

表2-2　S7-1200 PLC的基本数据类型

数据类型	符号	位数	取值范围	常数举例
位	Bool	1	1、0	TRUE、FALSE 或 1、0
字节	Byte	8	16#00 ～ 16#FF	16#12，16#AB
字	Word	16	16#0000 ～ 16#FFFF	16#ABCD，16#0001
双字	DWord	32	16#00000000 ～ 16#FFFFFFFF	16#02468ACE
短整数	SInt	8	-128 ～ 127	123，-123
整数	Int	16	-32768 ～ 32767	12573，-12573
双整数	DInt	32	-2147483648 ～ 2147483647	12357934，-12357934
无符号短整数	USInt	8	0 ～ 255	123
无符号整数	UInt	16	0 ～ 65535	12321
无符号双整数	UDInt	32	0 ～ 4294967295	1234586
浮点数（实数）	Real	32	$\pm1.175495\times10^{-38}$ ～ $\pm3.402823\times10^{38}$	12.45，-3.4，-1.2E+12，3.4E-3
长浮点数	LReal	64	$\pm2.2250738585072020\times10^{-308}$ ～ $\pm1.7976931348623157\times10^{-308}$	12345.123456789，-1.2E+40
时间	Time	32	T#-24d20h31m23s648ms ～ T#+24d20h31m23s647ms	T#10d20h30m20s630ms

续表

数据类型	符号	位数	取值范围	常数举例
日期	Date	16	D#1990-1-1 ～ D#2168-12-31	D#2017-10-31
实时时间	Time_of_Day	32	TOD#0:0:0.0～TOD#23:59:59.999	TOD#10:20:30.400
长格式日期和时间	DTL	12 字节	最大 DTL#2262-04-11:23:47:16.854775807	DTL#2016-10-16-20:30:20.250
字符	Char	8	16#00 ～ 16#FF	'A'，'t'
16 位宽字符	WChar	16	16#0000 ～ 16#FFFF	WCHAR#'a'
字符串	String	（*n*+2）字节	*n*=0 ～ 254 字节	STRING#'NAME'
16 位宽字符串	WString	（*n*+2）字	*n*=0 ～ 16382 字	WSTRING#'Hello World'

（2）数组

数组（Array）是由同一数据类型的多个数据元素组成的集合，允许使用除 Array 之外的所有数据类型的数据作为数组的元素。数组有时也称为表格，一维数组相当于单行多列或多行单列表格，二维数组相当于多行多列表格，只要给出了行号和列号，就可以找到表格中的任一个单元格，从而对该单元格进行读写。

① 数组格式及说明　数组格式及说明见表 2-3。

表2-3　数组格式及说明

数组格式	ARRAY [n1_min..n1_max，n2_min..n2_max] of <数据类型>
说明	• 全部数组元素必须是同一数据类型 • n_min、n_max 取值范围为 -32768 ～ +32767，必须满足 n_min ≤ n_max • 数组最多允许 6 维（n1 ～ n6）。 • 数组的存储器大小 =（一个元素的大小 × 数组元素的总数）
举例	数组声明： ARRAY[1..20] of REAL：一维数组，可存放 20 个实数型数据 ARRAY[-5..5] of INT：一维数组，可存放 11 个整数型数据 ARRAY[1..2,5..6] of CHAR：二维数组（可理解为行号为 1、2，列号为 5、6 的表格），可存放 4 个字符型数据，各个数据编号为 ARRAY[1,5]、ARRAY[1,6]、ARRAY[2,5]、ARRAY[2,6] 数组寻址： ARRAY[0]：表示 ARRAY 数组中的 0 号元素 ARRAY[1,2]：表示 ARRAY 数组（二维）中的 [1,2] 号元素 ARRAY[*i,j*]：如果 *i* =2 且 *j*=3，则表示 ARRAY 数组中的 [2,3] 号元素

② 在编程软件中创建数组　数组可以在 TIA Portal STEP7 编程软件的组织块（OB）、函数（FC）、函数块（FB）和数据块（DB）的块接口编辑器中创建，同时还可设置数组中各元素的值（数据），在 PLC 变量编辑器中无法创建数组。在 TIA Portal STEP7 软件中创建数组的过程如图 2-5 所示。在 STEP7 软件项目树中展开“程序块”，双击其中的“添加新块”，在弹出的对话框中选择“数据块（DB）”，再单击“确定”即可新建一个数据块，如图

（a）所示。创建数据块后，在 STEP7 软件中会自动打开数据块编辑器，同时在项目树的程序块中出现了一个“数据块 _1”，单击“新增”项可设置数组名，如图（b）所示。将数组命名为“数组 A”，再单击选择“Array…（数组类型）”，如图（c）所示。单击选择数组元素的数据类型为“Byte”，限值设为“0..2”，如图（d）所示。单击数组名称前的可查看生成的数组中有 3 个元素，如图（e）所示。单击旁的，将限值设为“0..2,7..8”，如图（f）所示。单击数组名称前的可查看到生成的数组中有 6 个元素，包括各元素名称、数据类型、启动值（元素初始数据）等内容，如图（g）所示。选择数组第一个元素“数组 A[0,7]”的启动值，默认值为 16#0，将其改为“16#5”，用同样的方法可设置数组其他元素的值（数据），如图（h）所示。

(a) 新建数据块

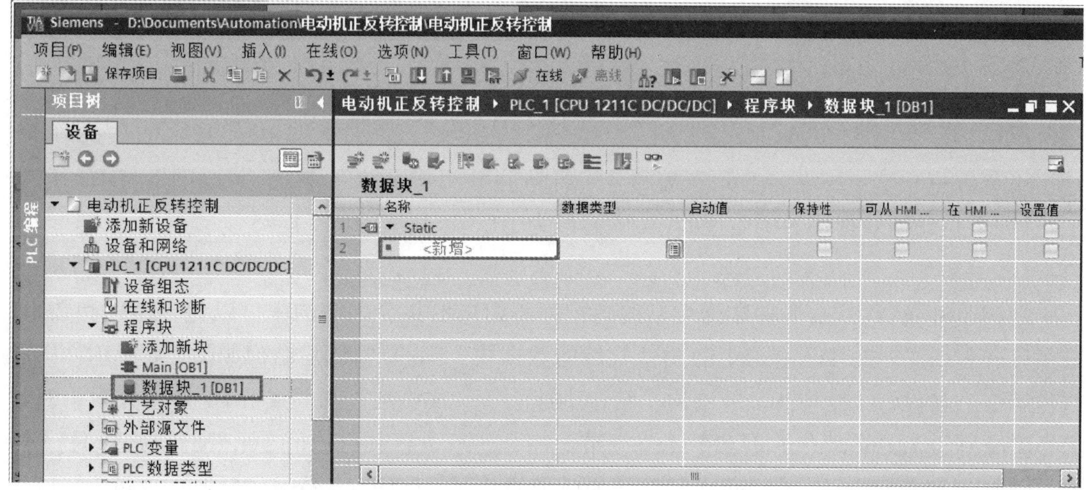

(b) 创建数据块后STEP7软件会自动打开数据块编辑器

图 2-5

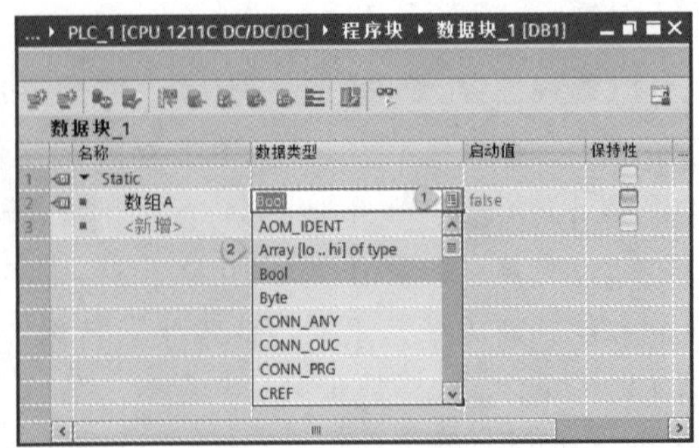

(c) 设置数组名和数组类型

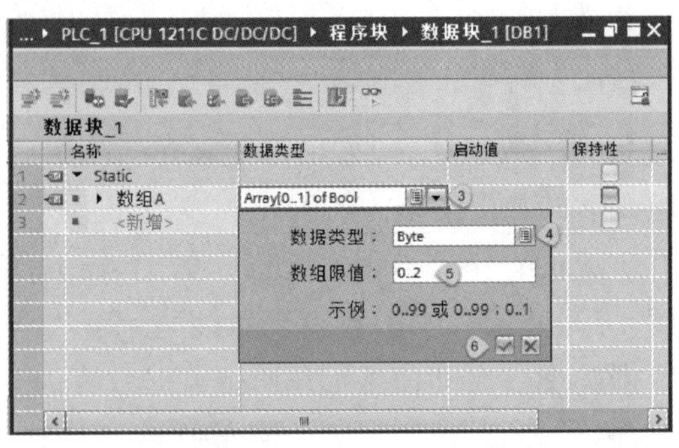

(d) 设置数组元素的数据类型

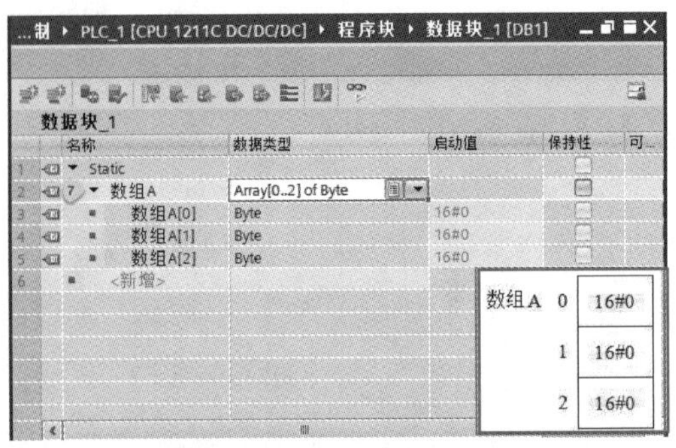

(e) 查看数组中各个元素的编号

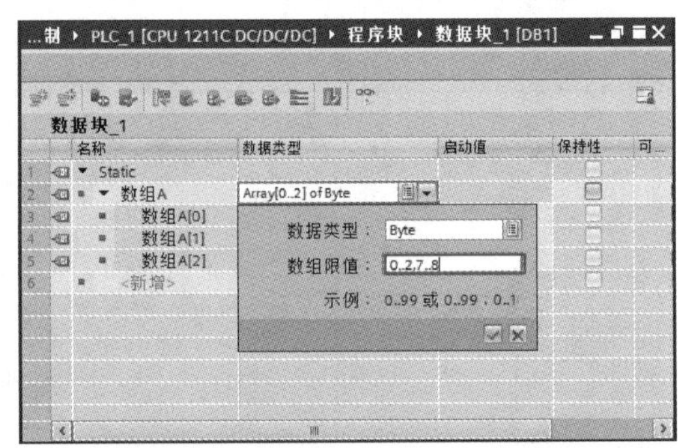

(f) 重新设置数组的限值

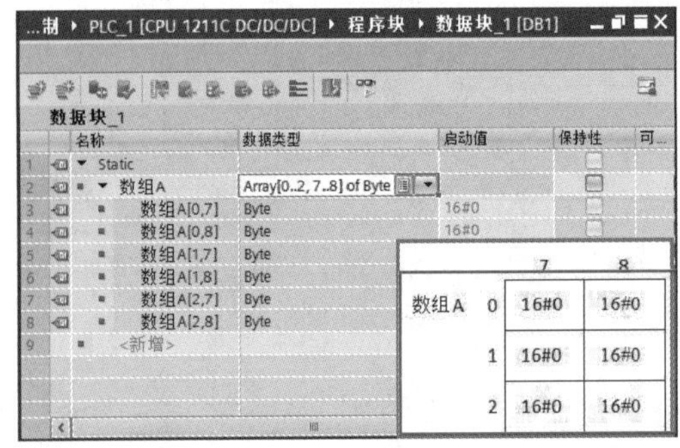

(g) 查看更改限值的数组中各个元素的编号

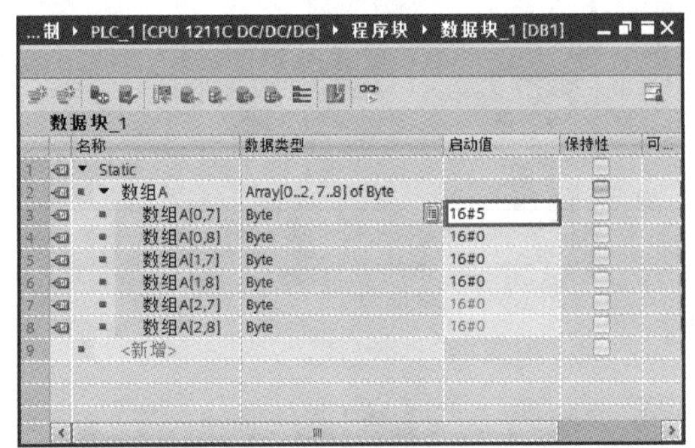

(h) 设置数组元素的值

图 2-5　在编程软件中创建数组的过程

用“数据块名 . 数组名 [元素编号]”可访问数组中元素的数据，比如用“DB1. 数组 A[0，7]”可访问数据块 DB1 的数组 A 的编号为 [0，7] 元素的值（16#5）。

（3）结构

结构（Struct）是由多种数据类型的数据元素组成的集合。结构中可以包含结构和数组，最多可嵌套八层。在 TIA Portal STEP7 软件的数据块（DB）中创建结构如图 2-6 所示，图中创建了一个名称为“结构 A”的结构，结构中建立了“成员 A”和“成员 B”2 个元素，其数据类型分别设为 Bool（位）型和 Byte（字节）型，还可设置其启动值（元素的初始数据）。用“数据块名 . 结构名 . 元素名”可访问结构的成员的数据，比如用“DB1. 结构 A. 成员 B”可访问数据块 DB1 中结构 A 的成员 B 的值（16#0）。

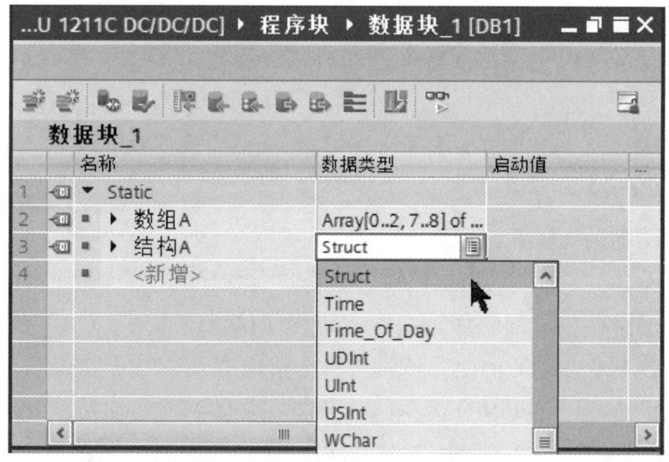

(a) 输入名称“结构A”并选择Struct数据类型

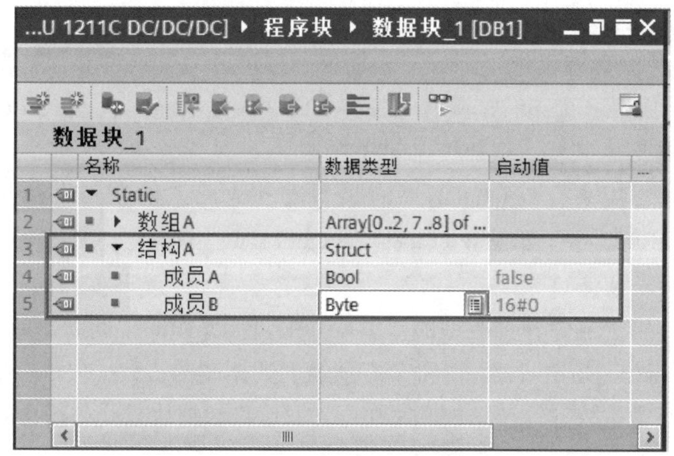

(b) 在结构中建立了2个不同数据类型的元素

图 2-6　在 TIA Portal STEP7 软件中创建结构

2.2.3　I、Q、M、DB 存储区

PLC 编程实际就是对 CPU 模块的存储器特定区域进行操作。S7-1200 PLC 与编程有关的存储区主要有 I（过程映像输入区）、Q（过程映像输出区）、M（位存储区）、L（临时存储区）和 DB（数据块）。

（1）过程映像输入区（I）

过程映像输入区（I）又称输入继电器区。在每个扫描周期开始时，CPU 将 DI 输入端子的状态（1 或 0）读入过程映像输入区，该过程称为输入刷新；在执行程序时，CPU 读取该区域的值进行运算；在程序执行期间，如果输入端子状态发生改变，程序不理会新状态值，直到下一个扫描周期开始才读入新状态值。

过程映像输入区的标识符为 I，可以按位（如 I0.0）、字节（如 IB0）、字（如 IW0）或双字（如 ID0）来操作，其中 ID0 = IW0+IW2 = IB0+IB1+IB2+IB3 = I0.0 ～ I0.7+ I1.0 ～ I1.7+ I2.0 ～ I2.7+ I3.0 ～ I3.7。

在 I_ 后面添加 ":P"，可以立即读取 CPU、SB、SM 或分布式模块对应 I 输入端子的输入状态，而不是等到程序执行完成再次输入刷新时读取。比如程序中有一个 I0.0 常开触点和一个 I0.1:P 常开触点，当 PLC 的 I0.0、I0.1 输入端子同时输入为 ON 时，程序中的 I0.1:P 常开触点立即同步为 ON（闭合），而 I0.0 常开触点则需要等当前程序执行完成后再次输入刷新时读取 I 区的 I0.0 值才为 ON。

（2）过程映像输出区（Q）

过程映像输出区（Q）又称输出继电器区，在执行程序时产生的各种输出值不会马上从输出端子输出，而是先保存在过程映像输出区，待程序执行结束后，CPU 再将过程映像输出区的这些输出值送往 DQ 输出端子输出，该过程称为输出刷新。过程映像输出区的标识符为 Q，可以按位（如 Q0.0）、字节（如 QB0）、字（如 QW0）或双字（如 QD0）来操作。

在 Q_ 后面添加 ":P"，可以立即将程序运行时得到的 Q 值从 CPU、SB、SM 或分布式模块对应的 Q 输出端子输出，而不是等到程序执行完成后输出刷新时才输出。

（3）位存储区（M）

位存储区（M）又称辅助继电器区。辅助继电器可分为普通型和保持型：保持型继电器在 CPU 处于 STOP 或停电状态时，其状态保持 STOP 或停电前的状态；普通型辅助继电器处于 STOP 或停电状态时，其状态全部被自动复位。

辅助继电器通常用来存储中间结果的状态或其他标志信息。位存储区允许以位（如 M0.0）、字节（如 MB0）、字（如 MW0）或双字（如 MD0）来操作。

（4）数据块（DB）

数据块（DB）用于存储各种类型的数据，其中包括操作的中间状态或 FB 的其他控制信息参数，以及许多指令（如定时器和计数器）所需的数据结构。数据块可以按位、字节、字或双字访问。读 / 写型数据块允许读访问和写访问，只读型数据块只允许读访问。

2.2.4 存储区地址的表示方法

存储区是由最小单位为位（bit）的单元组成，8 位组成 1 个字节（Byte），2 个字节组成 1 个字（Word），2 个字组成 1 个双字（DWord）。图 2-7 是一个 8×8 位的 I 存储区，其大小为 64 位，可以用位、字节、字和双字来表示地址（编号）。I、Q、M、DB 存储区的地址表示方法见表 2-4。

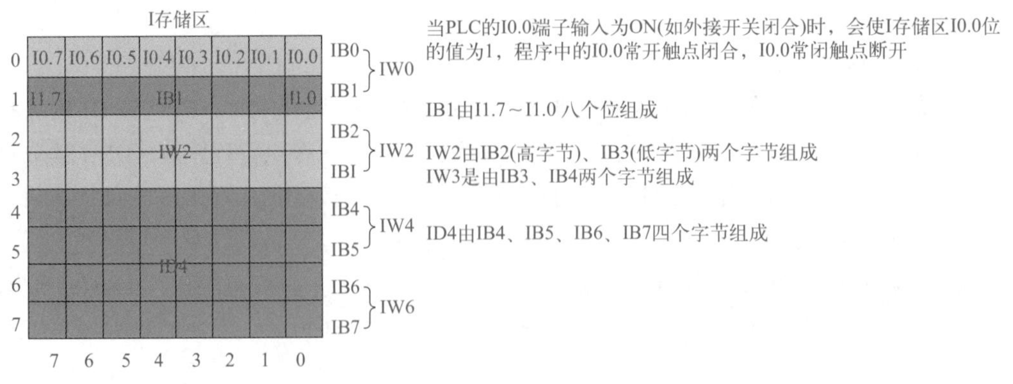

图 2-7　一个 8×8 位的 I 存储区的地址说明

表2-4　I、Q、M、DB存储区的地址表示方法

存储区类型	表示方法		举例
I 存储区	位	I[字节地址].[位地址]	I0.1
	字节、字或双字	I[大小][起始字节地址]	IB4、IW5 或 ID12
Q 存储区	位	Q[字节地址].[位地址]	Q1.1
	字节、字或双字	Q[大小][起始字节地址]	QB5、QW10、QD40
M 存储区	位	M[字节地址].[位地址]	M26.7
	字节、字或双字	M[大小][起始字节地址]	MB20、MW30、MD50
DB 数据块	位	DB[数据块编号].DB×[字节地址].[位地址]	DB1.DB×2.3
	字节、字或双字	DB[数据块编号].DB[大小][起始字节地址]	DB1.DBB4、DB10.DBW2、DB20.DBD8

PLC

第 3 章

TIA 博途软件的使用

TIA 博途即 Totally Integrated Automation portal，意为全集成自动化门户，是西门子工业自动化集团发布的一款全集成自动化软件，将众多的自动化软件工具集成在统一的开发环境中，借助该软件平台能够快速、直观地开发和调试自动化系统。TIA 博途软件的第一个版本为 V10.5（即 STEP 7 basic，2009 年发布），其他版本有 V11、V12、V13、V14、V15、V16、V17，支持 S7-300/400、S7-1200/1500 等 PLC 和 WinAC 控制器。

TIA 博途软件版本越高，其功能更全面，相应体积更大，对电脑配置要求也更高，但使用大同小异。本书以广泛使用的 TIA portal V13 SP1 来介绍 TIA 博途软件。

3.1 TIA 博途软件的安装

TIA 博途软件安装包内含 STEP7（PLC 编程）、WINCC（触摸屏组态）、PLCSIM（PLC 仿真）和 Startdrive（驱动设备调试）四个组件，如果仅对 PLC 进行编程仿真，只需安装 STEP 7 和 PLCSIM 软件。TIA 博途软件安装后需要进行授权操作，无授权仅可试用，该软件及授权可以从西门子自动化公司获取，也可以在网上购买。

3.1.1 STEP7 编程软件的安装

（1）系统要求

STEP7 是 TIA 博途软件中的编程和组态软件，其版本很多（V11 ～ V17），这里以 STEP_7_Professional_V13_SP1（即 STEP7 V13 专业版）为例进行说明。STEP 7 安装的系统要求见表 3-1。

表3-1　STEP7安装的系统要求

硬件 / 软件	要求
处理器类型	Intel® Core™i3-6100U，2.30GHz 或更高频率
RAM	8GB（最低 4GB）
可用硬盘空间	系统驱动器 C:\ 上的 20GB 空间
操作系统	STEP7 适用于以下操作系统： • Windows 7（64 位）； • Windows 10（64 位）； • Windows Server（64 位）
图形卡	32 MB RAM 24 位颜色深度
屏幕分辨率	1024×768
网络	STEP7 和 CPU 之间的通信采用 100Mbit/s 以太网或更快网速

（2）安装过程

在安装 STEP7 时，为了使软件安装能顺利进行，建议在安装前关闭计算机的安全防护软件（如 360 安全卫士）。STEP7 软件的安装方法与大多数软件一样，在安装对话框中一般保持默认，再单击“下一步”，安装过程如图 3-1 所示。

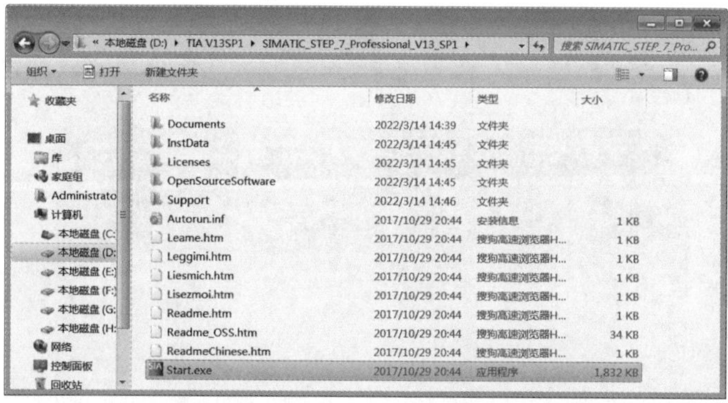

(a) 打开STEP7安装文件夹并双击其中的“Start.exe”

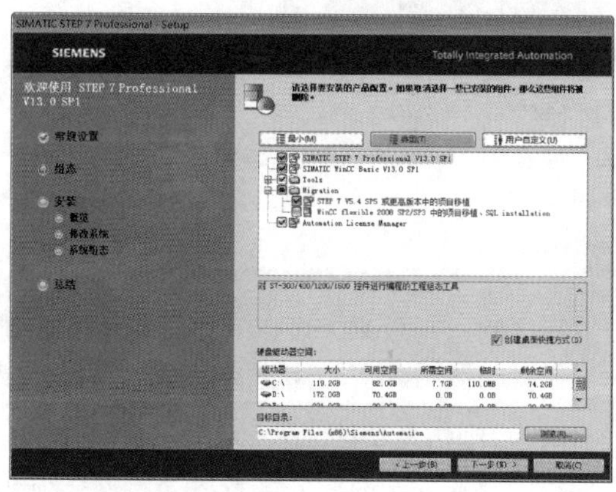

(b) 在图示对话框中保持默认单击“下一步”

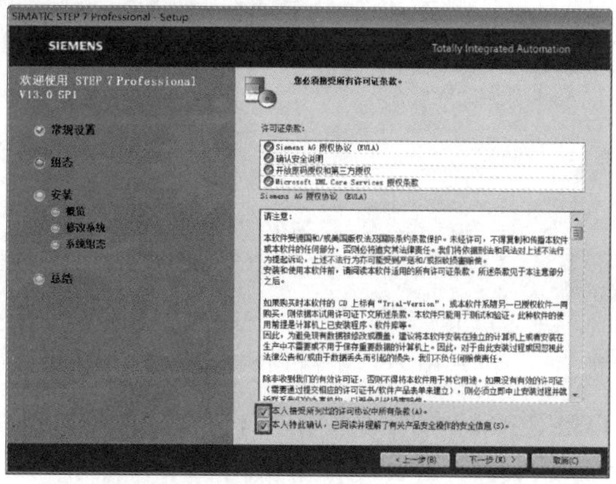

(c) 在图示对话框中勾选2项后单击“下一步”

图 3-1

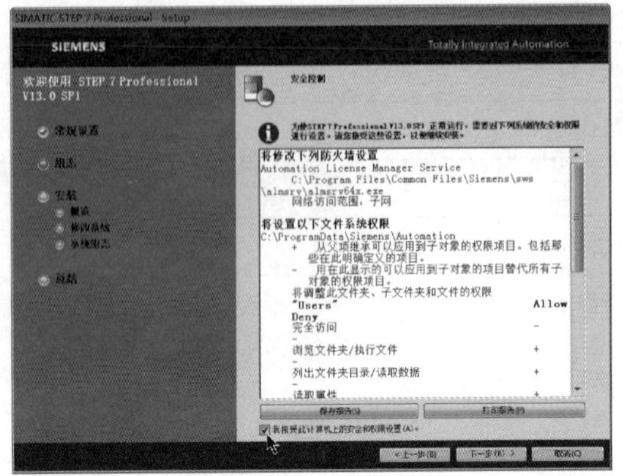

(d) 勾选“我接受…”后单击“下一步”

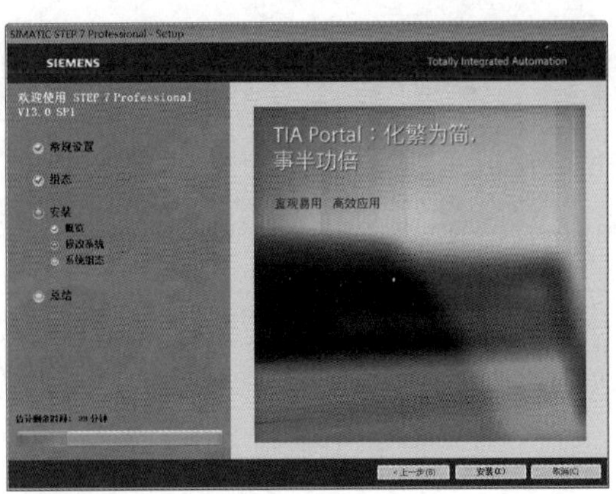

(e) 对话框显示安装进度

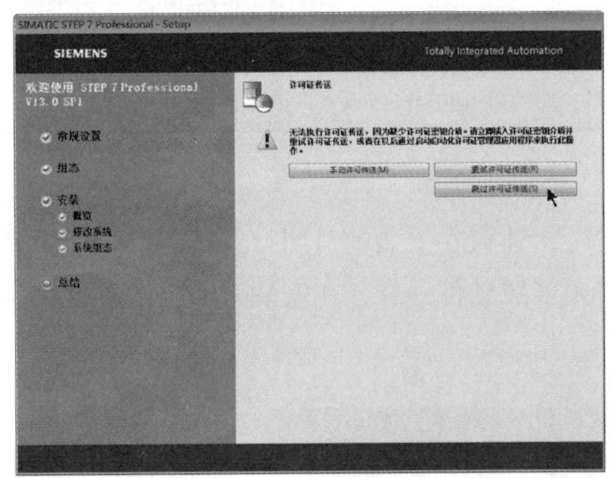

(f) 单击“跳过许可证传送”

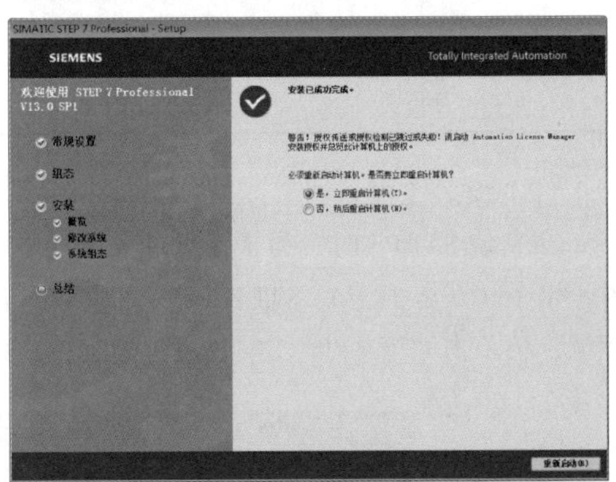

(g) 安装结束后选择重启计算机

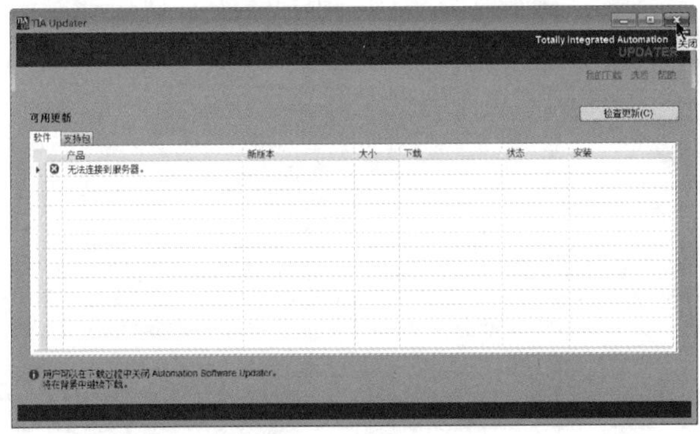

(h) 重启计算机后会出现图示窗口（将其关闭）

图 3-1　STEP7 软件的安装

3.1.2　PLCSIM 仿真软件的安装

在 STEP7 软件中编写 PLC 程序后，如果想知道程序的运行效果，可以直接将程序下载到（写入）实体 PLC，也可以运行 PLCSIM 仿真软件，在该软件中查看程序运行情况。只有安装了 PLCSIM 软件，才能在 STEP7 软件中进行仿真操作，否则仿真功能无效。

PLCSIM 软件安装包将很多文件打包成 2 个文件，因此在安装时，安装程序会将这 2 个文件解压，解压后的文件存放到一个文件夹中，然后自动进行软件安装，具体过程如图 3-2 所示。

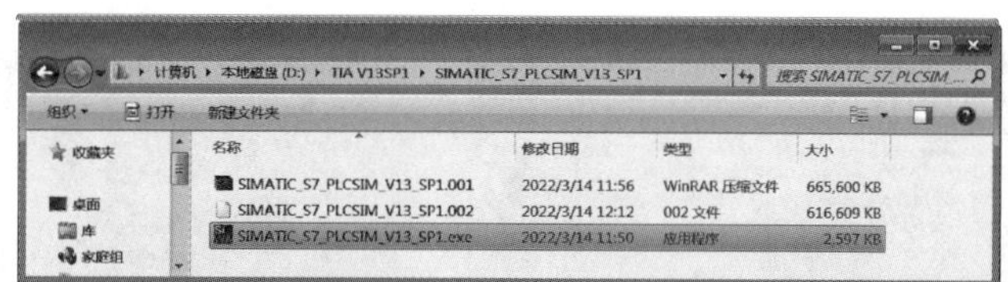

(a) 打开PLCSIM安装文件夹并双击其中的“SIMATIC_S7_PLCSIM_V13_SP1.exe”

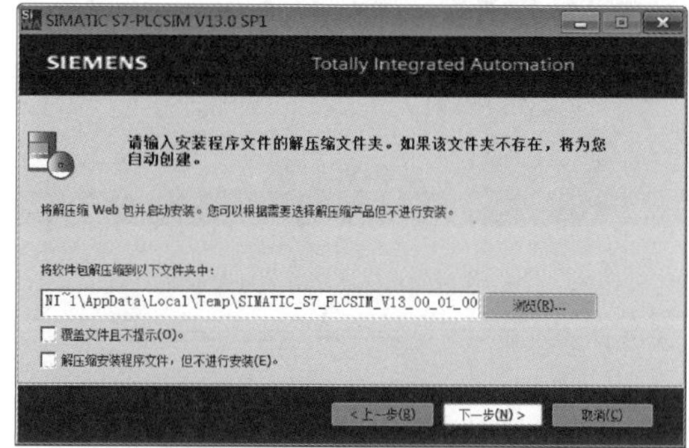

(b) 选择安装文件解压后存放位置（保持默认）

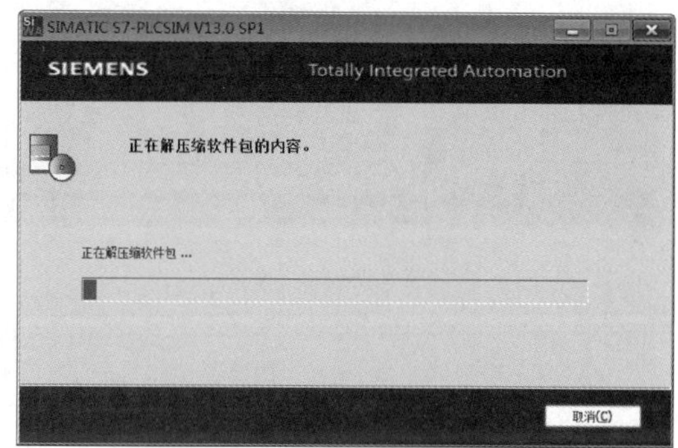

(c) 开始解压安装文件

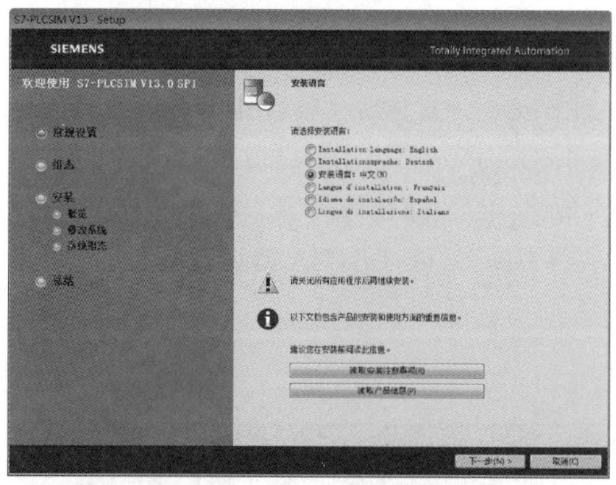

(d) 选择安装语言（保持默认）

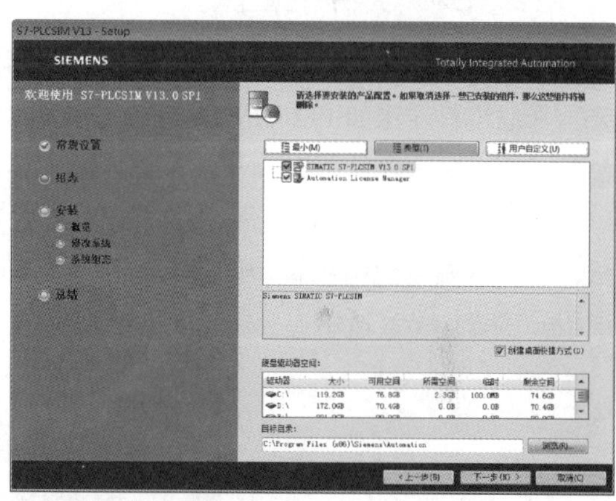

(e) 选择安装内容和路径（保持默认）

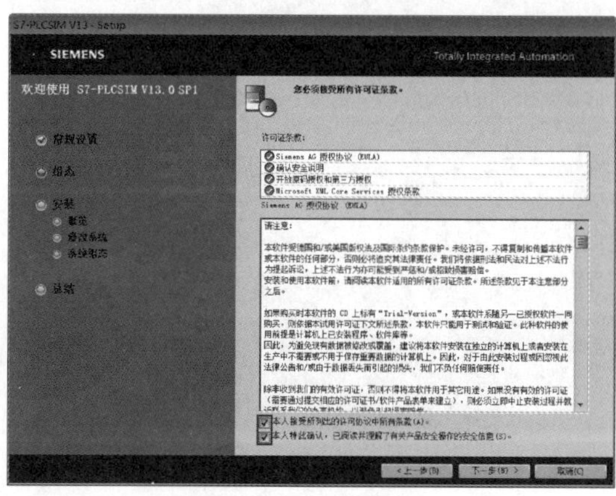

(f) 将矩形框中的2项选中

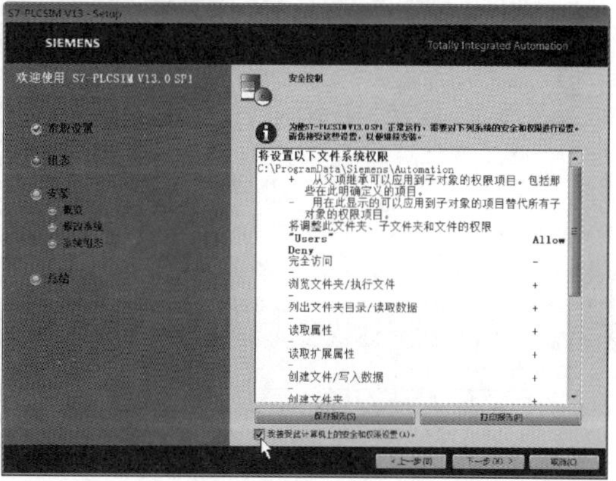

(g) 选中“我接受…”

图 3-2

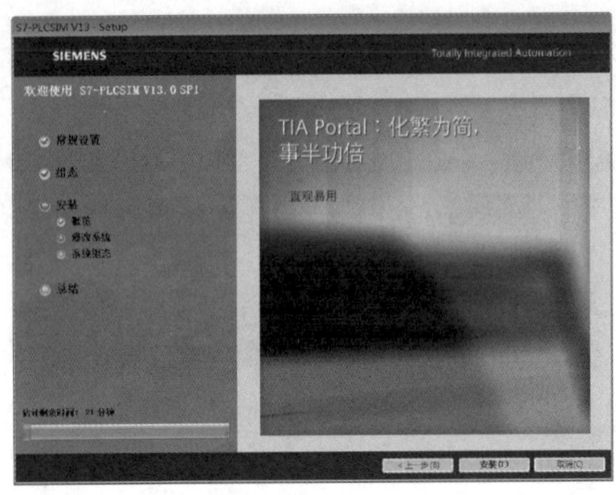

(h) 显示安装进度

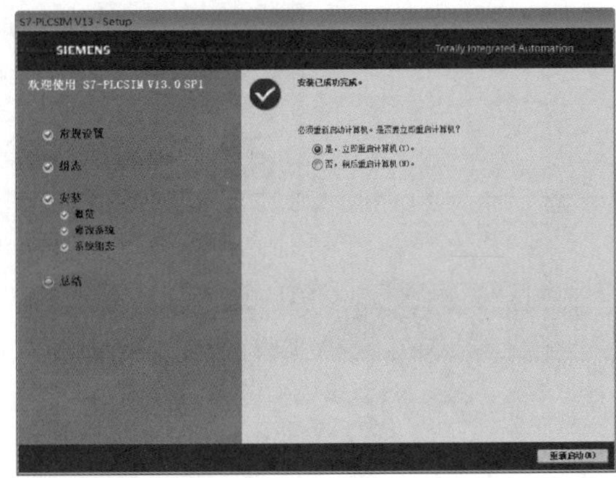

(i) 安装完成选择重启计算机

图 3-2 **PLCSIM** 仿真软件的安装

3.1.3 软件的启动

在安装 SIMATIC_STEP7_Professional 软件时，TIA 博途软件平台和 STEP7 组件会同时安装，其他组件（比如 PLCSIM、WINCC）可以在后续安装，安装后会整合到 TIA 博途软件平台中。TIA 博途软件可以从开始菜单启动，如图 3-3（a）所示，启动后出现图（b）所示的窗口，选择“创建新项目”，再在右方输入新项目的名称、存放路径等内容，然后单击“创建”按键可以开始创建新项目，如果单击左下角的“项目视图”，可打开 TIA 博途软件窗口（项目视图），如图（c）所示。

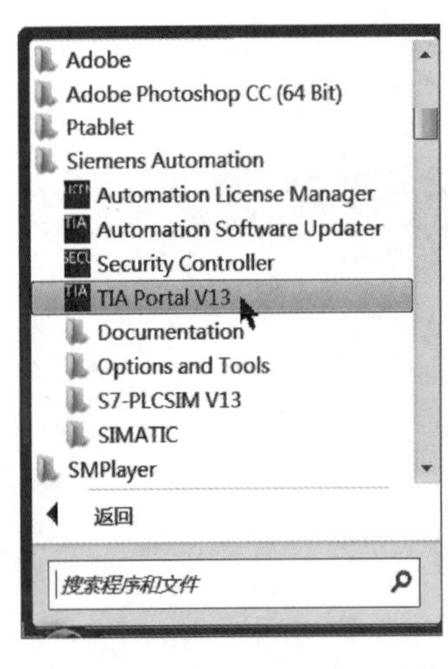

(a) 从开始菜单启动TIA博途软件

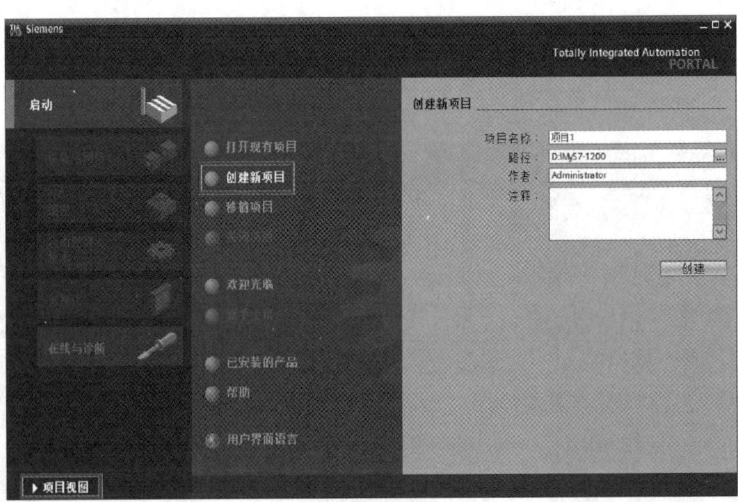

(b) 启动窗口(Portal视图)

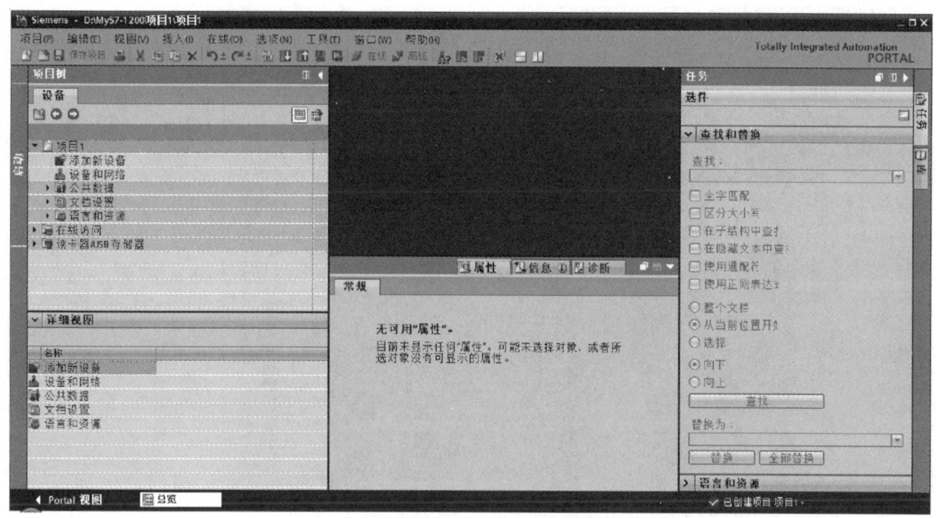

(c) 软件窗口(项目视图)

图 3-3　TIA 博途软件的启动

3.1.4　TIA 博途软件窗口组件

TIA 博途软件窗口主要由标题栏、菜单栏和工具栏、项目树（项目浏览器）、工作区、巡视窗口、任务卡等组成。在启动窗口（Portal 视图）创建新项目时，如果选择创建 PLC 程序，会打开图 3-4 所示的 TIA STEP7 软件窗口，如果选择组态 HMI（触摸屏）画面，则会打开图 3-5 所示的 TIA WINCC 软件窗口。

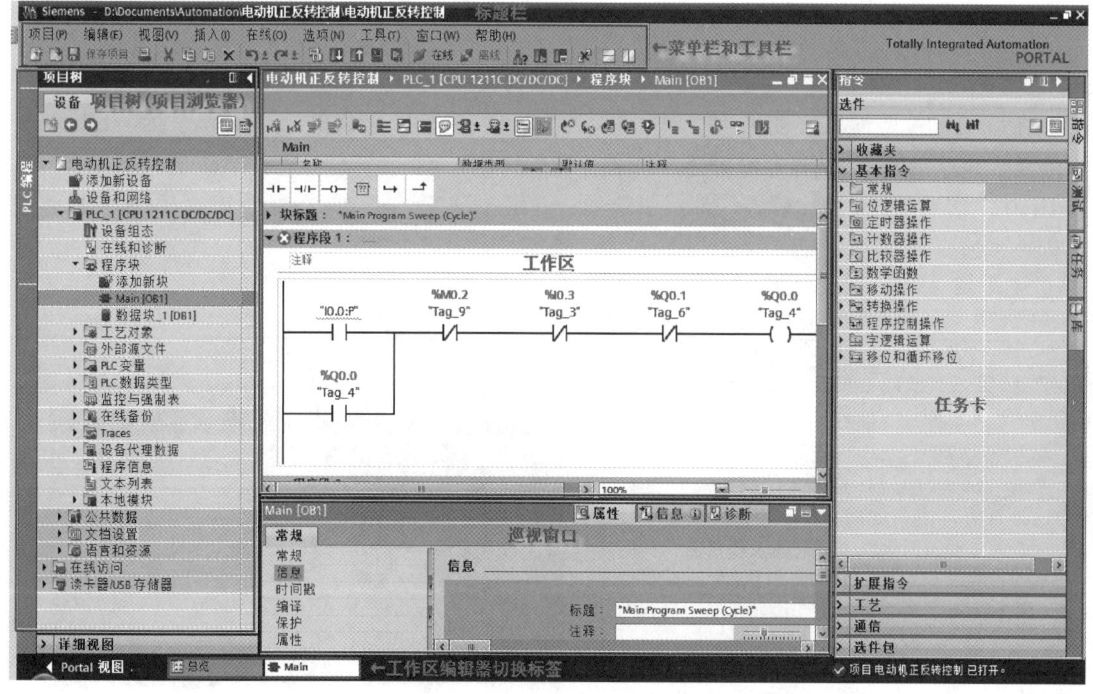

图 3-4　TIA STEP7 软件窗口

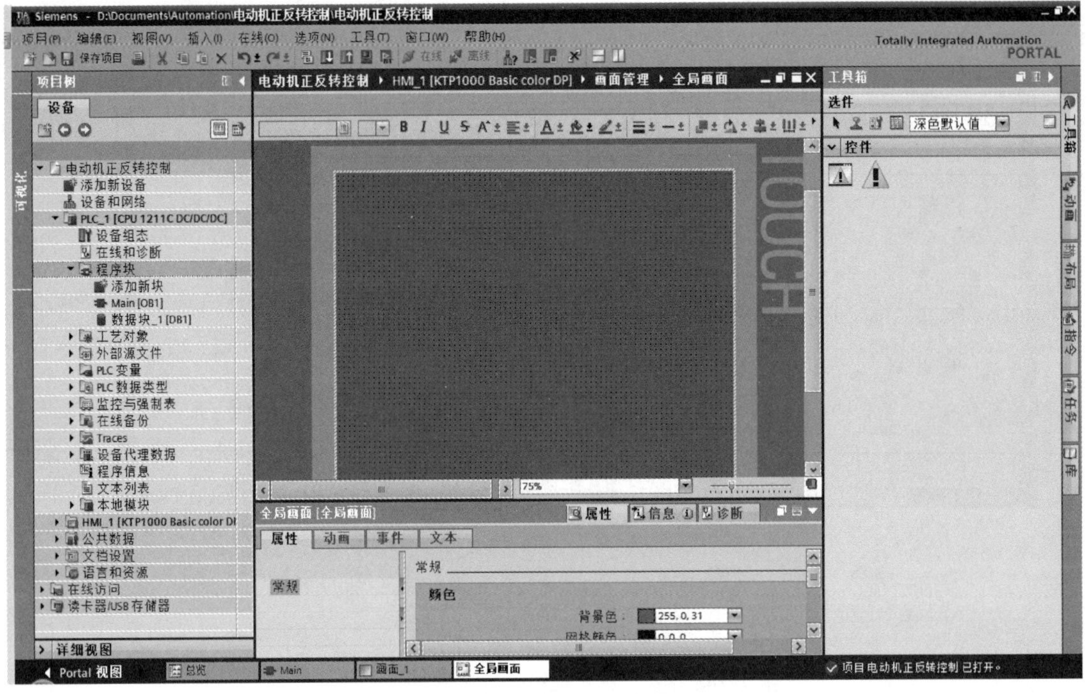

图 3-5　TIA WINCC 软件窗口

3.2　组态设备与编写下载程序

启动 TIA 博途软件 - 创建项目 - 组态设备

3.2.1　创建项目与组态设备

在启动 TIA 博途软件创建项目时，先设置项目的名称和项目的路径（保存位置），再组态设备（选择和配置设备）。在计算机的开始菜单执行“Siemens Automation”→“TIA Portal V13”，启动 TIA 博途软件，然后创建项目并组态设备（即选择并配置 PLC 模块），具体过程见表 3-2。

表3-2　创建项目与组态设备

操作说明	操作图
启动 TIA 博途软件后会出现图（a）窗口（Portal 视图），执行“启动”→“创建新项目”，再在右边出现的创建新项目框输入项目名称“两台电动机先后启动”，并选择项目文件的保存位置（路径），然后单击“创建”按钮，会切换到图（b）所示的“新手上路”向导	(a) 填写新项目名称并选择项目文件存放路径

续表

操作说明	操作图
在“新手上路”向导中有 5 个选项，若要选择和配置 PLC，应选择“组态设备”，编写 PLC 程序应选择“创建 PLC 程序”，如果选择“打开项目视图”或单击左下角的“项目视图”，可以跳过这几项直接打开图（c）所示的 TIA 博途软件窗口	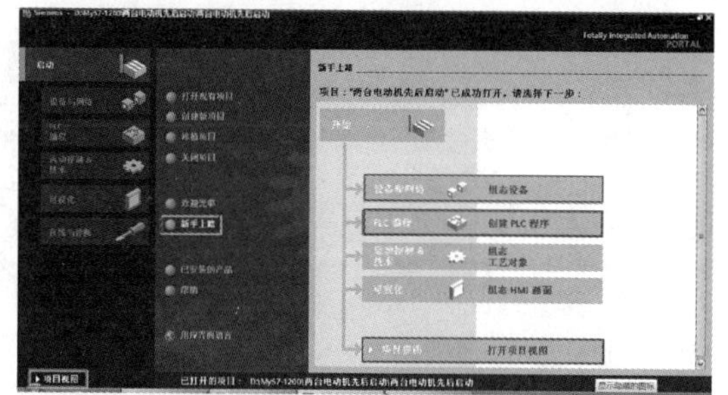 (b) 创建项目时出现“新手上路”向导
在本 TIA 博途软件窗口（项目视图）中单击左下角的“Portal 视图”，可切换到图（b）所示的 Portal 视图窗口	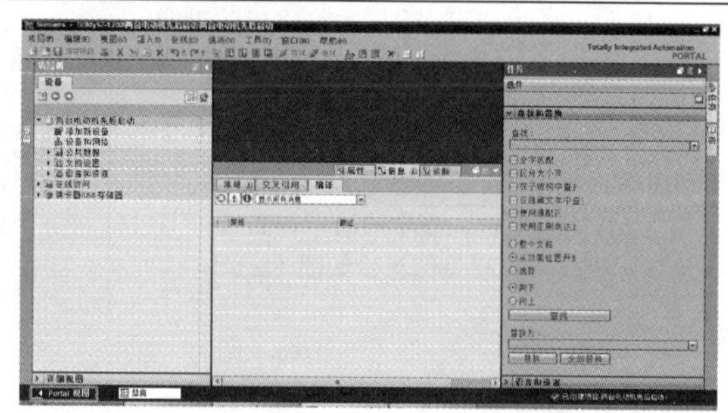 (c) TIA 博途软件窗口（又称项目视图）
在软件的项目树中双击“添加新设备”，弹出“添加新设备”对话框，如图（d）所示，先选择“控制器”，再选择 S7-1200 PLC（CPU 模块）的型号（订货号），然后选择 PLC 的版本，选择不同版本时，下方会显示该版本支持的内容，对于较新的 PLC，建议选择新版本，这样可以使用到旧版本不支持的功能，最后单击“确认”按键，出现图（e）窗口	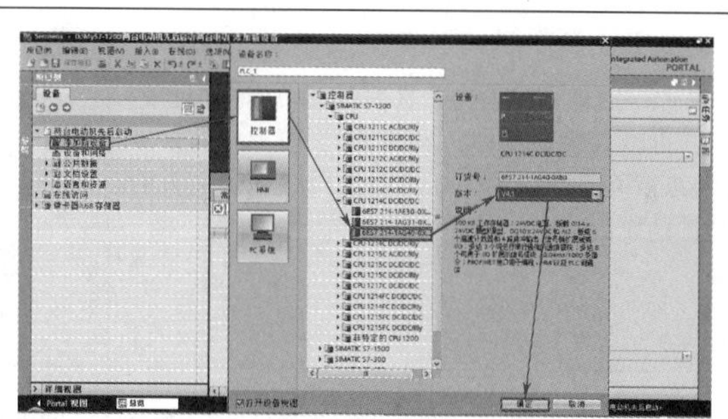 (d) 组态新设备时选择CPU模块型号与版本
图（e）左方为添加的 CPU 模块，在安装导轨上的位置标号为 1，该型号的 CPU 模块左边可安装 3 个模块（通信模块），位置标号往左依次为 101、102、103，CPU 模块右边可以安装 8 个模块（输入输出模块），位置标号往右依次为 2 ～ 9，CPU 模块本体上可以安装信号板 图（e）中间的“设备概览”显示 PLC 的一些信息，比如 CPU 的型号，数字量输入端用作 DI、HSC（高速计数输入）时的地址编号。数字量输出端用作 DQ、Pulse（脉冲输出）时的地址编号，模拟量输入端 AI 的地址编号。以数字量输入端用作 DI 为例，其地址编号为 0…1（即 DI0.0 ～ DI0.7、DI1.0 ～ DI1.7），IO 端口的地址编号可以更改，一般保持默认 图（e）右方为选件任务卡，此处有 PLC 的各种选件，可将其拖到左方的安装导轨或 CPU 模块上	 (e) 组态设备的窗口与选件任务卡

续表

操作说明	操作图
如图（f）所示，在右侧选件任务卡中选择一种 DI 2/DQ 2（数字量 2 输入 /2 输出）信号板，将其拖到 CPU 模块信号板安装位置，在中间的“设备概览”会显示该信号板的信息，其输入、输出端分配的地址均为 4，即输入端分配的地址为 I4.0 ～ I4.7（仅用到 I4.0、I4.1），输出端分配地址为 Q4.0 ～ Q4.7	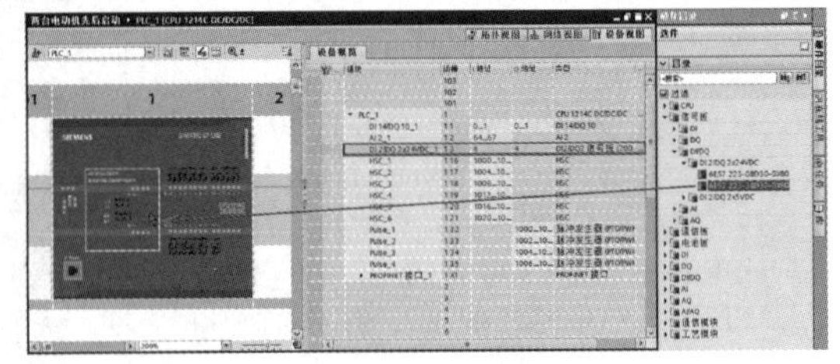 (f) 用拖放的方式在CPU模块上安装一个信号板
用拖放的方法在 CPU 模块左侧放置一个 PROFIBUS 通信模块，在右侧放置一个 AI/AQ（模拟量输入 / 输出）模块，在中间的“设备概览”可查看到这两个模块的有关信息，如图（g）所示	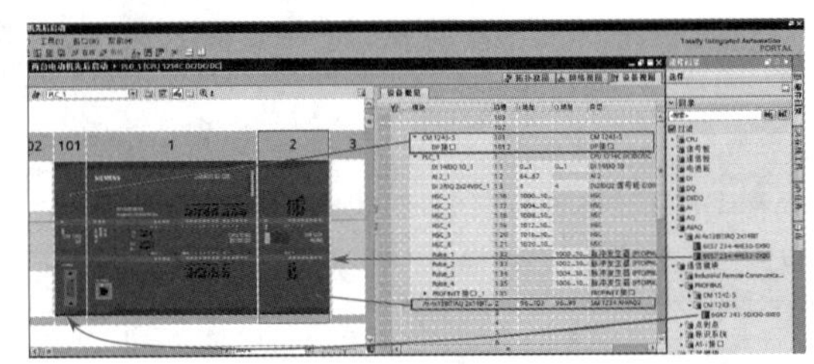 (g) 用拖放的方式在CPU模块左侧和右侧安装模块
在 AI/AQ 模块上右击，在右键菜单中选择“删除”，可将该模块删掉，如图（h）所示。如果该模块以后可能再次使用，可将该模块拖到上方的“拔除的模块”区	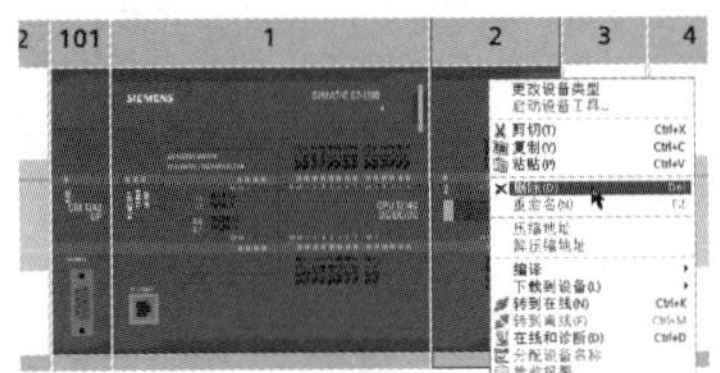 (h) 用右键菜单删除选中的模块
在 CPU 模块上右击，在右键菜单中选择“更改设备类型”，参见图（h），弹出图（i）所示的“更改设备”窗口，在此选择新设备的类型，确定后，安装导轨上原来的 CPU 模块被新 CPU 模块（CPU1211C DC/DC/DC）替换，从图中可以看出，该型号 CPU 模块右边不可以安装其他模块	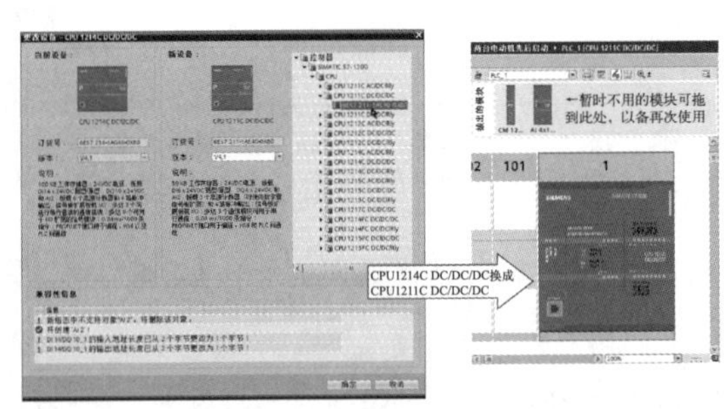 (i) 更换CPU模块

3.2.2 编写 PLC 程序

编写程序

由于组态设备时选择的设备类型为“控制器”，组态设备后 TIA 博途软件自动打开 TIA STEP7 软件，编写 PLC 程序在 STEP7 软件窗口中间的程序编辑器中进行，先放置并连接梯形图元件，再设置各元件的地址（编号和名称）。图 3-6 是编写完成的“两台电动机先后启动”的梯形图程序，在编程时先放置和连接梯形图元件，再设置元件的地址和名称。

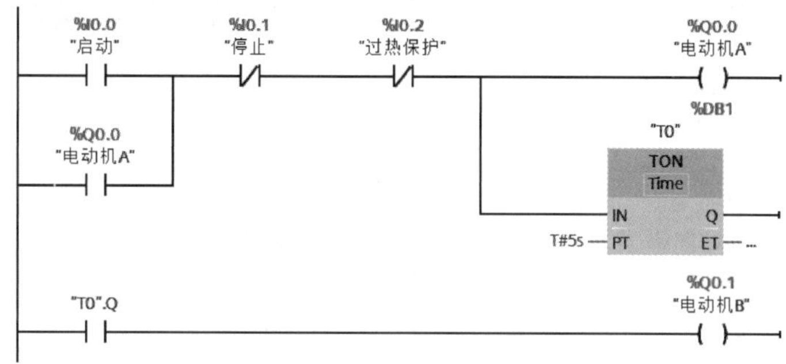

图 3-6 编写完成的梯形图程序

（1）放置并连接梯形图元件

放置并连接梯形图元件的过程见表 3-3。

表3-3 放置并连接梯形图元件的过程

操作说明	操作图
在 STEP7 软件窗口左边的项目树中，按图示方式打开程序块，双击其中的Main[OB1]，在中间的工作区打开程序编辑器	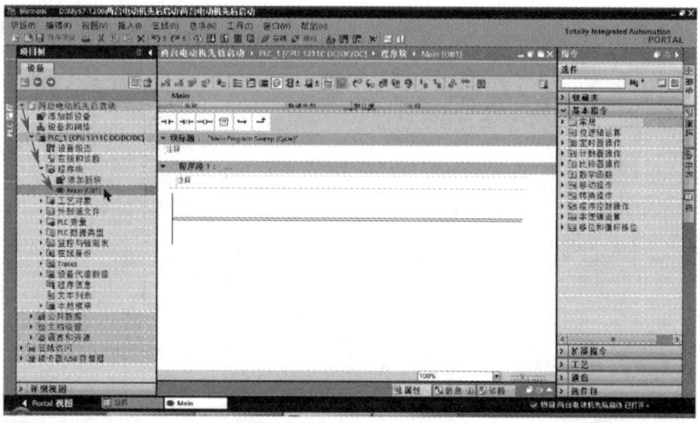
将软件窗口右边的任务卡切换到“指令”，在指令卡中按“基本指令”→“位逻辑运算”找到常开触点，按住鼠标左键不放，将其拖到程序编程器中梯形图的指定位置，松开鼠标左键即放置一个常开触点	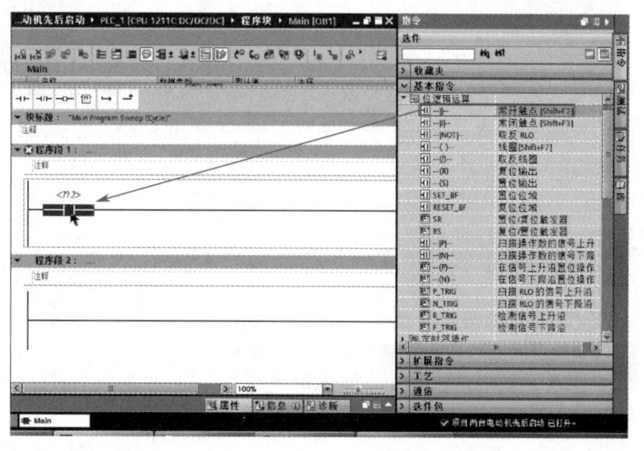

续表

操作说明	操作图
在程序编辑器上方的收藏夹中找到常闭触点，将其拖到梯形图的指定位置。对于一些常用的指令元件，可先拖放到收藏夹，需要时再从收藏夹中将指令拖到梯形图，这样更方便快捷	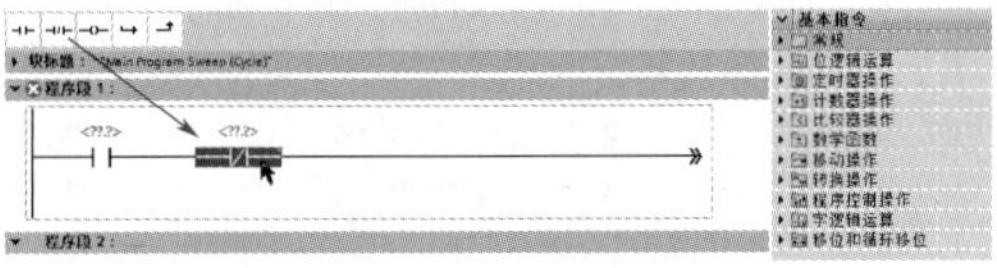
用拖放的方式将常闭触点和线圈放到梯形图上；也可以先在梯形图某处单击左键进行元件放置定位，然后单击收藏夹中的梯形图元件，该元件马上被放到梯形图的定位处	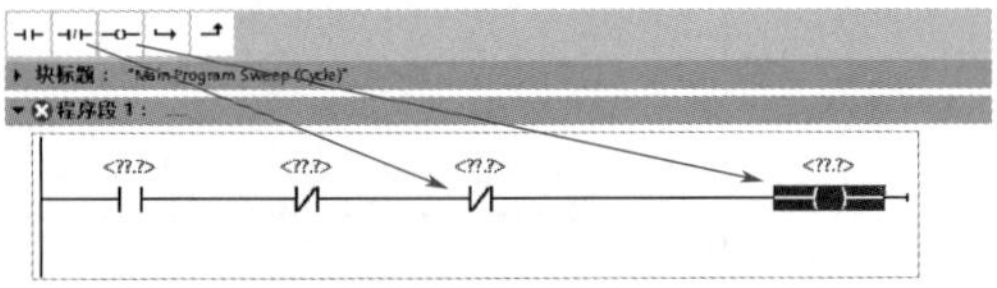
在梯形图的左母线上单击定位，再单击收藏夹中的下右向箭头（打开分支），从左母线引出了一条下右向线	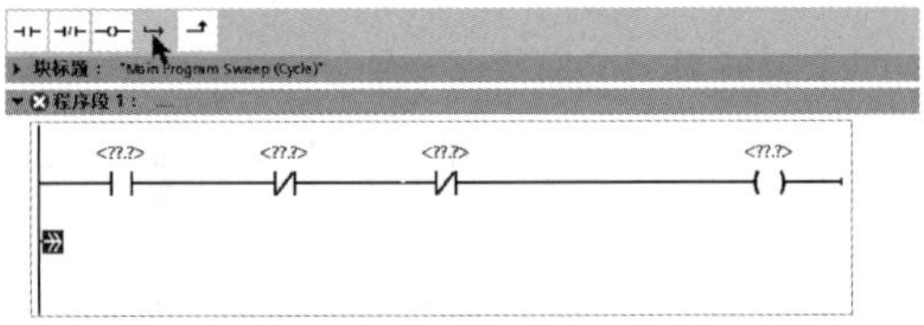
单击收藏夹中的常开触点，在下右向线右边放置了一个常开触点	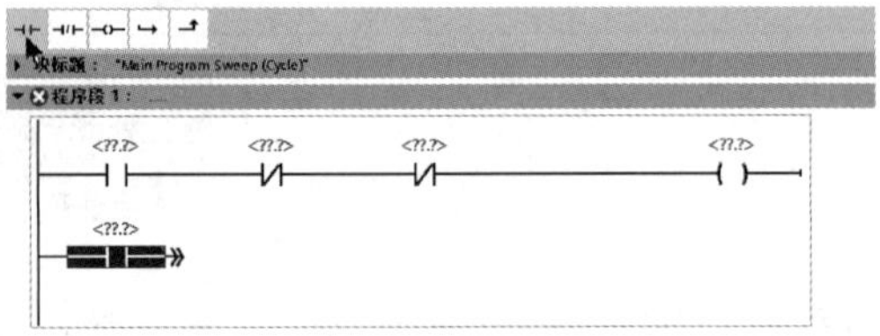
单击收藏夹中的右上向箭头（关闭分支），将下方的常开触点与上方的线连接起来	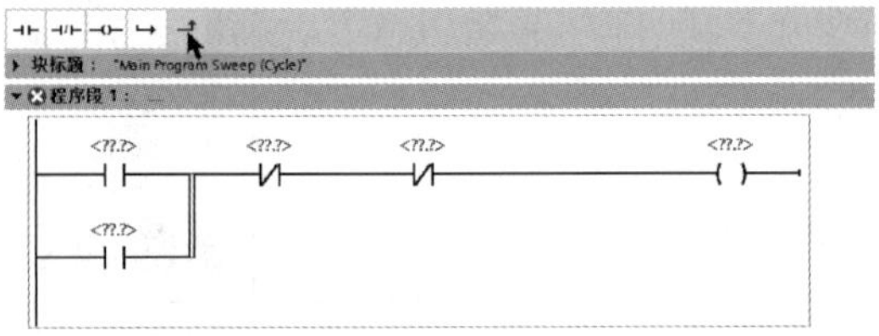
在第 2 个常闭触点的右边单击定位，再单击收藏夹中的下右向箭头，放置一个下右向线	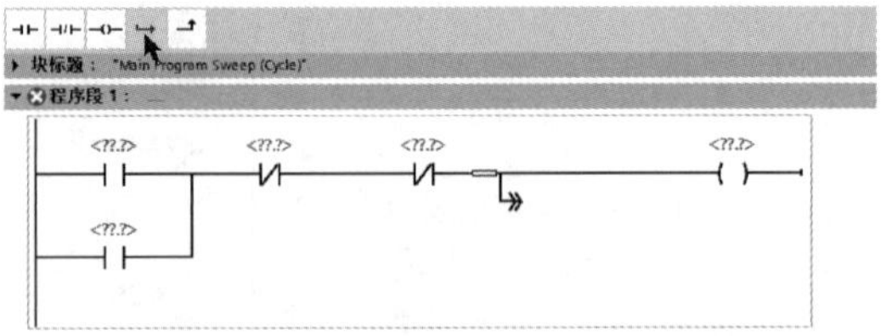
在下右向线箭头上单击定位，再在右边基本指令的定时器操作中找到接通延时定时器 TON 指令，并双击该指令，弹出“调用选项”对话框	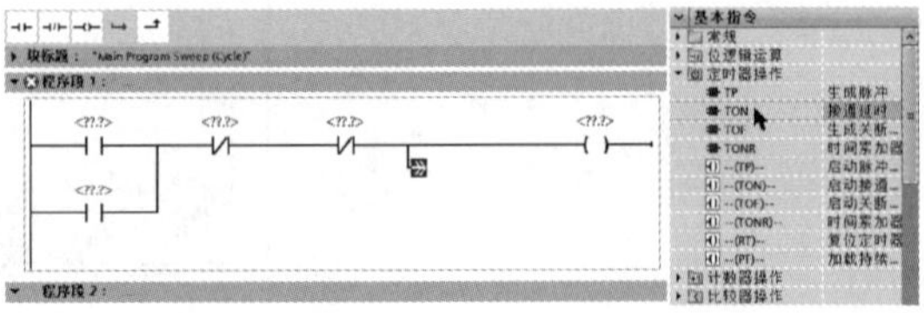

续表

操作说明	操作图
在“调用选项”对话框中将定时器名称设为“T0”，编号选择“自动”，再单击“确定”关闭对话框，在梯形图上放置 TON 定时器元件	
在梯形图上放置了一个名称为 T0 的 TON（接通延时）定时器	
在 T0 定时器 PT 旁边的 <???> 上单击，使之变成输入状态，在此输入 T#5s，这样当 IN 输入为 ON 时 T0 开始计时，5s 后 Q 端输出 ON（1）	
在程序段 2 放置一个常开触点和一个线圈	

（2）设置梯形图元件的地址和名称

在梯形图上放置元件后，再在元件的上方设置地址和名称，单击程序编辑器上方的工具，如图 3-7 所示。如果选择“符号和绝对值”，元件上方会同时显示元件的绝对地址（如 %I0.0）和元件名称（如“Tag_1”），% 表示绝对地址，双引号表示元件的名称（符号）；若选择“绝对”，元件上方只显示绝对地址。

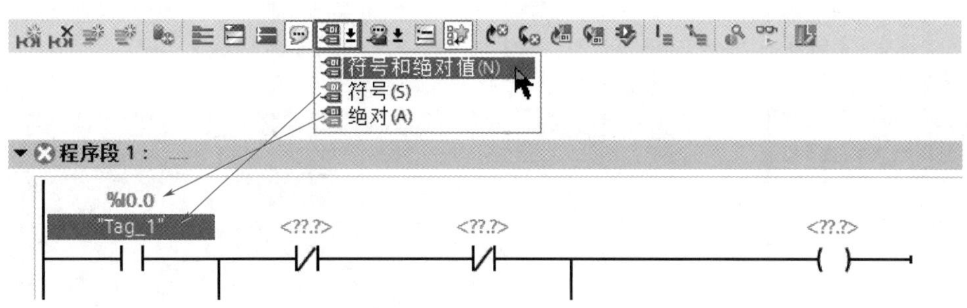

图 3-7　元件的名称和地址的显示 / 隐藏

① 直接在元件上方设置地址　先用工具选择显示“符号和绝对值”，再双击元件上方的<??.?>，使之变成可编辑状态，输入“i0.0”，回车后元件上方出现了地址 I0.0 和默认名称“Tag_1”，如图 3-8 所示。可以直接使用默认名称，也可以用变量表设置一个新名称。

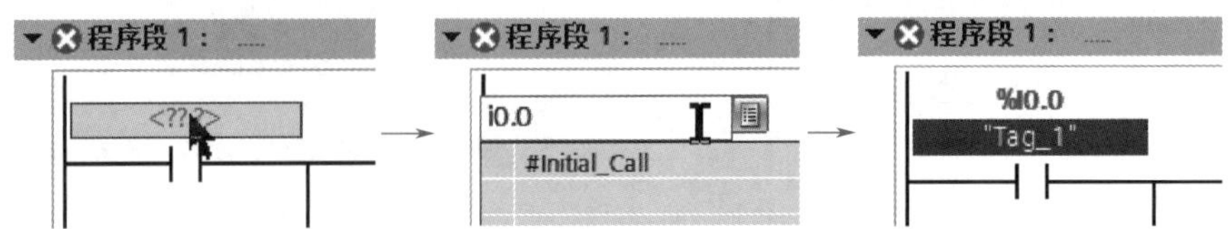

图 3-8　直接在元件上方设置地址

添加元件注释

② 用变量表设置元件的地址和名称

用变量表设置元件的地址和名称见表 3-4。

表3-4　用变量表设置元件的地址和名称

操作说明	操作图
在项目树中展开“PLC 变量”，双击其中的“默认变量表”，在右边工作区打开默认变量表，变量表显示梯形图中已设置地址和名称的变量，该变量名称为 Tag_1，数据类型为 Bool（位型），地址为 %I0.0	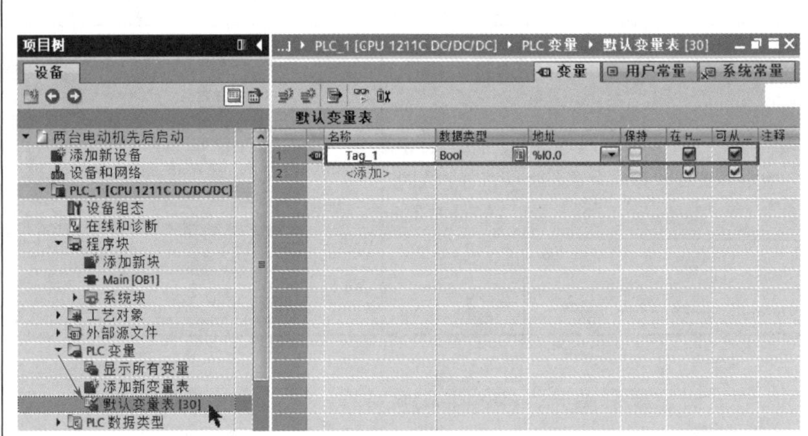
在默认变量表中设置梯形图中各元件的名称和地址，名称直接输入，数据类型均选择 Bool，设置地址时会弹出一个设置框，在此设置元件的标识符（I、Q、M）、地址和位号	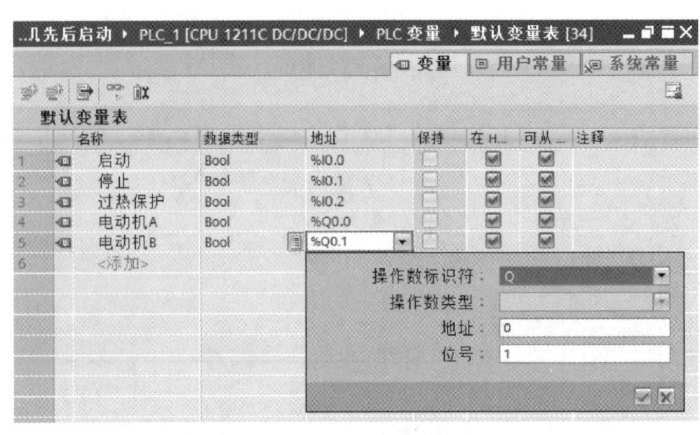

续表

操作说明	操作图
在项目树中展开“程序块”，双击其中的“Main[OB1]”，在右边工作区打开主程序（目标块 1），由于先前已将第一个常开触点的地址设为 %I0.0，故该元件上出现了变量表中地址 %I0.0 对应的名称“启动”，其他元件需要选择变量表中对应的名称和地址	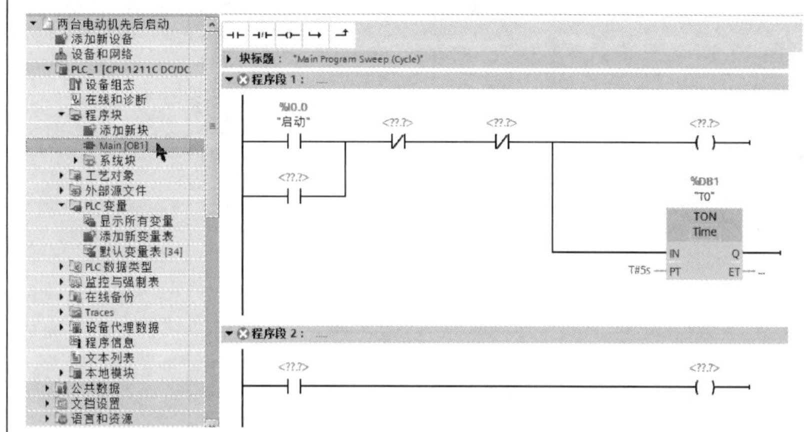
双击梯形图元件上方的 <??.?>，其变成输入框，单击输入框右边的按键，弹出列表框，在变量表中设置的变量会出现在该列表框内，选择与该元件对应的变量名称和地址，再用同样的方法为其他元件设置名称和地址	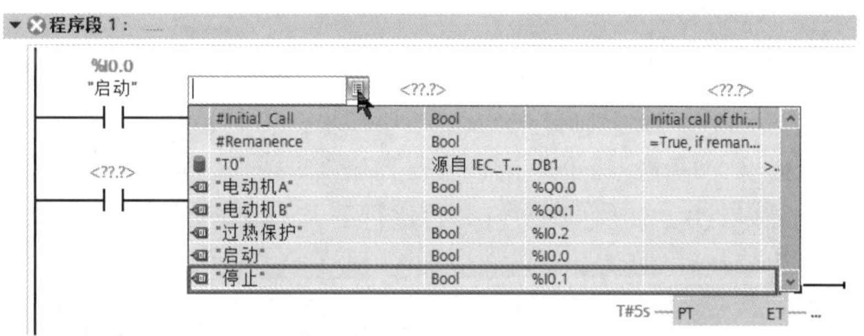
在设置定时器触点时，要先选择定时器的名称，再选择定时器控制该触点的控制端，将触点的名称设为“T0”.Q，表示触点受 T0 定时器的 Q 端控制，T0 计时 5s 后 Q 端输出 ON，“T0”.Q 常开触点闭合	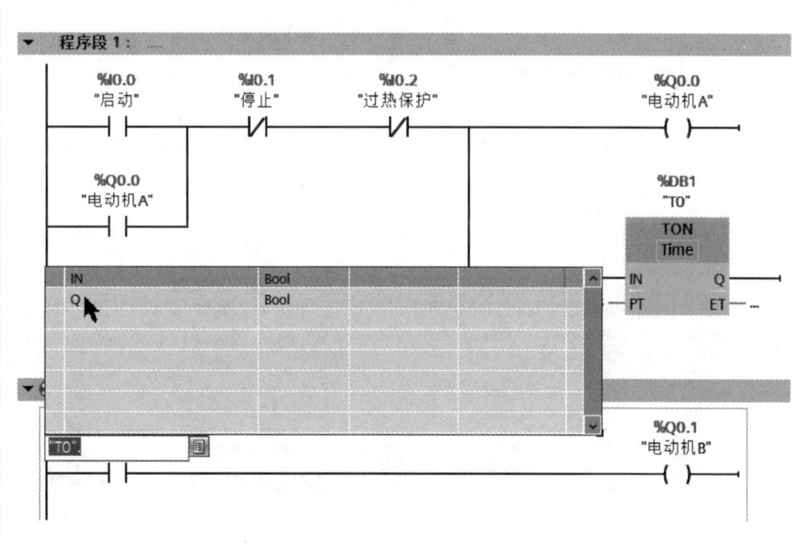

续表

操作说明	操作图
梯形图各元件名称和地址设置完成	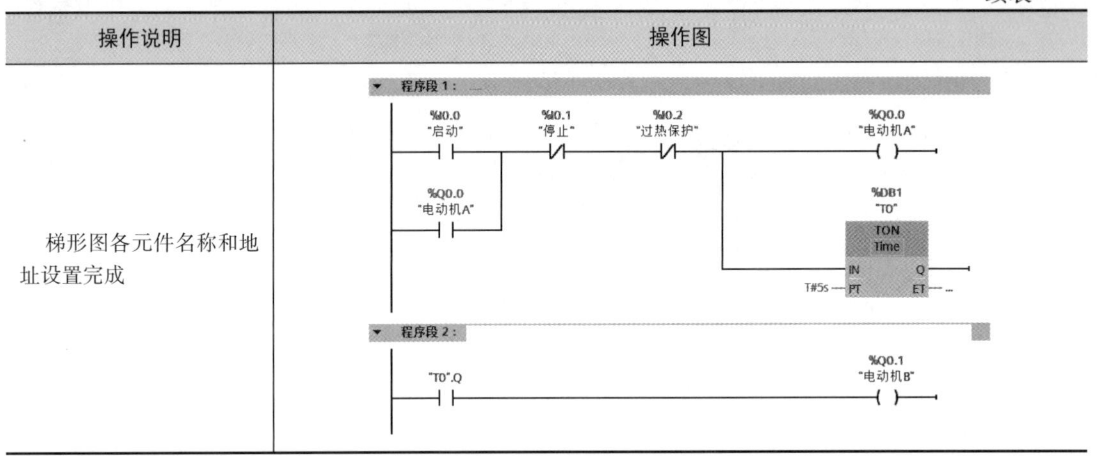

3.2.3 编译程序

编译和下载程序

PLC 程序编写完成后，可对程序进行编译，将其转换成 PLC 可以接受的代码，再下载到 PLC。在编译程序时，编程软件会对程序进行检查，程序没有错误才能下载到 PLC。

在编译时，执行菜单命令“编辑”→“编译”，STEP7 软件开始对 PLC 程序进行编译，在软件窗口下方的巡视窗口会显示编译结果，如图 3-9（a）所示。当编译信息出现“编译已完成（错误：0；警告：0）”时，表明程序没有错误（至少语法上没有错误），如果将梯形图中的定时器触点由 "T0".Q 改成 T0，再进行编译，编译结果显示程序段 2 出现 1 个错误，梯形图中的定时器触点名称显示为红色，如图 3-9（b）所示。

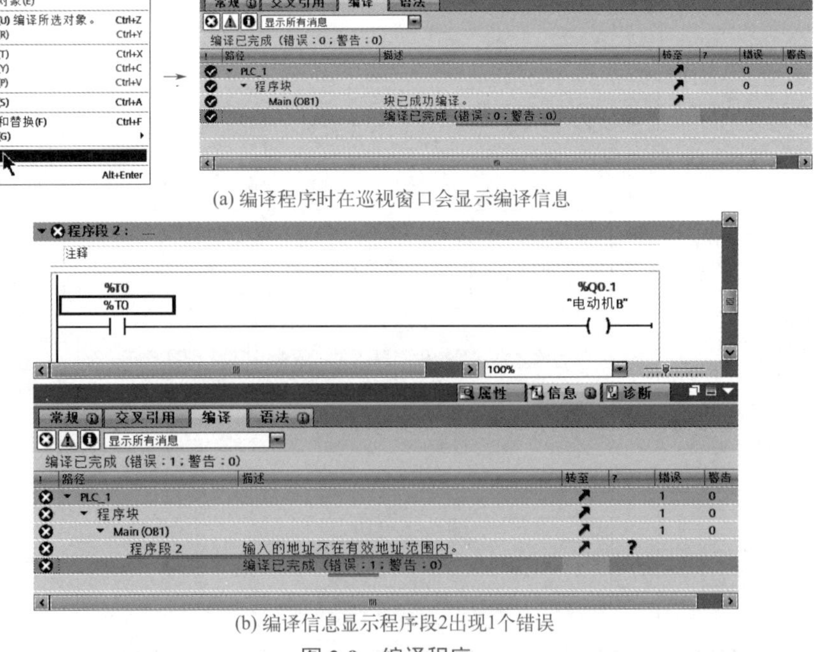

(a) 编译程序时在巡视窗口会显示编译信息

(b) 编译信息显示程序段2出现1个错误

图 3-9 编译程序

在编译时发现程序出错，应按编译信息提示找到错误并改正，再进行编译，直到无错误。如果编译时程序出现警告，尽量找到警告原因并排除，无法解决时也可不理会，无错误有警告不影响程序的编译和下载。

3.2.4　下载程序

下载程序是指将计算机中编写的程序传送给（写入）PLC。在下载程序时，需要将计算机与 PLC 连接起来，并进行通信设置。

（1）S7-1200 PLC 与计算机的硬件通信连接

在下载程序时，S7-1200 CPU 模块使用 PROFINET 端口与计算机的以太网端口连接，连接电缆采用普通的网线（两端均为 RJ45 公头）。S7-1200 PLC 与计算机之间用网线连接通信如图 3-10 所示。

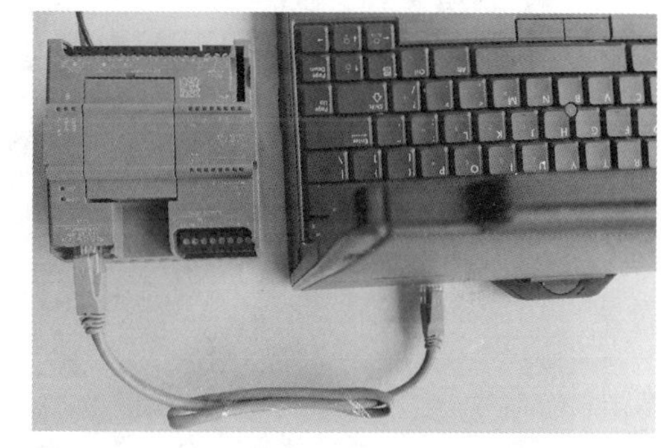

图 3-10　S7-1200 PLC 与计算机的硬件通信连接

（2）通信设置

PLC 与计算机连接好后，在编程软件中执行菜单命令“在线”→“扩展的下载到设备”，弹出“扩展的下载到设备”窗口，如图 3-11（a）所示。上方的地址“192.168.0.1”为 STEP7 软件给 PLC 配置的 IP 地址，下载时这个地址会传送给实体 PLC。如果要更改这个地址，可在项目树中双击“设备组态”打开组态设备视图，如图 3-11（b）所示，双击 CPU 模块上的 PROFINET 接口，下方出现该接口的属性窗口，在常规项中选择“以太网地址”，右方会显示为 PLC 配置的 IP 地址，在此可更改 IP 地址，一般保持默认。

在“扩展的下载到设备”窗口中，PG/PC 接口的类型选择 PN/IE，PG/PC 接口选择计算机与 PLC 连接的网卡，如图 3-11（c）所示，再单击“开始搜索”按钮，软件开始搜索与计算机连接的 PLC，搜到后会在下方显示 PLC 的型号和 IP 地址等信息，如果 STEP7 软件给 PLC 组态的 IP 地址与 PLC 本身的地址不一致，下载程序（含组态设备内容）后，PLC 的地址会变为 STEP7 软件为 PLC 组态的 IP 地址。搜找到 PLC 后，单击“下载”按钮，就可以开始程序下载。

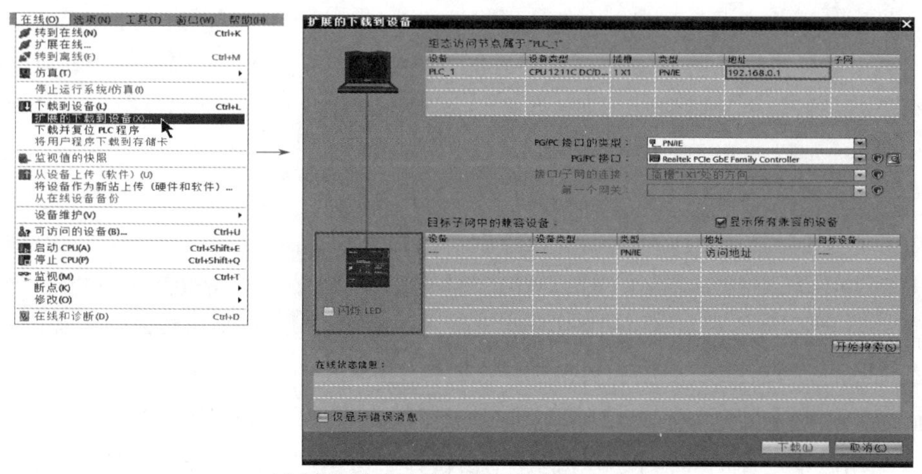

(a) 打开通信设置（扩展的下载到设备）窗口

图 3-11

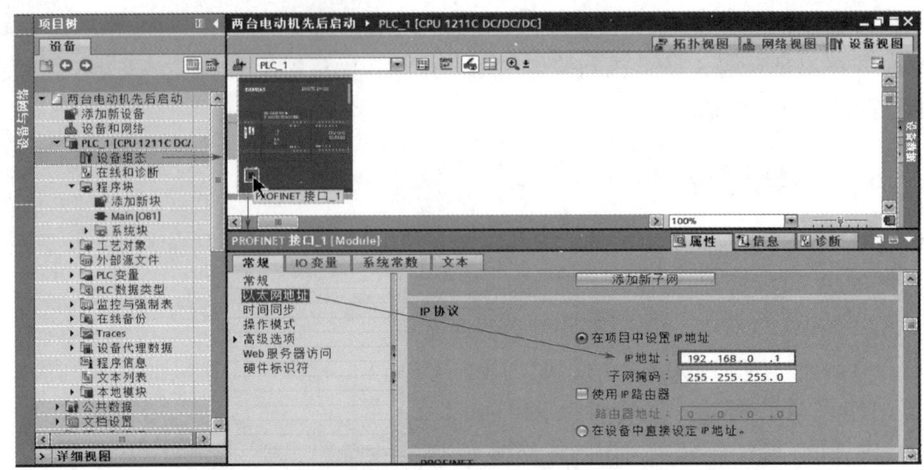

(b) 查看或更改为PLC配置的IP地址

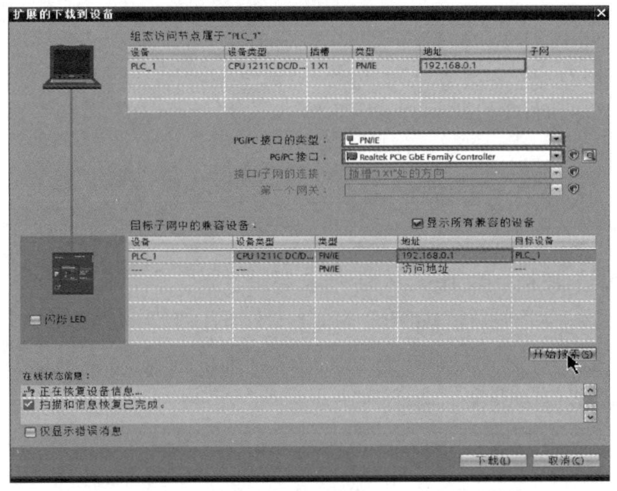

(c) 设置计算机与PLC连接的接口并搜找与计算机连接的PLC

图 3-11 PLC 与计算机的通信设置

(3) 下载程序

在“扩展的下载到设备”窗口中进行通信设置并找到与计算机连接的 PLC 后，可以在该窗口单击“下载”按钮开始下载 PLC 程序，也可以执行菜单命令“在线”→“下载到设备”。由于两台设备进行以太网通信时，要求两者的 IP 地址前 3 组数相同（同属于同一子网）且后一组数不同（表示同一子网中不同的设备）。

如果两者的 IP 地址不满足要求，下载时会弹出图 3-12（a）所示的为计算机分配 IP 地址对话框，单击“是”，系统会自动为计算机分配一个与 PLC 同子网但设备地址不同的 IP 地址，比如若 PLC 的 IP 地址为 192.168.0.1，计算机可分配 192.168.0.2 ～ 192.168.0.255 中的任一个地址。

如果计算机与 PLC 的 IP 地址符合通信要求，会弹出图 3-12（b）所示的下载预览窗口，显示下载前检查到的一些信息，窗口出现一个黄色的！号，提示计算机中组态的 PLC 版本为 V4.1，而与计算机连接的实体 PLC 版本为 V4.5，两者不一致，这种情况仍可以下载程序，但不能充分利用版本更高的实体 PLC 性能，单击窗口下方的“下载”按钮，开始程序的下载，下载完成后在巡视窗口显示有关下载信息，如图 3-12（c）所示。

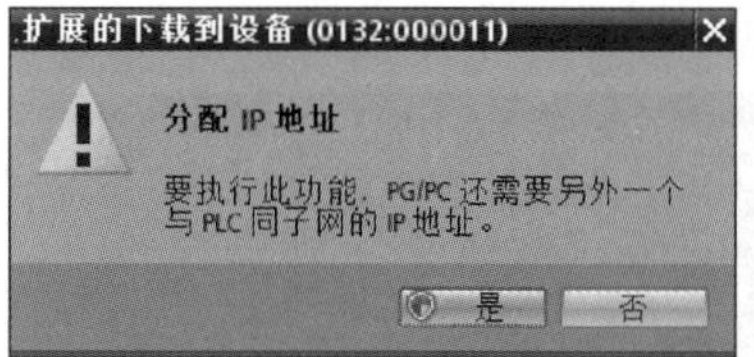

(a) 单击“是”自动为计算机分配IP地址

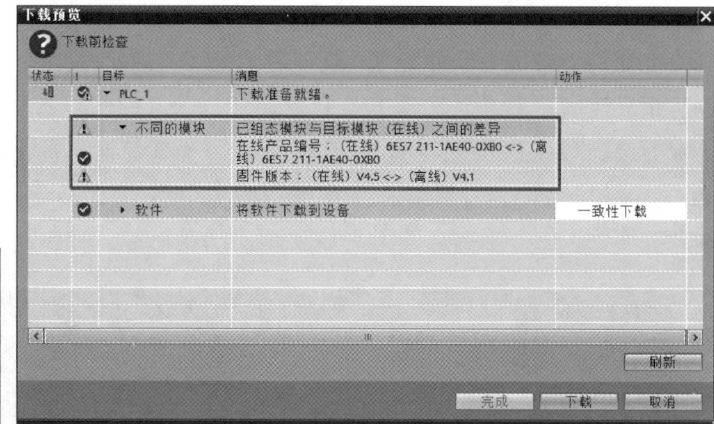

(b)下载预览窗口显示下载前检查到的一些信息

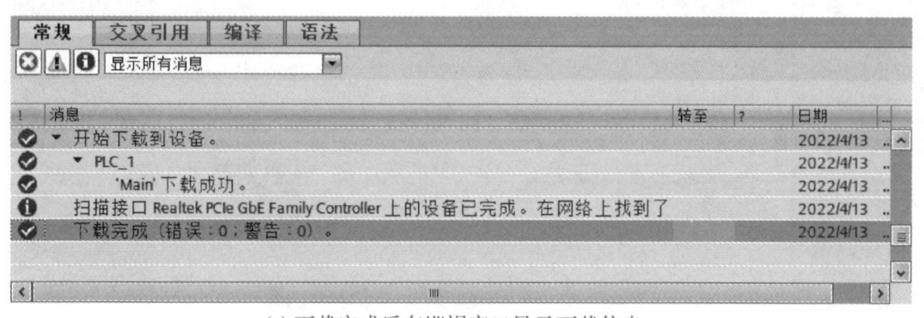

(c) 下载完成后在巡视窗口显示下载信息

图 3-12　下载 PLC 程序

3.3　在线监视调试程序

程序下载到 PLC 后，如果要查看程序在 PLC 中的运行情况，可使用 STEP7 软件的在线监视调试功能。监视调试的方式有梯形图监视调试、监控表监视调试和强制表监视调试。

3.3.1　进入在线监视模式

在线监视程序运行

在进行监视调试时，除了要将程序下载到 PLC 外，还要进入在线监视状态，让计算机与 PLC 硬件和软件都处于连接状态，操作如图 3-13 所示。先执行菜单命令“在线”→“转到在线”，进入在线状态，再执行“在线”→“监视”，就进入了在线监视模式，在软件窗口右下角显示连接到 PLC 和 PLC 的 IP 地址，在软件窗口右边的任务卡选择“测试”，调出 CPU 操作面板，单击“RUN”或“STOP”按钮可让 PLC 进入运行或停止状态。

3.3.2　在梯形图中监视调试程序

（1）在梯形图中监视程序的运行

进入在线监视模式时，梯形图编辑器标题栏颜色变成橙色，如图 3-14（a）所示。当 PLC

处于 RUN 状态时，梯形图中无能流通过的常开触点、线圈和连接线均为蓝色虚线，常闭触点和有能流的连接线为绿色实色，这时若给 PLC 的 I0.0 端子输入 ON 信号（比如将 I0.0 端子与 24V 正极连接），梯形图中的 I0.0 常开触点、Q0.0 线圈和之间的连接线马上变成绿色，表示有能流通过，同时 T0 定时器的 IN 输入为 ON（有能流输入）而启动计时，如图 3-14（b）所示。当 5s 计时到达后，T0 定时器的 Q 端输出为 ON，"T0".Q 常开触点闭合，Q0.1 线圈由蓝色虚线变成绿色实色（得电），如图 3-14（c）所示。

图 3-13　进入在线监视模式

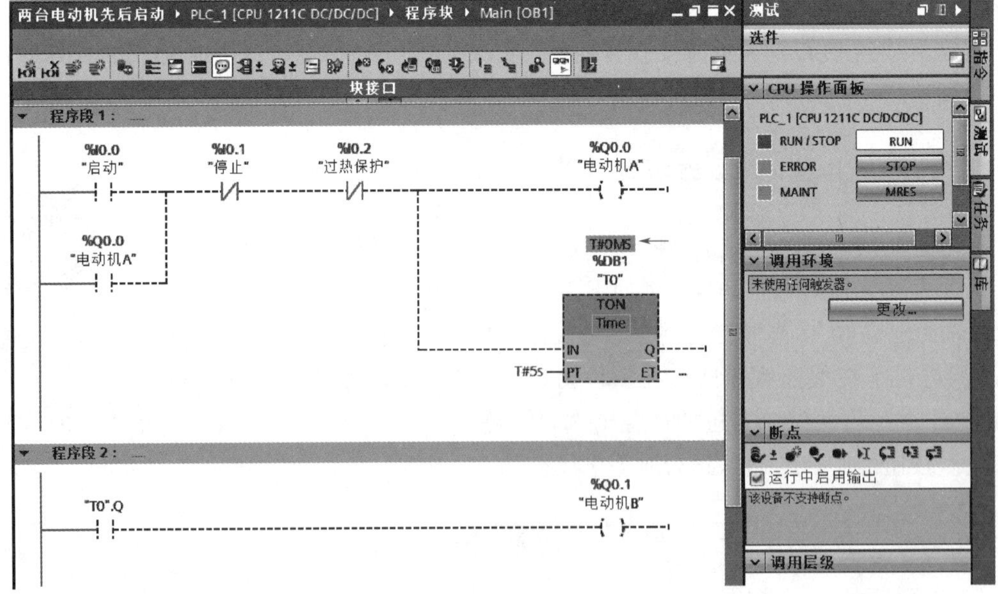

(a) 常态时梯形图中的连接线与元件

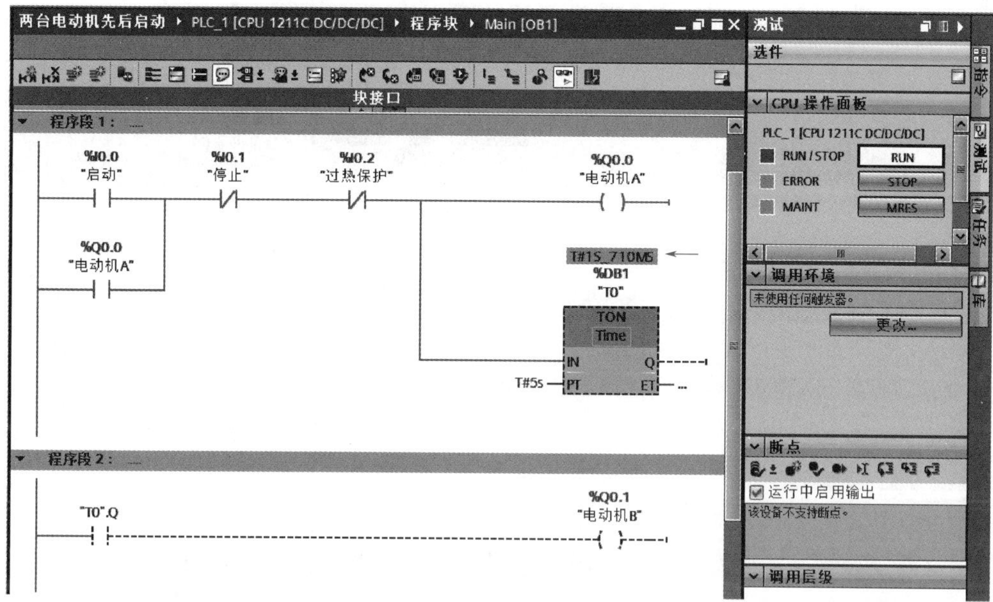

(b) PLC的I0.0端子输入为ON时梯形图中的连接线与元件（5s计时未到）

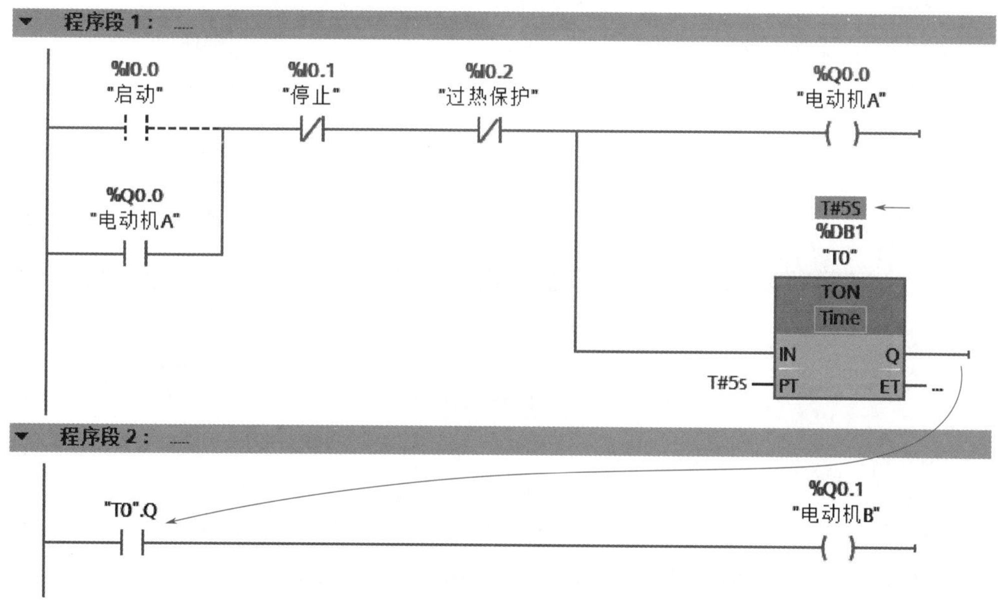

(c) PLC的I0.0端子输入为ON时梯形图中的连接线与元件（到达5s计时）

图 3-14　用梯形图监视程序

（2）在梯形图中修改元件值时监视程序的运行

在线监视时可以通过直接修改梯形图中一些元件的值来观察程序的运行效果。以修改 Q0.0 线圈的值为例，在 Q0.0 线圈上单击鼠标右键，在右键菜单中选择"修改"→"修改为 1"，如图 3-15（a）所示，Q0.0 线圈值设为 1（或称 TRUE、得电）后，Q0.0 常开自锁触点闭合，有能流流进 T0 定时器的 IN 端，T0 开始 5s 计时，如图 3-15（b）所示。5s 计时到达后，"T0".Q 常开触点闭合，Q0.1 线圈的值为 1（得电）。

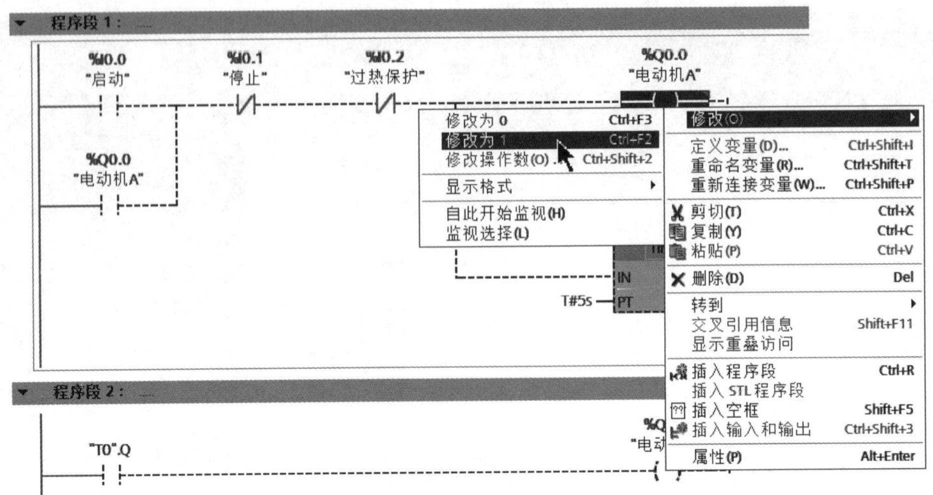

(a) 用右键菜单将Q0.0线圈的值修改为1

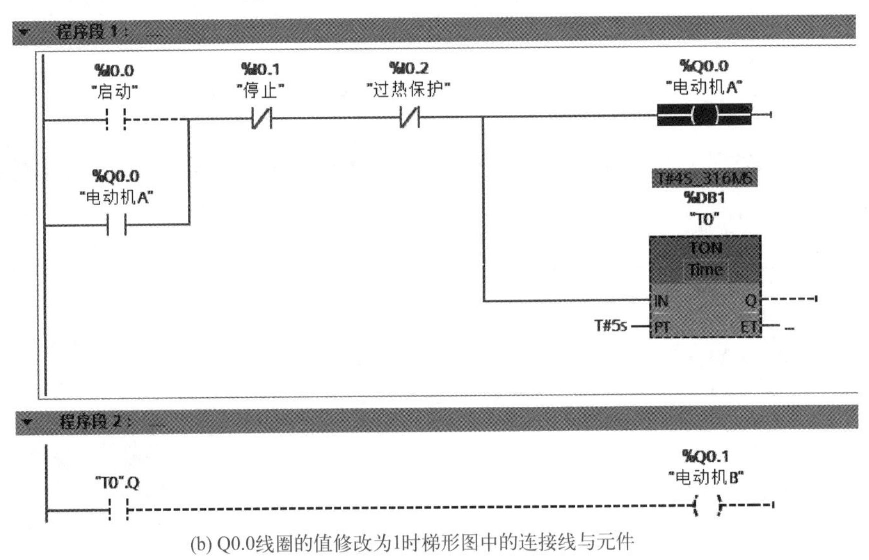

(b) Q0.0线圈的值修改为1时梯形图中的连接线与元件

图 3-15　在梯形图中修改元件值时程序的运行情况

在线监视时，I 元件的值与 I 端子的输入状态有关，其值无法修改（可以强制），比如将梯形图中的 I0.0 常开触点的值修改为 1，但 PLC 的 I0.0 端子实际输入为 OFF，I0.0 常开触点的值又会变为 0。Q 元件的值与程序有关，无法修改（可以强制），比如在 "T0".Q 触点处于断开状态时，无法将 Q0.1 线圈的值修改为 1（修改为 1 后程序使之又变为 0），而 Q0.0 线圈的值可以修改为 1，这是因为 Q0.0 线圈的值修改为 1 后，Q0.0 自锁触点会闭合，使 Q0.0 线圈的值可以维持为 1。

3.3.3　用监控表监视调试程序

（1）用监控表监视程序运行时元件的值

用监控表监视程序运行时元件的值的操作见表 3-5。

表3-5　用监控表监视程序运行时元件的值的操作

操作说明	操作图
用监控表监视时需要先创建一个监控表。在软件的项目树中展开“监控与强制表”，双击其中的“添加新监控表”，就创建了一个“监控表 _1”，同时在右边的工作区打开该监控表	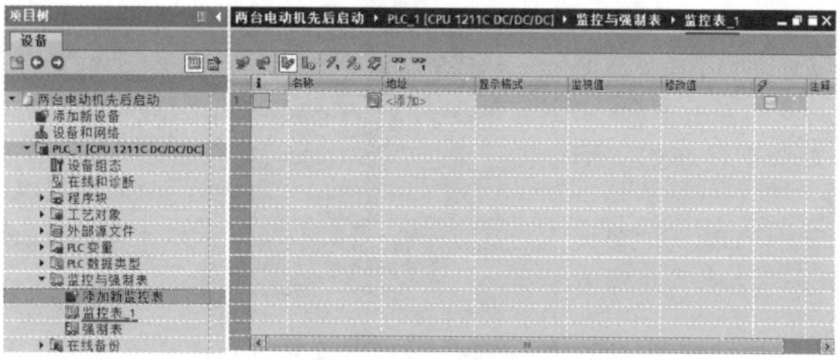
打开项目树的 PLC 变量中先前编程时建立的“默认变量表”，将该变量表中的所有变量复制到监控表中，定时器变量选择 "T0".ET（定时器当前计时值）	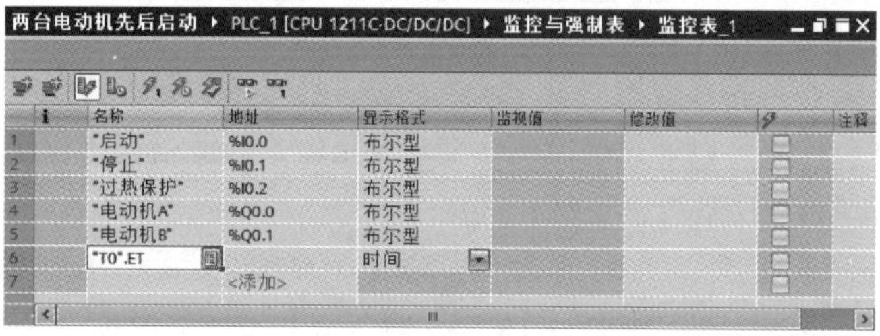
单击监控表上方的（全部监视），监控表进入监视状态，各元件的值（监视值）为初始值	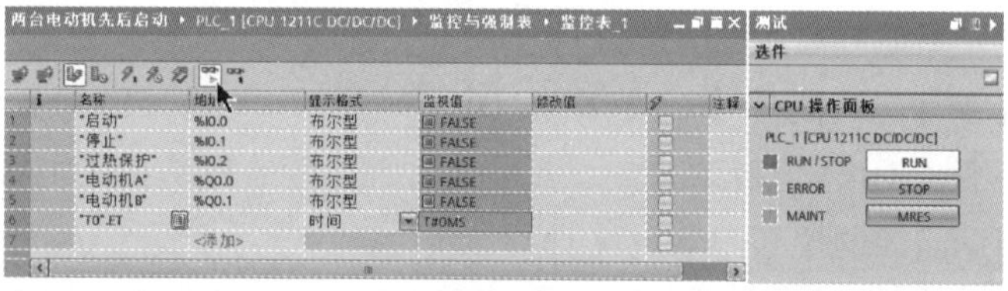
给 PLC 的 I0.0 端子输入 ON 信号，监控表中的变量 I0.0 和 Q0.0 的值变为 TRUE（1），变量 "T0".ET 的计时值不断变化	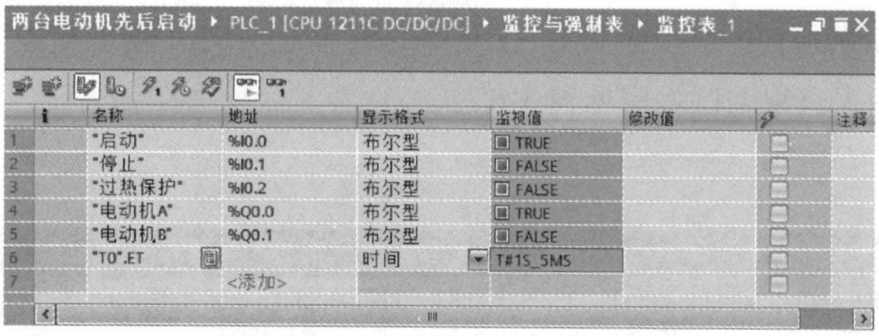
"T0".ET 的计时值达到 T#5S（5s）时，变量 Q0.0 和 Q0.1 的值都变为 TRUE	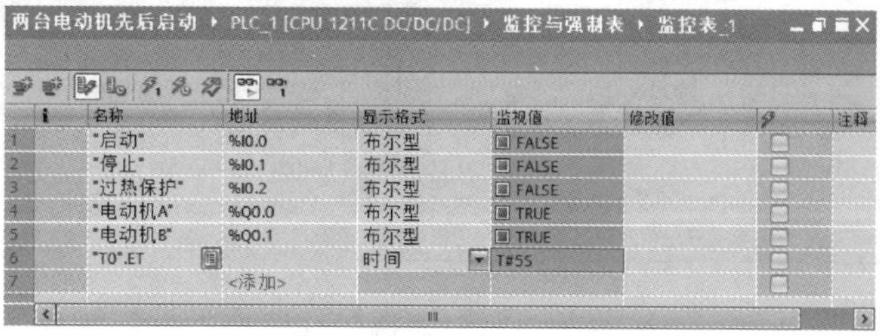

续表

操作说明	操作图
给 PLC 的 I0.1 端子输入 ON 信号，变量 I0.1（常闭触点）的值变为 TRUE，而变量 Q0.0 和 Q0.1 的值均由 TRUE 变 FALSE（0），变量 "T0".ET 的当前计时值变为 T#0MS（0s）	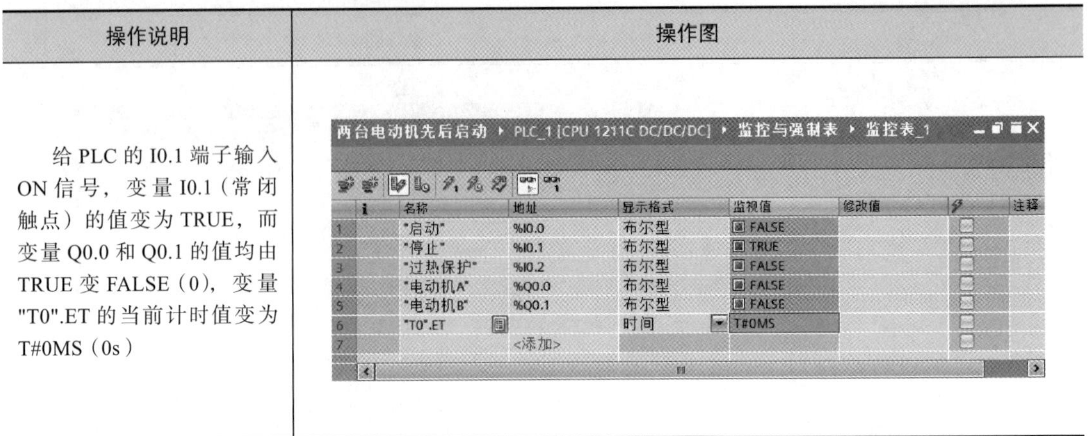

（2）在监控表修改变量（元件）值时监视各变量值的变化

在监控表可以通过修改一些变量（元件）的值来观察程序运行时其他一些变量值的变化，再分析判断程序是否达到要求。

以修改变量 I0.0 的值为例，在 I0.0 的修改值栏单击右键，在右键菜单中选择“修改”→“修改为 1”，如图 3-16（a）所示。I0.0 的修改值变为 TRUE，但后面出现！号，该修改无效，监控表其他变量值也无变化，如图 3-16（b）所示，这是因为 I 变量受 I 端子输入信号控制，不能修改（可以强制）。如果将变量 Q0.0 值修改为 1，会使程序中的 Q0.0 常开自锁触点闭合，有能流流进 Q0.0 线圈和 T0 定时器的 IN 端，T0 开始 5s 计时，如图 3-16（c）所示。如果将变量 Q0.1 值修改为 1，该修改无效，其监视值仍为 FALSE（0），如图 3-16（d）所示，其原因见前面的梯形图监视说明。

3.3.4 用强制表监视调试程序

在强制表中可以强制 I、Q 元件的值为 1 或 0，I 端子和程序不能影响 I、Q 元件的强制值。用强制表监视调试程序见表 3-6。

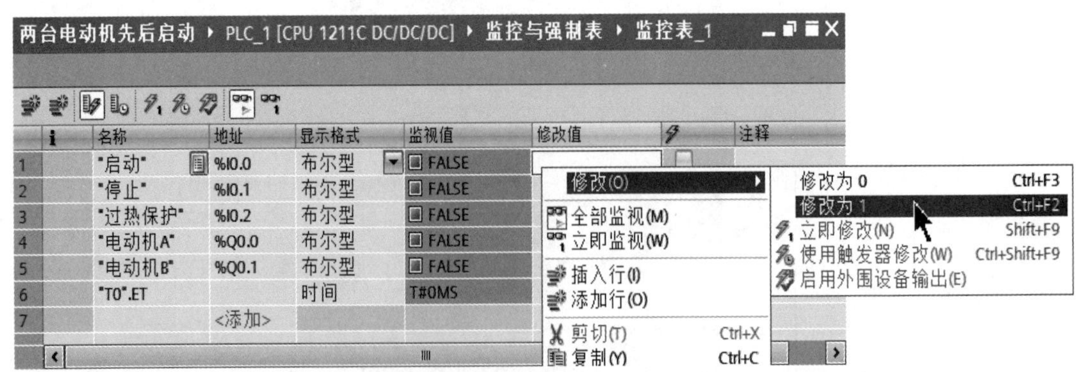

(a) 在监控表中将I0.0变量的值修改为1

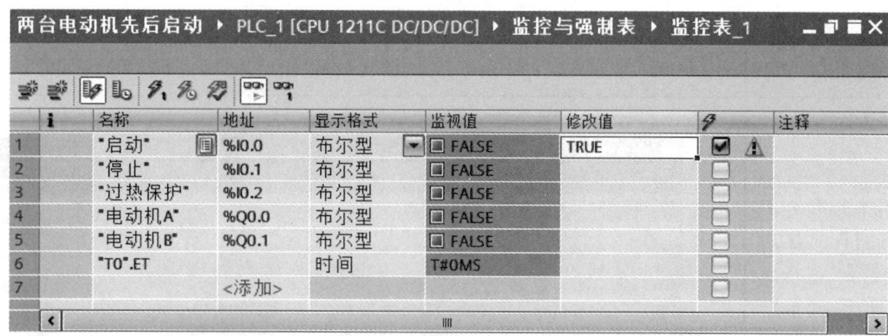

(b) I0.0变量值修改无效（I变量值受I端子输入信号控制，不能修改）

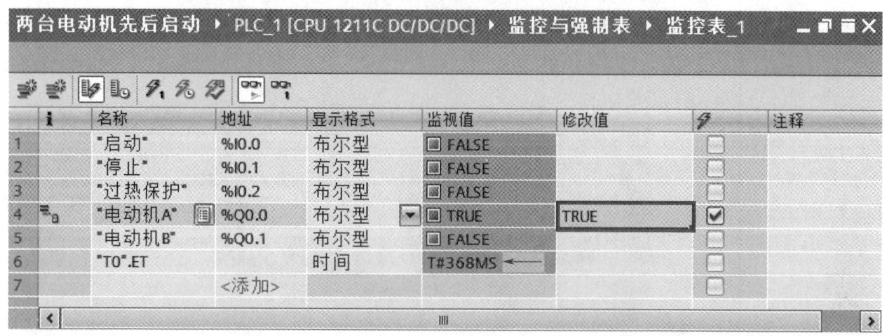

(c) 将变量Q0.0 的值修改为1（TRUE）时其他各变量的值

(d) 将变量Q0.1的值修改为1（修改无效）

图 3-16　在监控表修改变量（元件）值时监视各变量值的变化

表3-6　用强制表监视调试程序

操作说明	操作图
在 SETP7 软件的项目树中展开“监控与强制表”，再双击其中的“强制表”，在右边的工作区打开强制表	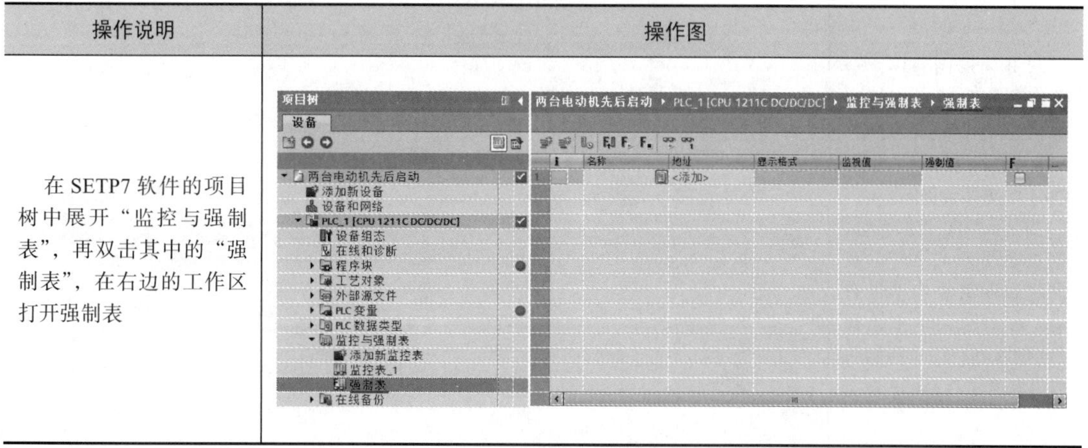

续表

操作说明	操作图
在项目树中打开 PLC 变量中先前编程时建立的“默认变量表”，将该变量表中的所有变量复制到强制表中	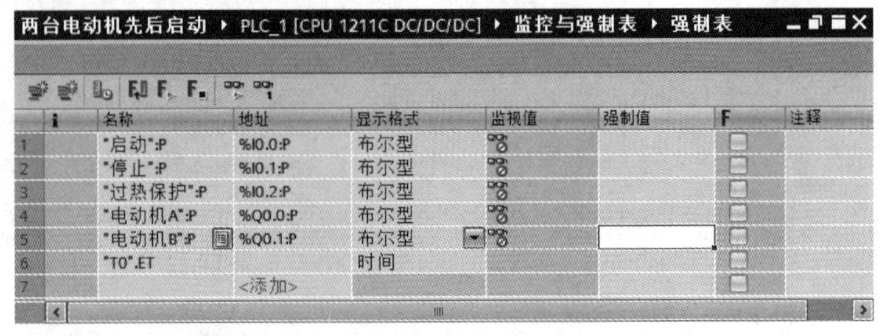
单击强制表上方的 (全部监视)，然后在变量 I0.0 的强制值栏单击右键，在右键菜单中选择“强制”→“强制为 1”	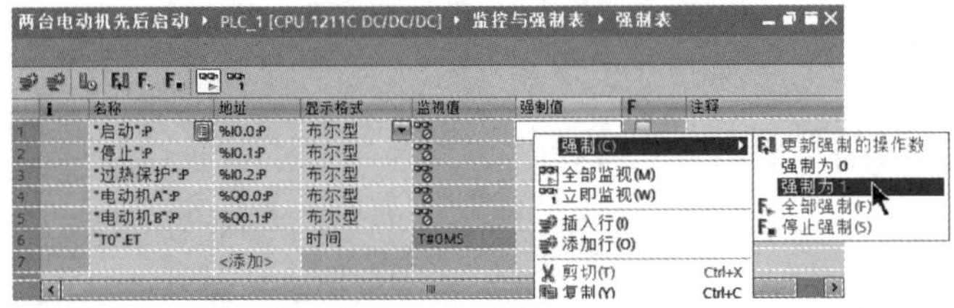
I0.0 的强制值变为 TRUE（1）时，定时器当前计时值变量 "T0".ET 显示计时值开始变化，打开监控表，会发现 I0.0 和 Q0.0 的值都变为 TRUE，"T0".ET 的计时值不断变化	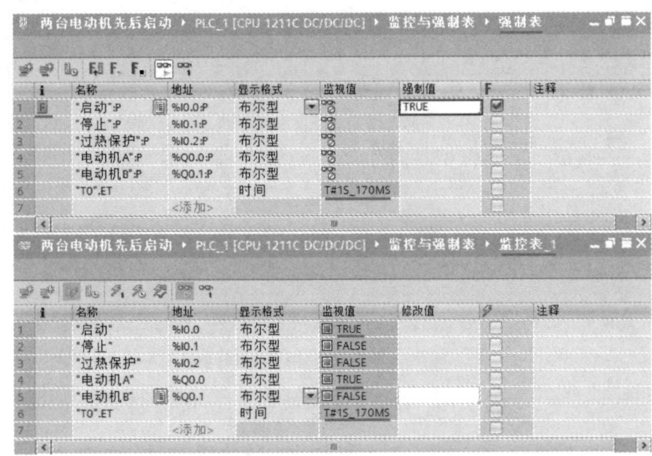
打开梯形图程序，会发现这些变量对应的元件状态有相同的变化，5s 计时到达后，Q0.0、Q0.1 线圈都会得电。 当某元件处于强制时，旁边会出现 F 字样。在强制表强制值栏单击右键，在右键菜单中选择“强制”→“停止强制”，可以取消强制	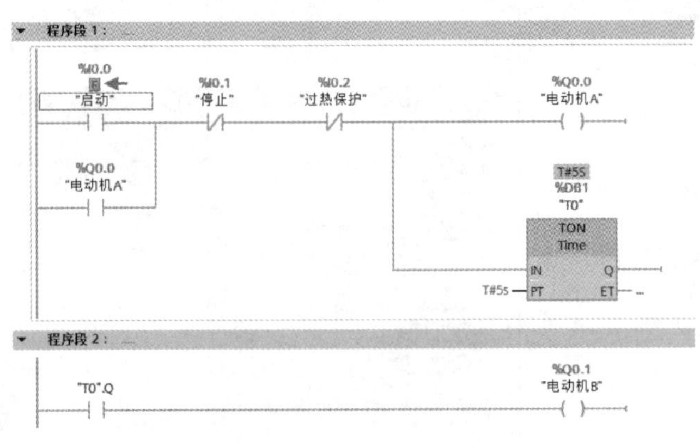

续表

操作说明	操作图
在强制 Q 元件时，只能改变 Q（过程映像输出区）的值，进而改变相应 Q 端子的输出，无法改变程序中的 Q 元件的值。例如在强制表中将 Q0.0 的值强制为 TRUE（1），在监控表中发现 Q0.0 的值（监视值）仍为 FALSE（0），这时若观察 PLC 的 Q0.0 端子对应的 Q0.0 指示灯，会发现该指示灯被点亮	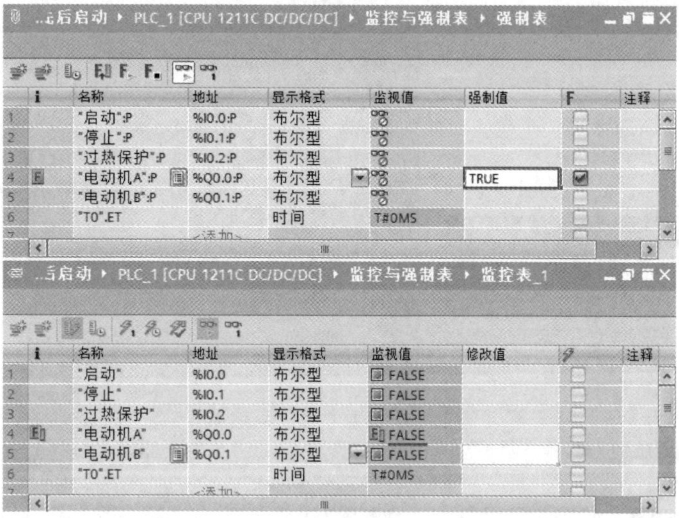

3.4　用 PLCSIM 软件仿真调试程序

如果有实体 S7-1200 PLC（CPU 模块），可使用 TIA STEP7 软件的在线监视功能分析调试程序。由于 S7-1200 CPU 模块价格较贵，如果没有实体 PLC，可使用 STEP7 软件连接 PLCSIM 仿真软件来检查调试程序。在仿真时，PLCSIM 仿真软件相当于一台模拟 S7-1200 PLC，STEP7 软件可以将程序下载到这台 PLC（即传送给 PLCSIM 仿真软件），然后在 PLCSIM 仿真软件中进行一些操作（比如更改变量的值）。再查看程序运行情况（比如一些变量值的变化）。如果程序运行不能满足要求，可检查程序问题所在，修改后再下载给 PLCSIM 软件，如此反复，直到程序达到要求。

3.4.1　启动仿真器并下载程序

仿真程序

在 TIA STEP7 软件执行菜单命令“在线”→“仿真”→“启动”，启动 PLCSIM 仿真软件，出现模拟 S7-1200 PLC，如图 3-17（a）所示。同时弹出图 3-17（b）所示的“扩展的下载到设备”窗口，接口类型选择“PN/IE”，PG/PC 接口选择“PLCSIM S7-1200/S7-1500”，再单击“开始搜索”，搜到后显示设备类型为“CPU-1200 Simula...”，然后单击“下载”，如果希望程序下载到模拟 PLC（即 PLCSIM 仿真软件）后进入 RUN 模式，在图 3-17（c）窗口选择“全部启动”，单击“完成”结束下载。模拟 S7-1200 PLC 上的 RUN/STOP 指示灯为绿色，指示 PLC 处于 RUN 模式，如图 3-17（d）所示，单击模拟 PLC 窗口右下角的图标，可将当前模拟 PLC 窗口（紧凑视图）切换到图 3-17（d）中右边所示的项目视图。

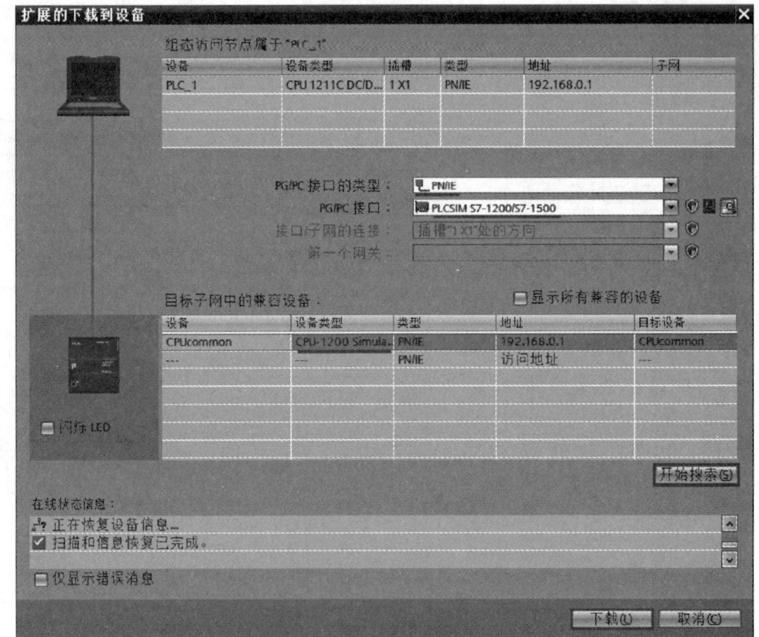

(a) 模拟PLC窗口(紧凑视图)

(b) 在窗口设置接口并搜索模拟PLC

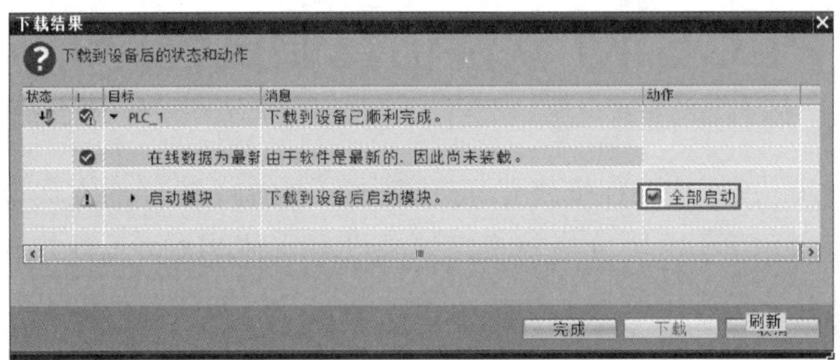

(c) 选择“全部启动”可在程序下载后让模拟PLC进入RUN模式

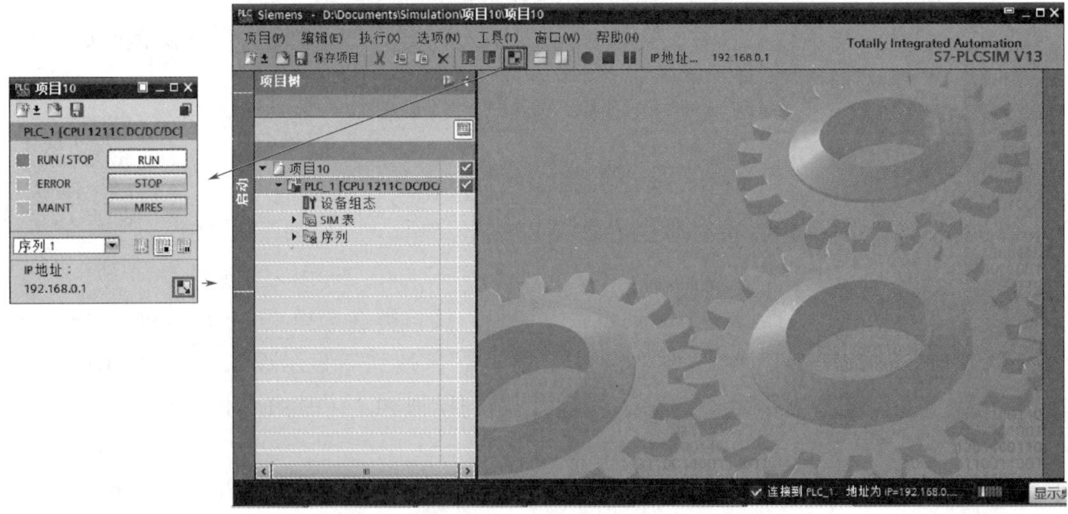

(d) 模拟PLC窗口的紧凑视图与项目视图的切换

图 3-17　启动仿真软件（模拟 PLC）并下载程序

3.4.2　在 SIM 表添加程序中的变量（元件）

与 STEP7 软件中使用监控表和强制表监视调试程序一样，在仿真软件中可以用 SIM 表（仿真表）来仿真调试程序。

先将模拟 PLC 窗口（PLCSIM 仿真软件窗口）由紧凑视图切换项目视图，然后在项目树的 SIM 表中双击 SIM 表 1，在右边的工作区打开 SIM 表 1，如图 3-18（a）所示，再在 SIM 表中添加仿真时要操作和监视的程序中的变量，如图 3-18（b）所示，在添加定时器当前计时值变量 "T0".ET 时，要先选择“T0”，之后选择“ET”，如图 3-18（c）所示，添加完变量的 SIM 表如图 3-18（d）所示。

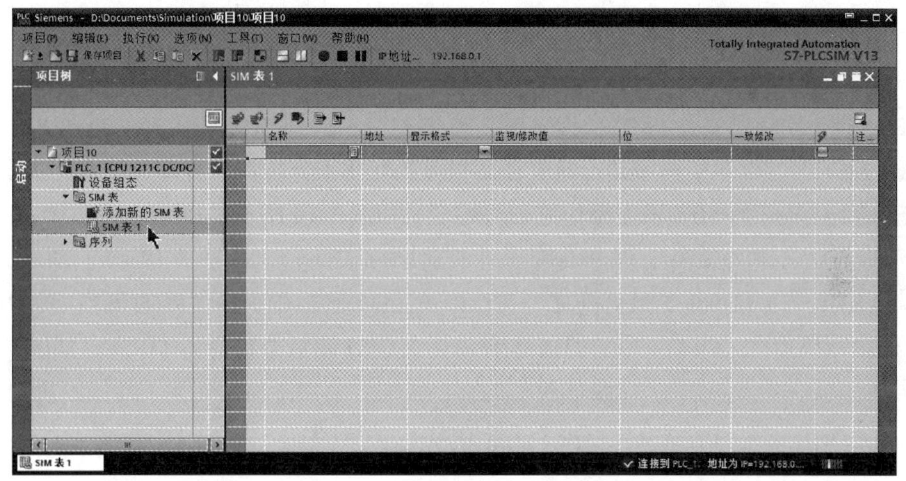

(a) 打开SIM表

(b) 在SIM表中添加仿真时要操作和监视的程序中的变量

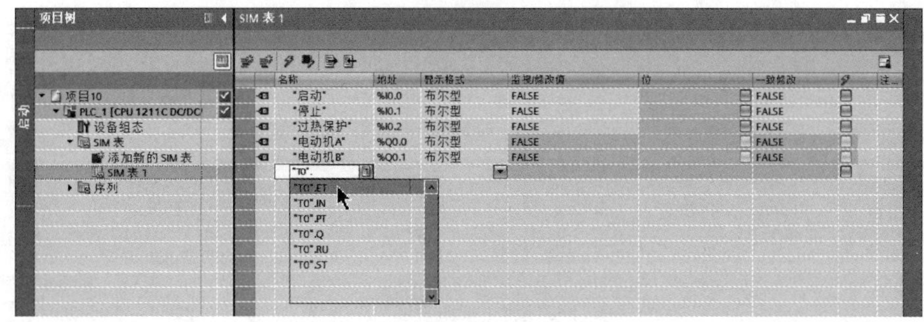

(c) 添加定时器当前计时值变量"T0".ET

图 3-18

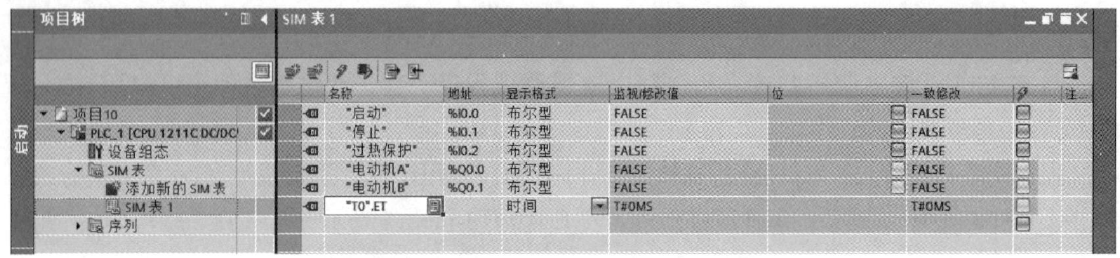

(d) 添加完变量的SIM表

图 3-18　在 SIM 表添加程序中的变量（元件）

3.4.3　仿真操作监视程序中的变量

用 PLCSIM 软件仿真运行 PLC 程序时，可以在该软件的 SIM 表中操作更改 PLC 程序中的变量（元件）值，再观察程序运行时其他变量值的变化来分析调试程序，使程序满足要求。

在 PLCSIM 软件的 SIM 表中操作监视程序变量如图 3-19 所示。将 SIM 表 I0.0（启动）变量的位栏的方框选中，相当于将 I0.0 端子外接启动开关闭合，如图 3-19（a）所示，I0.0 变量值变为 TRUE（1），Q0.0 变量值随之变为 TRUE（Q0.0 线圈得电），定时器当前计时值变量 "T0".ET 的值不断增大。当 "T0".ET 的值达到 5s 时，Q0.1 变量值也变为 TRUE，如图 3-19（b）所示，再将 SIM 表 I0.1（停止）变量的位栏的方框选中，相当于将 I0.1 端子外接停止开关闭合，I0.1 变量值变为 TRUE（1），Q0.0、Q0.1 变量值均变为 FALSE，"T0".ET 的值变为 0，如图 3-19（c）所示。

SIM 表 1

名称	地址	显示格式	监视/修改值	位	一致修改
"启动"	%I0.0	布尔型	TRUE		FALSE
"停止"	%I0.1	布尔型	FALSE		FALSE
"过热保护"	%I0.2	布尔型	FALSE		FALSE
"电动机A"	%Q0.0	布尔型	TRUE		FALSE
"电动机B"	%Q0.1	布尔型	FALSE		FALSE
"T0".ET		时间	T#474MS		T#0MS

（a）将I0.0变量的值设为1时各变量的值（Q0.0值为TRUE，"T0".ET值不断增大）

SIM 表 1

名称	地址	显示格式	监视/修改值	位	一致修改
"启动"	%I0.0	布尔型	FALSE		FALSE
"停止"	%I0.1	布尔型	FALSE		FALSE
"过热保护"	%I0.2	布尔型	FALSE		FALSE
"电动机A"	%Q0.0	布尔型	TRUE		FALSE
"电动机B"	%Q0.1	布尔型	TRUE		FALSE
"T0".ET		时间	T#5S		T#0MS

(b) "T0".ET值增到5s时Q0.1值变为TRUE

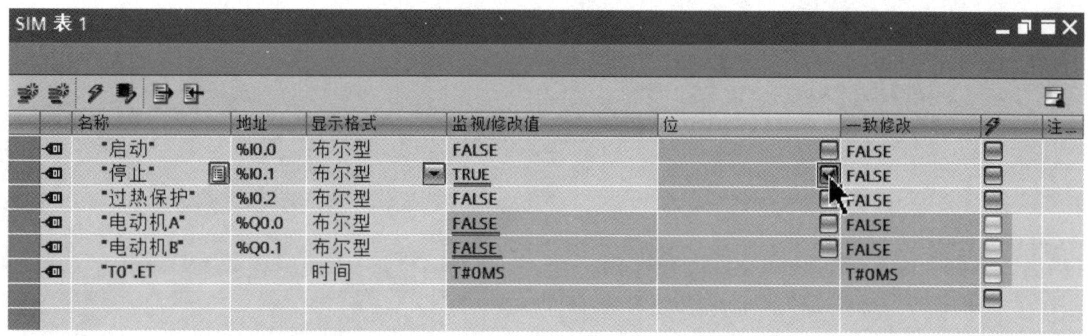
SIM 表 1

名称	地址	显示格式	监视/修改值	位	一致修改	注...
"启动"	%I0.0	布尔型	FALSE		FALSE	
"停止"	%I0.1	布尔型	TRUE		FALSE	
"过热保护"	%I0.2	布尔型	FALSE		FALSE	
"电动机A"	%Q0.0	布尔型	FALSE		FALSE	
"电动机B"	%Q0.1	布尔型	FALSE		FALSE	
"T0".ET		时间	T#0MS		T#0MS	

(c) 将I0.1变量的值设为1时各变量的值（Q0.0、Q0.1值均变为FALSE，"T0".ET值变为0）

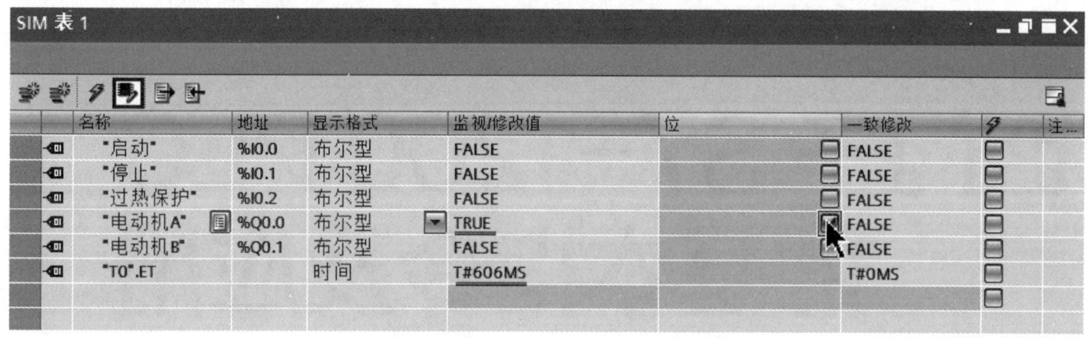
SIM 表 1

名称	地址	显示格式	监视/修改值	位	一致修改	注...
"启动"	%I0.0	布尔型	FALSE		FALSE	
"停止"	%I0.1	布尔型	FALSE		FALSE	
"过热保护"	%I0.2	布尔型	FALSE		FALSE	
"电动机A"	%Q0.0	布尔型	TRUE		FALSE	
"电动机B"	%Q0.1	布尔型	FALSE		FALSE	
"T0".ET		时间	T#606MS		T#0MS	

(d) 选择启用非输入修改后修改M、Q变量才有效

图 3-19　在 PLCSIM 软件的 SIM 表中操作监视程序变量

在 SIM 表中默认只允许修改 I 变量（输入型变量），若要修改 M、Q 变量（非输入型变量），应先单击 SIM 表工具栏上的（启用 / 禁用非输入修改）工具，再修改 M、Q 变量才有效，如图 3-19（d）所示。

PLC

第 4 章

西门子 S7-1200 PLC 的基本指令及应用

基本指令是 PLC 最常用的指令，包括 10 大类指令：位逻辑运算指令、定时器指令、计数器指令、比较指令、数学函数指令、移动指令、转换指令、程序控制指令、字逻辑运算指令、移位和循环移位指令。

4.1 位逻辑运算指令

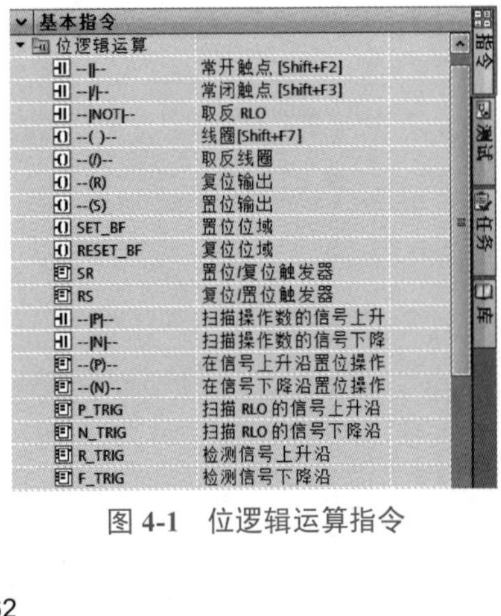

图 4-1　位逻辑运算指令

在 TIA STEP7 软件窗口右边的任务卡中选择指令卡，再点开基本指令中的“位逻辑运算”，可以查看到所有的位逻辑运算指令，如图 4-1 所示。

4.1.1　常开 / 常闭触点、取反和线圈指令

常开 / 常闭触点、取反和线圈指令说明如表 4-1 所示。

表4-1　常开/常闭触点、取反和线圈指令说明

符号名称	说明	存储区	举例
<??.?> ┤ ├ 常开触点	当 ??.? 位为 1（ON）时，??.? 常开触点闭合，为 0（OFF）时常开触点断开	??.?：I、Q、M、D、L	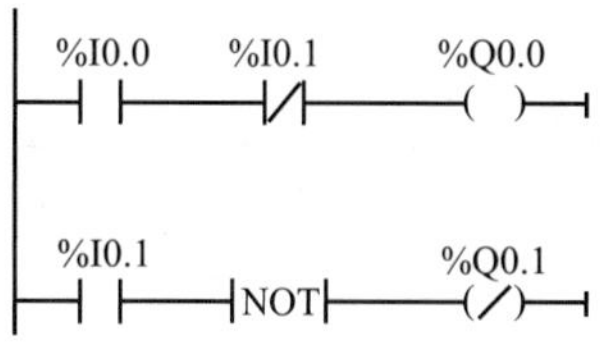 %I0.0　%I0.1　%Q0.0 ┤ ├──┤/├──( )┤ %I0.1　　%Q0.1 ┤ ├──┤NOT├──(/)┤ 当 I0.0=1 时，I0.0 常开触点闭合，Q0.0 线圈得电（Q0.0=1），当 I0.1=1 时，I0.1 常闭触点断开，Q0.0 线圈失电，I0.1 常开触点闭合，NOT 指令输入为 ON，取反后输出为 OFF，取反线圈 Q0.1 输入为 OFF 时得电，即 Q0.1 = 1
<??.?> ┤/├ 常闭触点	当 ??.? 位为 0 时，??.? 常闭触点闭合，为 1 时常闭触点断开	??.?：I、Q、M、D、L	
┤NOT├ 取反	当该触点左方有能流时，取反后右方无能流，左方无能流时取反后右方有能流	无	
<??.?> ─( )─ 输出线圈	当有输入能流时，??.? 线圈得电，能流消失后，??.? 线圈马上失电	??.?：I、Q、M、D、L	
<??.?> ─(/)─ 取反线圈	当有输入能流时，??.? 线圈失电，无能流输入时，??.? 线圈得电	??.?：I、Q、M、D、L	

4.1.2　复位、置位指令

复位、置位指令说明如表 4-2 所示。

表4-2　复位、置位指令

符号名称	说明	存储区	举例
<??.?> ─(S)─ 置位输出	当有能流输入时，??.? 位被置位（置 1），能流消失后，??.? 位仍为 1	??.?：I、Q、M、D、L	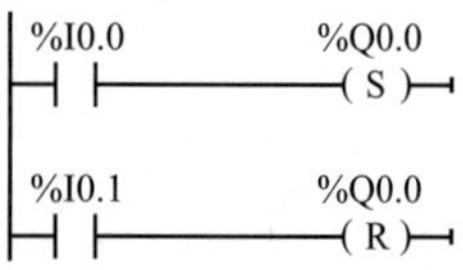 %I0.0　%Q0.0 ┤ ├──(S)┤ %I0.1　%Q0.0 ┤ ├──(R)┤ 当 I0.0 常开触点闭合时，Q0.0 线圈被置 1（得电），I0.0 常开触点断开后，Q0.0 线圈仍为 1（得电）；当 I0.1 常开触点闭合时，Q0.0 线圈被复位（置 0）（失电），I0.1 常开触点断开后，Q0.0 线圈仍为 0
<??.?> ─(R)─ 复位输出	当有能流输入时，??.? 位被复位（置 0），能流消失后，??.? 位仍为 0		
<??.?> ─(SET_BF)─ <???> 置位位域	将 ??.? 为开始地址的 ??? 个位元件置位（置 1）	??.?：I、Q、M、DB 或 IDB，BOOL 类型的 ARRAY [..] 中的元素 ???：常数	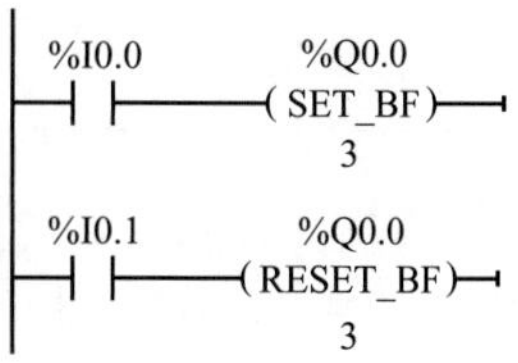 %I0.0　%Q0.0 ┤ ├──(SET_BF)┤ 3 %I0.1　%Q0.0 ┤ ├──(RESET_BF)┤ 3 当 I0.0 常开触点闭合时，Q0.0 ～ Q0.2 均被置 1，I0.0 常开触点断开后，Q0.0 ～ Q0.2 仍为 1；当 I0.1 常开触点闭合时，Q0.0 ～ Q0.2 均被复位（置 0），I0.1 常开触点断开后，Q0.0 ～ Q0.2 仍为 0
<??.?> ─(RESET_BF)─ <???> 复位位域	将 ??.? 为开始地址的 ??? 个位元件复位（置 0）		

续表

<table>
<tr><th>符号名称</th><th>说明</th><th>存储区</th><th>举例</th></tr>
<tr>
<td> 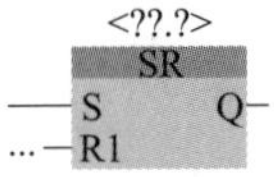<??.?>
SR
S Q
R1
置位/复位触发器</td>
<td>当 S 端输入 ON 时，??.? 位被置 1，同时 Q 端输出 1，其他情况如下：
<table><tr><th>S</th><th>R1</th><th>Q(??.?)</th></tr><tr><td>0</td><td>0</td><td>保持前一状态</td></tr><tr><td>0</td><td>1</td><td>0</td></tr><tr><td>1</td><td>0</td><td>1</td></tr><tr><td>1</td><td>1</td><td>0</td></tr></table></td>
<td rowspan="2">??.?、S、R1、Q 均可为：I、Q、M、D、L</td>
<td rowspan="2">%M0.0
%I0.0 SR %Q0.0
S Q
%I0.1 R1
%M0.1
%I0.2 RS %Q0.1
R Q
%I0.3 S1
当 I0.0 常开触点闭合且 I0.1=0 时，M0.0 被置 1，Q 端输出 1，Q0.0 线圈得电；当 I0.0 常开触点闭合且 I0.1=1 时，R1 端优先，M0.0 被复位（置 0）。当 I0.2 常开触点闭合且 I0.3=0 时，M0.1 被复位置 0，当 I0.2 常开触点闭合且 I0.3=1 时，S1 端优先，M0.1 被置位（置 1）</td>
</tr>
<tr>
<td><??.?>
RS
R Q
S1
复位/置位触发器</td>
<td>当 R 端输入 ON 时，??.? 位被复位置 0，同时 Q 端输出 0，其他情况如下：
<table><tr><th>R</th><th>S1</th><th>Q(??.?)</th></tr><tr><td>0</td><td>0</td><td>保持前一状态</td></tr><tr><td>1</td><td>0</td><td>0</td></tr><tr><td>0</td><td>1</td><td>1</td></tr><tr><td>1</td><td>1</td><td>1</td></tr></table></td>
</tr>
</table>

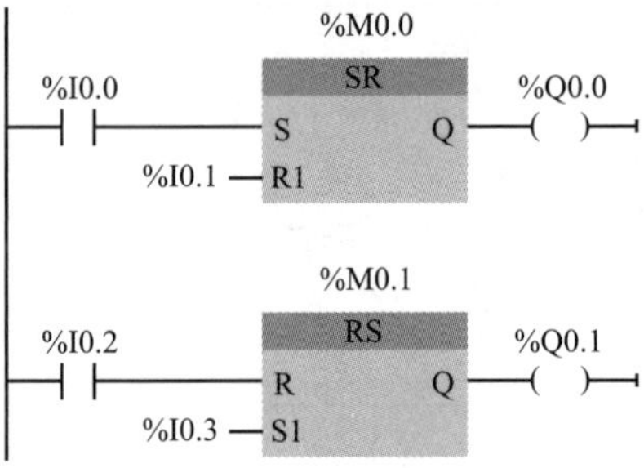

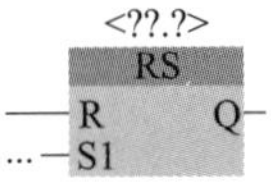

4.1.3 边沿指令

边沿指令说明如表 4-3 所示。

表4-3 边沿指令说明

<table>
<tr><th>符号名称</th><th>说明</th><th>存储区</th><th>举例</th></tr>
<tr>
<td><??.?>
—|P| 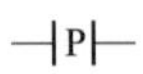—
<??.?>
扫描操作数的信号上升沿</td>
<td>当上 ??.? 位由 0 变为 1 时，触点接通一个扫描周期，下 ??.? 位为边沿存储器位，存放上 ??.? 位上一次扫描周期的值</td>
<td rowspan="2">操作数 1（上 ??.?）：I、Q、M、D、L
操作数 2（下 ??.?）：M、D
边沿存储器位的地址在程序中只能使用一次。边沿存储位的存储区必须位于位存储区或 DB（FB 静态区域）中</td>
<td rowspan="2"> 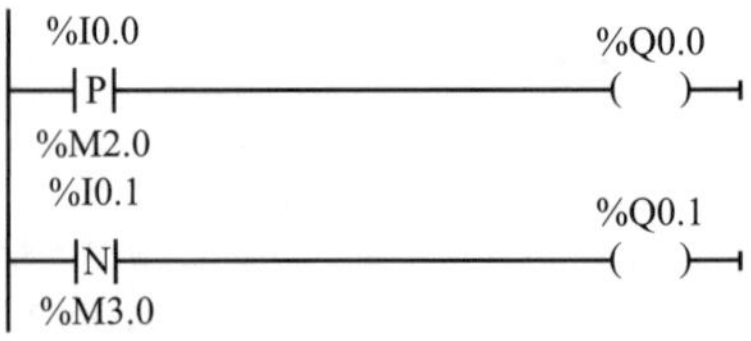%I0.0 %Q0.0
—|P|—( )—
%M2.0
%I0.1 %Q0.1
—|N|—( )—
%M3.0
当 I0.0 的值由 0 变为 1（如 I0.0 端子外接开关由断开转为闭合）时，P 触点接通一个扫描周期；当 I0.1 的值由 1 变为 0（如 I0.1 端子外接开关由闭合转为断开）时，N 触点接通一个扫描周期</td>
</tr>
<tr>
<td><??.?>
—|N| 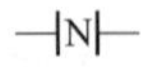—
<??.?>
扫描操作数的信号下降沿</td>
<td>当上 ??.? 位由 1 变为 0 时，触点接通一个扫描周期，下 ??.? 位为边沿存储器位，存放上 ??.? 位上一次扫描周期的值</td>
</tr>
</table>

续表

符号名称	说明	存储区	举例
<??.?> -(P)- <??.?> 在信号上升沿置位操作数	当 P 线圈输入由 0 变 1 时，上 ??.? 位置 1 一个扫描周期，下 ??.? 位为边沿存储器位，存放上 ??.? 位上一次扫描周期的值	操作数 1（上 ??.?）：I、Q、M、D、L 操作数 2（下 ??.?）：M、D 边沿存储器位的地址在程序中只能使用一次。边沿存储位的存储区必须位于位存储区或 DB（FB 静态区域）中	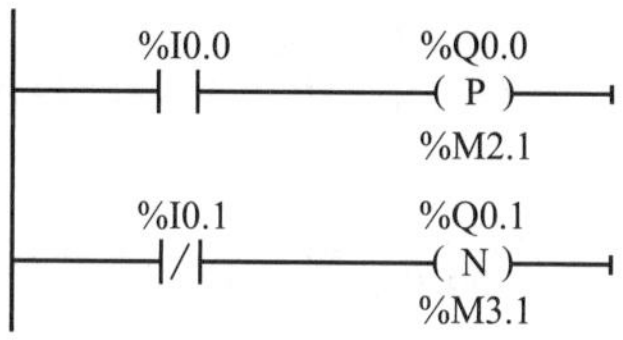 %I0.0　%Q0.0 -(P)- %M2.1 %I0.1　%Q0.1 -(N)- %M3.1 当 I0.0 常开触点由断开转为闭合（0 → 1）时，P 线圈 Q0.0 得电（置 1）一个扫描周期；当 I0.1 常闭触点由闭合转为断开（1 → 0）时，N 线圈 Q0.1 得电一个扫描周期
<??.?> -(N)- <??.?> 在信号下降沿置位操作数	当 N 线圈输入由 1 变 0 时，上 ??.? 位置 1 一个扫描周期，下 ??.? 位为边沿存储器位，存放上 ??.? 位上一次扫描周期的值		
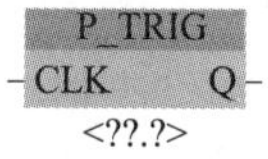 P_TRIG CLK　Q <??.?> 扫描输入信号上升沿	当 P_TRIG 指令的 CLK 端输入由 0 → 1 时，Q 端输出一个扫描周期的“1”，??.? 位为边沿存储器位，存放上一次 CLK 输入值	CLK：I、Q、M、D、L ??.?：M、D Q：I、Q、M、D、L 边沿存储器位的地址在程序中只能使用一次。边沿存储位的存储区必须位于位存储区或 DB（FB 静态区域）中	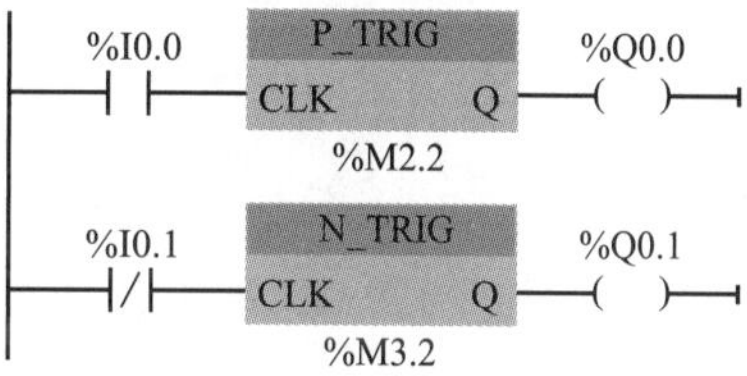 %I0.0　P_TRIG CLK Q　%Q0.0 ( )　%M2.2 %I0.1　N_TRIG CLK Q　%Q0.1 ( )　%M3.2 当 I0.0 常开触点由断开转为闭合（0 → 1）时，P_TRIG 指令 Q 端输出一个扫描周期的脉冲，Q0.0 线圈得电一个扫描周期；当 I0.1 常闭触点由闭合转为断开（1 → 0）时，N_TRIG 指令 Q 端输出一个扫描周期的脉冲，Q0.1 线圈得电一个扫描周期
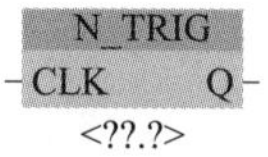 N_TRIG CLK　Q <??.?> 扫描输入信号下降沿	当 N_TRIG 指令的 CLK 端输入由 1 → 0 时，Q 端输出一个扫描周期的“1”，??.? 位为边沿存储器位，存放上一次 CLK 输入值		
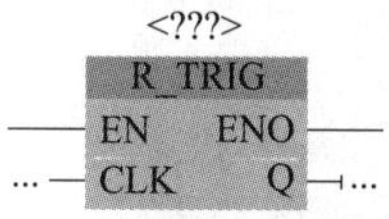 <???> R_TRIG EN　ENO CLK　Q 检测信号上升沿	EN=1 时，当 R_TRIG 指令的 CLK 端输入由 0 → 1 时，Q 端输出一个扫描周期的“1”，??? 位为边沿存储器位，存放上一次 CLK 输入值	CLK：I、Q、M、D、L、常数 ???：DB EN、ENO、Q：I、Q、M、D、L 这 2 个指令为函数块（FB）指令，在程序中插入该指令时会自动打开“调用选项”对话框，也可在指令上用右键菜单的“更改实例”打开该对话框，在此可设置该指令背景数据块（DB）的名称	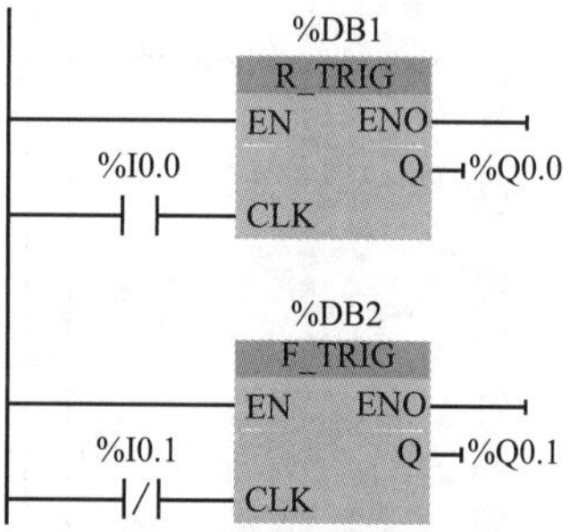 %DB1 R_TRIG EN ENO　%I0.0 CLK　Q %Q0.0 %DB2 F_TRIG EN ENO　%I0.1 CLK　Q %Q0.1 当 I0.0 常开触点由断开转为闭合（0 → 1）时，R_TRIG 指令 Q 端输出一个扫描周期的脉冲，Q0.0 一个扫描周期为 1；当 I0.1 常闭触点由闭合转为断开（1 → 0）时，F_TRIG 指令 Q 端输出一个扫描周期的脉冲，Q0.1 一个扫描周期为 1
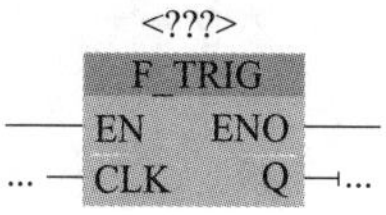 <???> F_TRIG EN　ENO CLK　Q 检测信号下降沿	EN=1 时，当 F_TRIG 指令的 CLK 端输入由 1 → 0 时，Q 端输出一个扫描周期的“1”，??? 位为边沿存储器位，存放上一次 CLK 输入值		

4.2 定时器指令

定时器指令可以进行时间延时，程序中可以使用的定时器数量仅受 CPU 模块存储器容量限制。每个定时器均使用 16 字节的 IEC_Timer 类型的背景 DB（数据块）来存储功能框或线圈指令顶部指定的定时器数据。定时器的时间类型为 TIME（32 位，以 DInt 数据的形式存储），有效范围为 T#-24d_20h_31m_23s_648ms ～ T#24d_20h_31m_23s_647ms，定时器指令中的时间无法使用负数，负 PT（预设时间）值在定时器指令执行时被设置为 0，ET（当前计时值）始终为正值。

定时器指令数量较多，如图 4-2 所示。其中前 4 个指令为函数块指令，需要用到存储函数各变量的数据块（又称背景数据块），在程序中插入这些指令时会自动打开“调用选项”对话框，如图 4-3 所示，另外在指令上用右键菜单中的“创建 / 更改实例”也可打开该对话框，在此可设置指令所用数据块（DB）的名称。按“项目树”→“程序块”→“系统块”→“程序资源”可找到创建的数据块。

▼ 定时器操作	
TP	生成脉冲
TON	接通延时
TOF	生成关断延时
TONR	时间累加器
--(TP)--	启动脉冲定时器
--(TON)--	启动接通延时定时器
--(TOF)--	启动关断延时定时器
--(TONR)--	时间累加器
--(RT)--	复位定时器
--(PT)--	加载持续时间

图 4-2　定时器指令

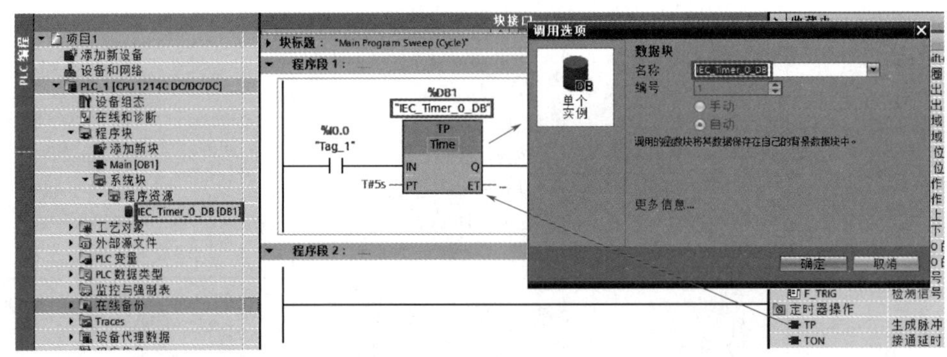

图 4-3　插入定时器函数块指令时弹出“调用选项”对话框（在此设置该函数块所用数据块的名称）

4.2.1　TP（脉冲定时器）指令

TP 指令可分为函数指令（生成脉冲指令）和线圈指令（启动脉冲定时器指令），其功能是产生设定时间长度的脉冲。

(1) 指令说明(表 4-4)

表4-4 TP指令说明

<table>
<tr><th>符号名称</th><th>说明</th><th>参数</th></tr>
<tr><td><???>
TP
Time
IN Q
<???>—PT ET—...
生成脉冲</td><td>当 TP 函数块指令 IN 端输入 0 → 1 时，开始按 PT 端预设的时间计时，计时期间 Q 端输出为 1，ET 端显示已计时时间。TP 函数块指令一旦启动计时，中途无法停止直至到达计时值。TP 函数块指令的各个参数保存在上 ??? 指定的数据块中</td><td rowspan="2"><table>
<tr><th>参数</th><th>数据类型</th><th>存储区</th></tr>
<tr><td>IN—启动输入</td><td>BOOL</td><td>I、Q、M、D、L</td></tr>
<tr><td>PT—预设时间值必须为正值</td><td>TIME</td><td>I、Q、M、D、L或常数</td></tr>
<tr><td>Q—定时器状态值</td><td>BOOL</td><td>I、Q、M、D、L</td></tr>
<tr><td>ET—当前计时值</td><td>TIME</td><td>I、Q、M、D、L</td></tr>
</table></td></tr>
<tr><td><???>
TP
—(Time)—
<???>
启动脉冲定时器</td><td>当 TP 线圈指令左端输入 0 → 1 时，开始按下 ??? 设定的时间计时，计时期间 TP 线圈状态为 1。TP 线圈指令一旦启动计时，中途无法停止直至到达计时值。TP 线圈指令的参数保存在上 ??? 指定的数据块中</td></tr>
</table>

(2) TP 函数块(生成脉冲)使用举例

TP 函数块(生成脉冲)指令使用举例如图 4-4 所示。当 I0.0 触点由断开转为闭合时，TP 指令的 IN 端输入由 0 变 1(OFF → ON)，启动指令按 PT 端设定的 8s 计时，ET 端显示已计时时间值(当前时间值)，在计时期间 Q 端输出 1，8s 计时到达后，Q 端输出变为 0，ET 端显示时间保持 8s 不变，当 I0.0 触点由闭合转为断开时，TP 指令的 IN 端输入由 1 变 0，ET 端时间清 0。生成脉冲(TP)指令一旦启动计时，中途无法停止直至到达计时值，Q 端输出脉冲的宽度只与 PT 端预设计时值有关。

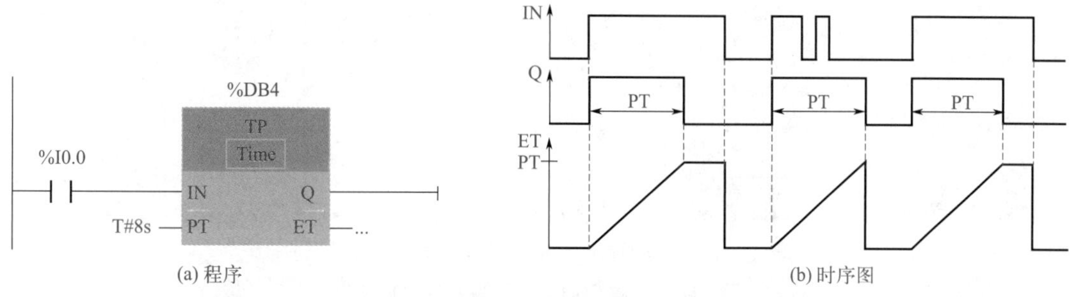

(a) 程序　(b) 时序图

图 4-4 TP 函数块(生成脉冲)使用举例

(3) TP 线圈(启动脉冲定时器)指令使用举例

① 创建定时器线圈指令的背景数据块　定时器线圈指令需要使用数据块中的“IEC_TIMER”类型变量来存放定时器参数(如定时器线圈状态值、计时值等)。下面创建一个名称

为“定时器 DB”的全局数据块（可在整个程序中使用），并在数据块中建立多个类型为“IEC_TIMER”的变量，以供多个定时器线圈指令使用。

在项目树的程序块中双击“添加新块”，弹出“添加新块”对话框，如图 4-5（a）所示。先选择“数据块”，再选择“全局 DB”，在数据块的名称栏输入“定时器 DB”，确定后就创建了一个数据块并自动打开。在该数据块中建立 T1 ～ T6 多个变量（在仓库中建成多个房间），变量的数据类型都选择“IEC_TIMER”，如图 4-5（b）所示。单击 T1 ～ T6 名称左边的右向小三角，展开后会发现这些类型的变量中又含有多个变量（ST、PT、ET、RU、IN、Q）。一个数据块可看成是一个仓库，在数据块中建立变量可看作在仓库中建造房间，房间内又可以有多个装不同物品的柜子。变量的数据类型可看作房间的类型，不同类型的房间适合放置相应类型的物品。“IEC_TIMER”数据类型的变量适合存放定时器的各种参数（ST、PT、ET、RU、IN、Q）。

(a) 创建一个名称为“定时器DB”的全局数据块

项目1 ▸ PLC_1 [CPU 1214C DC/DC/DC] ▸ 程序块 ▸ 定时器DB [DB1]

项目1：添加新设备、设备和网络、PLC_1 [CPU 1214C DC/DC/DC]、设备组态、在线和诊断、程序块、添加新块、Main [OB1]、定时器DB [DB1]、工艺对象、外部源文件、PLC 变量、PLC 数据类型

定时器DB

	名称	数据类型	启动值	保持性	可从 HMI ...	在 HMI ...
1	▼ Static					
2	▸ T1	IEC_TIMER		☐	☑	☑
3	▸ T2	IEC_TIMER		☐	☑	☑
4	▸ T3	IEC_TIMER		☐	☑	☑
5	▸ T4	IEC_TIMER		☐	☑	☑
6	▸ T5	IEC_TIMER		☐	☑	☑
7	▸ T6	IEC_TIMER		☐	☑	☑
8	<新增>					

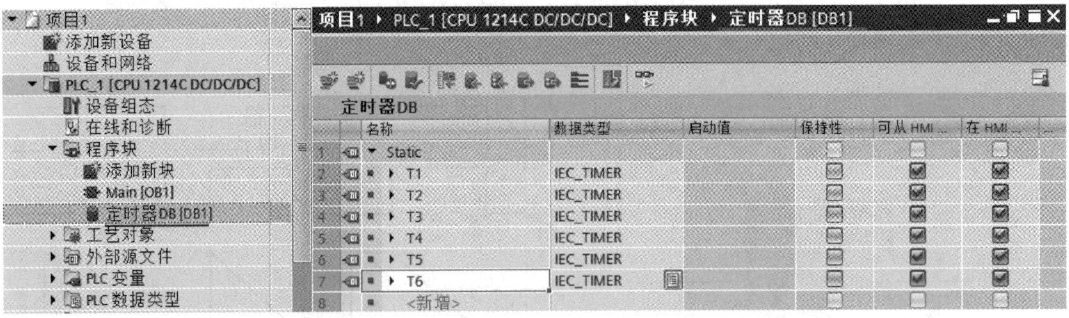

(b) 在“定时器DB”数据块中建立多个类型为“IEC_TIMER”的变量

图 4-5　创建定时器线圈指令的数据块

② 指令使用举例　TP 线圈（启动脉冲定时器）指令使用举例如图 4-6 所示。当 I0.0 常开触点闭合时，TP 线圈（其参数保存在“定时器 DB”数据块的 T1 变量中）指令执行，开始 5s 计时，计时期间 TP 线圈输出值（Q 值）保持为 1，"定时器 DB".T1.Q（意为“定时器 DB”数据块的 T1 变量中的 Q 值）常开触点闭合，Q0.0 线圈得电，在 TP 线圈指令计时期间，无论

I0.0 状态如何均不会停止计时，直至到达计时时间且 I0.0 断开时，TP 线圈 Q 值变为 0，详细可参见 TP 函数块指令的使用举例。

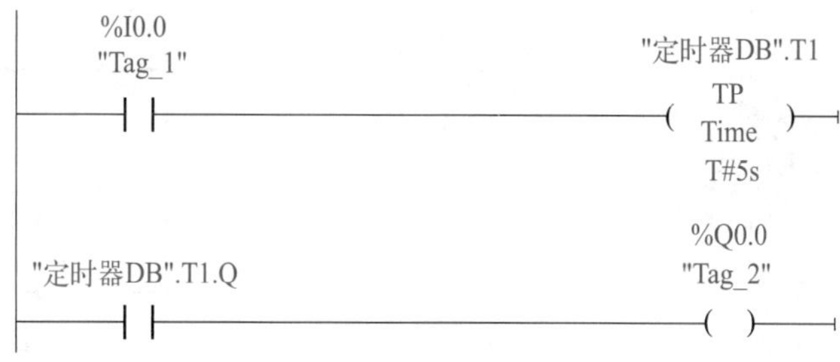

图 4-6　TP 线圈（启动脉冲定时器）指令使用举例

4.2.2　TON（接通延时定时器）指令

TON 指令可分为函数指令（接通延时指令）和线圈指令（启动接通延时定时器指令），其功能是当输入接通（0 → 1）时延时设定时间后输出 1。

（1）指令说明（表 4-5）

表4-5　TON指令说明

<table>
<tr><th>符号名称</th><th>说明</th><th>参数</th></tr>
<tr><td><???>
TON
Time
IN　Q
<???>—PT　ET—...
接通延时</td><td>当 IN 端输入 0 → 1 时，TON 指令开始按 PT 端预设的时间计时，计时到达 PT 值后 Q 端输出为 1，ET 端显示已计时时间；当 IN 端输入 1 → 0 时，TON 指令停止计时并将 ET 值清 0，Q 端输出为 0。TON 指令的各个参数保存在上 ??? 指定的数据块中</td><td rowspan="2"><table>
<tr><th>参数</th><th>数据类型</th><th>存储区</th></tr>
<tr><td>IN—启动输入</td><td>BOOL</td><td>I、Q、M、D、L</td></tr>
<tr><td>PT—预设时间值
必须为正值</td><td>TIME</td><td>I、Q、M、D、L
或常数</td></tr>
<tr><td>Q—定时器状态值</td><td>BOOL</td><td>I、Q、M、D、L</td></tr>
<tr><td>ET—当前计时值</td><td>TIME</td><td>I、Q、M、D、L</td></tr>
</table></td></tr>
<tr><td><???>
—(TON Time)—
<???>
启动接通延时定时器</td><td>当 TON 线圈指令输入 0 → 1 时，开始按下 ??? 设定的时间计时，计时期间 TON 线圈状态为 0，达到设定计时值时 TON 线圈状态为 1；当输入由 1 → 0 时，TON 线圈状态变为 0。TON 线圈指令的参数保存在上 ??? 指定的数据块中</td></tr>
</table>

（2）指令使用举例

TON（接通延时）函数块指令使用举例如图 4-7 所示。当 I0.0 触点由断开转为闭合时，TON 指令的 IN 端输入由 0 → 1（OFF → ON），启动指令按 PT 端设定的 5s 计时，ET 端的 MD10 保存已计时时间值（当前时间值），在计时期间 Q 端输出 0。5s 计时到达后，Q 端输出变为 1，ET 端的时间保持 5s 不变，当 I0.0 触点由闭合转为断开时，TON 指令的 IN 端输入由 1 → 0，ET 端时间清 0，Q 端输出也变为 0。

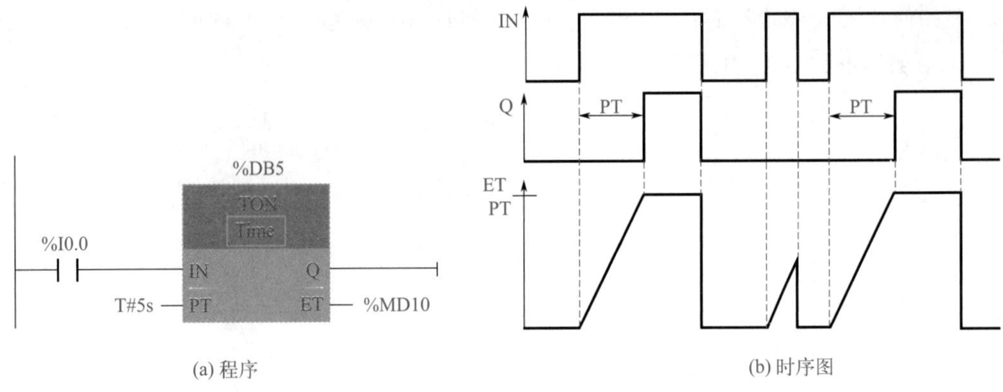

(a) 程序　　(b) 时序图

图 4-7　TON（接通延时）函数块指令使用举例

4.2.3　TOF（关断延时定时器）指令

TOF 指令可分为函数指令（关断延时指令）和线圈指令（启动关断延时定时器指令），其功能是当输入关断（1 → 0）时延时设定时间后输出 0。

（1）指令说明（表 4-6）

表4-6　TOF指令说明

<table>
<tr><th>符号名称</th><th>说明</th><th>参数</th></tr>
<tr><td><???>
TOF
Time
IN　Q
<???>—PT　ET—...
关断延时</td><td>当指令的 IN 端输入为 1 时，Q 端输出也为 1，同时 ET 端的当前计时值被清 0，当 IN 端输入由 1 → 0 时，指令开始按 PT 端预设的时间计时，达到 PT 值后 Q 端输出变为 0。
TOF 指令的各个参数保存在上 ??? 指定的数据块中</td><td rowspan="2"><table>
<tr><th>参数</th><th>数据类型</th><th>存储区</th></tr>
<tr><td>IN—启动输入</td><td>BOOL</td><td>I、Q、M、D、L</td></tr>
<tr><td>PT—预设时间值必须为正值</td><td>TIME</td><td>I、Q、M、D、L或常数</td></tr>
<tr><td>Q—定时器状态值</td><td>BOOL</td><td>I、Q、M、D、L</td></tr>
<tr><td>ET—当前计时值</td><td>TIME</td><td>I、Q、M、D、L</td></tr>
</table></td></tr>
<tr><td><???>
—(TOF Time)—
<???>
启动关断延时定时器</td><td>当 TOF 线圈指令输入 1 → 0 时，开始按下 ??? 设定的时间计时，计时期间 TOF 线圈状态为 1，计时到达设定计时值时 TOF 线圈状态值为 0，当输入由 0 → 1 时，TOF 线圈计时值和状态值均变为 0。
TOF 线圈指令的参数保存在上 ??? 指定的数据块中</td></tr>
</table>

（2）指令使用举例

TOF（关断延时）函数块指令使用举例如图 4-8 所示。当 I0.0 触点闭合时，TOF 指令的 IN 端输入 1，Q 端输出也为 1，当 I0.0 触点由闭合转为断开时，TOF 指令的 IN 端输入由 1 → 0，启动指令按 PT 端设定的 5s 计时，5s 计时到达后，Q 端输出变为 0。

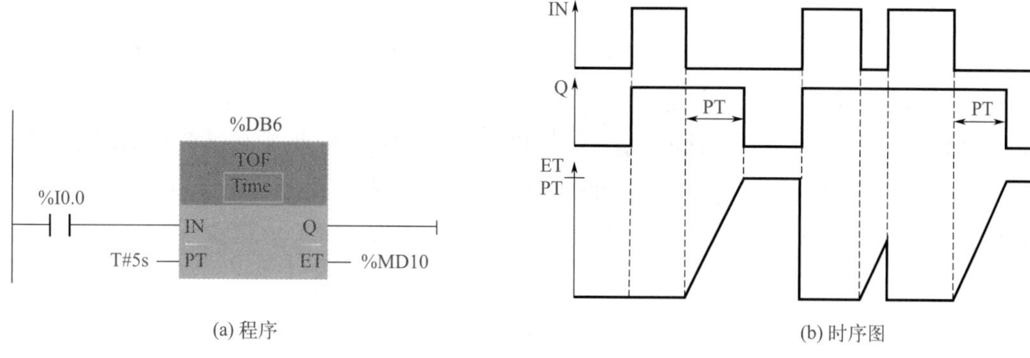

(a) 程序　　(b) 时序图

图 4-8　TOF（关断延时）函数块指令使用举例

4.2.4　TONR（时间累加器）指令

TONR 指令可分为函数指令和线圈指令，其功能是当输入 1 时计时，输入 0 时停止计时（保持当前值不变），直至计时达到设定值后才输出 1。

（1）指令说明（表 4-7）

表4-7　TONR指令说明

<table>
<tr><th>符号名称</th><th>说明</th><th>参数</th></tr>
<tr><td><???>
TONR
Time
IN　Q
R　ET
<???> PT
时间累加器</td><td>当 IN 端输入由 0 → 1 时，TONR 指令启动计时，IN 端输入由 1 → 0 时计时停止，当前计时值保存在 ET 端，IN 端输入再次由 0 → 1 时，指令在先前的 ET 值基础上继续计时，直至计时达到 PT 值时停止计时，同时 Q 端输出 1，当 R 端输入由 0 → 1 时，指令的 ET 值被清 0，Q 端输出也变为 0。
TONR 指令用于对 IN 端输入 1 的时间累加计时，累计时间不超过 PT 值。TONR 指令各个参数保存在上 ??? 指定的数据块中</td><td rowspan="2"><table><tr><th>参数</th><th>数据类型</th><th>存储区</th></tr><tr><td>IN—启动输入</td><td>BOOL</td><td>I、Q、M、D、L</td></tr><tr><td>R—复位输入</td><td>BOOL</td><td rowspan="2">I、Q、M、D、L 或常数</td></tr><tr><td>PT—预设时间值必须为正值</td><td>TIME</td></tr><tr><td>Q—定时器状态值</td><td>BOOL</td><td>I、Q、M、D、L</td></tr><tr><td>ET—当前计时值</td><td>TIME</td><td>I、Q、M、D、L</td></tr></table></td></tr>
<tr><td><???>
—(TONR Time)—
<???>
时间累加器</td><td>当 TONR 线圈指令输入 1 时计时，输入 0 时停止计时且保持当前计时值不变，再次输入 1 时在当前值基础上继续计时，直至计时达到设定计时值（由下 ??? 设定）时，状态值和输出 Q 值均变为 1。
TONR 线圈指令的当前计时值和状态值需要用复位定时器 RT 指令复位。TONR 线圈指令的参数保存在上 ??? 指定的数据块中</td></tr>
</table>

（2）指令使用举例

TONR（时间累加器）函数块指令使用举例如图 4-9 所示。当 I0.0 触点闭合时，TONR 指令的 IN 端输入由 0 → 1，启动指令按 PT 端设定的 5s 计时，如果 I0.0 触点断开，IN 端输入为 0，计时停止，当前计时值保存在 ET 端，当 I0.0 触点再次闭合使 IN 端输入由 0 → 1 时，指令在先前的 ET 值基础上继续计时，直至计时达到 PT 值时停止计时，同时 Q 端输出 1，当 I0.1 值由 0 → 1 时，R 端输入由 0 → 1，指令的 ET 值被清 0，Q 端输出也变为 0。

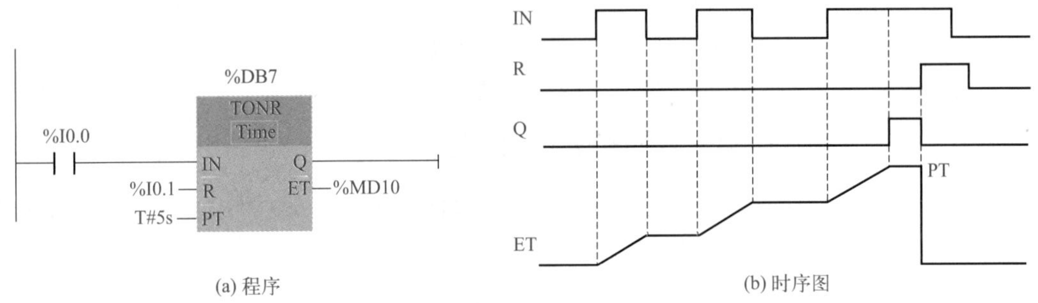

(a) 程序　　(b) 时序图

图 4-9　TONR（时间累加器）函数块指令使用举例

4.2.5　RT（复位定时器）和 PT（加载持续时间）指令

RT（复位定时器）指令的功能是将定时器复位；PT（加载持续时间）指令的功能是将指定值当作预设计时值赋给定时器。

（1）指令说明（表 4-8）

表4-8　RT、PT指令说明

符号名称	说明	参数
<???> -[RT]- 复位定时器	当指令输入 1 时，将上 ??? 定时器复位	上 ???：D、L 下 ???：I、Q、M、D、L 或常数
<???> -(PT)- <???> 加载持续时间	当指令输入 1 时，将下 ??? 值作为 PT 预设计时值赋给上 ??? 定时器，该定时器原 PT 值被覆盖	

（2）指令使用举例

RT（复位定时器）、PT（加载持续时间）指令使用举例如图 4-10 所示。当 I0.0 触点闭合时，T10 定时器 IN 输入为 1，开始计时，计时达到 PT 端的预设计时值（5s）后 Q 端输出 1，M0.0 线圈得电，M0.0 常开触点闭合，RT 指令输入为 1，将 T10 定时器复位。当 I0.1 触点闭合时，PT 指令输入为 1，将 T#8s 作为预设计时值赋给 T10 定时器，该定时器的预设计时值由 5s 变成 8s。

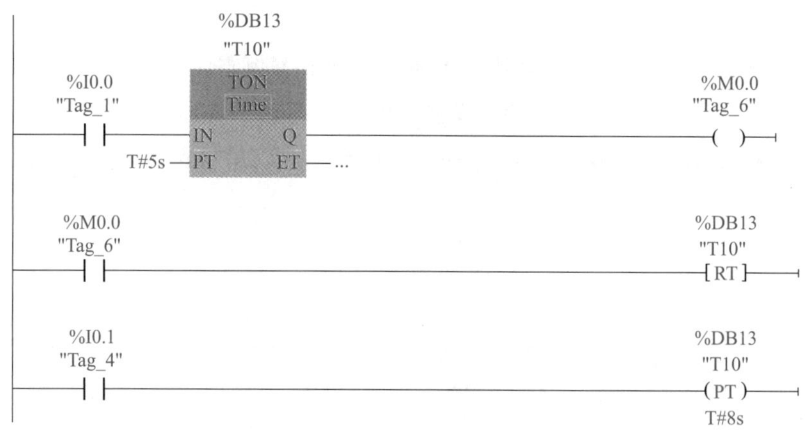

图 4-10　**RT**（复位定时器）、**PT**（加载持续时间）指令使用举例

4.3　计数器指令

S7-1200 PLC 有 3 种普通的计数器，分别是加计数器（CTU）、减计数器（CTD）和加减计数器（CTUD），其计数频率受 OB1 组织块的扫描周期限制（一个扫描周期只能计数一次），若要对高速脉冲计数，可使用 PLC 内置的高速计数器。

4.3.1　CTU（加计数）指令

CTU（加计数）指令的功能是对输入信号上升沿进行加计数，每输入一个上升沿，当前计数值加 1，当计数值等于或大于预设计数值时计数器状态值 Q=1。

（1）指令说明（表 4-9）

表4-9　**CTU指令说明**

<table>
<tr><th rowspan="2">符号名称</th><th rowspan="2">说明</th><th colspan="4">参数</th></tr>
<tr><th>参数</th><th>声明</th><th>数据类型</th><th>存储区</th></tr>
<tr><td rowspan="5"><???>
CTU
???
CU　Q
R　CV
<???> PV
加计数</td><td rowspan="5">加计数 CU 端每输入一次上升沿（0→1）时，当前计数 CV 端的值就加一次 1，当 CV 值 ≥ PV 值时，Q 端输出 1，R 端输入 1 时计数器复位，CV 值、Q 值均清 0。
CTU 指令的各个参数保存在上 ??? 指定的数据块中</td><td>CU—加计数输入</td><td>Input</td><td>BOOL</td><td>I、Q、M、D、L 或常数</td></tr>
<tr><td>R—复位输入</td><td>Input</td><td>BOOL</td><td>I、Q、M、D、L、P 或常数</td></tr>
<tr><td>PV—预设计数值</td><td>Input</td><td>整数</td><td>I、Q、M、D、L、P 或常数</td></tr>
<tr><td>Q—计数器状态</td><td>Output</td><td>BOOL</td><td>I、Q、M、D、L</td></tr>
<tr><td>CV—当前计数值</td><td>Output</td><td>整数、CHAR、WCHAR、DATE</td><td>I、Q、M、D、L、P</td></tr>
</table>

（2）指令使用举例

CTU（加计数）指令使用举例如图 4-11 所示。当 I0.0 触点闭合时，CTU 计数器的 CU 端输入上升沿，CV 端的当前计数值由 0 变为 1，该值保存在 MW10 中；I0.0 触点再次闭合时，CV 值 =2；I0.0 触点第 3 次闭合时，CV 值 =3=PV 值，计数器状态变为 1，Q 端输出 1，Q0.0 线圈得电；I0.0 触点第 4 次闭合时，CV 值 =4>PV 值，Q 端仍输出 1。当 I0.1 触点闭合时，R 端输入 1，计数器复位，CV 值和 Q 值均变为 0。

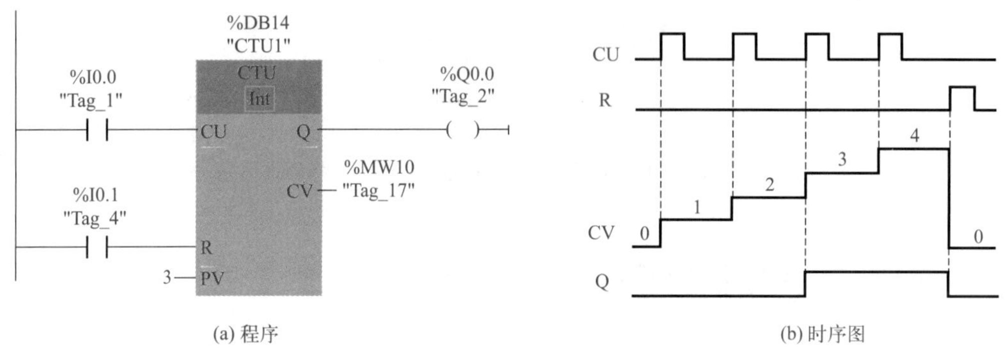

(a) 程序　　(b) 时序图

图 4-11　CTU（加计数）指令使用举例

4.3.2　CTD（减计数）指令

CTD（减计数）指令的功能是对输入信号上升沿进行减计数，每输入一个上升沿，当前计数值减 1，当计数值等于或小于 0 时计数器状态值 Q=1，此时若 CD 端继续输入上升沿，CV 值会保持 0 不变。

（1）指令说明（表 4-10）

表4-10　CTD指令说明

<table>
<tr><th>符号名称</th><th>说明</th><th>参数</th></tr>
<tr><td><???>
CTD
???
CD　Q
LD　CV
PV
减计数</td><td>当 LD 端输入上升沿时，将预设计数值 PV 加载给 CV，减计数 CD 端每输入一次上升沿（0 → 1），当前计数 CV 值就减一次 1，当 CV 值 ≤ 0 时，Q 端输出 1，只要 LD 为 1，CD 输入无效。
CTD 指令的各个参数保存在上 ??? 指定的数据块中</td><td>
<table>
<tr><th>参数</th><th>声明</th><th>数据类型</th><th>存储区</th></tr>
<tr><td>CD—减计数输入</td><td>Input</td><td>BOOL</td><td>I、Q、M、D、L 或常数</td></tr>
<tr><td>LD—装载输入</td><td>Input</td><td>BOOL</td><td>I、Q、M、D、L、P 或常数</td></tr>
<tr><td>PV—预设计数值</td><td>Input</td><td>整数</td><td>I、Q、M、D、L、P 或常数</td></tr>
<tr><td>Q—计数器状态</td><td>Output</td><td>BOOL</td><td>I、Q、M、D、L</td></tr>
<tr><td>CV—当前计数值</td><td>Output</td><td>整数、CHAR、WCHAR、DATE</td><td>I、Q、M、D、L、P</td></tr>
</table>
</td></tr>
</table>

（2）指令使用举例

CTD（减计数）指令使用举例如图 4-12 所示。当 I0.1 触点闭合时，CTD 计数器的 LD 端输入 1，将 PV 端的预设计数值 3 装载给 CV 端的 MW10。当 I0.1 触点断开（LD = 0）后，I0.0 触点每闭合一次，CD 端就输入一次上升沿，CV 端的当前计数值就减一次 1。当 CV 值减小到 0 时，计数器状态变为 1，Q 端输出 1，Q0.0 线圈得电。若 CD 端继续输入上升沿，CV 值会保持 0 不变。

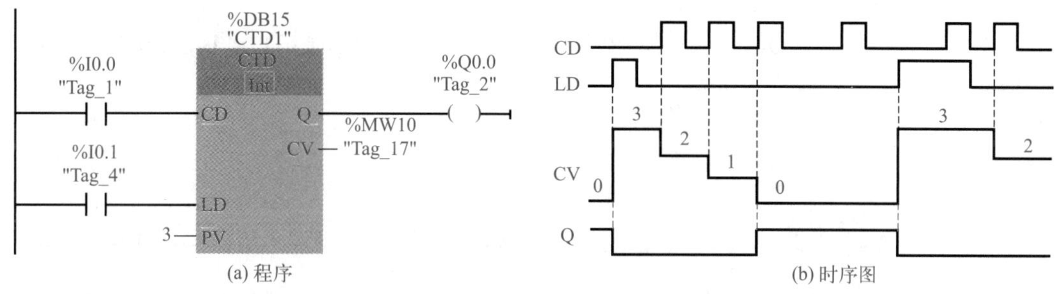

图 4-12　CTD（减计数）指令使用举例

4.3.3　CTUD（加减计数）指令

CTUD（加减计数）指令具有加计数和减计数功能。当加计数输入端每输入一个上升沿时，计数值就加一次 1，计数值等于或大于预设计数值时，加计数输出端输出 1；当减计数输入端每输入一个上升沿时，计数值减 1，计数值等于或小于 0 时，减计数输出端输出 1。

（1）指令说明（表 4-11）

表4-11　CTUD指令说明

符号名称	说明	参数	声明	数据类型	存储区
<???> CTUD ??? CU QU CD QD R CV LD PV <???> 加减计数	CU 端每输入一个上升沿，CV 值就加一次 1，当 CV 值≥PV 值时，QU 值变为 1，其他情况时 QU=0。 当 LD 端输入上升沿时，将预设计数值 PV 加载给 CV，减计数 CD 端每输入一次上升沿，CV 值就减一次 1，当 CV 值≤0 时，QD 端输出 1，其他情况时 QD=0。 当 LD 为 1，CU、CD 输入均无效。当 R 为 1 时，加减计数器复位，QU 和 CV 值变为 0，LD、CU、CD 输入均无效。 CTUD 指令的各个参数保存在上 ??? 指定的数据块中	CU—加计数输入	Input	BOOL	I、Q、M、D、L 或常数
		CD—减计数输入	Input	BOOL	I、Q、M、D、L 或常数
		R—复位输入	Input	BOOL	I、Q、M、D、L、P 或常数
		LD—装载输入	Input	BOOL	I、Q、M、D、L、P 或常数
		PV—预设计数值	Input	整数	I、Q、M、D、L、P 或常数
		QU—加计数器状态	Output	BOOL	I、Q、M、D、L
		QD—减计数器状态	Output	BOOL	I、Q、M、D、L
		CV—当前计数值	Output	整数、CHAR、WCHAR、DATE	I、Q、M、D、L、P

（2）指令使用举例

CTUD（加减计数）指令使用举例如图 4-13 所示。I0.0 触点每闭合一次，CU 端输入一次上升沿，CTUD 当前计数值 CV 就加一次 1，当 CV 值≥ PV 值 =4 时，QU 端输出 1，Q0.0 线圈得电；当 I0.3 触点闭合使 LD 端输入上升沿时，将预设计数值 PV 加载给 CV，I0.3 触点断开后，I0.1 触点每闭合一次，CD 端输入一次上升沿，CTUD 当前计数值 CV 就减一次 1，当 CV 值≤ 0 时，QD 端输出 1，Q0.1 线圈得电。

当 I0.3 触点处于闭合使 LD 为 1 时，CU、CD 输入均无效。当 I0.2 触点处于闭合使 R 为 1 时，加减计数器复位，QU 和 CV 值均变为 0，QD 则为 1，此时 LD、CU、CD 的任何输入均无效。

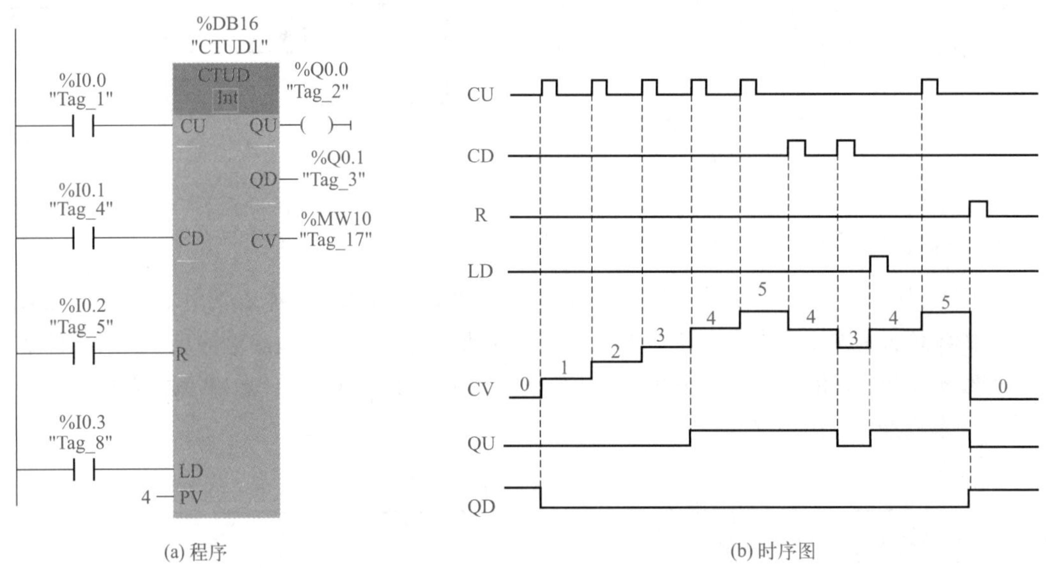

(a) 程序　　(b) 时序图

图 4-13　CTUD（加减计数）指令使用举例

4.4　比较指令

4.4.1　两个数大小比较触点指令

两个数大小比较触点指令包括 6 个指令，用于比较两个同类型数据的大小，满足比较要求时触点接通。两个数大小比较触点指令说明见表 4-12。

4.4.2　值范围比较指令

值范围比较指令的功能是检查数值是否在指定范围之内或之外。值范围比较指令说明见表 4-13。

表4-12　两个数大小比较触点指令说明

<table>
<tr><th>符号名称</th><th>说明</th><th>参数</th><th>举例</th></tr>
<tr><td><???>
==
???
<???>
等于</td><td>如果IN1（上???指定）等于IN2（下???指定），触点接通</td><td rowspan="6"><table><tr><th>IN1、IN2数据类型</th><th>IN1、IN2存储区</th></tr><tr><td>位字符串、整数、浮点数、字符串、TIME、DATE、TOD、DTL</td><td>I、Q、M、D、L、P、常数</td></tr></table></td><td rowspan="6">(a)
图（a）中，当IB0等于00000001（即I0.0 = 1）时，==触点闭合，QB0不等于00000010（即Q0.1 ≠ 1）时，<>触点闭合，只有2个触点都闭合，Q0.0线圈才能得电。当MD14的值小于或等于12.3时，< =触点闭合，或者MW10的值大于或等于MW12的值，> =触点闭合，均能使Q0.1线圈得电。
(b)
在比较触点的符号上双击，可选择更换不同的比较符号，在比较触点中间的???上双击，可选择更换不同数据类型，如图（b）所示</td></tr>
<tr><td><???>
<>
???
<???>
不等于</td><td>如果IN1（上???指定）不等于IN2（下???指定），触点接通</td></tr>
<tr><td><???>
>=
???
<???>
大于或等于</td><td>如果IN1（上???指定）大于或等于IN2（下???指定），触点接通</td></tr>
<tr><td><???>
<=
???
<???>
小于或等于</td><td>如果IN1（上???指定）小于或等于IN2（下???指定），触点接通</td></tr>
<tr><td><???>
>
???
<???>
大于</td><td>如果IN1（上???指定）大于IN2（下???指定），触点接通</td></tr>
<tr><td><???>
<
???
<???>
小于</td><td>如果IN1（上???指定）小于IN2（下???指定），触点接通</td></tr>
</table>

表4-13　值范围比较指令说明

<table>
<tr><th>符号名称</th><th>说明</th><th>参数</th><th>举例</th></tr>
<tr><td>IN_RANGE
???
<???> —MIN
<???> —VAL
<???> —MAX
值在范围内</td><td>当输入端输入1时，将VAL值与MIN值、MAX值比较，若MIN ≤ VAL ≤MAX，输出端输出1</td><td rowspan="2"><table><tr><th>参数</th><th>数据类型</th><th>存储区</th></tr><tr><td>功能框输入</td><td>BOOL</td><td>I、Q、M、D、L</td></tr><tr><td>MIN</td><td>整数、浮点数</td><td>I、Q、M、D、L、常数</td></tr><tr><td>VAL</td><td>整数、浮点数</td><td>I、Q、M、D、L、常数</td></tr><tr><td>MAX</td><td>整数、浮点数</td><td>I、Q、M、D、L、常数</td></tr><tr><td>功能框输出</td><td>BOOL</td><td>I、Q、M、D、L</td></tr></table></td><td rowspan="2">IN_RANGE Int：20—MIN，%MW10—VAL，50—MAX
OUT_RANGE Real：12.3—MIN，%MD12—VAL，23.4—MAX
%Q0.0
当 20 ≤ MW10 值 ≤ 50，且 MD12 值 > 23.4 或 MD12 值< 12.3 时，Q0.0 线圈得电</td></tr>
<tr><td>OUT_RANGE
???
<???> —MIN
<???> —VAL
<???> —MAX
值在范围外</td><td>当输入端输入1时，将VAL值与MIN值、MAX值比较，若VAL > MAX或VAL < MIN，输出端输出1</td></tr>
</table>

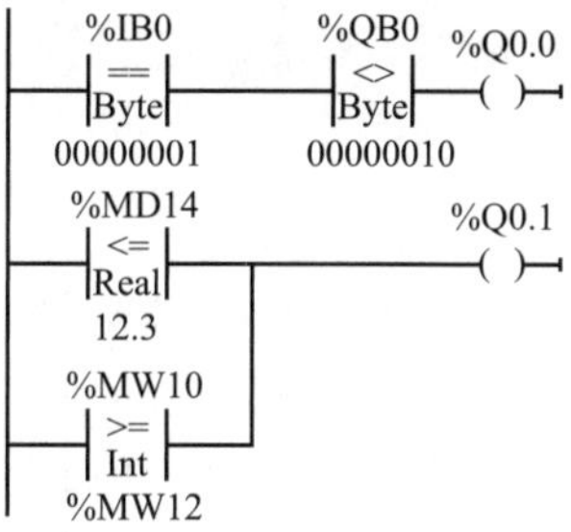

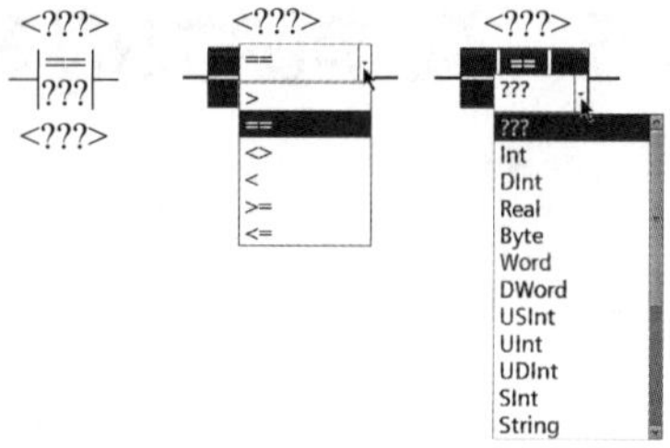

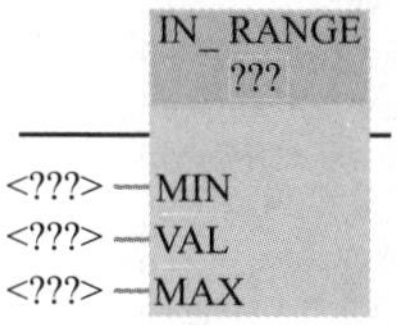

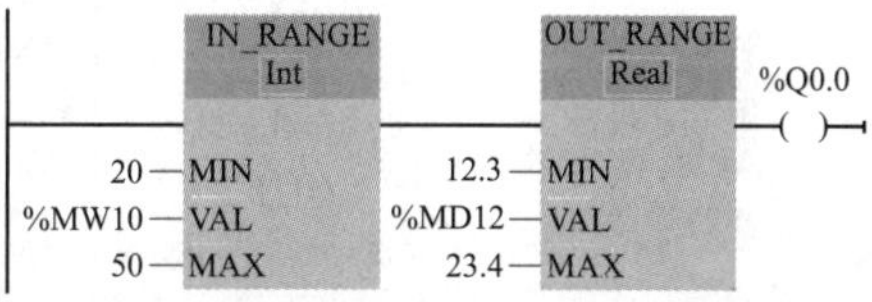

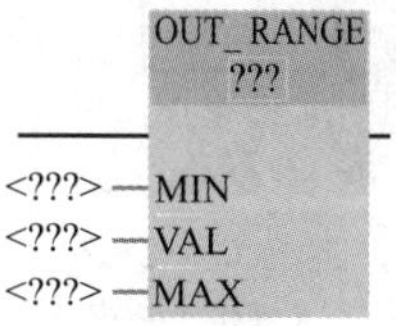

4.4.3 有效性和无效性检查触点指令

有效性和无效性检查触点指令的功能是检查数值是否为有效浮点数（实数）或无效浮点数。有效性和无效性检查触点指令说明见表 4-14。

表4-14 有效性和无效性检查触点指令说明

符号名称	说明	参数	举例
<???> —|OK|— 检查有效性	若 ??? 值为有效浮点数（实数），触点接通	数据类型：浮点数 存储区：I、Q、M、D、L	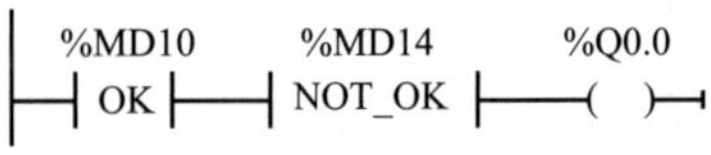 %MD10 OK —— %MD14 NOT_OK —— %Q0.0 ( ) 当 MD10 值为有效浮点数，并且 MD14 值为无效浮点数时，Q0.0 线圈得电
<???> —|NOT_OK|— 检查无效性	若 ??? 值为无效浮点数，触点接通		

4.5 数学函数指令

4.5.1 加、减、乘、除指令

加、减、乘、除指令说明见表 4-15。

表4-15 加、减、乘、除指令说明

符号名称	说明	参数	举例
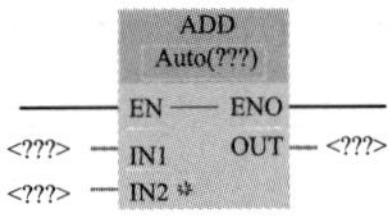 ADD Auto(???) EN — ENO <???> — IN1 OUT — <???> <???> — IN2 加	当 EN 输入 1 时，进行 IN1+IN2 运算，结果存入 OUT，指令成功执行后 ENO 端输出 1。 单击符号上的 可增加运算项	参数 / 数据类型 / 存储区： EN：BOOL；I、Q、M、D、L ENO：BOOL；I、Q、M、D、L IN1：整数、浮点数；I、Q、M、D、L、P 或常数 IN2：整数、浮点数；I、Q、M、D、L、P 或常数 INn：整数、浮点数；I、Q、M、D、L、P 或常数 OUT：整数、浮点数；I、Q、M、D、L、P	%I0.0 — ADD Int：EN — ENO —( ) %Q0.0；11 — IN1，22 — IN2，16 — IN3，OUT — %MW10 %I0.1 — SUB Auto(Int)：%MW10 — IN1，8 — IN2，OUT — %MW12 %I0.2 — MUL Auto(Int)：12 — IN1，%MW20 — IN2，OUT — %MW22 %I0.3 — DIV Real：%MD30 — IN1，36.0 — IN2，OUT — %MD33 当 I0.0 触点闭合时，进行 11+22+16 运算，结果存入 MW10，同时 Q0.0 线圈得电。如果运算结果超出 OUT 数据类型允许范围时 ENO=0
SUB Auto(???) EN — ENO <???> — IN1 OUT — <???> <???> — IN2 减	当 EN 输入 1 时，进行 IN1−IN2 运算，结果存入 OUT，指令成功执行后 ENO 端输出 1		
MUL Auto(???) EN — ENO <???> — IN1 OUT — <???> <???> — IN2 乘	当 EN 输入 1 时，进行 IN1×IN2 运算，结果存入 OUT，指令成功执行后 ENO 端输出 1		

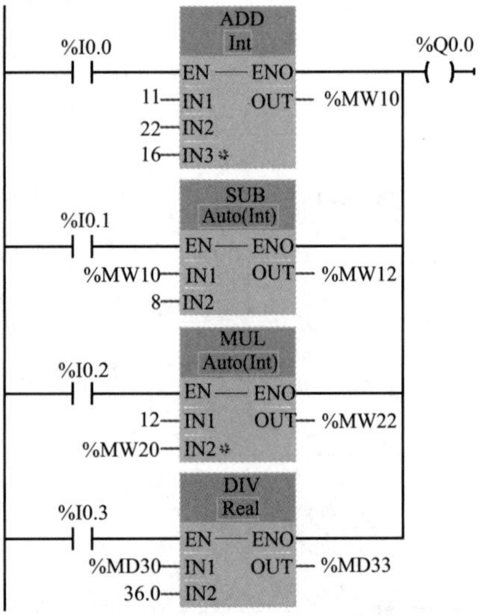

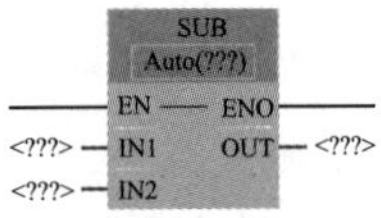

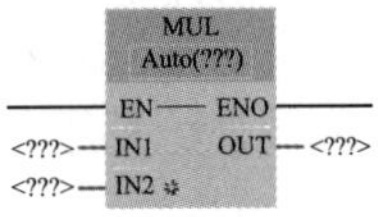

续表

符号名称	说明	参数	举例
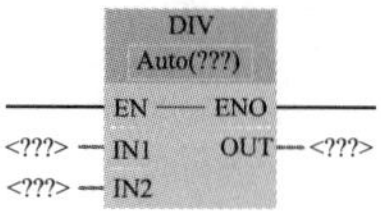 DIV Auto(???) EN — ENO <???> — IN1　OUT — <???> <???> — IN2 除	当 EN 输入 1 时，进行 IN1 ÷ IN2 运算，结果存入 OUT，指令成功执行后 ENO 端输出 1		

4.5.2　取余、取反、递增、递减和计算绝对值指令

取余、取反、递增、递减和计算绝对值指令说明见表 4-16。

表4-16　取余、取反、递增、递减和计算绝对值指令说明

符号名称	说明	参数	举例
MOD Auto(???) EN — ENO <???> — IN1　OUT — <???> <???> — IN2 取余	当 EN 输入 1 时，进行 IN1 ÷ IN2 运算，余数存入 OUT，指令成功执行后 ENO 端输出 1	参数 / 数据类型 / 存储区： EN、ENO / BOOL / I、Q、M、D、L IN1、IN2 / 整数 / I、Q、M、D、L、P 或常数 OUT / 整数 / I、Q、M、D、L、P	%I0.0 — MOD Int（EN—ENO）— %Q0.0；23—IN1　OUT—%MW10；3—IN2 %I0.1 — NEG Int（EN—ENO）；123—IN　OUT—%MW12 %I0.2 — ABS Real（EN—ENO）；−123.4—IN　OUT—%MD14 %I0.3 — INC Int（EN—ENO）；%MW20—IN/OUT %I0.4 — DEC Int（EN—ENO）；%MW20—IN/OUT 当 I0.0 触点闭合时，进行 23 ÷ 3 取余运算，余数 2 存入 MW10，同时 Q0.0 线圈得电；I0.1 触点闭合时，将 123 取反，结果 −123 存入 MW12；I0.2 触点闭合时，求 −123.4 的绝对值，结果 123.4 存入 MD14；I0.3 触点闭合时，将 MW20 的值加 1；I0.4 触点闭合时，将 MW20 的值减 1
NEG ??? EN — ENO <???> — IN　OUT — <???> 取反	当 EN 输入 1 时，将 IN 值取反，结果存入 OUT，指令成功执行后 ENO 端输出 1	参数 / 数据类型 / 存储区： EN、ENO / BOOL / I、Q、M、D、L IN / SINT、INT、DINT、浮点数 / I、Q、M、D、L、P 或常数 OUT / SINT、INT、DINT、浮点数 / I、Q、M、D、L、P	
ABS ??? EN — ENO <???> — IN　OUT — <???> 计算绝对值	当 EN 输入 1 时，求 IN 值的绝对值，结果存入 OUT，指令成功执行后 ENO 端输出 1		

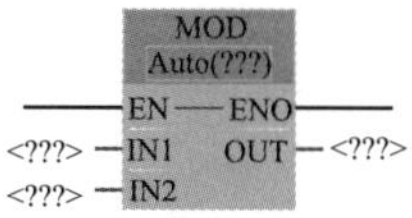

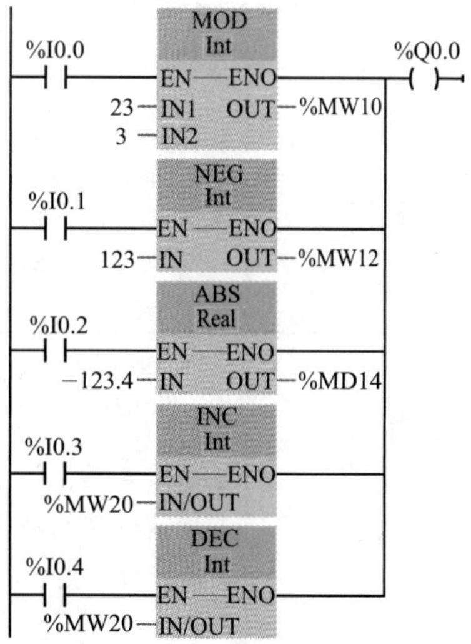

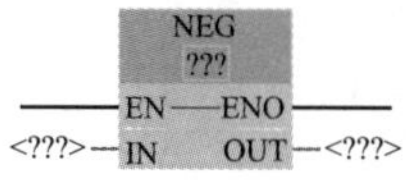

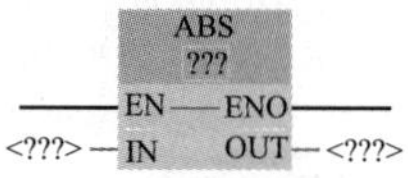

续表

符号名称	说明	参数	数据类型	存储区	举例
INC ??? EN — ENO <???> — IN/OUT 递增	当EN输入1时，将IN/OUT值加1，指令成功执行后ENO端输出1	EN、ENO	BOOL	I、Q、M、D、L	
DEC ??? EN — ENO <???> — IN/OUT 递减	当EN输入1时，将IN/OUT值减1，指令成功执行后ENO端输出1	IN/OUT	整数	I、Q、M、D、L	

4.5.3 取最小值、最大值和设置限值指令

取最小值、最大值和设置限值指令说明见表4-17。

表4-17 取最小值、最大值和设置限值指令说明

符号名称	说明	参数	数据类型	存储区	举例
MIN ??? EN — ENO <???> — IN1 OUT — <???> <???> — IN2 取最小值	当EN输入1时，从IN1 ～ INn（2 ≤ n ≤ 100）中取最小值，存入OUT，指令成功执行后ENO端输出1	EN、ENO	BOOL	I、Q、M、D、L	%I0.0 — MIN Int：EN — ENO — %Q0.0；222 — IN1，555 — IN2，444 — IN3，OUT — %MW10 %I0.1 — MAX Int：EN — ENO；222 — IN1，555 — IN2，444 — IN3，OUT — %MW12 %I0.2 — LIMIT Int：EN — ENO；222 — MN，%MW16 — IN，555 — MX，OUT — %MW20
MAX ??? EN — ENO <???> — IN1 OUT — <???> <???> — IN2 取最大值	当EN输入1时，从IN1 ～ INn（2 ≤ n ≤ 100）中取最大值，存入OUT，指令成功执行后ENO端输出1	IN1、INn	整数、浮点数	I、Q、M、D、L、P或常数	
		OUT	整数、浮点数	I、Q、M、D、L、P	
LIMIT ??? EN — ENO <???> — MN OUT — <???> <???> — IN <???> — MX 设置限值	当EN输入1时，如果下限MN ≤ IN ≤ 上限MX，将IN赋给OUT，指令成功执行后ENO端输出1，若IN<MN，MN → OUT，若IN>MX，MX → OUT	EN、ENO	BOOL	I、Q、M、D、L	当I0.0触点闭合时，将最小值222存入MW10，同时Q0.0线圈得电。I0.1触点闭合时，将最大值555存入MW12；I0.2触点闭合时，若222 ≤ MW16 ≤ 555，将MW16值赋给MW20，若MW16<222，222 → MW20，若MW16>555，555 → MW20
		IN、MN、MX	整数、浮点数、TIME、TOD、DATA	I、Q、M、D、L、P或常数	
		OUT	整数、浮点数、TIME、TOD、DATA	I、Q、M、D、L、P	

4.5.4 计算平方、平方根、自然对数和指数指令

计算平方、平方根、自然对数和指数指令说明见表 4-18。

表4-18 计算平方、平方根、自然对数和指数指令说明

符号名称	说明	参数	举例
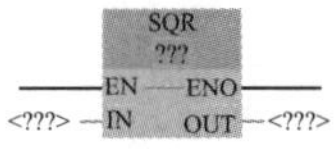 SQR ??? EN ENO <???> IN OUT <???> 计算平方	当EN输入1时，计算 IN 的平方值，并存入 OUT，指令成功执行后 ENO 端输出 1 OUT = IN^2	参数 / 数据类型 / 存储区：EN、ENO / BOOL / I、Q、M、D、L；IN / 浮点数 / I、Q、M、D、L、P 或常数；OUT / 浮点数 / I、Q、M、D、L、P	%I0.0 SQR Real EN ENO %Q0.0 5 IN OUT %MD10；%I0.1 SQRT Real EN ENO 36 IN OUT %MD14；%I0.2 LN Real EN ENO 2.8 IN OUT %MD100；%I0.3 EXP Real EN ENO 2 IN OUT %MD104。当 I0.0 触点闭合时，计算 5 的平方值，结果25存入MD10，同时Q0.0线圈得电。I0.1 触点闭合时，计算 36 的平方值，结果 6 存入 MD14；I0.2 触点闭合时，计算以 e 为底的 2.8 的自然对数值，结果（约 1.0296）存入 MD100；I0.3 触点闭合时，计算以 e 为底、2 为指数的值，结果（约 7.3891）存入 MD104
SQRT ??? EN ENO <???> IN OUT <???> 计算平方根	当 EN 输入 1 时，计算 IN 的平方根，并存入 OUT OUT= $\sqrt{IN}$		
LN ??? EN ENO <???> IN OUT <???> 计算自然对数	当EN输入1时，计算以 e 为底的 IN 的自然对数值，并存入 OUT，e = 2.718282。OUT= $\log_e IN$ = lnIN		
EXP ??? EN ENO <???> IN OUT <???> 计算指数值	当 EN 输入 1 时，计算以 e 为底、IN 为指数的值，并存入 OUT，e = 2.718282。OUT= e^{IN}		

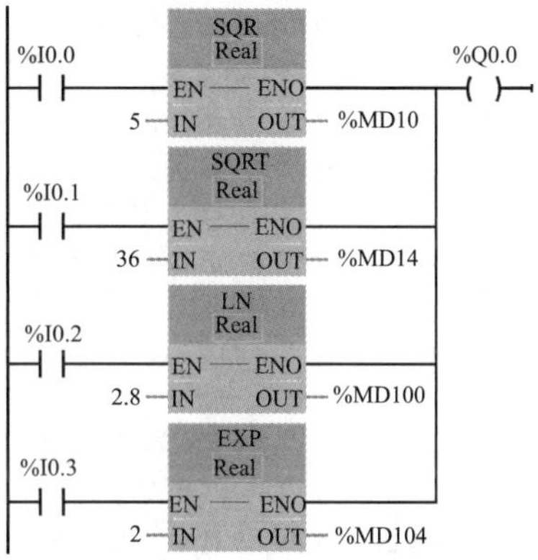

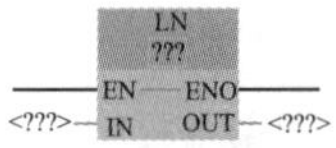

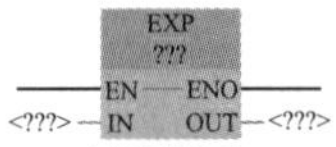

4.5.5 计算正弦、余弦、正切和反正弦、反余弦、反正切指令

计算正弦、余弦、正切和反正弦、反余弦、反正切指令说明见表 4-19。

表4-19 计算正弦、余弦、正切和反正弦、反余弦、反正切指令说明

符号名称	说明	参数	举例
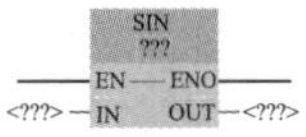 SIN ??? EN ENO <???> IN OUT <???> 计算正弦值	当 EN 输入 1 时，计算 IN 的正弦值，结果存入 OUT，指令成功执行后 ENO 端输出 1 OUT = sinIN	参数 / 数据类型 / 存储区：EN、ENO / BOOL / I、Q、M、D、L；IN / 浮点数 / I、Q、M、D、L、P 或常数；OUT / 浮点数 / I、Q、M、D、L、P	%I0.0 SIN Real EN ENO %Q0.0 1.57 IN OUT %MD10。当 I0.0 触点闭合时，计算 1.57（即 π/2）正弦值，结果 1 存入 MD10，同时 Q0.0 线圈得电
COS ??? EN ENO <???> IN OUT <???> 计算余弦值	当 EN 输入 1 时，计算 IN 的余弦值，结果存入 OUT，指令成功执行后 ENO 端输出 1 OUT = cosIN	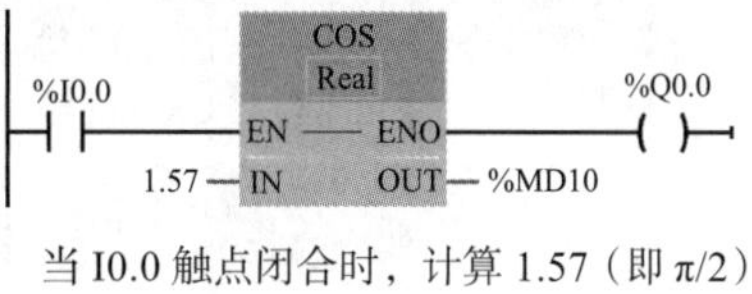	%I0.0 COS Real EN ENO %Q0.0 1.57 IN OUT %MD10。当 I0.0 触点闭合时，计算 1.57（即 π/2）余弦值，结果 0 存入 MD10，同时 Q0.0 线圈得电

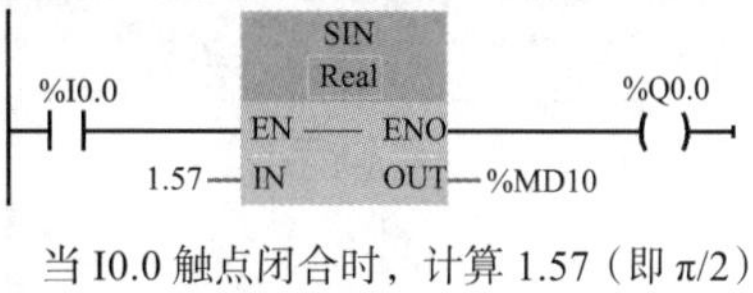

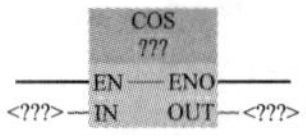

续表

<table>
<tr><th>符号名称</th><th>说明</th><th>参数</th><th>举例</th></tr>
<tr><td> 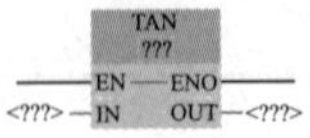TAN
???
EN — ENO
<???> — IN OUT — <???>
计算正切值</td><td>当 EN 输入 1 时，计算 IN 的正切值，结果存入 OUT，指令成功执行后 ENO 端输出 1
OUT = tanIN</td><td rowspan="4"><table><tr><th>参数</th><th>数据类型</th><th>存储区</th></tr><tr><td>EN、ENO</td><td>BOOL</td><td>I、Q、M、D、L</td></tr><tr><td>IN</td><td rowspan="2">浮点数</td><td>I、Q、M、D、L、P 或常数</td></tr><tr><td>OUT</td><td>I、Q、M、D、L、P</td></tr></table></td><td>%I0.0 —| |— TAN Real EN — ENO — %Q0.0 —( )—
3.14 — IN OUT — %MD10
当 I0.0 触点闭合时，计算 3.14（即 π）正切值，结果 0 存入 MD10，同时 Q0.0 线圈得电</td></tr>
<tr><td>ASIN
???
EN — ENO
<???> — IN OUT — <???>
计算反正弦值</td><td>当 EN 输入 1 时，计算 IN 的反正弦值，结果存入 OUT，指令成功执行后 ENO 端输出 1
OUT = arcsinIN</td><td>%I0.0 —| |— ASIN Real EN — ENO — %Q0.0 —( )—
1 — IN OUT — %MD10
当 I0.0 触点闭合时，计算 1 的反正弦值，结果 1.57（即 π/2）存入 MD10，同时 Q0.0 线圈得电</td></tr>
<tr><td>ACOS
???
EN — ENO
<???> — IN OUT — <???>
计算反余弦值</td><td>当 EN 输入 1 时，计算 IN 的反余弦值，结果存入 OUT，指令成功执行后 ENO 端输出 1
OUT = arccosIN</td><td>%I0.0 —| |— ACOS Real EN — ENO — %Q0.0 —( )—
0 — IN OUT — %MD10
当 I0.0 触点闭合时，计算 0 的反余弦值，结果 1.57（即 π/2）存入 MD10，同时 Q0.0 线圈得电</td></tr>
<tr><td>ATAN
???
EN — ENO
<???> — IN OUT — <???>
计算反正切值</td><td>当 EN 输入 1 时，计算 IN 的反正切值，结果存入 OUT，指令成功执行后 ENO 端输出 1
OUT = arctanIN</td><td>%I0.0 —| |— ATAN Real EN — ENO — %Q0.0 —( )—
1 — IN OUT — %MD10
当 I0.0 触点闭合时，计算 1 反正切值，结果 0.785（即 π/4）存入 MD10，同时 Q0.0 线圈得电</td></tr>
</table>

4.5.6 返回小数和取幂指令

返回小数和取幂指令说明见表 4-20。

表4-20 返回小数和取幂指令说明

<table>
<tr><th>符号名称</th><th>说明</th><th>参数</th><th>举例</th></tr>
<tr><td> 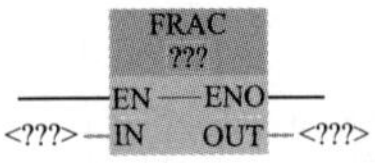FRAC
???
EN — ENO
<???> — IN OUT — <???>
返回小数</td><td>当 EN 输入 1 时，从 IN 中取小数部分存入 OUT，指令成功执行后 ENO 端输出 1</td><td><table><tr><th>参数</th><th>数据类型</th><th>存储区</th></tr><tr><td>EN、ENO</td><td>BOOL</td><td>I、Q、M、D、L</td></tr><tr><td>IN</td><td rowspan="2">浮点数</td><td>I、Q、M、D、L、P 或常数</td></tr><tr><td>OUT</td><td>I、Q、M、D、L、P</td></tr></table></td><td>%I0.0 —| |— FRAC Real EN — ENO — %Q0.0 —( )—
12.345 — IN OUT — %MD10
%I0.1 —| |— EXPT Real ** Int EN — ENO
2.0 — IN1 OUT — %MD14
3 — IN2</td></tr>
</table>

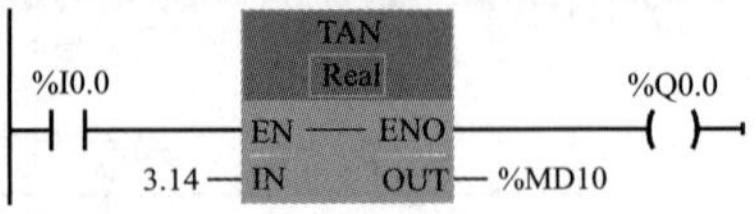

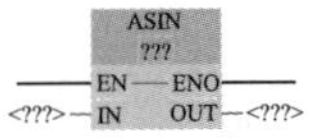

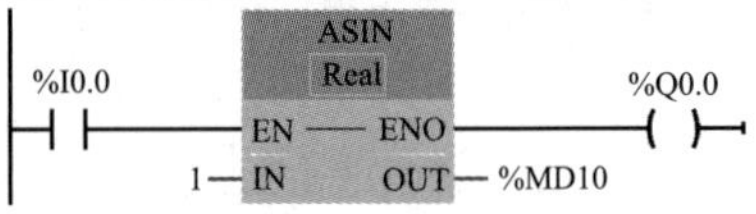

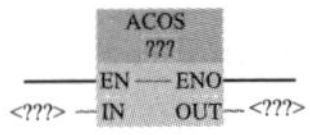

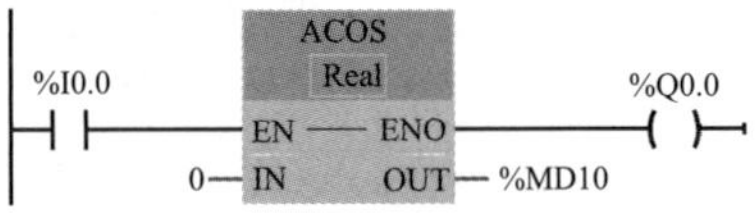

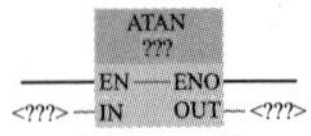

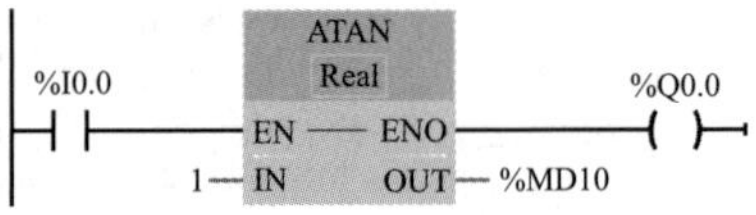

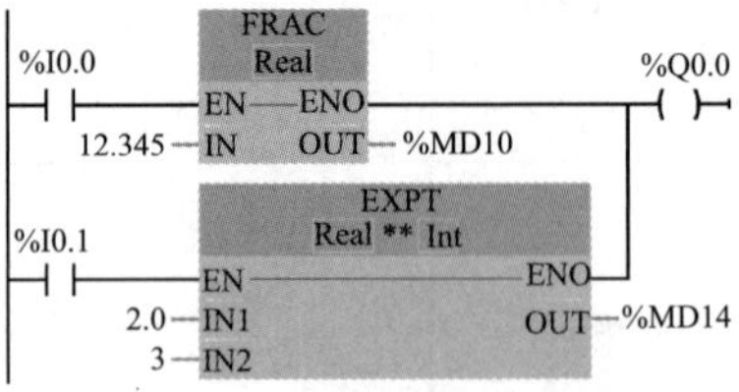

续表

<table>
<tr><th>符号名称</th><th>说明</th><th>参数</th><th>举例</th></tr>
<tr>
<td>EXPT
??? ** ???
EN　ENO
<???>—IN1　OUT—<???>
<???>—IN2
取幂</td>
<td>当 EN 输入 1 时，计算以 IN1 为底、IN2 为幂的值，结果存入 OUT，指令成功执行后 ENO 端输出 1</td>
<td><table>
<tr><th>参数</th><th>数据类型</th><th>存储区</th></tr>
<tr><td>EN、ENO</td><td>BOOL</td><td>I、Q、M、D、L</td></tr>
<tr><td>IN1</td><td>浮点数</td><td>I、Q、M、D、L、P 或常数</td></tr>
<tr><td>IN2</td><td>整数、浮点数</td><td>I、Q、M、D、L、P 或常数</td></tr>
<tr><td>OUT</td><td>浮点数</td><td>I、Q、M、D、L、P</td></tr>
</table></td>
<td>当 I0.0 触点闭合时，从 12.345 中取小数 0.345 存入 MD10，同时 Q0.0 线圈得电；当 I0.1 触点闭合时，计算 $(2.0)^3$ 的值，结果 8.0 存入 MD14，同时 Q0.0 线圈得电</td>
</tr>
</table>

4.6　移动指令

4.6.1　移动值、存储区移动和非中断存储区移动指令

（1）指令说明

移动值、存储区移动和非中断存储区移动指令说明见表 4-21。

表4-21　移动值、存储区移动和非中断存储区移动指令说明

<table>
<tr><th>符号名称</th><th>说明</th><th>参数</th></tr>
<tr>
<td>MOVE
EN —— ENO
<???> — IN　OUT1 — <???>
移动值</td>
<td>当 EN 输入 1 时，将 IN 值复制到 OUT，指令成功执行后 ENO 端输出 1。
若 IN 数据类型的位长度超出 OUT 数据类型的位长度，则源值的高位会丢失；若 IN 位长度低于 OUT 位长度，则目标值的高位会被改写为 0。
指令默认只有 1 个输出端（OUT1），单击可以按升序添加更多的输出端，IN 值可传送到所有可用的输出端。若传送结构化数据类型（DTL、STRUCT、ARRAY）或字符串的字符，则无法添加输出端</td>
<td><table>
<tr><th>参数</th><th>数据类型</th><th>存储区</th></tr>
<tr><td>EN、ENO</td><td>BOOL</td><td>I、Q、M、D、L</td></tr>
<tr><td>IN、OUT</td><td>位字符串、整数、浮点数、定时器、日期时间、CHAR、WCHAR、STRUCT、ARRAY、IEC 数据类型、PLC 数据类型（UDT）</td><td>I、Q、M、D、L 或常数（仅 IN）</td></tr>
</table></td>
</tr>
</table>

续表

<table>
<tr><th>符号名称</th><th>说明</th><th>参数</th></tr>
<tr><td>MOVE_BLK
EN ENO
<???> IN OUT <???>
<???> COUNT
存储区移动</td><td>当 EN 输入 1 时，将 IN 为首地址的 COUNT 个元素复制到 OUT 为首地址的 COUNT 个单元中，指令成功执行后 ENO 端输出 1。
仅当源区域和目标区域的数据类型相同时，才能执行该指令</td><td rowspan="2"><table><tr><th>参数</th><th>数据类型</th><th>存储区</th></tr><tr><td>EN、ENO</td><td>BOOL</td><td>I、Q、M、D、L</td></tr><tr><td>IN、OUT</td><td>二进制数、整数、浮点数、定时器、DATE、CHAR、WCHAR、TOD</td><td>D、L</td></tr><tr><td>COUNT</td><td>USINT、UINT、UDINT</td><td>I、Q、M、D、L、P 或常数</td></tr></table></td></tr>
<tr><td>UMOVE_BLK
EN ENO
<???> IN OUT <???>
<???> COUNT
非中断存储区移动</td><td>此指令功能与 MOVE_BLK 指令相同，区别在于本指令执行时不会被操作系统的其他任务打断，但会使 CPU 报警响应次数增加</td></tr>
</table>

（2）指令使用举例

移动值（MOVE）、存储区移动（MOVE_BLK）和非中断存储区移动（UMOVE_BLK）指令使用举例如图 4-14 所示。当 I0.0 触点闭合时，MOVE 指令执行，将十六进制数 7A（对应二进制数为 01111010）复制到 MW10（即 M11.7 ～ M11.0、M10.7 ～ M10.0）和 QB0（即 Q0.7 ～ Q0.0），MW10 有 16 个位，低 8 位为 01111010，高 8 位全部为 0，同时 Q0.0 线圈得电。

在使用 MOVE_BLK、UMOVE_BLK 指令时，先在 STEP7 软件中创建名称分别为“数据块 _1”和“数据块 _2”的两个数据块，再在数据块 _1 中建立一个有 3 个字节元素的数组 A，在数据块 _2 中建立一个有 4 个字节元素的数组 B。当 I0.1 触点闭合时，MOVE_BLK 指令执行，将“数据块 _1”的数组 A 的“数组 A[0]”为起始地址的 2 个元素复制到“数据块 _2”的数组 B 的“数组 B[2]”为起始地址的 2 个连续单元中。当 I0.3 触点闭合时，UMOVE_BLK 指令执行，将“数据块 _2”的数组 B 的数组 B[0] ～ B[2] 3 个元素复制到“数据块 _1”的数组 A 的数组 A[0] ～ A[2]。

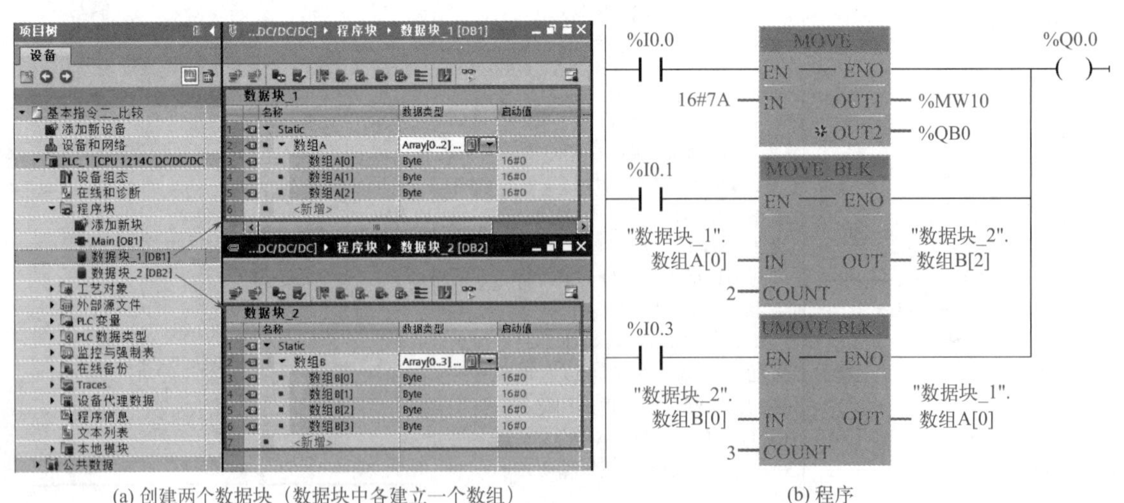

(a) 创建两个数据块（数据块中各建立一个数组）　　(b) 程序

图 4-14　移动值、存储区移动和非中断存储区移动指令使用举例

4.6.2　存储区填充和非中断的存储区填充指令

存储区填充和非中断的存储区填充指令说明见表 4-22。

表4-22　存储区填充和非中断的存储区填充指令说明

<table>
<tr><th>符号名称</th><th>说明</th><th>参数</th><th>举例</th></tr>
<tr><td> 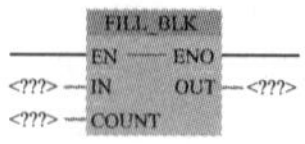FILL_BLK
EN ENO
<???> IN OUT <???>
<???> COUNT
存储区填充</td><td>当 EN 输入 1 时，将 IN 值复制到 OUT 为首地址的 COUNT 个连续单元中，指令成功执行后 ENO 端输出 1</td><td rowspan="2"><table>
<tr><th>参数</th><th>数据类型</th><th>存储区</th></tr>
<tr><td>EN、ENO</td><td>BOOL</td><td>I、Q、M、D、L</td></tr>
<tr><td>IN</td><td rowspan="2">二进制数、整数、浮点数、定时器、DATE、TOD、CHAR、WCHAR</td><td>I、Q、M、D、L 或常数</td></tr>
<tr><td>OUT</td><td>D、L</td></tr>
<tr><td>COUNT</td><td>USINT、UINT、UDINT</td><td>I、Q、M、D、L 或常数</td></tr>
</table></td><td rowspan="2">%I0.0　FILL_BLK　%Q0.0
EN ENO
16#FF IN
3 COUNT OUT "数据块_1".数组A[0]
%I0.1　UFILL_BLK
EN ENO
16#00 IN
2 COUNT OUT "数据块_2".数组B[2]
当 I0.0 触点闭合时，将 16#FF（即 1111 1111）复制到“数据块_1”的数组 A 的“数组 A[0]”为起始地址的 3 个连续字节单元（填充 1），同时 Q0.0 线圈得电；当 I0.1 触点闭合时，将 16#00 复制到“数据块_2”的数组 B 的“数组 B[2]”为起始地址的 2 个连续字节单元（填充 0）</td></tr>
<tr><td>UFILL_BLK
EN ENO
<???> IN OUT <???>
<???> COUNT
非中断的存储区填充</td><td>此指令功能与 FILL_BLK 指令相同，区别在于本指令执行时不会被操作系统的其他任务打断，但会使 CPU 报警响应次数增加</td></tr>
</table>

4.6.3　交换指令

交换指令说明见表 4-23。

表4-23　交换指令说明

<table>
<tr><th>符号名称</th><th>说明</th><th>参数</th><th>举例</th></tr>
<tr><td> 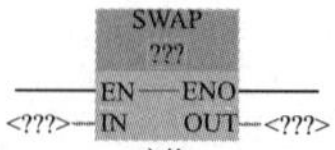SWAP
???
EN ENO
<???> IN OUT <???>
交换</td><td>当 EN 输入 1 时，将 IN 值的字节顺序交换，再存入 OUT，指令成功执行后 ENO 端输出 1。例如：
IN=00001111 01010101
执行指令后，
OUT= 01010101 00001111</td><td><table>
<tr><th>参数</th><th>数据类型</th><th>存储区</th></tr>
<tr><td>EN、ENO</td><td>BOOL</td><td>I、Q、M、D、L</td></tr>
<tr><td>IN、OUT</td><td>WORD、DWORD</td><td>I、Q、M、D、L、P、常数（仅 IN）</td></tr>
</table></td><td>%I0.0　SWAP DWord　%Q0.0
EN ENO
16#5CE1C5A6 IN OUT %MD20
MD20=16#A6C5E15C
当 I0.0 触点闭合时，SWAP 指令执行，将 16#5CE1C5A6 以字节顺序交换得到 16#A6C5E15C，再存入 MD20，同时 Q0.0 线圈得电</td></tr>
</table>

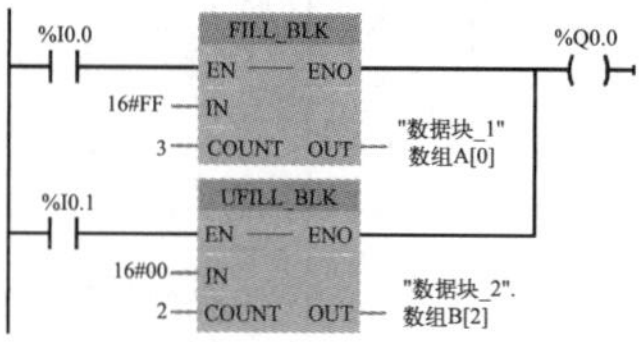

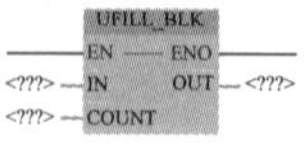

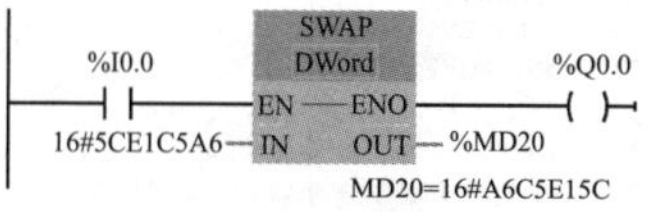

4.7 转换指令

4.7.1 转换值、取整和截尾取整指令

转换值、取整和截尾取整指令说明见表 4-24。

表4-24 转换值、取整和截尾取整指令说明

<table>
<tr><th>符号名称</th><th>说明</th><th>参数</th><th>举例</th></tr>
<tr>
<td>CONV
??? to ???
EN — ENO
<???> — IN OUT — <???>
转换值</td>
<td>当 EN 输入 1 时，将 IN 当作 to 前“???”指定类型的数据，转换成 to 后“???”指定类型的数据，再存入 OUT，指令成功执行后 ENO 端输出 1</td>
<td><table>
<tr><th>参数</th><th>数据类型</th><th>存储区</th></tr>
<tr><td>EN、ENO</td><td>BOOL</td><td>I、Q、M、D、L</td></tr>
<tr><td>IN、OUT</td><td>位字符串、整数、浮点数、CHAR、WCHAR、BCD16、BCD32</td><td>I、Q、M、D、L、P、常数（仅 IN）</td></tr>
</table></td>
<td>%I0.0 CONV SInt to Int %Q0.0
EN — ENO
%IB1 — IN OUT — %MW10
当 I0.0 触点闭合时，CONV 指令执行，将 IB1 值当作 SInt（8 位短整数）数据，转换成 Int（16 位整数）数据，再存入 MW10，同时 Q0.0 线圈得电</td>
</tr>
<tr>
<td>ROUND
Real to ???
EN — ENO
<???> — IN OUT — <???>
取整</td>
<td>当 EN 输入 1 时，将 IN 当作浮点数，采用四舍五入转换成整数，再存入 OUT，指令成功执行后 ENO 端输出 1
若 IN 值是一个偶数和一个奇数之间的值，则选择偶数</td>
<td rowspan="2"><table>
<tr><th>参数</th><th>数据类型</th><th>存储区</th></tr>
<tr><td>EN、ENO</td><td>BOOL</td><td>I、Q、M、D、L</td></tr>
<tr><td>IN</td><td>浮点数</td><td rowspan="2">I、Q、M、D、L、P、常数（仅 IN）</td></tr>
<tr><td>OUT</td><td>整数、浮点数</td></tr>
</table></td>
<td>%I0.0 ROUND Real to Int %Q0.0
EN — ENO
-1.50 — IN OUT — %MW10
当 I0.0 触点闭合时，ROUND 指令执行，将 -1.50 按四舍五入转换成整数（-2）存入 MW10，同时 Q0.0 线圈得电</td>
</tr>
<tr>
<td>TRUNC
Real to ???
EN — ENO
<???> — IN OUT — <???>
截尾取整</td>
<td>当 EN 输入 1 时，将 IN 当作浮点数，去掉小数部分，整数部分存入 OUT，指令成功执行后 ENO 端输出 1</td>
<td>%I0.0 TRUNC Real to Int %Q0.0
EN — ENO
-1.50 — IN OUT — %MW10
当 I0.0 触点闭合时，TRUNC 指令执行，将 -1.50 小数部分去掉，整数部分（-1）存入 MW10</td>
</tr>
</table>

4.7.2 浮点数向上取整和浮点数向下取整指令

浮点数向上取整和浮点数向下取整指令说明见表 4-25。

表4-25　浮点数向上取整和浮点数向下取整指令说明

<table>
<tr><th>符号名称</th><th>说明</th><th>参数</th><th>举例</th></tr>
<tr><td> 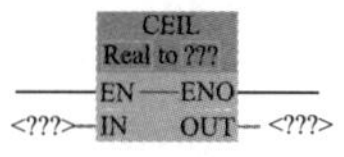CEIL
Real to ???
EN ENO
<???> IN OUT <???>
浮点数向上取整</td><td>当 EN 输入 1 时，将 IN 当作浮点数，转换成大于且最接近该浮点数的整数，再存入 OUT，指令成功执行后 ENO 端输出 1</td><td rowspan="2"><table><tr><th>参数</th><th>数据类型</th><th>存储区</th></tr><tr><td>EN、ENO</td><td>BOOL</td><td>I、Q、M、D、L</td></tr><tr><td>IN</td><td>浮点数</td><td rowspan="2">I、Q、M、D、L、P、常数（仅 IN）</td></tr><tr><td>OUT</td><td>整数、浮点数</td></tr></table></td><td rowspan="2">%I0.0 CEIL Real to Int EN ENO %Q0.0
0.50 IN OUT %MW10
%I0.1 FLOOR Real to Int EN ENO
-0.5 IN OUT %MW12
当 I0.0 触点闭合时，CEIL 指令执行，将 0.50 向上转换成大于且最接近的整数（1）存入 MW10，同时 Q0.0 线圈得电。当 I0.1 触点闭合时，FLOOR 指令执行，将 -0.5 向下转换成小于且最接近的整数（-1）存入 MW12</td></tr>
<tr><td>FLOOR
Real to ???
EN ENO
<???> IN OUT <???>
浮点数向下取整</td><td>当 EN 输入 1 时，将 IN 当作浮点数，转换成小于且最接近该浮点数的整数，再存入 OUT，指令成功执行后 ENO 端输出 1</td></tr>
</table>

4.7.3　标定（缩放）和标准化指令

（1）指令说明

标定（缩放）和标准化指令说明见表 4-26。

表4-26　标定（缩放）和标准化指令说明

<table>
<tr><th>符号名称</th><th>说明</th><th>关系图</th><th>参数</th></tr>
<tr><td> 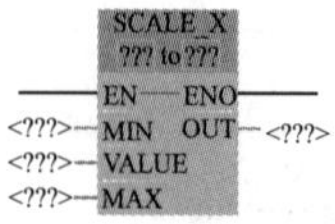SCALE_X
??? to ???
EN ENO
<???> MIN OUT <???>
<???> VALUE
<???> MAX
标定（缩放）</td><td>当 EN 输入 1 时，由 MIN、MAX 定义范围，将 VALUE 值缩放到该范围内，缩放值存入 OUT，指令成功执行后 ENO 端输出 1。
OUT =VALUE×（MAX–MIN）+MIN</td><td> 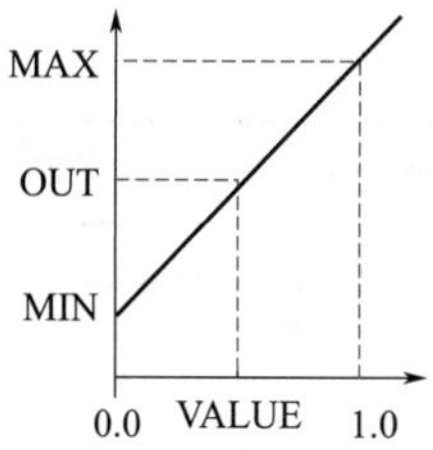MAX
OUT
MIN
0.0 VALUE 1.0</td><td><table><tr><th>参数</th><th>数据类型</th><th>存储区</th></tr><tr><td>EN、ENO</td><td>BOOL</td><td>I、Q、M、D、L</td></tr><tr><td>MIN、MAX、OUT</td><td>整数、浮点数</td><td rowspan="2">I、Q、M、D、L、常数（OUT 不可为常数）</td></tr><tr><td>VALUE</td><td>浮点数</td></tr></table></td></tr>
<tr><td>NORM_X
??? to ???
EN ENO
<???> MIN OUT <???>
<???> VALUE
<???> MAX
标准化</td><td>当 EN 输入 1 时，由 MIN、MAX 定义范围，将 VALUE 值标准化到该范围内，标准化值存入 OUT，指令成功执行后 ENO 端输出 1。
OUT=（VALUE–MIN）/（MAX–MIN）</td><td> 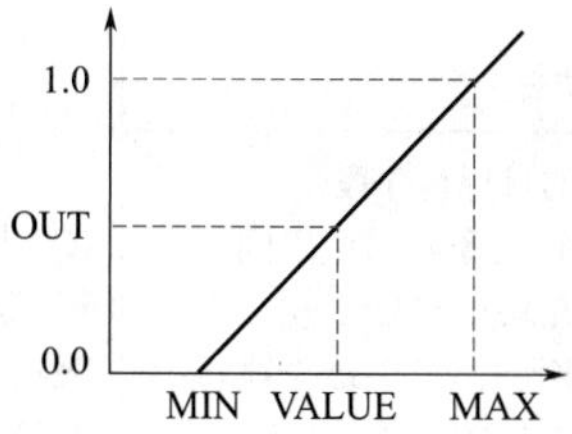1.0
OUT
0.0
MIN VALUE MAX</td><td><table><tr><th>参数</th><th>数据类型</th><th>存储区</th></tr><tr><td>EN、ENO</td><td>BOOL</td><td>I、Q、M、D、L</td></tr><tr><td>MIN、MAX、VALUE</td><td>整数、浮点数</td><td rowspan="2">I、Q、M、D、L、常数（OUT 不可为常数）</td></tr><tr><td>OUT</td><td>浮点数</td></tr></table></td></tr>
</table>

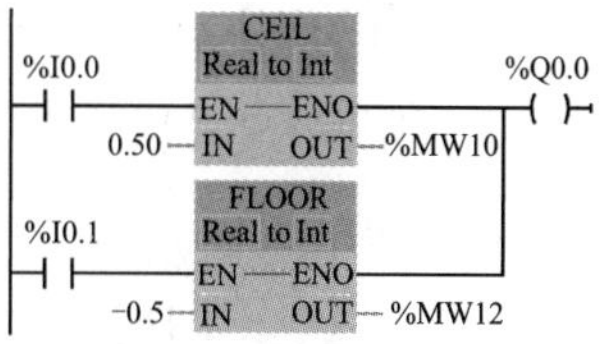

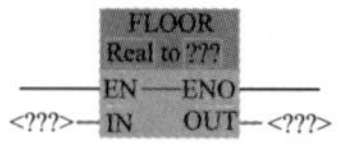

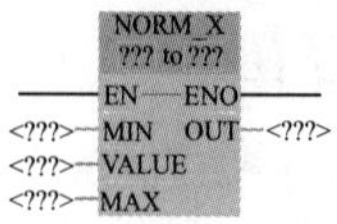

（2）指令使用举例

标定（SCALE_X）和标准化（NORM_X）指令使用举例如图 4-15 所示。当 I0.0 触点闭合时，SCALE_X 指令执行，由 MW10=10、MW12=30 定义范围，将 0.5 按“0.5×(30–10) + 10”缩放，缩放值（20）存入 MW20 ，同时 Q0.0 线圈得电。当 I0.1 触点闭合时，NORM_X 指令执行，由 MW100=10、MW102=30 定义范围，将 15 按“（15–10）/（30–10)”标准化到该范围内，标准化值（0.25）存入 MD104。

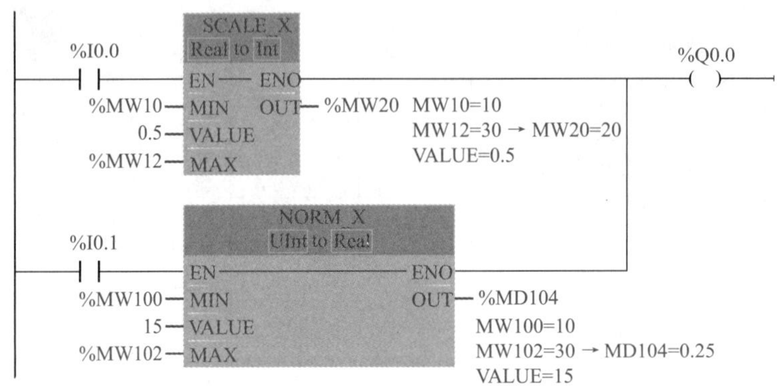

图 4-15 标定（SCALE_X）和标准化（NORM_X）指令使用举例

4.8 程序控制指令

4.8.1 跳转和跳转标签指令

跳转和跳转标签指令说明见表 4-27。

表4-27 跳转和跳转标签指令说明

<table>
<tr><th>符号名称</th><th>说明</th><th>举例</th></tr>
<tr><td><???>
-(JMP)-
“1”跳转</td><td>当指令输入 1 时，跳转执行 ??? 标签处的程序段。
跳转标签与跳转指令必须位于同一个块中，标签名称在块中只能出现一次。一个程序段中只能使用一个跳转线圈</td><td rowspan="3">%I0.0 A1 JMP
程序段 19：
%I0.1 A2 JMPN
程序段 20：
A1
%M0.0 %Q0.0
程序段 21：
A2
%M0.1 %Q0.1
当 I0.0 触点闭合时，JMP 指令输入 1，跳转执行“A1”标签处的程序，Q0.0 线圈得电；当 I0.1 触点断开时，JMPN 指令输入 0，跳转执行“A2”标签处的程序，Q0.1 线圈得电。执行完标签处的程序再往后顺序执行</td></tr>
<tr><td><???>
-(JMPN)-
“0”跳转</td><td>当指令输入 0 时，跳转执行 ??? 标签处的程序段。
其他同 JMP 指令</td></tr>
<tr><td><???>
跳转标签</td><td>用来标识跳转的目标程序段。
跳转标签与跳转指令必须位于同一个块中，标签名称在块中只能出现一次。S7-1200 CPU 最多可以声明 32 个跳转标签。一个程序段中只能设置一个跳转标签，每个跳转标签可以跳转到多个位置</td></tr>
</table>

4.8.2　定义跳转列表、跳转分支（分配器）和返回指令

定义跳转列表、跳转分支（分配器）和返回指令说明见表 4-28。

表4-28　定义跳转列表、跳转分支（分配器）和返回指令说明

<table>
<tr><th>符号名称</th><th>说明</th><th>参数</th><th>举例</th></tr>
<tr>
<td>JMP_LIST
EN　DEST0 —<???>
<???>— K　DEST1 —<???>
定义跳转列表</td>
<td>当EN输入1时，跳转执行 DEST “K” 指定标签处的程序。
K 值大于可用的输出编号时，则执行下个程序段中的程序</td>
<td><table>
<tr><th>参数</th><th>数据类型</th><th>存储区</th></tr>
<tr><td>EN</td><td>BOOL</td><td>I、Q、M、D、L</td></tr>
<tr><td>K</td><td>UINT</td><td>I、Q、M、D、L、常数</td></tr>
<tr><td>DESTn</td><td>无</td><td>无</td></tr>
</table></td>
<td>%I0.0　JMP_LIST
EN　DEST0 —A1
1 — K　DEST1 —A2
DEST2 —A3
当 I0.0 触点闭合时，因 K=1，故执行 DEST1 端指定的标签 A2 处的程序</td>
</tr>
<tr>
<td>SWITCH
???
EN　DEST0 —<???>
<???>— K　DEST1 —<???>
<???>— ==　ELSE —
<???>— >
跳转分支（分配器）</td>
<td>当 EN 输入 1 时，先将 K 值与下方第 1 个比较符（==）端的值比较，若成立则执行 DEST0 标签处的程序，否则与下方第 2 个比较符端的数值比较，若成立则执行 DEST1 标签处的程序，都不成立时执行 ELSE 标签处的程序，ELSE 未指定时则执行下一个程序段。
单击可以同时增加比较项和标签项</td>
<td><table>
<tr><th>参数</th><th>数据类型</th><th>存储区</th></tr>
<tr><td>EN</td><td>BOOL</td><td>I、Q、M、D、L</td></tr>
<tr><td>K</td><td>UINT</td><td rowspan="2">I、Q、M、D、L、常数</td></tr>
<tr><td>比较值</td><td>位字符串、整数、浮点数、TIME、DATE、TOD</td></tr>
<tr><td>DESTn、ELSE</td><td>无</td><td>无</td></tr>
</table></td>
<td>%I0.0　SWITCH
UInt
EN　DEST0 —A1
31 — K　DEST1 —A2
32 — ==　DEST2 —A3
31 — <　ELSE —…
30 — >
当 I0.0 触点闭合时，因 K=31>30，故执行 DEST2 端指定的标签 A3 处的程序</td>
</tr>
<tr>
<td><??.?>
—(RET)—
返回</td>
<td>当指令输入 1 时，停止执行当前块的程序，返回调用块。
上 ??.? 为返回值，若当前块是 OB，返回值被忽略，若当前块为 FC 或 FB，返回值作为 FC 或 FB 的 ENO 值 传送给调用块。返回值可以是 TRUE、FALSE 或指定的位地址</td>
<td><table>
<tr><th>参数</th><th>数据类型</th><th>存储区</th></tr>
<tr><td>EN</td><td>BOOL</td><td>I、Q、M、D、L</td></tr>
<tr><td>操作数（上 ??.?）</td><td>BOOL</td><td>I、Q、M、D、L、TRUE（1）、FALSE（0）</td></tr>
</table></td>
<td>%I0.0　FALSE
—(RET)—
当 I0.0 触点闭合时，执行 RET 指令，终止当前块的程序，返回调用块中继续执行，并让该调用函数 ENO 端的值为 FALSE（0）</td>
</tr>
</table>

4.9 字逻辑运算指令

4.9.1 与、或、非和异或指令

与、或、非和异或指令说明见表 4-29。

表4-29　与、或、非和异或指令说明

<table>
<tr><th>符号名称</th><th>说明</th><th>参数</th><th>举例</th></tr>
<tr><td>与</td><td>当 EN 输入 1 时，将 IN1 与 IN2 逐位进行与运算，结果存入 OUT，指令成功执行后 ENO 端输出 1。
与运算：相与的 2 位同时为 1 时，结果才为 1</td><td rowspan="3"><table><tr><th>参数</th><th>数据类型</th><th>存储区</th></tr><tr><td>EN、ENO</td><td>BOOL</td><td>I、Q、M、D、L</td></tr><tr><td>INn</td><td rowspan="2">位字符串</td><td rowspan="2">I、Q、M、D、L、P、常数（仅 IN）</td></tr><tr><td>OUT</td></tr></table></td><td>16#5=0101
16#F=1111
MW120=0101
当 I0.0 触点闭合时，16#5（即 0101）与 16#F（即 1111）进行与运算，结果 16#5（即 0101）存入 MW120，同时 Q0.0 线圈得电</td></tr>
<tr><td>或</td><td>当 EN 输入 1 时，将 IN1 与 IN2 逐位进行或运算，结果存入 OUT，指令成功执行后 ENO 端输出 1。
或运算：相或的 2 位只要有一位为 1，结果就为 1</td><td>16#5=0101
16#F=1111
MW122=1111
当 I0.0 触点闭合时，16#5 与 16#F 进行或运算，结果 16#F 存入 MW122</td></tr>
<tr><td>异或</td><td>当 EN 输入 1 时，将 IN1 与 IN2 逐位进行异或运算，结果存入 OUT，指令成功执行后 ENO 端输出 1
异或运算：相异或的 2 位相同结果为 0，相异结果为 1</td><td>16#5=0101
16#F=1111
MW124=1010
当 I0.0 触点闭合时，16#5 与 16#F 进行异或运算，结果 16#A 存入 MW124</td></tr>
<tr><td>非</td><td>当 EN 输入 1 时，将 IN 值逐位取反，结果存入 OUT，指令成功执行后 ENO 端输出 1</td><td><table><tr><th>参数</th><th>数据类型</th><th>存储区</th></tr><tr><td>EN、ENO</td><td>BOOL</td><td>I、Q、M、D、L</td></tr><tr><td>INn</td><td rowspan="2">位字符串、整数</td><td rowspan="2">I、Q、M、D、L、P、常数（仅 IN）</td></tr><tr><td>OUT</td></tr></table></td><td>16#5=0101
MW120=1010
当 I0.0 触点闭合时，对 16#5 逐位取反，结果 16#A 存入 MW126</td></tr>
</table>

4.9.2　解码与编码指令

解码与编码指令说明见表 4-30。

表4-30　解码与编码指令说明

<table>
<tr><th>符号名称</th><th>说明</th><th>参数</th><th>举例</th></tr>
<tr><td> DECO
UInt to ???
EN ENO
<???> IN OUT <???>
解码</td><td>当 EN 输入 1 时，将 OUT 中由 IN 值指定的位置 1，其他位用 0 填充，指令成功执行后 ENO 端输出 1</td><td><table><tr><th>参数</th><th>数据类型</th><th>存储区</th></tr><tr><td>EN、ENO</td><td>BOOL</td><td>I、Q、M、D、L</td></tr><tr><td>IN</td><td>UINT</td><td rowspan="2">I、Q、M、D、L、P、常数（仅 IN）</td></tr><tr><td>OUT</td><td>位字符串</td></tr></table></td><td>%I0.0　DECO UInt to Byte　%Q0.0
EN ENO
3 IN OUT %MB20
IN=3→MB20=00001000
IN=5→MB20=00100000
当 I0.0 触点闭合时，将 MB20 中位 3 置 1，其他位全部清 0，同时 Q0.0 线圈得电</td></tr>
<tr><td>ENCO
???
EN ENO
<???> IN OUT <???>
编码</td><td>当EN输入1时，将 IN 值中最低有效位“1”的位号写入 OUT，指令成功执行后 ENO 端输出 1</td><td><table><tr><th>参数</th><th>数据类型</th><th>存储区</th></tr><tr><td>EN、ENO</td><td>BOOL</td><td>I、Q、M、D、L</td></tr><tr><td>IN</td><td>位字符串</td><td rowspan="2">I、Q、M、D、L、P、常数（仅 IN）</td></tr><tr><td>OUT</td><td>INT</td></tr></table></td><td>%I0.0　ENCO Byte　%Q0.0
EN ENO
2#01101000 IN OUT %MW10
IN=01101000→MW=3
IN=01101010→MW=1
当 I0.0 触点闭合时，将 01101000 最低位 1 的位号 3 写入 MW10</td></tr>
</table>

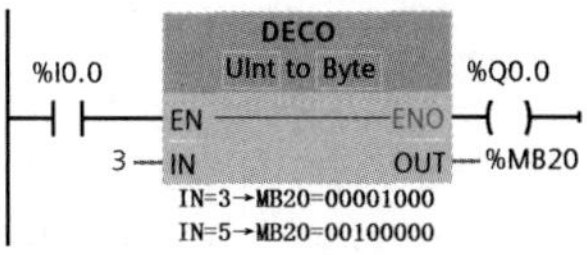

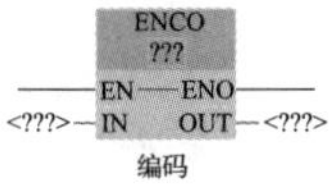

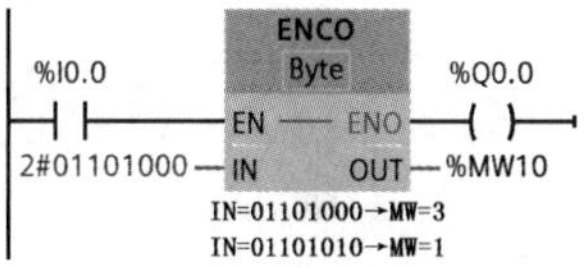

4.9.3　选择、多路复用和多路分用指令

选择、多路复用和多路分用指令说明见表 4-31。

表4-31　选择、多路复用和多路分用指令说明

<table>
<tr><th>符号名称</th><th>说明</th><th colspan="3">参数</th><th>举例</th></tr>
<tr><td rowspan="3"> 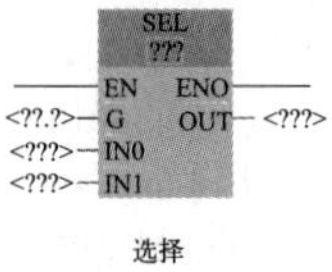SEL
???
EN ENO
<??.?> G OUT <???>
<???> IN0
<???> IN1
选择</td><td rowspan="3">当 EN 输入 1 时，若 G=0，将 IN0 值移到 OUT，若 G=1，将 IN1 值移到 OUT，指令成功执行后 ENO 端输出 1。
IN、OUT 参数的变量必须具有相同的数据类型</td><td>参数</td><td>数据类型</td><td>存储区</td><td rowspan="3">%I0.0　SEL Int　%Q0.0
EN ENO
1 G OUT %MW10
16#2E IN0
16#86 IN1
当 I0.0 触点闭合时，因 G=1，故将 IN1 值 16#86 移到 MW10，同时 Q0.0 线圈得电</td></tr>
<tr><td>EN、ENO、G</td><td>BOOL</td><td>I、Q、M、D、L、常数（仅 G）</td></tr>
<tr><td>K</td><td>整数</td><td rowspan="4">I、Q、M、D、L、P、常数（仅输入端）</td></tr>
<tr><td rowspan="3">MUX
???
EN ENO
<??.?> K OUT <???>
<???> IN0
<???> IN1
… ELSE
多路复用</td><td rowspan="3">当 EN 输入 1 时，若 K=0，将 IN0 值移到 OUT，若 K=n（n<32），将 INn 值移到 OUT，指令成功执行后 ENO 端输出 1。K ≥ 32 时，将 ELSE 移到 OUT，ENO=0。
IN、OUT、ELSE 参数的变量必须具有相同的数据类型</td><td>INn</td><td rowspan="3">位字符串、整数、浮点数、定时器、TOD、CHAR、WCHAR、DATE</td><td rowspan="3">%I0.0　MUX Int　%Q0.0
EN ENO
2 K OUT %MW20
%MW10 IN0
16#36 IN1
%MW12 IN2
16#69 ELSE
当 I0.0 触点闭合时，因 K=2，故将 IN2 端 MW12 的值移到 MW20，同时 Q0.0 线圈得电</td></tr>
<tr><td>OUTn</td></tr>
<tr><td>ELSE</td></tr>
</table>

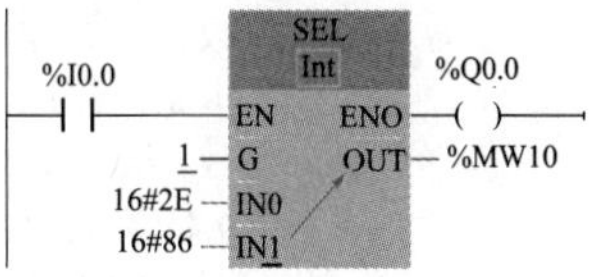

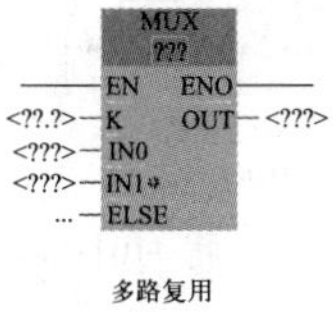

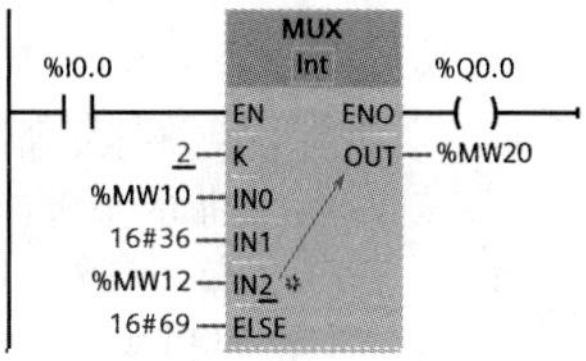

续表

符号名称	说明	参数	举例
DEMUX ??? EN ENO <???> K OUT0 <???> <???> IN OUT1 <???> ELSE ... 多路分用	当EN输入1时，若K=0，将IN值移到OUT0，若K=n，将IN值值移到OUTn，指令成功执行后ENO端输出1。K值大于可用输出项时，将IN值移到ELSE，ENO=0。 IN、OUT、ELSE参数的变量必须具有相同的数据类型		DEMUX Int %I0.0 EN ENO %Q0.0 3 K OUT0 %MW10 16#7A IN OUT1 %MW12 ELSE %MW20 当I0.0触点闭合时，因K=3，而只有2个OUT项，故将IN值16#7A移到ELSE端的MW20，ENO端输出为0，Q0.0线圈失电

4.10 移位和循环移位指令

4.10.1 移位指令

移位指令说明见表4-32。

表4-32 移位指令说明

符号名称	说明	参数	举例
SHR ??? EN ENO <???> IN OUT <???> <???> N 右移	当EN输入1时，将IN值所有位右移N位，若IN为无符号数，左侧空出位用0填充，若IN为有符号数（最高位表示符号，0表示+，1表示-），左侧空出位全用符号位值填充，指令成功执行后ENO端输出1	参数 / 数据类型 / 存储区： EN、ENO / BOOL / I、Q、M、D、L IN、OUT / 位字符串、整数 / I、Q、M、D、L、P、常数（仅输入端） N / USINT、UINT、UDINT / I、Q、M、D、L、P、常数（仅输入端）	SHR USInt %I0.0 EN ENO %Q0.0 2#11001001 IN OUT %MB12 3 N IN=11001001 MB12=00011001 当I0.0触点闭合时，将11001001右移3位，移位后得到00011001存入MB12，同时Q0.0线圈得电
SHL ??? EN ENO <???> IN OUT <???> <???> N 左移	当EN输入1时，将IN值所有位左移N位，右侧空出位全用0填充，指令成功执行后ENO端输出1		SHL USInt %I0.0 EN ENO %Q0.0 2#11011001 IN OUT %MB14 5 N IN=11011001 MB14=00100000 当I0.0触点闭合时，将11011001左移5位，移位后得到00100000存入MB14

4.10.2　循环移位指令

循环移位指令说明见表 4-33。

表4-33　循环移位指令说明

<table>
<tr><th>符号名称</th><th>说明</th><th>参数</th><th>举例</th></tr>
<tr>
<td>ROR
???
EN — ENO
<???> — IN　OUT — <???>
<???> — N
循环右移</td>
<td>当 EN 输入 1 时，将 IN 值所有位循环右移 N 位，右侧移出 N 位以环形方式移到左侧空出的 N 位，右侧最后移出的位移到左侧最高位，指令成功执行后 ENO 端输出 1</td>
<td rowspan="2">
<table>
<tr><th>参数</th><th>数据类型</th><th>存储区</th></tr>
<tr><td>EN、ENO</td><td>BOOL</td><td>I、Q、M、D、L</td></tr>
<tr><td>IN、OUT</td><td>位字符串、整数</td><td rowspan="2">I、Q、M、D、L、P、常数（仅输入端）</td></tr>
<tr><td>N</td><td>USINT、UINT、UDINT</td></tr>
</table>
</td>
<td>%I0.0　ROR Byte　%Q0.0
EN — ENO
2#11001001 — IN　OUT — %MB16
3 — N
IN=11001001
MB16=00111001
当 I0.0 触点闭合时，将 11001001 循环右移 3 位，移位后得到 00111001 存入 MB16，同时 Q0.0 线圈得电</td>
</tr>
<tr>
<td>ROL
???
EN — ENO
<???> — IN　OUT — <???>
<???> — N
循环左移</td>
<td>当 EN 输入 1 时，将 IN 值所有位循环左移 N 位，左侧移出 N 位以环形方式移到右侧空出的 N 位，左侧最后移出的位移到右侧最低位，指令成功执行后 ENO 端输出 1</td>
<td>%I0.0　ROL Byte　%Q0.0
EN — ENO
2#11011001 — IN　OUT — %MB18
5 — N
IN=11011001
MB18=00111011
当 I0.0 触点闭合时，将 11011001 循环左移 5 位，移位后得到 00111011 存入 MB18</td>
</tr>
</table>

PLC

第5章

西门子 S7-1200 PLC 基本指令应用实例

5.1 常用 PLC 控制线路与程序

5.1.1 启动、自锁和停止控制电动机的线路与程序

图 5-1 是 PLC 控制电动机启动和停止的电气线路。按下 SB1 按钮时，有电流流入 PLC 的 I0.0 端子（电流途径：PLC 内部输出 DC 24V+ → L+ 端子→ SB1 → PLC 的 I0.0 端子→ PLC 内部输入电路→ 1M 端子→ M 端子→ PLC 内部 DC 24V-），即 PLC 的 I0.0 端子输入为 ON，内部程序运行，使 Q0.0 端子与 1L 端子之间的硬件触点（继电器触点或晶体管）导通，有电流流过 KM 接触器线圈（电流途径：L1 线→ PLC 的 1L 端子→内部闭合的硬件触点→ Q0.0 端子→ KM 线圈→ N 线），KM 主触点闭合，三相交流电压通过 QF、KM 主触点供给电动机，电动机运转，松开后电动机仍继续运转（自锁），按下 SB2 按钮时，电动机停转。

PLC 的自锁控制程序可使用自锁触点，也可以采用置位指令编写。

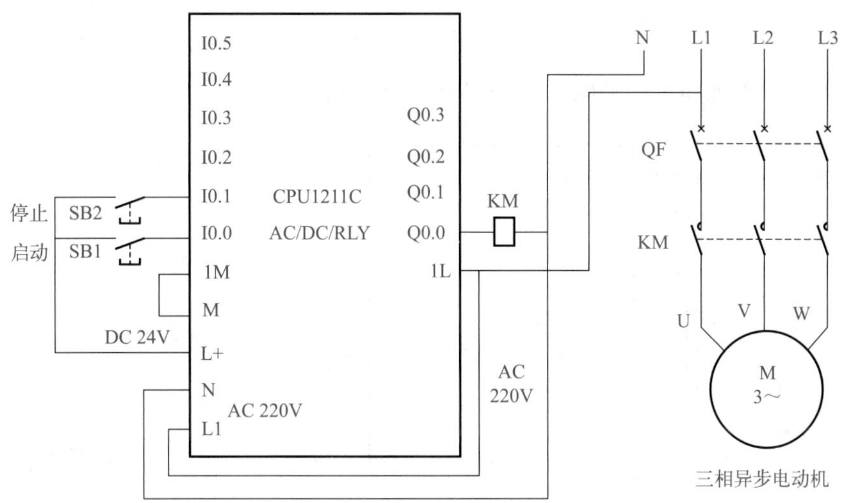

图 5-1　PLC 控制电动机启动和停止的电气线路

（1）采用自锁触点实现启动自锁控制的程序

采用自锁触点实现启动自锁控制的程序如图 5-2 所示。当 SB1 按钮闭合时，I0.0 端子输入为 ON，会让程序中的 I0.0 常开触点闭合，Q0.0 线圈得电，使 Q0.0 端子与 1L 端子之间的内部硬件触点闭合，KM 接触器通电，KM 主触点闭合，电动机运转，Q0.0 线圈得电还会使程序中的 Q0.0 常开自锁触点闭合，这样在松开 SB1 后 I0.0 常开触点断开时，Q0.0 线圈会因 Q0.0 常开自锁触点的闭合而继续得电，Q0.0 端子内部硬件触点继续闭合，电动机继续运转。按下 SB2 按钮，PLC 的 I0.1 端子输入为 ON，程序中的 I0.1 常闭触点状态变为断开，Q0.0 线圈失电，Q0.0 端子与 1L 端子之间的内部硬件触点断开，KM 接触器线圈失电，KM 主触点断开，电动机停转。

图 5-2　采用自锁触点实现启动自锁控制的程序

（2）采用置位、复位指令实现启动自锁控制的程序

采用置位、复位指令实现启动自锁控制的程序如图 5-3 所示。当启动按钮 SB1 闭合时，程序中的 I0.0 常开触点闭合，置位指令执行，Q0.0 线圈被置 1，即 Q0.0 线圈得电，电动机运转。松开 SB1 按钮时，I0.0 常开触点断开，Q0.0 线圈被置位指令置 1 后不会自动复位，仍保持状态 1（得电），故电动机继续运转。按下停止按钮 SB2 时，程序中的 I0.1 常开触点闭合，复位指令执行，Q0.0 线圈被复位（状态变为 0），即 Q0.0 线圈失电，电动机停转。

图 5-3　采用置位、复位指令实现启动自锁控制的程序

5.1.2 单人多地和多人多地启 / 停控制电动机的线路与程序

图 5-4 是单人多地和多人多地启 / 停控制电动机的 PLC 线路。

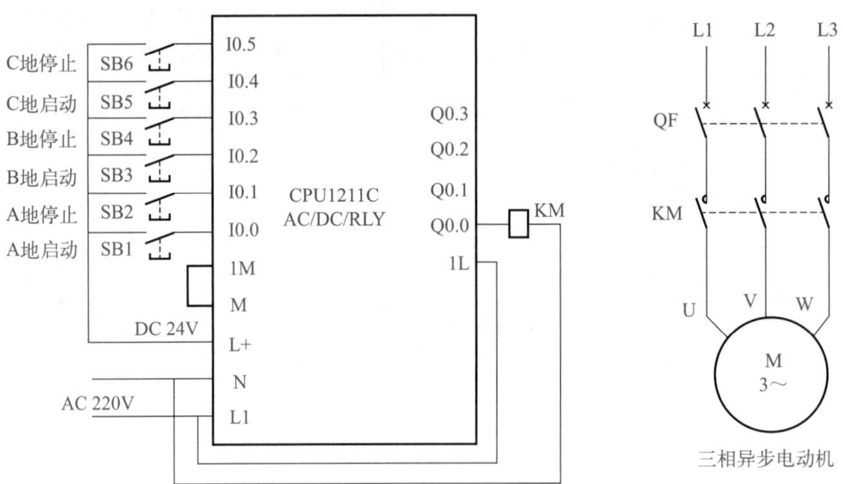

图 5-4 单人多地和多人多地启 / 停控制的 PLC 电气线路

(1) 单人多地启 / 停控制的程序

单人多地启 / 停控制程序如图 5-5 所示。该程序可以实现 A、B、C 三地任一处都可以启动和停止电动机。下面以 A 地启 / 停控制为例进行说明。

A 地启动控制：在 A 地按下启动按钮 SB1 →程序中的 I0.0 常开触点闭合→ Q0.0 线圈得电→ KM 接触器线圈通电→ KM 主触点闭合→电动机通电运转。另外 Q0.0 常开自锁触点也会闭合，这样在松开 SB1 后 Q0.0 线圈仍可通过 Q0.0 触点得电，从而实现自锁功能。

A 地停止控制：在 A 地按下停止按钮 SB2 →程序中的 I0.1 常闭触点断开→ Q0.0 线圈失电→ KM 接触器线圈失电→ KM 主触点断开→电动机停转。

B 地和 C 地的启 / 停控制与 A 地相同，该程序不但可以在同地启动和停止电动机，还可以在一地启动电动机，在另一地停止电动机。

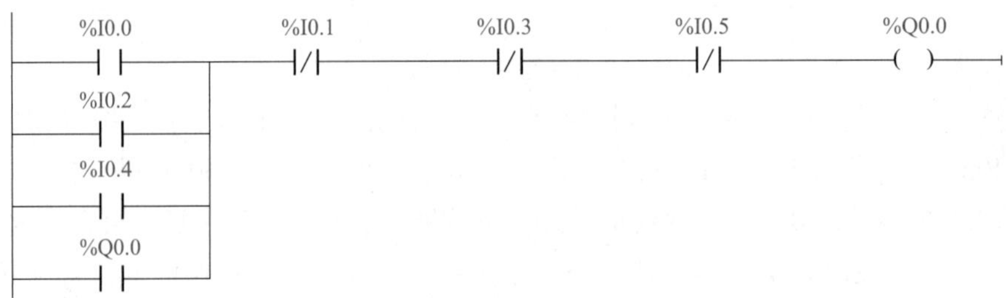

图 5-5 单人多地启 / 停控制程序

(2) 多人多地启 / 停控制的程序

多人多地启 / 停控制程序如图 5-6 所示。该程序需要 A、B、C 三地同时按下启动按钮才能启动电动机，在任何一地按下停止按钮均可停止电动机。

启动控制：A、B、C 三地都按下启动按钮→程序中的 I0.0、I0.2、I0.4 常开触点均闭合→ Q0.0

线圈得电→ KM 接触器线圈通电→ KM 主触点闭合→电动机通电运转。由于 Q0.0 线圈得电还会使 Q0.0 常开自锁触点闭合，故在松开启动按钮后，Q0.0 线圈仍可通过 Q0.0 触点得电，从而实现自锁功能。

停止控制：在 A、B、C 三地或任何一地按下停止按钮时，会使 I0.1、I0.3、I0.5 常闭触点中的 3 个或 1 个断开，Q0.0 线圈失电，电动机停转。

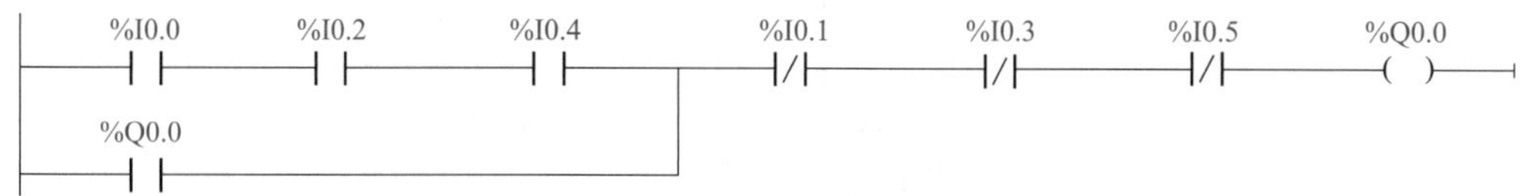

图 5-6　多人多地启 / 停控制程序

5.1.3　星形 - 三角形启动电动机的线路与程序

电动机在刚启动时流过定子绕组的电流很大，约为额定电流的 4 ～ 7 倍。对于大容量电动机，若采用普通的全压启动方式，会出现启动时电流过大而使供电电源电压下降很多的现象，这样可能会影响采用同一供电电源的其他设备的正常工作。解决上述问题的方法就是对电动机进行降压启动，待电动机运转以后再提供全压。

一般规定，供电电源容量在 180kV・A 以上，电动机容量在 7kW 以下的三相异步电动机可采用直接全压启动，超出这个范围需采用降压启动方式。星形 - 三角形（Y - △）启动是一种常见的电动机降压启动方式，在启动电动机时将定子绕组接成星形方式，电动机启动运行正常后，将定子绕组接成三角形方式。

电动机定子绕组的接线端和接线方式如图 5-7 所示。星形方式接线时，电压加到两个串联的绕组上，每个绕组电压低，流过的电流小；三角形方式接线时，电压全部加到一个绕组上，绕组流过的电流大。星形 - 三角形启动电动机的 PLC 线路与程序如图 5-8 所示。

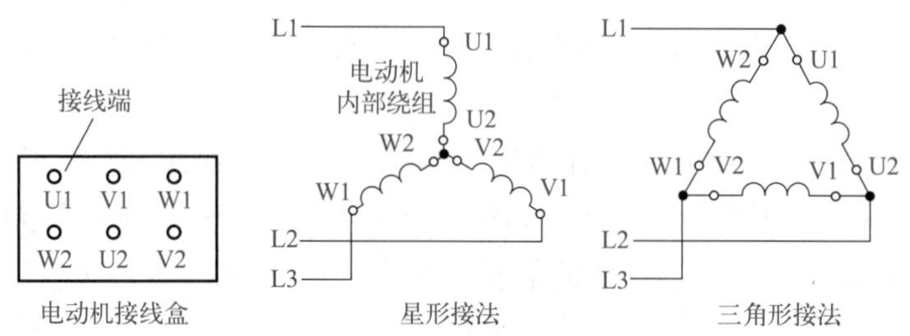

图 5-7　电动机定子绕组的接线端和接线方式

（1）星形启动 / 三角形运行控制

按下启动按钮 SB1 →程序中的 I0.0 常开触点闭合→ Q0.0 线圈得电→两个 Q0.0 常开触点闭合，程序段 1 的 Q0.0 自锁触点闭合，锁定 Q0.0 线圈得电，程序段 2 的 Q0.0 触点闭合，TON 定时器 IN 输入 1，开始 10s 计时，同时 Q0.1 线圈得电→ Q0.0 线圈得电使接触器 KM1 主触点闭合，三相电源加到电动机的 U1、V1、W1 端，Q0.1 线圈得电使 KM2 主触点闭合，将电动机 3 个绕组接成星形→电动机星形启动。

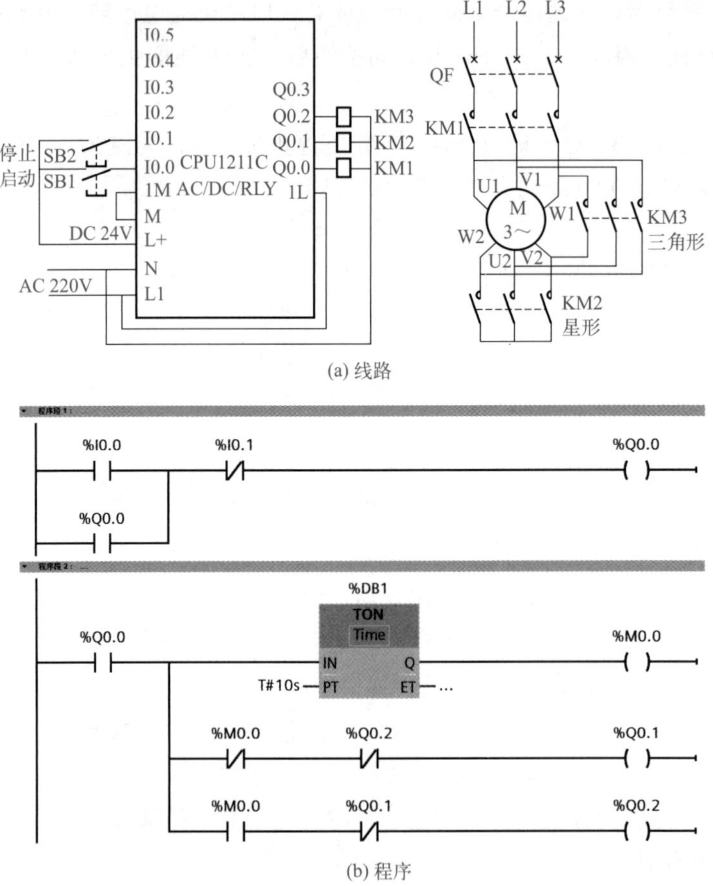

(a) 线路

(b) 程序

图 5-8 星形 - 三角形启动电动机的 PLC 线路与程序

10s 后，TON 定时器计时时间到，其 Q 端输出 1 → M0.0 线圈状态为 1（得电）→ M0.0 常闭触点断开，Q0.1 线圈失电，KM2 主触点断开，切断星形接线，M0.0 常开触点闭合，Q0.2 线圈得电，KM3 主触点闭合，将电动机绕组接成三角形→电动机三角形运行。

（2）停止控制

按下停止按钮 SB2 →程序中的 I0.1 常闭触点断开→ Q0.0 线圈失电，程序段 1 的 Q0.0 自锁触点断开，解除 Q0.0 线圈得电自锁，程序段 2 的 Q0.0 常开触点断开，Q0.1、Q0.2 线圈均无法得电→接触器 KM1、KM2、KM3 的主触点均断开→电动机失电停转。

5.1.4 电动机过载声光报警的线路与程序

电动机过载声光报警的 PLC 线路与程序如图 5-9 所示，其功能是当电动机发生过载时，一是让电动机停转，二是让警示灯亮 10s、警示铃响 10s。

（1）启动控制

按下启动按钮 SB1 →程序段 1 的 I0.0 常开触点闭合，由于热继电器的 FR 触点在正常时处于闭合，故程序中的 I0.2 常开触点闭合→ S 置位指令执行，Q0.1 线圈被置 1（得电）→ KM 线圈通电→ KM 主触点闭合→电动机通电运转。

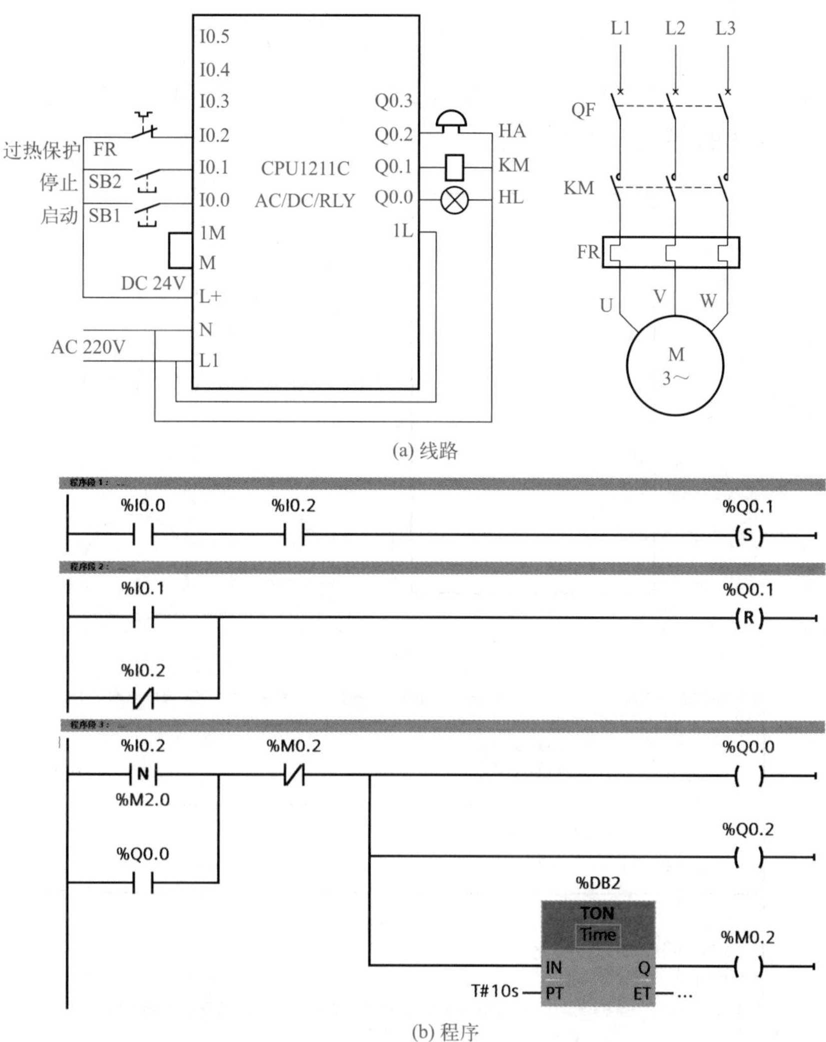

图 5-9　电动机过载声光报警的 PLC 线路与程序

（2）停止控制

按下停止按钮 SB2 →程序段 2 的 I0.1 常开触点闭合，I0.2 常闭触点处于断开→ R 复位指令执行，Q0.1 线圈被复位清 0（失电）→ KM 线圈失电→ KM 主触点断开→电动机停转。

（3）过载保护与声光报警

如果电动机工作时长时间电流偏大→ FR 热继电器发热元件会使接在 PLC I0.2 端子的 FR 触点由闭合转为断开→ I0.2 元件状态由 1 变为 0 → I0.2 下降沿 N 触点接通一个扫描周期→ Q0.0、Q0.2 线圈得电，TON 接通延时定时器开始 10s 计时→ Q0.0 端子外接的警示灯 HL 通电点亮，Q0.2 端子外接的警示铃 HA 通电发声→ 10s 后 TON 定时器计时时间到，Q 端输出 1，M0.2 线圈状态变为 1 → M0.2 常闭触点断开→ Q0.0、Q0.2 线圈失电→警示灯 HL 熄灭，警示铃 HA 停止发声。

在 FR 触点断开时，还会使程序段 2 的 I0.2 常闭触点闭合，R 复位指令执行，Q0.1 线圈被复位清 0（失电），KM 线圈失电，KM 主触点断开，电动机停转，以防止电动机长时间大电流运行损坏，实现过载保护。

5.1.5 电动机延时启 / 停控制的线路与程序

电动机延时启 / 停控制的线路与程序如图 5-10 所示，其功能是按下 SB1 按钮 3s 后电动机才启动运行，松开 SB1 后运行 5s 再停止。

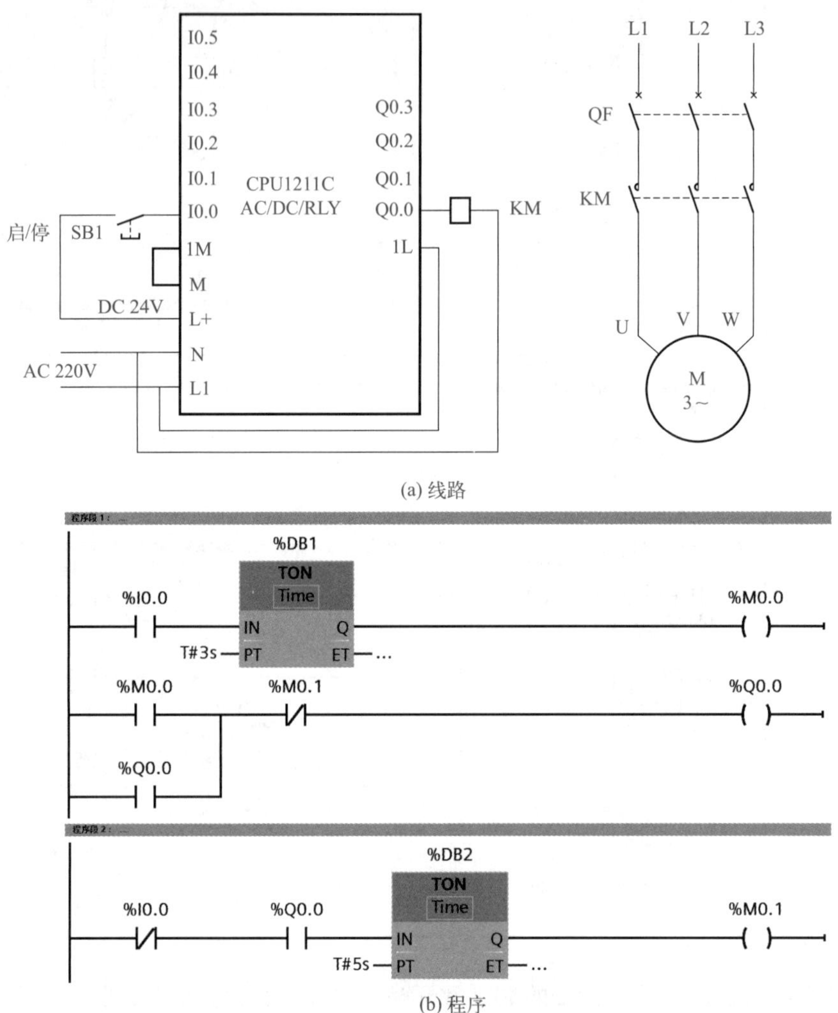

(a) 线路

(b) 程序

图 5-10 电动机延时启 / 停控制的线路与程序

（1）延时启动控制

按下 SB1 按钮→程序段 1 的 I0.0 常开触点闭合，程序段 2 的 I0.0 常闭触点断开→ I0.0 常开触点闭合使 DB1 定时器的 IN 端输入 1 而开始 3s 计时→ 3s 后计时时间到，DB1 定时器 Q 端输出 1，M0.0 线圈得电→ M0.0 常开触点闭合，Q0.0 线圈得电（同时 Q0.0 常开自锁触点闭合）→ KM 接触器主触点闭合→电动机启动运行。

（2）延时停止控制

松开 SB1 按钮→程序段 1 的 I0.0 常开触点断开，程序段 2 的 I0.0 常闭触点闭合→ I0.0 常开触点断开，DB1 定时器 Q 端输出 0，M0.0 线圈失电，M0.0 常开触点断开，但因 Q0.0 自锁触点仍闭合，故 Q0.0 线圈仍得电，电动机仍运转→ I0.0 常闭触点闭合，Q0.0 常开触点闭合，使 DB2 输入为 1 而开始 5s 计时→ 5s 后计时时间到，DB2 定时器 Q 端输出 1，M0.1 线圈得电→ M0.1 常闭触点断开→ Q0.0 线圈失电→电动机失电停转。

5.1.6　两台电动机先后启 / 停控制的线路与程序

两台电动机先后启 / 停控制的线路与程序如图 5-11 所示，其功能是：按下 SB1 按钮时先启动电动机 A，3s 后启动电动机 B，7s 后停止电动机 A，10s 后停止电动机 B，如果 10s 后未松开 SB1，则会重复该过程。

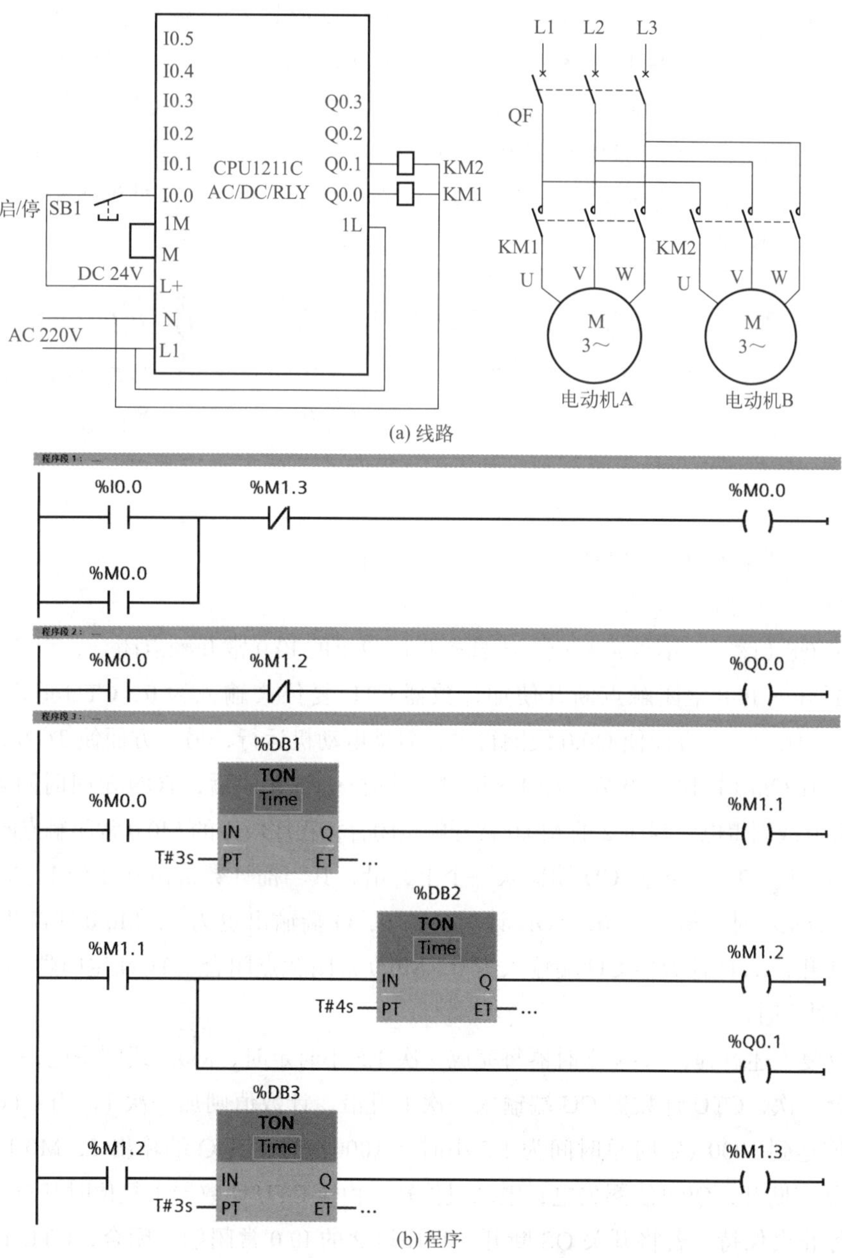

(a) 线路

(b) 程序

图 5-11　两台电动机先后启 / 停控制的线路与程序

线路和程序工作过程说明：

按下 SB1 按钮→ I0.0 常开触点闭合→ M0.0 线圈得电→ 3 个 M0.0 常开触点闭合，程序段 1 的 M0.0 触点闭合锁定 M0.0 线圈得电，程序段 2 的 M0.0 触点闭合使 Q0.0 线圈得电来启动电动机 A，程序段 3 的 M0.0 触点闭合使 DB1 定时器开始 3s 计时→ 3s 后计时时间到，DB1 定时器 Q 端输出 1，M1.1 线圈得电→ M1.1 常开触点闭合→ Q0.1 线圈得电启动电动机 B，DB2 定时器开始 4s 计时→ 4s 后计时时间到，DB2 定时器 Q 端输出 1，M1.2 线圈得电→程序段 2 的 M1.2 常闭触点断开使电动机 A 停转，程序段 3 的 M1.2 常开触点闭合使 DB3 定时器开始 3s 计时→ 3s 后计时时间到，DB3 定时器 Q 端输出 1，M1.3 线圈得电→程序段 1 的 M1.3 常闭触点断开→ M0.0 线圈失电→程序段 3 的 M0.0 常开触点断开→ DB1 定时器复位，Q 端输出 0，M1.1 线圈失电→ M1.1 常开触点断开→ Q0.1 线圈失电使电动机 B 停转，DB2 定时器复位，Q 端输出 0，M1.2 线圈失电→ M1.2 常开触点断开→ DB3 定时器复位，Q 端输出 0，M1.3 线圈失电→ M1.3 常闭触点闭合，如果此时 SB1 按钮未松开，则会重复上述过程。

5.1.7 定时器与计数器组合长定时控制电动机的线路与程序

S7-1200 PLC 定时器的时间类型为 TIME（32 位，以 DInt 数据的形式存储），最长定时时间为 T#24d_20h_31m_23s_647ms，采用定时器与计数器组合可以获得更长的定时时间。

定时器与计数器组合长定时控制电动机的线路与程序如图 5-12 所示，其功能为：当开关 QS 闭合时电动机运行 1500 小时（总时间 = 定时器定时时间 1.5 小时 × 计数器计数次数 1000）再停止，QS 断开后再闭合则电动机又会运行 1500 小时。

线路和程序工作过程说明：

将开关 QS（该开关不可自复位）闭合→程序段 1 的 I0.0 常开触点闭合，程序段 2 的 I0.0 常闭触点断开→ I0.0 常闭触点断开使加计数器 CTU 复位 R 输入为 0，CTU 退出复位状态，I0.0 常开触点闭合，一方面使 Q0.0 线圈得电，启动电动机运行，另一方面使 TON 定时器输入为 1 而进行 1h30m（1 小时 30 分，即 1.5 小时）计时→ 1.5 小时后，TON 定时时间到，其 Q 端输出 1，M0.0 线圈得电→程序 2 的 M0.0 常开触点闭合，程序段 1 的 M0.0 常闭触点断开→ M0.0 常开触点闭合使 CTU 计数器 CU 端输入一个上升沿，其当前计数值由 0 变为 1，M0.0 常闭触点断开使 TON 定时器输入为 0，TON 计时值清 0，Q 端输出也为 0，M0.0 线圈失电→ M0.0 常开触点断开，CTU 计数器 CU 端输入为 0，M0.0 常闭触点闭合，TON 定时器输入为 1，又开始 1.5 小时定时。

以后反复上述过程，TON 定时器每完成一次 1.5 小时定时，M0.0 线圈得电一次，M0.0 常开触点闭合一次，CTU 计数器 CU 端输入一次上升沿，计数值则加一次 1，当 CTU 计数器的当前计数值达到 1000（定时总时间为 1.5 小时 ×1000）时，其 Q 端输出 1，M0.1 线圈得电，M0.1 常闭触点断开，Q0.0 线圈失电，电动机停转，由于 CTU 计数器未复位时其 Q 端始终为 1，故电动机停止会保持。若将开关 QS 断开，程序段 2 的 I0.0 常闭触点闭合，CTU 计数器 R 复位端输入 1，CTU 被复位，当前计数值清 0，Q 端输出 0。

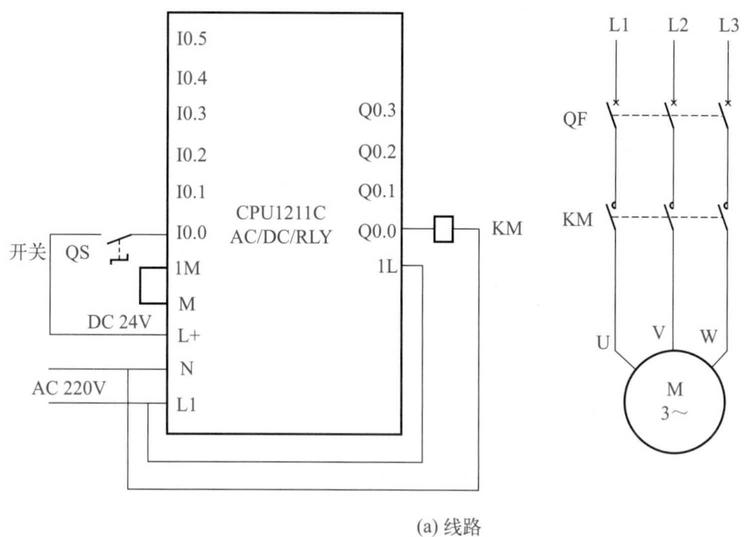

(a) 线路

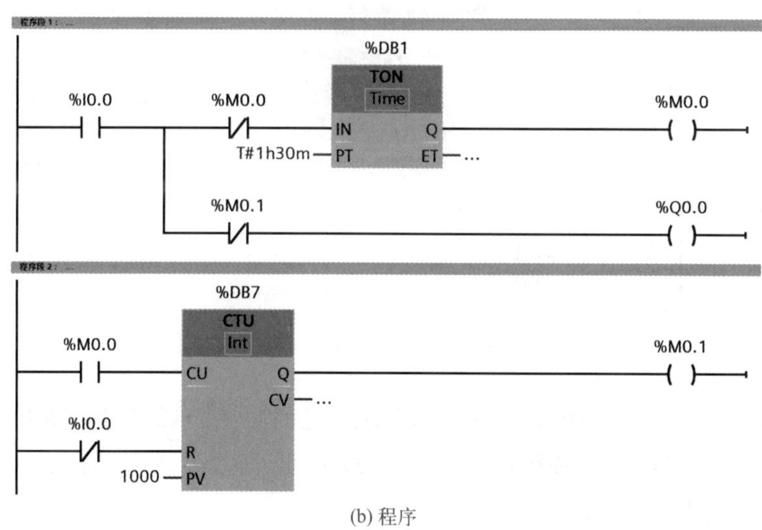

(b) 程序

图 5-12　定时器与计数器组合长定时控制电动机的线路与程序

5.1.8　灯闪烁控制的线路与程序

灯闪烁控制的线路与程序如图 5-13 所示，其功能是当开关 QS 闭合时，让 HL 灯以 1.5s 灭、0.5s 亮的频率闪烁发光。

线路和程序工作过程说明：

将开关 QS（该开关不可自复位）闭合→程序段 1 的 I0.0 常开触点闭合→ DB1 定时器 IN 端输入为 1，开始 1.5s 计时→ 1.5s 后计时时间到，DB1 定时器的 Q 端输出 1，Q0.0 线圈得电→ PLC 的 Q0.0 端子内部硬件触点接通，HL 灯通电变亮，另外程序段 2 的 Q0.0 常开触点闭合→ DB2 定时器 IN 端输入为 1，开始 0.5s 计时→ 0.5s 后计时时间到，DB2 定时器的 Q 端输出 1，M0.0 线圈得电→ M0.0 常闭触点断开→ DB1 定时器 IN 端输入为 0，计时值清 0，Q 端输出 0 → Q0.0 线圈失电→ HL 灯熄灭，Q0.0 常开触点断开→ DB2 定时器 IN 端输入为 0，计时值清 0，Q 端输出 0 → M0.0 线圈失电 → M0.0 常闭触点闭合 → DB1 定时器 IN 端输入为 1，又开始 1.5s 计时。

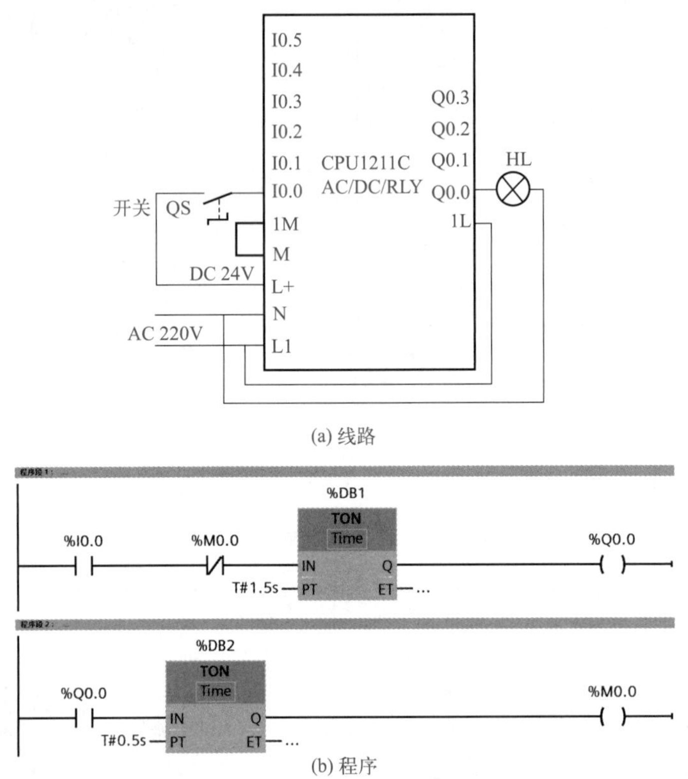

(a) 线路

(b) 程序

图 5-13 灯闪烁控制的线路与程序

以后重复上述过程，HL 灯以 1.5s 灭、0.5s 亮的频率闪烁发光。如果将开关 QS 断开，I0.0 常开触点断开，DB1 定时器 IN 端输入为 0，停止计时，当前计时值清 0 且 Q 端输出为 0，Q0.0 线圈失电，HL 灯熄灭。

5.2 基本指令应用实例一：PLC 控制喷泉

5.2.1 控制功能

用两个按钮控制喷泉的 A、B、C 三组喷头工作（控制三组喷头的泵电动机），三组喷头排列如图 5-14（a）所示，喷头的工作时序如图（b）所示。

控制要求：按下启动按钮后，A 组喷头先喷 5s 后停止，然后 B、C 组喷头同时喷水，5s 后，B 组喷头停止、C 组喷头继续喷 5s 再停止，而后 A、B 组喷头喷 7s，C 组喷头在这 7s 的前 2s 内停止，后 5s 内喷水，接着 A、B、C 三组喷头同时停止 3s，以后重复前述过程。按下停止按钮后，三组喷头同时停止喷水。

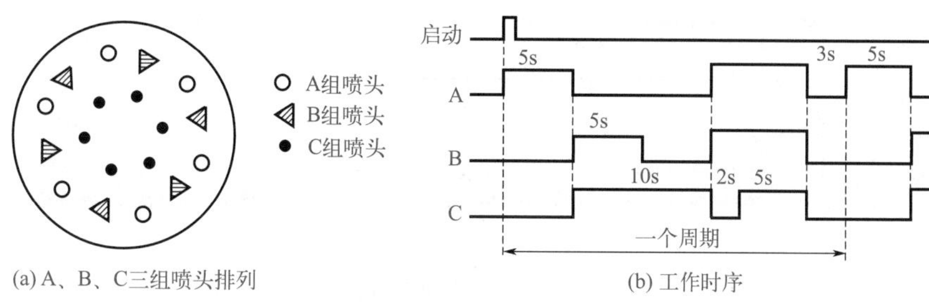

图 5-14　喷头的排列与工作时序

5.2.2　PLC 使用的 IO 端子与外接设备

PLC 控制喷泉使用的 IO 端子与外接设备见表 5-1。

表5-1　PLC控制喷泉使用的IO端子与外接设备

输入			输出		
输入设备	连接的 PLC 端子及功能		输出设备	连接的 PLC 端子及功能	
SB1	I0.0	启动控制	KM1 接触器线圈	Q0.0	控制 A 组喷头电动机
SB2	I0.1	停止控制	KM2 接触器线圈	Q0.1	控制 B 组喷头电动机
			KM3 接触器线圈	Q0.2	控制 C 组喷头电动机

5.2.3　PLC 控制线路

图 5-15 为喷泉的 PLC 控制线路。

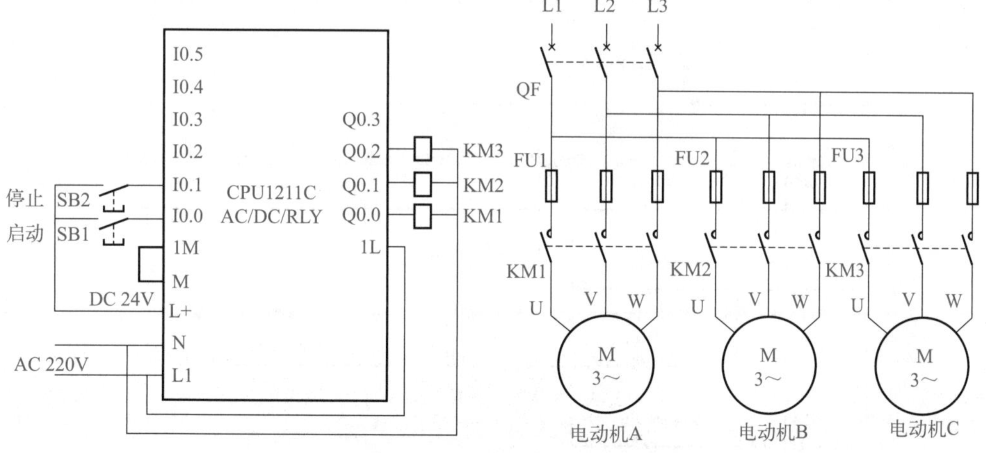

图 5-15　喷泉的 PLC 控制线路

5.2.4　PLC 程序及详细说明

图 5-16 是喷泉的 PLC 控制程序。

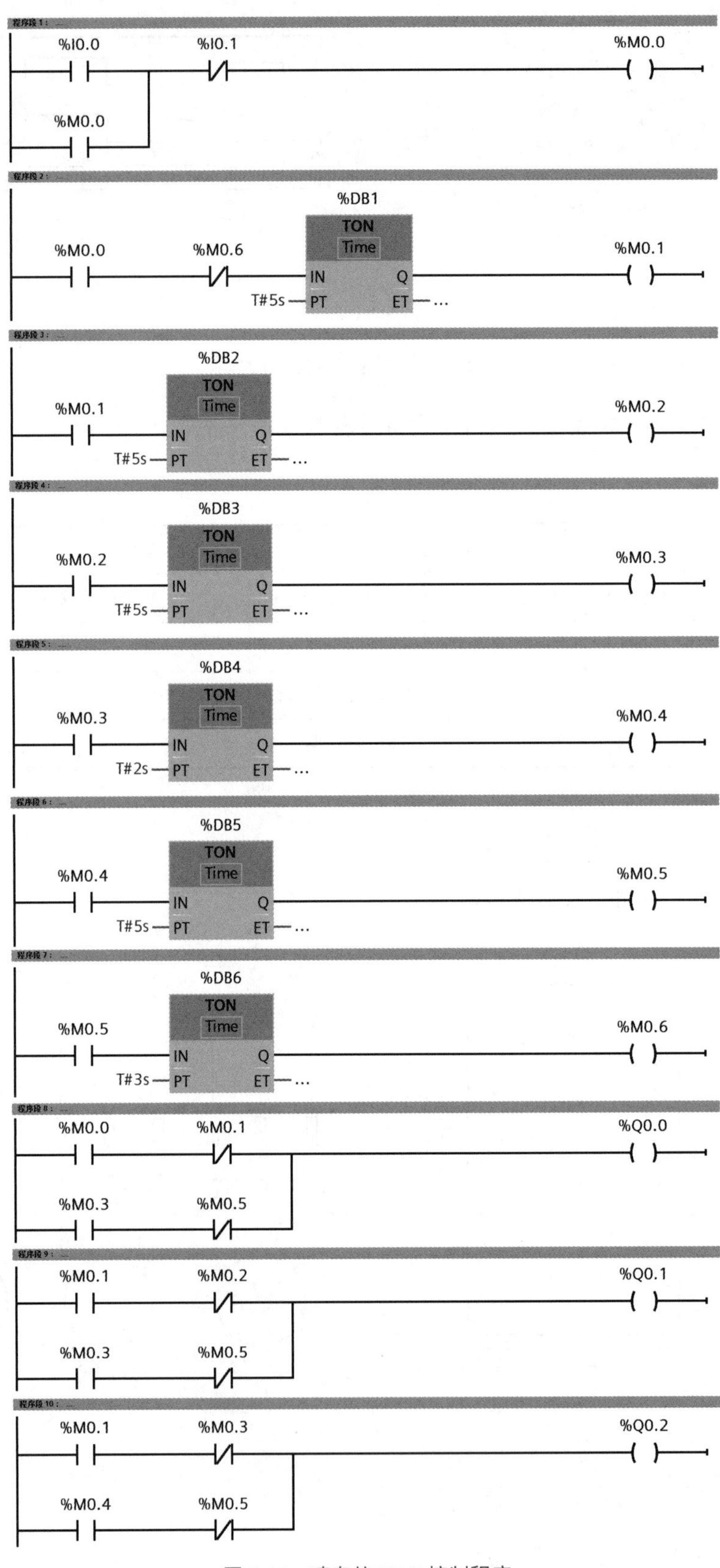

图 5-16 喷泉的 PLC 控制程序

（1）启动和工作过程控制

①	按下启动按钮 SB1 → I0.0 常开触点闭合→ M0.0 线圈得电→②
②	[1]M0.0 常开自锁触点闭合，锁定 M0.0 线圈得电
	[8]M0.0 常开触点闭合，Q0.0 线圈得电，KM1 线圈通电，电动机 A 运行，A 组喷头工作
	[2]M0.0 常开触点闭合，DB1 定时器开始 5s 计时，5s 后 DB1 定时器 Q 端输出 1，M0.1 线圈得电→③
③	[8]M0.1 常闭触点断开，Q0.0 线圈失电，电动机 A 停转，A 组喷头停止工作
	[9]M0.1 常开触点闭合，Q0.1 线圈得电，电动机 B 运转，B 组喷头工作
	[10]M0.1 常开触点闭合，Q0.2 线圈得电，电动机 C 运转，C 组喷头工作
	[3]M0.1 常开触点闭合，DB2 定时器开始 5s 计时，5s 后 DB2 定时器 Q 端输出 1，M0.2 线圈得电→④
④	[9]M0.2 常闭触点断开，Q0.1 线圈失电，电动机 B 停转，B 组喷头停止工作
	[4]M0.2 常开触点闭合，DB3 定时器开始 5s 计时，5s 后 DB3 定时器 Q 端输出 1，M0.3 线圈得电→⑤
⑤	[8]M0.3 常开触点闭合，Q0.0 线圈得电，电动机 A 运转，A 组喷头工作
	[9]M0.3 常开触点闭合，Q0.1 线圈得电，电动机 B 运转，B 组喷头工作
	[10]M0.3 常闭触点断开，Q0.2 线圈失电，电动机 C 停转，C 组喷头停止工作
	[5]M0.3 常开触点闭合，DB4 定时器开始 2s 计时，2s 后 DB4 定时器 Q 端输出 1，M0.4 线圈得电→⑥
⑥	[10]M0.4 常开触点闭合，Q0.2 线圈得电，电动机 C 运转，C 组喷头工作
	[6]M0.4 常开触点闭合，DB5 定时器开始 5s 计时，5s 后 DB5 定时器 Q 端输出 1，M0.5 线圈得电→⑦
⑦	[8]M0.5 常闭触点断开，Q0.0 线圈失电，电动机 A 停转，A 组喷头停止工作
	[9]M0.5 常闭触点断开，Q0.1 线圈失电，电动机 B 停转，B 组喷头停止工作
	[10]M0.5 常闭触点断开，Q0.2 线圈失电，电动机 C 停转，C 组喷头停止工作
	[7]M0.5 常开触点闭合，DB6 定时器开始 3s 计时，3s 后 DB6 定时器 Q 端输出 1，M0.6 线圈得电，[2] M0.6 常闭触点断开，DB1 定时器 IN 端输入 0，其 Q 端也输出 0，M0.1 线圈失电→⑧
⑧	[8]M0.1 常闭触点闭合，Q0.0 线圈得电，电动机 A 运转，A 组喷头工作
	[10]M0.1 常开触点断开
	[3]M0.1 常开触点断开，DB2 定时器复位，Q 端输出 0，M0.2 线圈失电，M0.2 所有触点复位，其中 [4] M0.2 常开触点断开使 DB3 定时器复位，Q 端输出 0，M0.3 线圈失电，M0.3 所有触点复位，其中 [5]M0.3 常开触点断开使 DB4 定时器复位，Q 端输出 0，M0.4 线圈失电，M0.4 所有触点复位，其中 [6]M0.4 常开触点断开使 DB5 定时器复位，Q 端输出 0，M0.5 线圈失电，M0.5 所有触点复位，其中 [7]M0.5 常开触点断开使 DB6 定时器复位，Q 端输出 0，M0.6 线圈失电，[2]M0.6 常闭触点闭合，DB1 定时器 IN 输入 1，开始 5s 计时，5s 后 DB1 定时器 Q 端输出 1，M0.1 线圈得电→③

注：上述过程说明中 [1] ～ [10] 对应图 5-16 中程序段 1 ～ 10。

（2）停止控制

①	按下停止按钮 SB2 → I0.1 常闭触点断开→ M0.0 线圈失电→②
②	[1]M0.0 常开自锁触点断开，解除 M0.0 线圈得电自锁
	[2]M0.0 常开触点断开，DB1 定时器 IN 端输入 0，其 Q 端输出 0，M0.1 线圈失电→ [3]M0.1 常开触点断开，DB2 定时器复位，M0.2 线圈失电→ [4]M0.2 常开触点断开，DB3 定时器复位，M0.3 线圈失电→ [5]M0.3 常开触点断开，DB4 定时器复位，M0.4 线圈失电，→ [6]M0.4 常开触点断开，DB5 定时器复位，M0.5 线圈失电→ [7]M0.5 常开触点断开，DB6 定时器复位，M0.6 线圈失电。由于 DB1 ～ DB6 定时器都被复位，M0.1 ～ M0.6 均失电，Q0.0、Q0.1、Q0.2 线圈均失电，KM1、KM2、KM3 接触器主触点断开，电动机 A、B、C 都停转

注：上述控制说明中 [1] ～ [7] 对应图 5-16 中程序段 1 ～ 7。

5.3 基本指令应用实例二：PLC 控制交通信号灯

5.3.1 控制功能

用两个按钮控制交通信号灯工作，交通信号灯排列和工作时序如图 5-17 所示。

控制功能：按下启动按钮后，南北红灯亮 25s，在南北红灯亮 25s 的时间里，东西绿灯先亮 20s 再以 1 次 /s 的频率闪烁 3 次，接着东西黄灯亮 2s，25s 后南北红灯熄灭，熄灭时间维持 30s，在这 30s 时间里，东西红灯一直亮，南北绿灯先亮 25s，然后以 1 次 /s 频率闪烁 3 次，接着南北黄灯亮 2s。以后重复该过程。按下停止按钮后，所有的灯都熄灭。

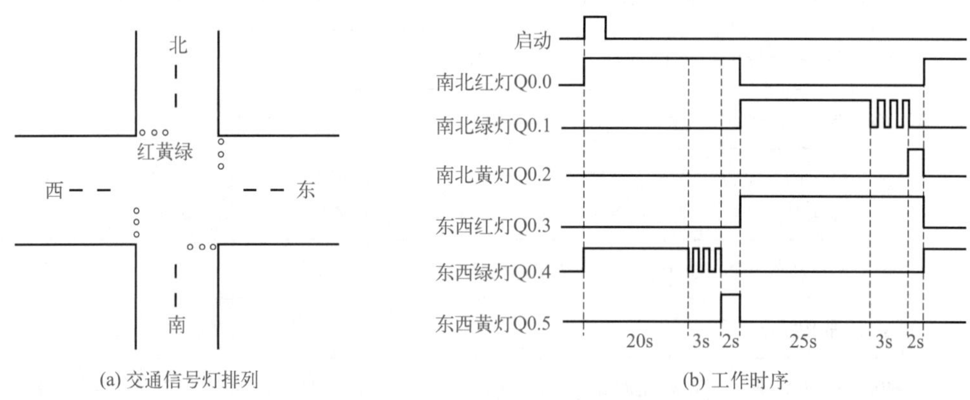

(a) 交通信号灯排列　　(b) 工作时序

图 5-17　交通信号灯的排列与工作时序

5.3.2 PLC 使用的 IO 端子与外接设备

PLC 控制交通信号灯使用的 IO 端子与外接设备见表 5-2。

表5-2　PLC控制交通信号灯使用的IO端子与外接设备

输入			输出		
输入设备	连接的 PLC 端子及功能		输出设备	连接的 PLC 端子及功能	
SB1	I0.0	启动控制	南北红灯	Q0.0	控制南北红灯
SB2	I0.1	停止控制	南北绿灯	Q0.1	控制南北绿灯
			南北黄灯	Q0.2	控制南北黄灯
			东西红灯	Q0.3	控制东西红灯
			东西绿灯	Q0.4	控制东西绿灯
			东西黄灯	Q0.5	控制东西黄灯

5.3.3　PLC 控制线路

图 5-18 为交通信号灯的 PLC 控制线路。

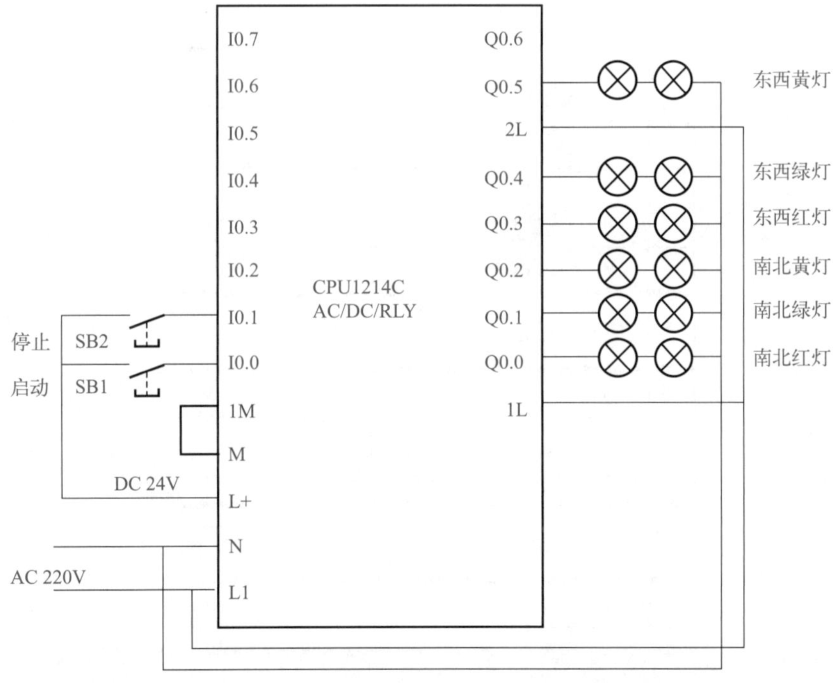

图 5-18　交通信号灯的 PLC 控制线路

5.3.4　PLC 程序及详细说明

图 5-19 是交通信号灯的 PLC 控制程序。

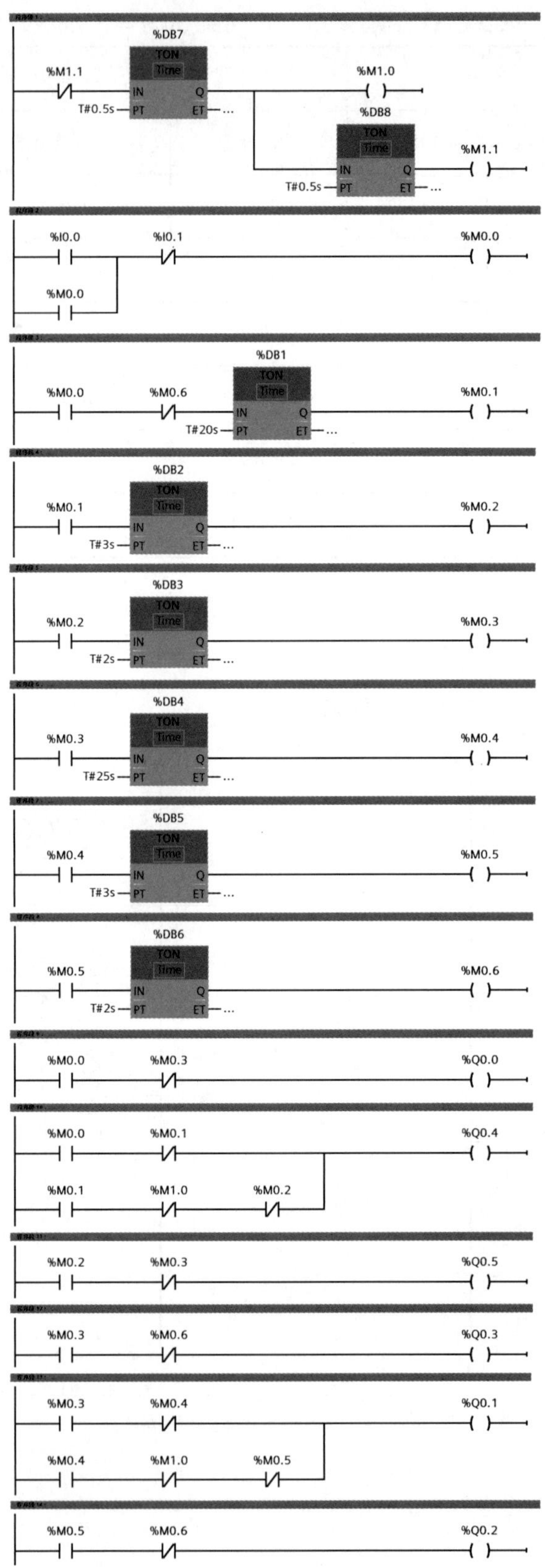

图 5-19　交通信号灯的 PLC 控制程序

（1）启动和工作过程控制

①	[1] 的功能是产生秒脉冲（M1.0 线圈 0.5s 失电、0.5s 得电）。 PLC 通电运行时，M1.1 常闭触点闭合，DB7 定时器输入 1，开始 0.5s 计时，0.5s 后计时时间到，DB7 的 Q 端输出 1，M1.0 线圈得电，同时 DB8 定时器开始 0.5s 计时，0.5s 后计时时间到，DB8 的 Q 端输出 1，M1.1 线圈得电，M1.1 常闭触点断开，DB7 定时器输入 0 被复位，Q 端输出 0，M1.0 线圈失电，DB8 定时器输入 0 被复位，Q 端输出 0，M1.1 线圈失电，M1.1 常闭触点闭合，DB7 定时器输入 1，又开始 0.5s 计时，以后重复上述过程，结果 M1.0 线圈 0.5s 失电、0.5s 得电，[10] 和 [13] 中的 M1.0 常闭触点 0.5s 通、0.5s 断且不断重复
②	按下启动按钮 SB1 → I0.0 常开触点闭合→ M0.0 线圈得电→③
③	[2]M0.0 常开自锁触点闭合，锁定 M0.0 线圈得电
	[9]M0.0 常开触点闭合，Q0.0 线圈得电，Q0.0 端子内部触点闭合，南北红灯亮
	[10]M0.0 常开触点闭合，Q0.4 线圈得电，Q0.4 端子内部触点闭合，东西绿灯亮
	[3]M0.0 常开触点闭合，DB1 定时器开始 20s 计时，20s 后 DB1 定时器 Q 端输出 1，M0.1 线圈得电→④
④	[10]M0.1 常闭触点断开，Q0.4 线圈失电，东西绿灯灭
	[10]M0.1 常开触点闭合，Q0.4 线圈得电，东西绿灯亮，由于 M1.0 常闭触点以 0.5s 通、0.5s 断的频率通断，故东西绿灯以 1s 的频率闪烁
	[4]M0.1 常开触点闭合，DB2 定时器开始 3s 计时，3s 后 DB2 定时器 Q 端输出 1，M0.2 线圈得电→⑤
⑤	[11]M0.2 常开触点闭合，Q0.5 线圈得电，东西黄灯亮
	[5]M0.2 常开触点闭合，DB3 定时器开始 2s 计时，2s 后 DB3 定时器 Q 端输出 1，M0.3 线圈得电→⑥
⑥	[9]M0.3 常闭触点断开，Q0.0 线圈失电，南北红灯灭
	[11]M0.3 常闭触点断开，Q0.5 线圈失电，东西黄灯灭
	[12]M0.3 常开触点闭合，Q0.3 线圈得电，东西红灯亮
	[13]M0.3 常开触点闭合，Q0.1 线圈得电，南北绿灯亮
	[6]M0.3 常开触点闭合，DB4 定时器开始 25s 计时，25s 后 DB4 定时器 Q 端输出 1，M0.4 线圈得电→⑦
⑦	[13]M0.4 常闭触点断开，Q0.1 线圈失电，南北绿灯灭
	[13]M0.4 常开触点闭合，Q0.1 线圈得电，南北绿灯亮，由于 M1.0 常闭触点以 0.5s 通、0.5s 断的频率通断，故南北绿灯以 1s 的频率闪烁
	[7]M0.4 常开触点闭合，DB5 定时器开始 3s 计时，3s 后 DB5 定时器 Q 端输出 1，M0.5 线圈得电→⑧
⑧	[13]M0.5 常闭触点断开，Q0.1 线圈失电，南北绿灯灭
	[14]M0.5 常开触点闭合，Q0.2 线圈得电，南北黄灯亮
	[8]M0.5 常开触点闭合，DB6 定时器开始 2s 计时，2s 后 DB6 定时器 Q 端输出 1，M0.6 线圈得电→⑨
⑨	[12]M0.6 常闭触点断开，Q0.3 线圈失电，东西红灯灭
	[14]M0.6 常闭触点断开，Q0.2 线圈失电，南北黄灯灭
	[3]M0.6 常闭触点断开，DB1 定时器 IN 端输入 0，其 Q 端也输出 0，M0.1 线圈失电，M0.1 所有触点均复位，其中 [4]M0.1 常开触点断开，DB2 定时器复位，Q 端输出 0，M0.2 线圈失电，M0.2 所有触点复位→同样地，DB3 ～ DB6 定时器和 M0.3 ～ M0.6 所有触点依次全部复位→⑩

续表

⑩	DB1 定时器复位后，[10]M0.1 常闭触点闭合，Q0.4 线圈得电，东西绿灯亮
	DB3 定时器复位后，[9]M0.3 常闭触点闭合，Q0.0 线圈得电，南北红灯亮
	DB6 定时器复位后，[3]M0.6 常闭触点闭合，DB1 定时器开始 20s 计时，20s 后 DB1 定时器 Q 端输出 1，M0.1 线圈得电→④

注：上述过程说明中，[1] ～ [14] 对应图 5-19 中程序段 1 ～程序段 14。

（2）停止控制

①	按下停止按钮 SB2 → I0.1 常闭触点断开→ M0.0 线圈失电→②
②	[2]M0.0 常开自锁触点断开，解除 M0.0 线圈得电自锁
	[9]M0.0 常开触点断开，Q0.0 线圈无法得电
	[10]M0.0 常开触点断开，Q0.4 线圈无法得电
	[3]M0.0 常开触点断开，DB1 定时器 IN 端输入 0，其 Q 端输出 0，M0.1 线圈失电，M0.1 所有触点复位，其中 [4] M0.1 常开触点断开，DB2 定时器复位，Q 端输出 0，M0.2 线圈失电，M0.2 所有触点复位→同样地，DB3 ～ DB6 定时器和 M0.3 ～ M0.6 所有触点依次全部复位→ Q0.0 ～ Q0.5 线圈均无法得电，全部交通信号灯熄灭

注：上述控制说明中，[2]、[3]、[9]、[10] 分别对应图 5-19 中程序段 2、程序段 3、程序段 9、程序段 10。

5.4 基本指令应用实例三：PLC 控制多级传送带

5.4.1 控制功能

用两个按钮控制多级传送带按一定方式工作，多级传送带结构与工作示意图如图 5-20 所示。

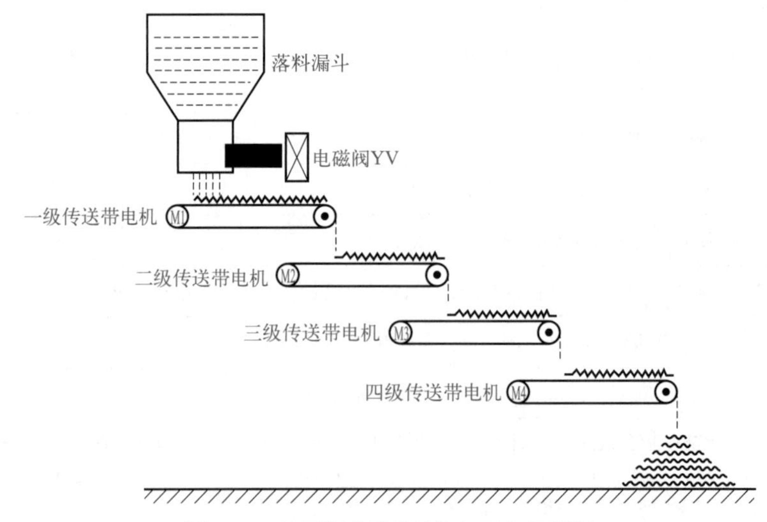

图 5-20 多级传送带的结构与工作示意图

控制功能：按下启动按钮后，电磁阀 YV 打开，开始落料，同时一级传送带电机 M1 启动，将物料往前传送，6s 后二级传送带电机 M2 启动，M2 启动 5s 后三级传送带电机 M3 启动，M3 启动 4s 后四级传送带电机 M4 启动。按下停止按钮后，为了不让各传送带上有物料堆积，要求先关闭电磁阀 YV，6s 后让 M1 停转，M1 停转 5s 后让 M2 停转，M2 停转 4s 后让 M3 停转，M3 停转 3s 后让 M4 停转。

5.4.2　PLC 使用的 IO 端子与外接设备

PLC 控制多级传送带使用的 IO 端子与外接设备见表 5-3。

表5-3　PLC控制多级传送带使用的IO端子与外接设备

输入			输出		
输入设备	连接的 PLC 端子及功能		输出设备	连接的 PLC 端子及功能	
SB1	I0.0	启动控制	KM1 接触器线圈	Q0.0	控制落料电磁阀 YV
SB2	I0.1	停止控制	KM2 接触器线圈	Q0.1	控制一级传送带电动机 M1
			KM3 接触器线圈	Q0.2	控制二级传送带电动机 M2
			KM4 接触器线圈	Q0.3	控制三级传送带电动机 M3
			KM5 接触器线圈	Q0.4	控制四级传送带电动机 M4

5.4.3　PLC 控制线路

图 5-21 为多级传送带的 PLC 控制线路。

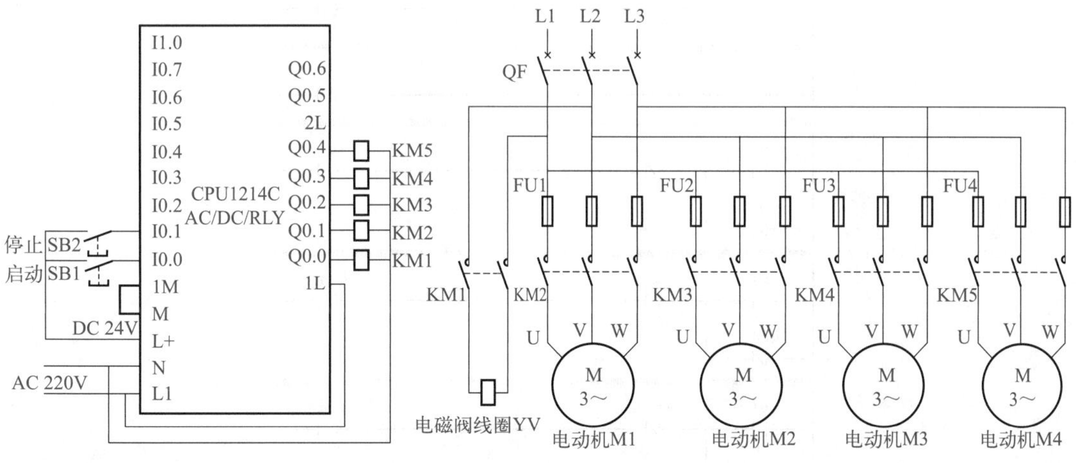

图 5-21　多级传送带的 PLC 控制线路

5.4.4　PLC 程序及详细说明

图 5-22 是多级传送带的 PLC 控制程序。

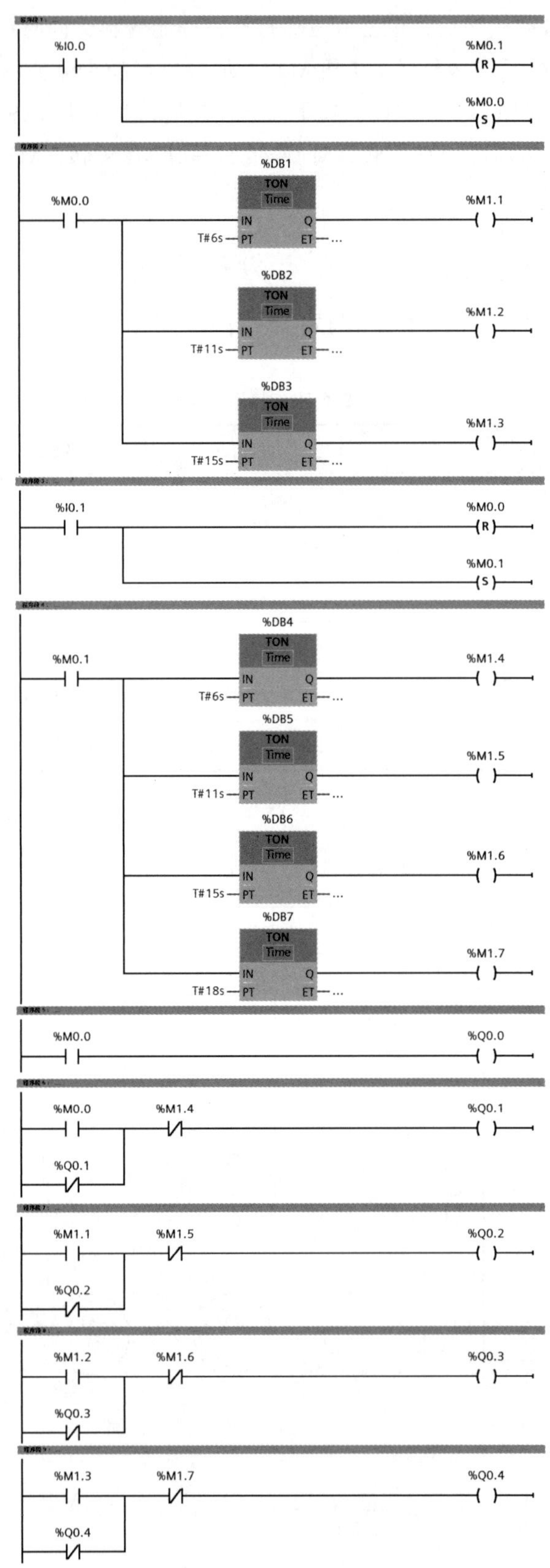

图 5-22　多级传送带的 PLC 控制程序

（1）启动和工作过程控制

①	按下启动按钮 SB1 → I0.0 常开触点闭合→②
②	[1]M0.1 线圈被复位（失电且保持）→ [4]M0.1 常开触点断开→用作停机控制的 DB4 ～ DB7 定时器不工作 [1]M0.0 线圈被置位（得电且保持）→③
③	[5]M0.0 常开触点闭合，Q0.0 线圈得电，KM1 接触器线圈通电，YV 电磁阀线圈通电，电磁阀打开落料
	[6]M0.0 常开触点闭合，Q0.1 线圈得电，KM2 接触器线圈通电，电动机 M1 运转，一级传送带启动
	[2]M0.0 常开触点闭合，DB1、DB2、DB3 定时器分别开始 6s、11s、15s 计时→④
④	6s 后，DB1 定时器计时时间到，Q 端输出 1，M1.1 线圈得电→ [7]M1.1 常开触点闭合，Q0.2 线圈得电，KM3 线圈通电，电动机 M2 运转，二级传送带启动
	11s 后，DB2 定时器计时时间到，Q 端输出 1，M1.2 线圈得电→ [8]M1.2 常开触点闭合，Q0.3 线圈得电，KM4 线圈通电，电动机 M3 运转，三级传送带启动
	15s 后，DB3 定时器计时时间到，Q 端输出 1，M1.3 线圈得电→ [9]M1.3 常开触点闭合，Q0.4 线圈得电，KM5 线圈通电，电动机 M4 运转，四级传送带启动

注：上述控制说明中 [1] ～ [9] 分别对应图 5-22 中的程序段 1 ～程序段 9。

（2）停止控制

①	按下停止按钮 SB2 → I0.1 常开触点闭合→②
②	[3]M0.0 线圈被复位→③ [3]M0.1 线圈被置位→ [4]M0.1 常开触点闭合，DB4、DB5、DB6、DB7 定时器分别开始 6s、11s、15s、18s 计时→④
③	[2]M0.0 常开触点断开，DB1、DB2、DB3 定时器输入均为 0，其 Q 端输出均为 0，M1.1、M1.2、M1.3 线圈全部失电，其所有触点都复位
	[5]M0.0 常开触点断开，Q0.0 线圈失电，KM1 接触器线圈断电，YV 电磁阀关闭，停止落料
	[6]M0.0 常开触点断开
④	6s 后，DB4 定时器计时时间到，Q 端输出 1，M1.4 线圈得电→ [6]M1.4 常闭触点断开，Q0.1 线圈失电，KM2 线圈断电，电动机 M1 停转，一级传送带停止
	11s 后，DB5 定时器计时时间到，Q 端输出 1，M1.5 线圈得电→ [7]M1.5 常闭触点断开，Q0.2 线圈失电，KM3 线圈断电，电动机 M2 停转，二级传送带停止
	15s 后，DB6 定时器计时时间到，Q 端输出 1，M1.6 线圈得电→ [8]M1.6 常闭触点断开，Q0.3 线圈失电，KM4 线圈断电，电动机 M3 停转，三级传送带停止
	18s 后，DB7 定时器计时时间到，Q 端输出 1，M1.7 线圈得电→ [9]M1.7 常闭触点断开，Q0.4 线圈失电，KM5 线圈断电，电动机 M4 停转，四级传送带停止

注：上述控制说明中 [1] ～ [9] 分别对应图 5-22 中的程序段 1 ～程序段 9。

PLC

第6章

西门子 S7-1200 PLC 的 FC、FB 和 OB 编程

6.1 编程方式与块结构

6.1.1 线性化、模块化和结构化编程方式

在 TIA STEP7 软件中可采用线性化、模块化和结构化编程，三种编程方式说明如图 6-1 所示。

（1）线性化编程

线性化编程是指将所有的用户程序都写在组织块 OB1 中，程序从前到后按顺序循环执行。线性化编程不使用函数块（FB）、函数（FC）和数据块（DB）等，比较容易掌握，特别适合初学者使用。简单的程序通常使用线性化编程，如果复杂程序也采用这种方式编程，不但程序可读性变差，而且调试查错也比较麻烦，另外，由于每个周期 CPU 都要从前往后扫描冗长的程序，会降低 CPU 工作效率。

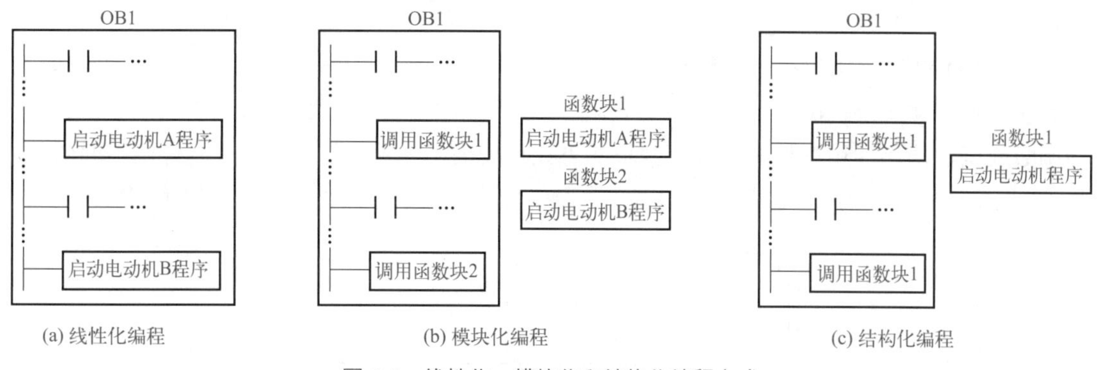

图 6-1　线性化、模块化和结构化编程方式

（2）模块化编程

模块化编程是指将整个程序中具有一定功能的程序块独立出来，写在函数（FC）或函数块（FB）中，然后在主程序（写在组织块 OB1 中）的相应位置调用这些函数块。模块化编程如图 6-1（b）所示，程序中的启动电动机 A 和启动电动机 B 两个程序块被分离出来，分别写在函数块 1 和函数块 2 中，在主程序需执行该程序块的位置放置了调用函数块的指令。

在模块化编程时，程序被划分为若干块，很容易实现多个人同时对一个项目编程，程序易于阅读和调试，又因为只在需要时才调用有关的函数块，所以提高了 CPU 的工作效率。

（3）结构化编程

结构化编程是一种更高效的编程方式，虽然与模块化编程一样都用到函数块，但在结构化编程时，将功能类似而参数不同的多个程序块写成一个通用程序块，放在一个函数块中，在调用时，只需赋予该函数块不同的输入和输出参数，就能完成功能类似的不同任务。

结构化编程如图 6-1（c）所示。启动电动机 A 与启动电动机 B 的过程相同，只是使用了不同的输入点（输入参数）或输出点（输出参数），故可为这两台电动机写一个通用启动程序，放在一个函数块中。当需要启动电动机 A 时，调用该函数块，同时将启动电动机 A 的输入参数和输出参数赋予该函数块，该函数块完成启动电动机 A 的任务；当需要启动电动机 B 时，也调用该函数块，同时将启动电动机 B 的输入参数和输出参数赋予该函数块，该函数块就能完成启动电动机 B 的任务。

结构化编程可简化设计过程，减小程序代码长度，提高编程效率，阅读、调试和查错都比较方便，比较适合编写复杂的自动化控制任务程序。

6.1.2　用户程序的块结构

TIA STEP7 软件中的程序写在块内，各种块有机组合起来就构成了用户程序。块是一些独立的程序或者数据单元，STEP 7 软件中的块有：组织块（Organization Block，OB）、函数块（Function Block，FB，又称功能块）、函数（Function，FC，又称功能）和数据块（Data Block，DB）。

（1）用户程序块结构

S7-1200 PLC 的用户程序块结构如图 6-2 所示。组织块 OB1 是程序的主体，它可以调用函数块 FB，也可以调用函数 FC，函数或函数块还可以调用其他的函数或函数块，这种被调用的函数或函数块还调用其他函数或函数块的方式称为嵌套，最大嵌套深度（允许调用的层数）为 6，图中嵌套深度为 3。函数没有数据块，而函数块有用于存储数据的数据块（DB）。

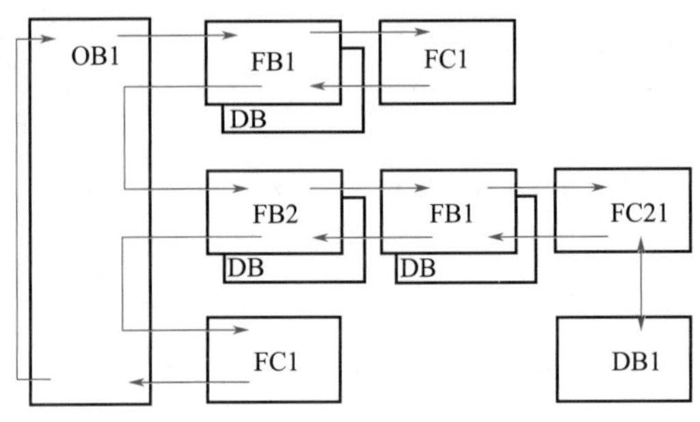

图 6-2　用户程序的块结构

（2）块说明

用户程序的块说明见表 6-1。

表6-1　用户程序的块说明

块名称	说明	举例
组织块（OB）	用于编写用户程序的主体程序	OB1
函数块（FB）	由用户编写的具有一定功能的子程序，有专用的背景数据块	FB3
函数（FC）	由用户编写的具有一定功能的子程序，无专用的背景数据块	FC2
背景数据块（DB）	用于保存 FB 或功能指令的输入、输出参数和静态变量，其数据是自动生成的	DB3
全局数据块（DB）	存储用户数据的区域，可供所有的块调用，创建数据块时类型选择“全局 DB”	DB2

6.2　FC（函数）编程

FC（函数）通常是用于对一组输入值执行特定运算的代码块。例如可使用 FC 执行标准运算、重复使用的运算（如数学计算）和执行工艺功能（如使用位逻辑运算执行独立的控制）。FC 可以在程序的不同位置多次调用，这样简化了对经常重复执行任务的编程。

FC 没有相关的背景数据块（DB），无法保存数据。对于 FC 执行时产生的临时数据，FC 采用了局部数据堆栈（在存储器中临时开辟的具有先进后出功能的存储区）临时存放，若要长期保存 FC 的数据，可将 FC 的输出参数赋给全局存储器（如 M 存储器或全局 DB）。

6.2.1　不带参数传递的 FC 编程举例

不带参数传递的 FC 编程是指在执行调用 FC 指令时，不往 FC 传递输入量，也不接收 FC 执行后产生的输出量。

（1）编程举例

不带参数传递的 FC 编程举例（电动机启 / 停控制）见表 6-2。

表6-2　不带参数传递的FC编程举例（电动机启/停控制）

操作说明	操作图
①添加 FC。 启动 TIA STEP7 软件创建一个“不带参数传递的 FC 函数使用”项目，在窗口左边的项目树中展开“程序块”，双击其中的“添加新块”，弹出“添加新块”对话框，块的类型选择“函数”，块名称保持默认“块_1”，块编程语言选择“LAD（梯形图）”，单击“确定”后，在项目树程序块中出现一个名称为“块_1[FC1]”函数	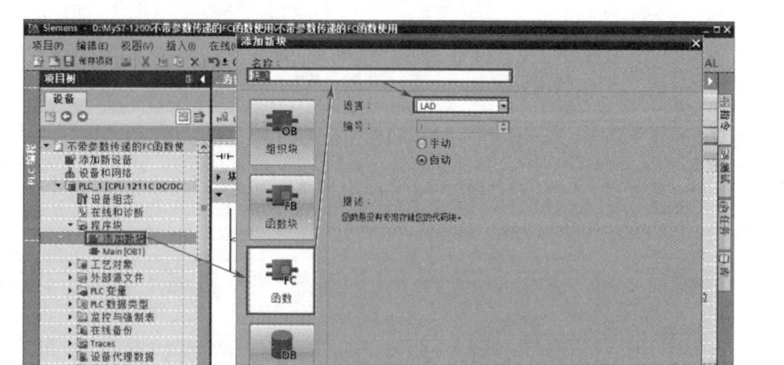
②在 FC 中编写程序。 双击程序块中的“块_1[FC1]”，右边的编程区会使用 FC 编辑器打开该 FC。单击窗口下方的“块_1”标签可切换到先前已打开的“块_1[FC1]”。在 FC 编辑器中编写图示的 FC 程序	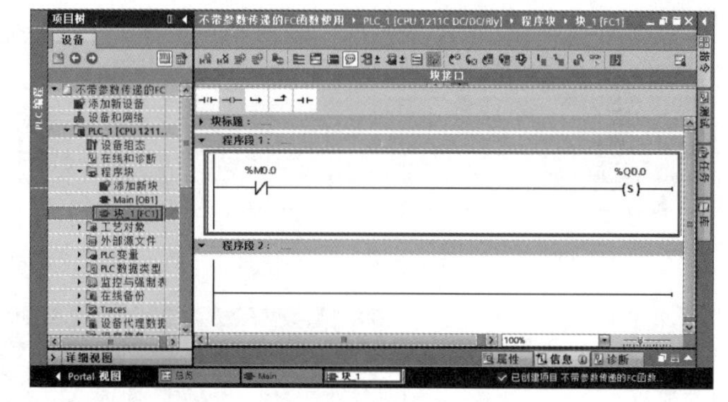
③在 OB1 中编写程序并插入调用 FC 指令 打开或切换到 Main［OB1］，在 Main 编辑器中编写主程序，将项目树中的“块_1[FC1]”拖放到程序相应的位置，会自动生成一个调用 FC1 指令	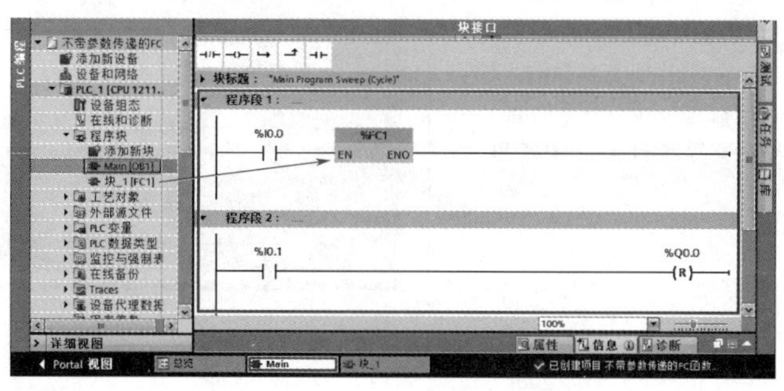

（2）程序工作说明

表 6-2 中的电动机启 / 停控制程序如图 6-3 所示。

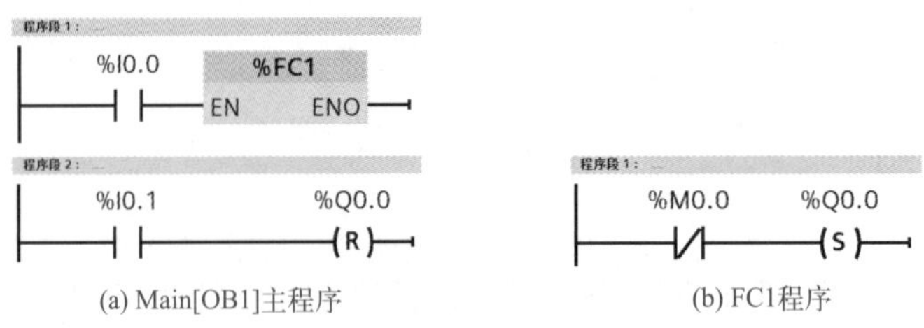

(a) Main[OB1]主程序　　(b) FC1程序

图 **6-3**　电动机启 / 停控制程序（不带参数传递的 **FC** 编程）

PLC 上电运行时从前往后循环执行 Main［OB1］中的主程序。如果 I0.0 常开触点闭合，调用FC1指令的EN端输入1，该指令马上执行而进入FC1，因FC1中的M0.0常闭触点处于闭合，S 置位指令执行，将 Q0.0 线圈置 1（得电且保持），Q0.0 端子控制的电动机运转，FC1 中的程序执行完后返回到 OB1 程序，执行调用 FC1 指令之后的程序。如果 I0.1 常开触点闭合，R 复位指令执行，将 Q0.0 线圈置 0（失电），Q0.0 端子控制的电动机停转。

6.2.2　带参数传递的 FC 编程举例

带参数传递的 FC 编程是指程序在执行调用 FC 指令时，通过输入参数向 FC 传递输入量，通过输出参数接收 FC 执行后产生的输出量。

（1）编程举例

下面以电动机启 / 停控制为例说明带参数传递的 FC 编程方法，具体过程见表 6-3。

表**6-3**　带参数传递的**FC**编程举例

操作说明	操作图
①添加 FC。 在 TIA STEP7 软件创建一个“带参数传递的 FC 函数使用”项目，再在窗口左边的项目树中展开“程序块”，双击其中的“添加新块”，添加一个“块 _1［FC1］”，右边的编程区自动打开该 FC 编辑器	

续表

操作说明	操作图
②打开 FC 变量表。 单击 FC 编辑器上方“块接口”下面的向下三角按钮，展开 FC 局部变量表，变量表中有 5 类变量，这些变量只在本 FC（FB）中有效。 Input（输入变量）用于接收调用指令的输入参数。Output（输出变量）用于将 FC（FB）产生的输出数据送给调用指令的输出参数。InOut（输入 / 输出变量）既可用作输入变量，也可用作输出变量。Temp（临时变量）在 FC（FB）的程序执行时临时保存数据。Constant（常数）使用时需要声明常数的符号名。Return（返回值）是 FC（FB）执行后返回给调用指令的值，默认为 Void（空）	
③在 FC 变量表中添加 FC 变量。 在 FC 局部变量表的 Input 中增加 2 个输入变量，名称分别为“启动”“停止”，变量数据类型均选择“Bool”，再在 Output 中增加名称为“电动机”的输出变量，数据类型也设为 Bool	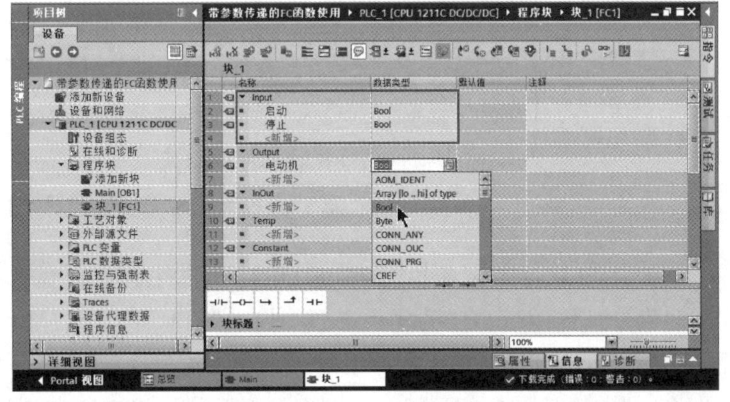
④在 FC 中编写程序。 单击 FC 变量表下方的向上三角按钮，将变量表向上隐藏，FC 程序编辑器显示出来，在编辑器中编写图示的程序。 程序中的“启动”“停止”“电动机”均为局部变量，只在执行本 FC 程序时临时有效，退出 FC 后这些变量无效（消失）。M0.0 为全局变量，在所有的程序（OB、FC、FB）中都有效，如果 FC 程序中的 M0.0 被置 1，退出 FC 后其他程序中的 M0.0 仍保持 1	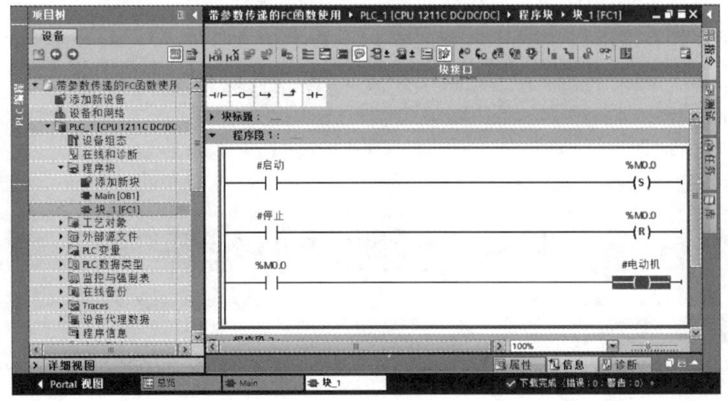

续表

操作说明	操作图
⑤在 OB1 中编写程序并插入调用 FC 指令。 打开或切换到 Main[OB1]，在 Main 编辑器中编写主程序，将项目树中的 FC1 拖放到程序相应的位置，会自动生成一个调用 FC1 指令，再将该指令的输入参数“启动（形参）”“停止”分别设为“I0.0（实参）”“I0.1”，将输出参数“电动机”设为“Q0.0”	

(2) 程序工作说明

表 6-3 中的电动机启 / 停控制程序如图 6-4 所示。

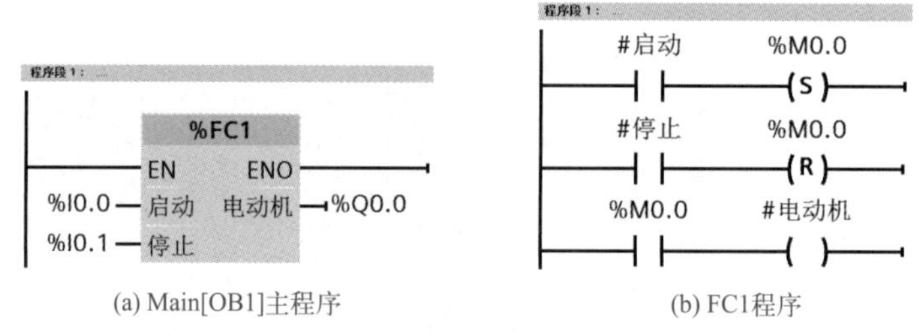

(a) Main[OB1]主程序　　(b) FC1程序

图 6-4　电动机启 / 停控制程序（带参数传递的 FC 编程）

PLC 上电运行时循环执行 Main[OB1] 中的主程序，在执行 FC1 调用指令时，将 I0.0、I0.1 的值分别传递给 FC1 的输入参数“启动”和“停止”，然后进入 FC1 执行 FC1 程序。如果 I0.0 常开触点闭合，FC1 程序中的“启动”常开触点闭合，M0.0 线圈被置 1，M0.0 常开触点闭合，“电动机”线圈得电（1），“电动机”的值传递给 FC1 调用指令的输出参数 Q0.0，即 Q0.0 线圈得电，Q0.0 端子控制的电动机运转；如果 I0.1 常开触点闭合，FC1 程序中的“停止”常开触点闭合，M0.0 线圈被复位（置 0），M0.0 常开触点断开，“电动机”线圈失电（0），“电动机”的值传递给 FC1 调用指令的输出参数 Q0.0，即 Q0.0 线圈失电，Q0.0 端子控制的电动机停转。

6.3 FB（函数块）编程

FB（函数块）使用背景 DB（数据块）保存其参数和静态数据，背景 DB 使用与 FB 关联的一块存储区，并在 FB 执行完后保存数据。一个 FB 可以使用一个或多个背景 DB。

FC（函数）与 FB 的主要区别：FC 无专用的存储区，其有关数据保存在临时的数据堆栈存储区中，FC 执行结束后，这些数据会丢失；FB 有专用的存储区，其有关数据保存在指定的背景 DB 中，FB 执行结束后，这些数据不会丢失。FC 编程时不使用数据块，FB 编程时则需要用到数据块，由于有数据块的支持，故使用 FB 可编写更为复杂的程序。

6.3.1　FB 使用一个背景 DB 的编程举例

FB 使用一个背景 DB 的编程是指 FB 编程时只使用到一个背景 DB 存储和设置 FB 程序中的变量。

（1）编程举例

FB 使用一个背景 DB 的编程举例（电动机星形 - 三角形启 / 停控制）见表 6-4。

表6-4　FB使用一个背景DB的编程举例（电动机星形-三角形启/停控制）

操作说明	操作图
①添加 FB。 在 TIA STEP7 软件创建一个“FB 使用一个背景 DB”项目，再在窗口左边的项目树中展开“程序块”，双击其中的“添加新块”，弹出右图所示的“添加新块”对话框，块的类型选择“函数块”，块名称输入“星三启动”，块编程语言选择“LAD（梯形图)”，单击“确定”后即在“程序块”中添加一个“星三启动 [FB1]”，同时编程区自动打开该 FB 编辑器	
②在 FB 局部变量表中添加变量。 在 FB 编辑器上方“块接口”下面的向下三角按钮上单击，展开 FB 局部变量表，在表的 Input 中添加“启动”“停止”2 个输入变量，在 Output 中添加“电源”“星形”和“三角形”3 个输出变量，在 Temp 中添加“中间变量 1”“中间变量 2”，这些变量数据类型均设为 Bool，再在 Static（静态变量）中添加一个“星 - 三时间”变量，数据类型设为“IEC_TIMER”，然后单击该变量旁边的下三角，展开该变量的所有设置项，将其中的“PT（预设计时值)”设为 T#8s	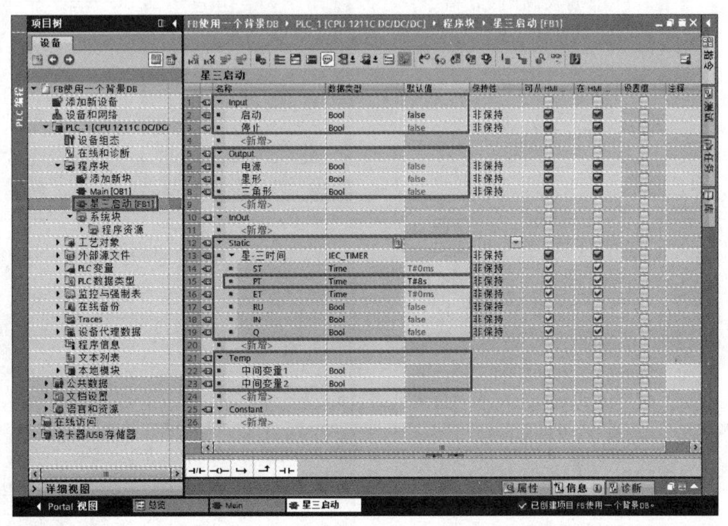

续表

操作说明	操作图
③编写 FB 程序。 单击 FB1 局部变量表下方的向上三角按钮，向上隐藏变量表，同时 FB1 程序编辑器显示出来，在编辑器中编写右图所示的程序	
④在主程序中编写程序并插入调用 FB 指令。 打开或切换到 Main[OB1]，在 Main 编辑器中编写主程序，然后将程序块中的 FB1 拖放到程序相应的位置，会弹出“调用选项”对话框，将 FB1 使用的背景 DB 名称设为“星三启动 _DB”，单击“确定”后即在程序中插入调用 FB 指令，同时项目树的程序块中新增了一个“星三启动 _DB[DB2]”的数据块	
⑤在程序中插入调用 FB 指令，DB2 为其背景数据块 DB	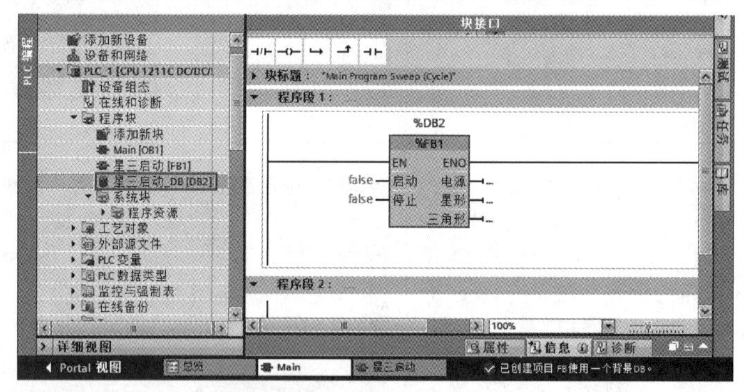
⑥在 FB 的背景 DB 中设置变量 在程序块中双击“星三启动 _DB[DB2]”打开 FB 的背景 DB，先前在 FB 局部变量表中设置的 Input、Output、InOut 和 Static 变量保存在背景 DB 中，其他变量不保存。在 FB 的背景 DB 和局部变量表中都可设置变量的值，如果同一变量在两者中设置的值不同，则背景 DB 的设置有效	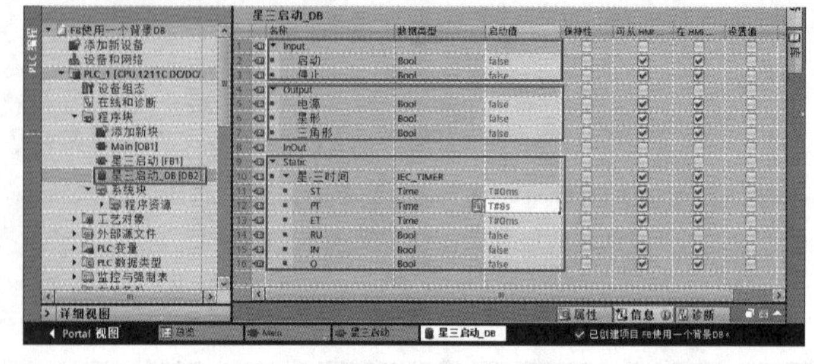

续表

操作说明	操作图
⑦给调用 FB 指令的输入、输出参数（形参）设置实参。 启动—I0.0；停止—I0.1；电源—Q0.0；星形—Q0.1；三角形—Q0.2	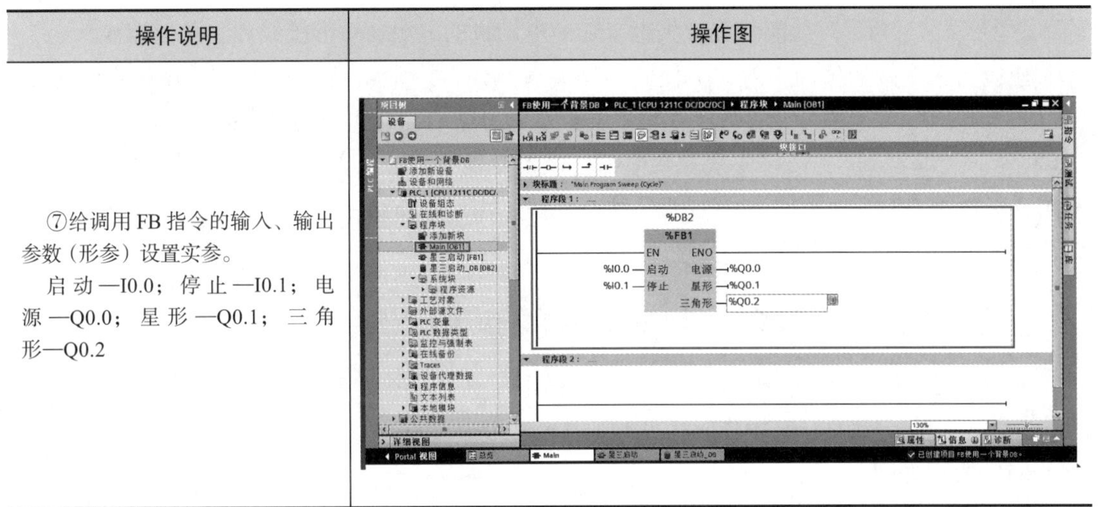

（2）程序工作说明

表 6-4 中的电动机星形 - 三角形启 / 停控制程序如图 6-5 所示。

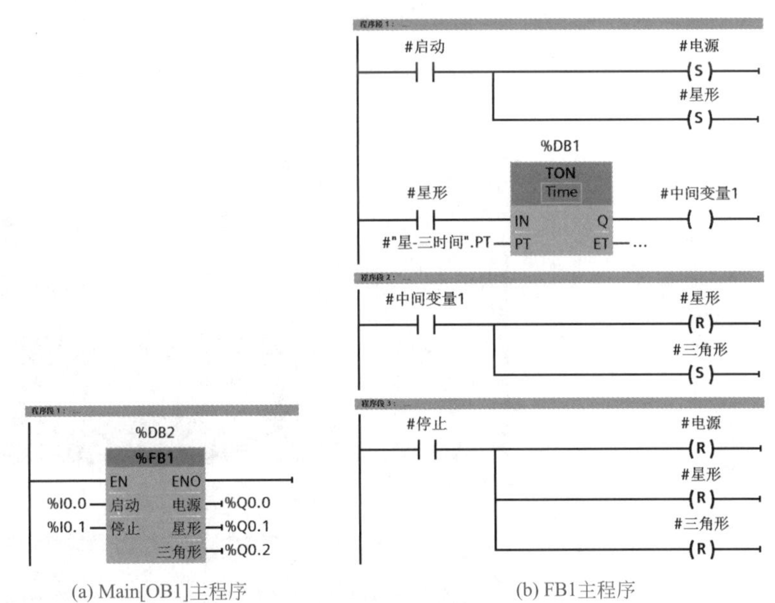

(a) Main[OB1]主程序　　(b) FB1主程序

图 6-5　电动机星形 - 三角形启 / 停控制程序

PLC 上电运行时从前往后循环执行 Main[OB1] 中的主程序。在执行调用 FB1 指令时，将 I0.0、I0.1 的值分别传递给 FB1 的输入参数“启动”和“停止”，同时进入 FB1 执行 FB1 程序。如果 I0.0=1，FB1 程序中的“启动”变量的值为 1（True），“启动”常开触点闭合，“电源”“星形”线圈均被置 1，“星形”常开触点闭合，DB1 定时器开始 8s 计时，同时“电源”“星形”线圈的值（1）分别传送给调用 FB1 指令的实参 Q0.0、Q0.1，Q0.0、Q0.1 线圈得电，通过 Q0.0、Q0.1 端子控制接通电动机的电源和星形接线，8s 后定时器 Q 端输出 1，“中间变量 1”线圈得电，“中间变量 1”常开触点闭合，“星形”线圈被复位（断开星形接线），“三角形”线圈被置 1（接通三角形接线）；如果 I0.1=1，“停止”变量的值为 1，“停止”常开触点闭合，“电源”“星形”“三角形”线圈均复位失电，切断电动机的电源、星形接线和三角形接线。

注：输入变量的值为 1 时，会使同名常开触点闭合、常闭触点断开；输出变量的值为 1（或称 True、ON）也称该变量线圈得电，其同名常开触点闭合，常闭触点断开。在 FB 的背景 DB 和局部变量表（又称接口变量表）中都可设置变量的值，如果同一变量在两者中设置的值不同，则背景 DB 的设置有效。FB 程序执行完成退出后，Input、Output、InOut 和 Static 变量保存在背景 DB 中，其他变量不保存。

6.3.2 FB 使用多个背景 DB 的编程举例

如果需要执行多个功能相同、参数不同的操作，可用多个背景 DB 分别存储和设置这些操作的参数（变量），在执行某操作时让 FB 使用相应的背景 DB。

（1）编程举例

FB 使用多个背景 DB 的编程举例（两台电动机延时不同时间启动）见表 6-5。

表6-5　FB使用多个背景DB的编程举例（两台电动机延时不同时间启动）

操作说明	操作图
①添加 FB。 用 TIA STEP7 软件创建一个“FB 使用多个背景 DB”项目，再添加一个名称为“延时启动”的函数块	
②在 FB 局部变量表中添加变量。 打开“延时启动［FB1］”FB 局部变量表，在表的 Input 项添加“启动”“停止”2 个输入变量，在 Output 项添加“电动机”输出变量，在 Temp 项添加“中间变量 1”“中间变量 2”2 个中间变量，这些变量数据类型均设为 Bool，再在 Static（静态变量）项添加一个“延时”变量	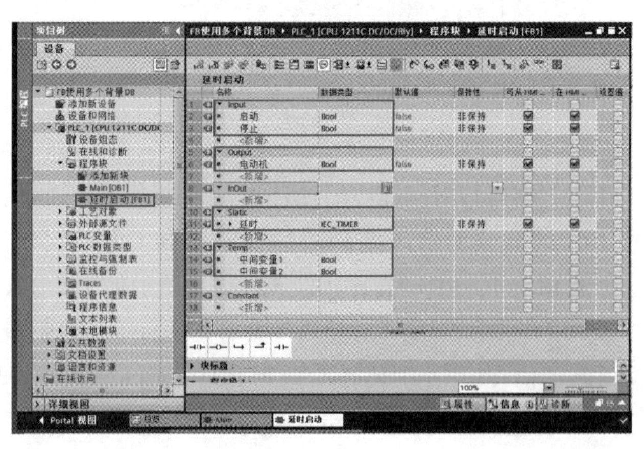

续表

操作说明	操作图
③编写 FB 程序。 单击 FB1 局部变量表下方的向上三角按钮，向上隐藏变量表，同时 FB1 程序编辑器显示出来，在编辑器中编写右图所示的 FB 程序	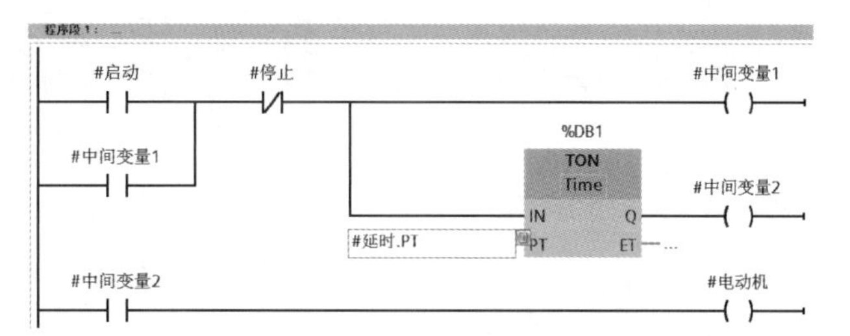
④在主程序中插入调用 FB 指令。 打开或切换到 Main［OB1］，在 Main 编辑器中编写主程序，然后将程序块中的“延时启动［FB1］”拖放到程序相应的位置，会弹出右图所示的“调用选项”对话框，将 FB1 使用的背景 DB 名称设为“电动机 A”，单击“确定”后即在程序中插入调用 FB 指令，同时项目树的程序块中新增了一个“电动机 A[DB2]”的数据块	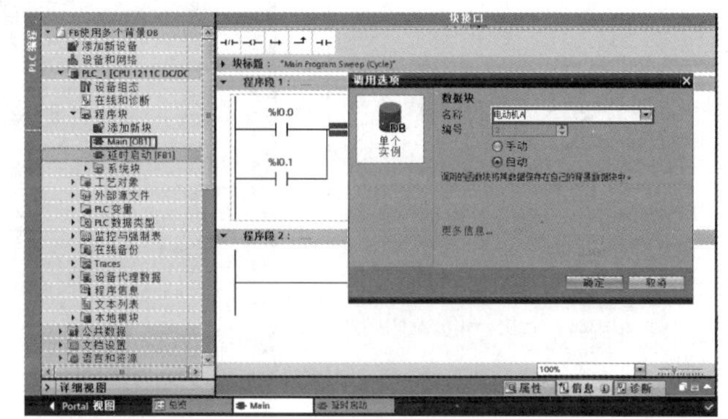
⑤在 FB 的背景 DB 中设置变量。 打开“电动机 A[DB2]”背景 DB，FB 局部变量表中设置的 Input、Output、InOut 和 Static 变量保存在该背景 DB 中，其他变量不保存。在“电动机 A［DB2］”背景 DB 中将“延时”变量的 PT 值（预设计时值）设为 5s	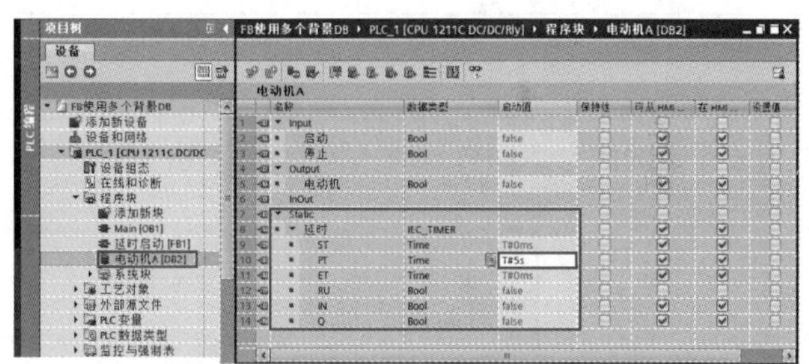
⑥在主程序中插入第二个调用 FB 指令。 打开或切换到 Main[OB1]，将项目树程序块中的“延时启动［FB1］”拖放到程序相应的位置，在弹出的“调用选项”对话框，将 FB1 使用的背景 DB 名称设为“电动机 B”，单击“确定”后即在程序中插入调用 FB 指令，同时程序块中新增了一个“电动机 B［DB3］”的数据块	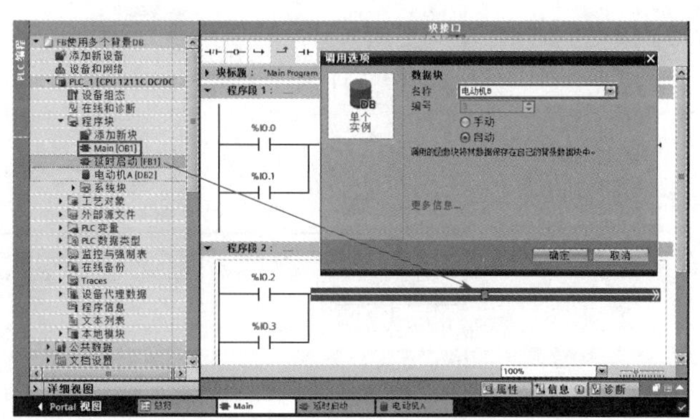

续表

操作说明	操作图
⑦在 FB 的第 2 个背景 DB 中设置变量。 打开“电动机 B[DB3]”背景 DB，将其中的“延时”变量的 PT 值设为 10s	
⑧给调用 FB 指令的输入、输出参数（形参）设置实参。 背景 DB 为 DB2 的调用 FB 指令设置：启动—I0.0；停止—I0.1；电动机—Q0.0。 背景 DB 为 DB3 的调用 FB 指令设置：启动—I0.2；停止—I0.3；电动机—Q0.1	

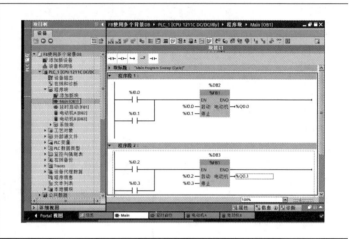

（2）程序工作说明

表 6-5 中的两台电动机延时不同时间启动的程序（多个背景 DB）如图 6-6 所示。

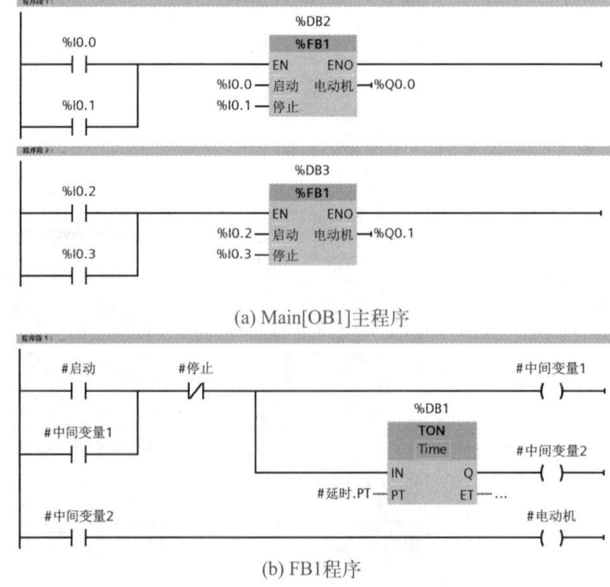

(a) Main[OB1]主程序

(b) FB1程序

图 6-6　两台电动机延时不同时间启动的程序（多个背景 DB）

PLC 上电运行时从前往后循环执行 Main[OB1] 中的主程序。当 I0.0=1 时，执行第 1 个调用 FB1 指令（背景 DB 为 DB2），将 I0.0 的值传递给 FB1 的输入参数“启动”，同时进入 FB1 执行 FB1 程序，FB1 程序中的“启动”变量的值为 1（True），“启动”常开触点闭合，“中间变量 1”线圈得电，“中间变量 1”常开自锁触点闭合，同时 TON 定时器开始按 PT=5s 计时（该 PT 值来源：“电动机 A[DB2]”中“延时”变量的 PT=T#5s → FB1 接口变量表的“延时”变量的 PT 变量→ TON 定时器的 PT 端），5s 后定时器 Q 端输出 1，“中间变量 2”线圈得电，“中间变量 2”常开触点闭合，“电动机”线圈得电（值为 1），“电动机”线圈的值传递给调用 FB1 指令的输出参数 Q0.0，Q0.0 线圈得电，控制电动机 A 运转。即 I0.0=1 时延时 5s 启动电动机 A。

当 I0.2=1 时，执行第 2 个调用 FB1 指令（背景 DB 为 DB3），将 I0.2 的值传递给 FB1 的输入参数“启动”，FB1 程序中的“启动”常开触点闭合，TON 定时器开始按 PT=10s 计时（该 PT 值来源：“电动机 B[DB3]”中“延时”变量的 PT=T#10s → FB1 接口变量表的“延时”变量的 PT 变量→ TON 定时器的 PT 端），10s 后定时器 Q 端输出 1，“电动机”线圈随之得电，其值传递给调用 FB1 指令的输出参数 Q0.1，Q0.1 线圈得电，控制电动机 B 运转。即 I0.2=1 时延时 10s 启动电动机 B。

6.3.3　FB 使用多重背景 DB 的编程举例

在 FB 程序中每插入一个定时器或计数器指令时，都会生成一个背景 DB 以存放该指令的各项参数，生成众多的数据块不方便管理，这时可使用定时器或计数器的多重背景功能，即在一个背景 DB 中设置多个 IEC_TIMER 或 IEC_COUNTER 类型的变量，该类型变量中又包含很多变量（如 IN、Q、ST、PT、ET 等），这种变量可当作一个数据块供定时器或计数器使用，这样一个背景 DB 中相当于包含了多个数据块。

（1）编程举例

FB 使用多重背景 DB 的编程举例（两种延时时间先后启动两台电动机）见表 6-6。

表6-6　FB使用多重背景DB的编程举例（两种延时时间先后启动两台电动机）

操作说明	操作图
①添加 FB。 用 TIA STEP7 软件创建一个“FB 使用多重背景 DB”项目，再双击“程序块”中的“添加新块”，弹出“添加新块”对话框，选择“函数块”，块名称输入“两电动机先后启动”，单击“确定”后即在“程序块”中添加一个“两电动机先后启动［FB1］”，同时自动打开 FB1 编辑器	

续表

<table>
<tr><th>操作说明</th><th>操作图</th></tr>
<tr><td>②在 FB 局部变量表中添加变量。
在 FB1 编辑器上方单击“块接口”下面的向下三角展开 FB1 局部变量表，在表的 Input 项添加“启动”“停止”和“延时时间”3 个输入变量，在 Output 项添加“电动机 A”和“电动机 B”2 个输出变量，在 Static 项添加“定时器”“延时一”和“延时二”3 个静态变量
“延时时间”“定时器”“延时一”和“延时二”4 个变量类型都设为“IEC_TIMER”</td><td>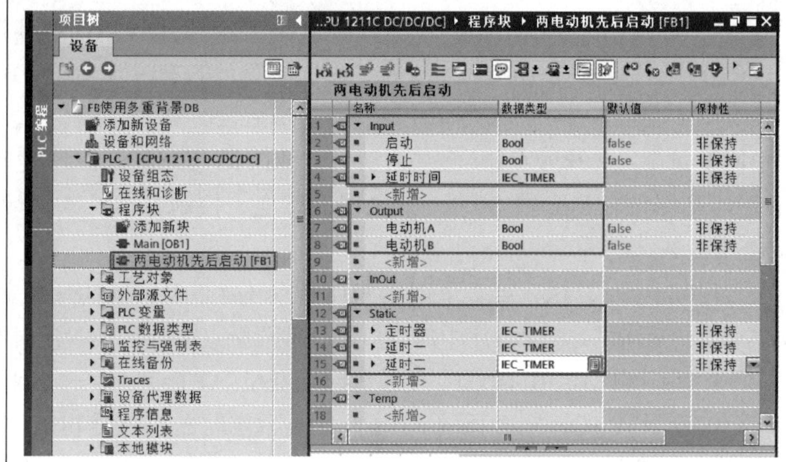
</td></tr>
<tr><td>③编写 FB 程序。
单击 FB1 局部变量表下方的向上三角按钮，向上隐藏变量表，同时 FB1 程序编辑器显示出来，在编辑器中编写右图所示的 FB 程序。在插入 TON 定时器指令时，会弹出“调用选项”对话框，选择“多重背景”，在接口参数中的名称选择“定时器”，即将变量表中类型为“IEC_TIMER”的“定时器”变量用作定时器指令的背景 DB</td><td>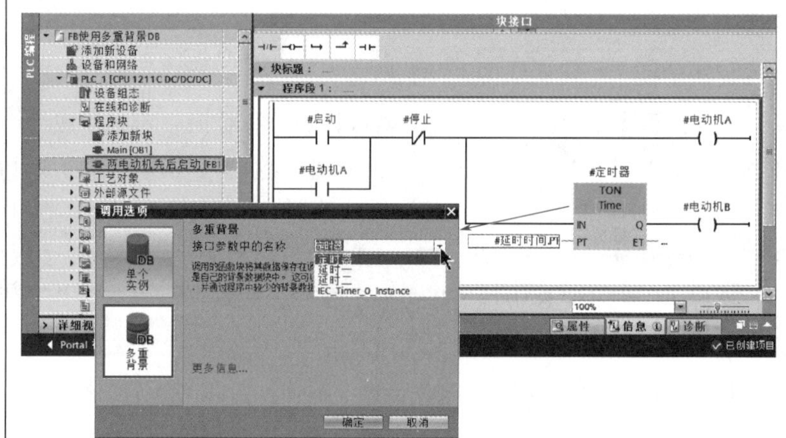
</td></tr>
<tr><td>④在主程序中插入调用 FB 指令。
打开或切换到 Main［OB1］，将程序块中的“两电动机先后启动［FB1］”拖放到程序相应的位置，会弹出的“调用选项”对话框，将 FB1 使用的背景 DB 名称设为“多种延时数据块”，单击“确定”后即在程序中插入调用 FB 指令，同时项目树程序块中新增了一个“多种延时数据块［DB1］”的数据块</td><td>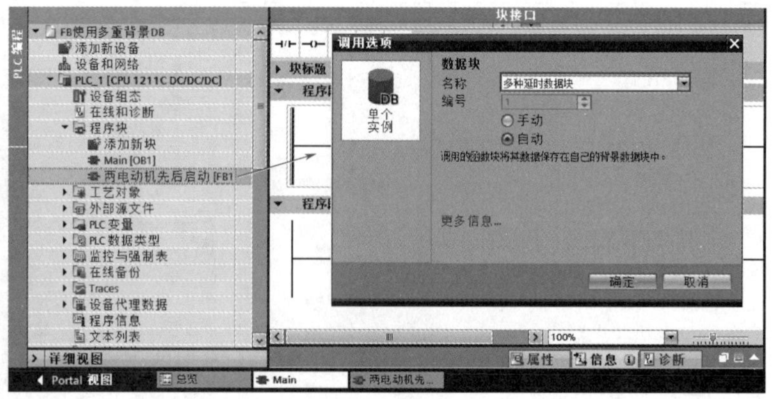
</td></tr>
</table>

续表

操作说明	操作图
⑤在 FB 的背景 DB 中设置变量。 打开“多种延时数据块[DB1]”背景 DB，FB 局部变量表中设置的 Input、Output、InOut 和 Static 变量自动出现并保存在该背景 DB 中。在该背景 DB 中将“延时一”变量的 PT 值设为 5s，将“延时二”变量的 PT 值设为 10s	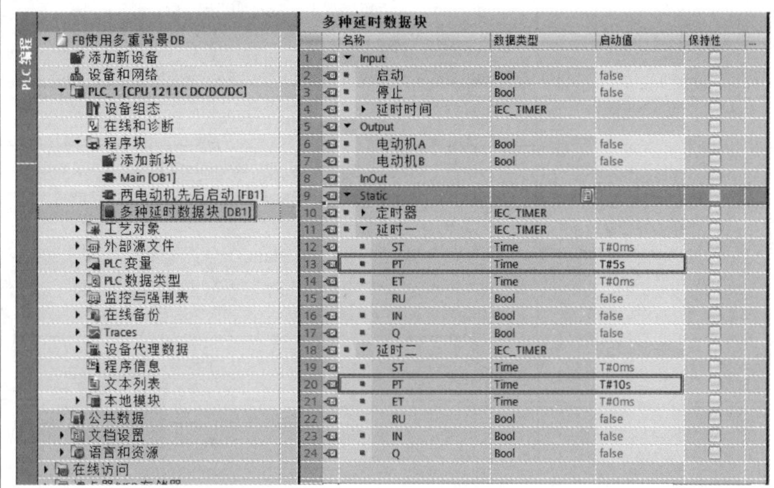
⑥在主程序中插入第二个调用 FB 指令。 打开或切换到 Main[OB1]，将程序块中的“两电动机先后启动[FB1]”拖放到程序相应的位置，会弹出“调用选项”对话框，将 FB1 使用的背景 DB 选择“多种延时数据块”，即两个 FB 使用同一背景 DB	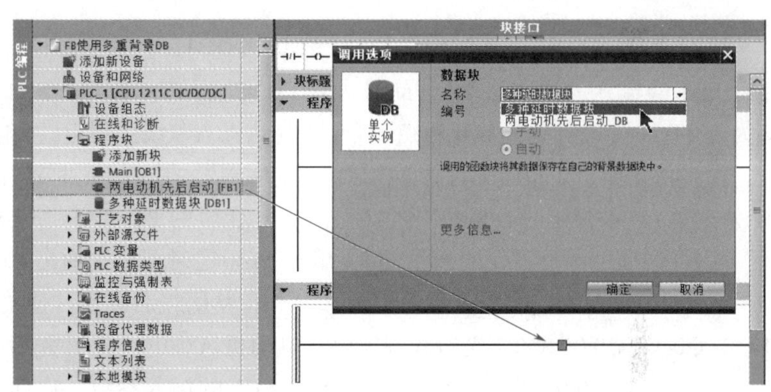
⑦给调用 FB 指令的输入、输出参数（形参）设置实参。 第一个调用 FB 指令设置：启动—I0.0；停止—I0.2；电动机 A—Q0.0；电动机 B—Q0.1；延时时间—“多种延时数据块”. 延时一。 第二个调用 FB 指令设置：启动—I0.1；停止—I0.2；电动机 A—Q0.0；电动机 B—Q0.1；延时时间—“多种延时数据块”. 延时二	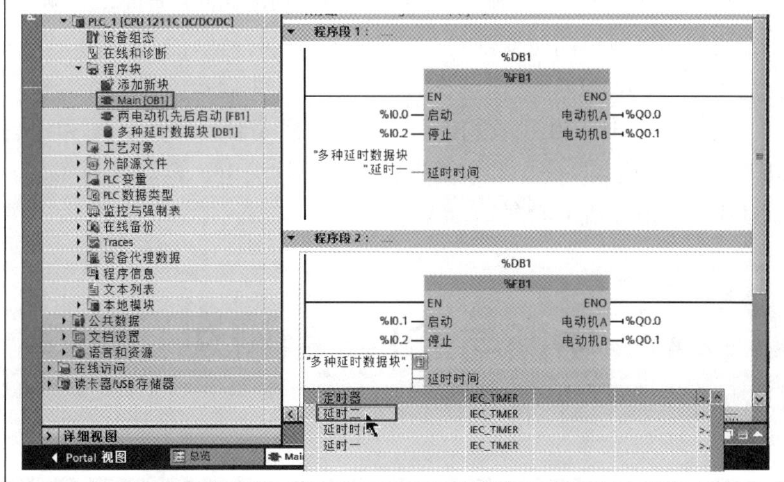

（2）程序工作说明

表 6-6 中的两种延时时间先后启动两台电动机的程序（多重背景 DB）如图 6-7 所示。

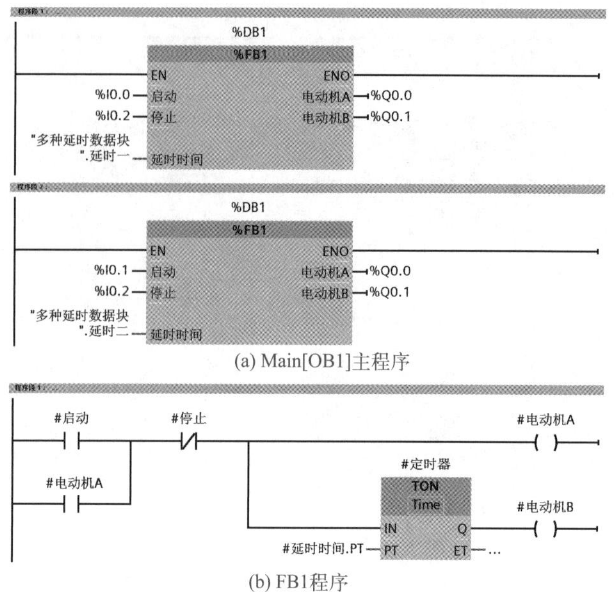

(a) Main[OB1]主程序

(b) FB1程序

图 6-7　两种延时时间先后启动两台电动机的程序（多重背景 DB）

PLC 上电运行时从前往后循环执行 Main[OB1] 中的主程序。当 I0.0=1 时，I0.0 的值传递给 FB1 的输入参数“启动”，同时进入 FB1 执行 FB1 程序，FB1 程序中的“启动”变量的值为 1（True），“启动”常开触点闭合，“电动机 A”线圈得电，“电动机 A”常开自锁触点闭合，同时背景变量（相当于背景 DB）为“定时器”的 TON 定时器开始按 PT 值（5s）计时（该 PT 值来源：“多种延时数据块”的“延时一”变量的 PT=T#5s → FB1 局部变量表的“延时时间”变量的 PT 变量→“定时器”的 PT 端），5s 后定时器 Q 端输出 1，“电动机 B”线圈得电，“电动机 A”“电动机 B”线圈先后得电（值为 1），其值先后分别传递给调用 FB1 指令的输出参数 Q0.0、Q0.1，Q0.0、Q0.1 先后线圈得电，电动机 A、电动机 B 先后（相隔 5s）运转。

当 I0.1=1、I0.0=0 时，I0.1 的值传递给 FB1 的输入参数“启动”，FB1 中的“定时器”的 PT 值为 10s（该 PT 值来源：“多种延时数据块”的“延时二”变量的 PT =T#10s → FB1 局部变量表的“延时时间”变量的 PT 变量→“定时器”的 PT 端），“电动机 A”“电动机 B”线圈先后（相隔 10s）得电，电动机 A、电动机 B 先后运转。

当 I0.2=1 时，I0.2 的值传递给 FB1 的输入参数“停止”，FB1 程序中的“停止”常闭触点断开，“电动机 A”线圈和定时器输入为 0 均失电，定时器 Q 端输出 0，“电动机 B”也失电，电动机 A、电动机 B 停转。

6.4　中断与 OB（组织块）编程

6.4.1　中断与组织块

（1）中断

在生活中，人们经常遇到这样的情况：当你正在书房看书时，突然客厅的电话响了，你会停止看书，转而去接电话，接完电话后又继续去看书。这种停止当前工作，转而去做其他工作，做完后又返回来做先前工作的现象称为中断。

PLC 也有类似的中断现象，当系统正在执行某程序时，如果突然出现特殊情况，它需要停止当前正在执行的程序，转而去执行事先编写好的处理该情况的程序，处理完后又返回原来的程序，从原来停止处往后执行。

① 中断事件和中断程序　**让 PLC 产生中断的事件称为中断事件。**当 CPU 正在执行程序时，如果有某个中断事件发生，CPU 需要停止当前的程序，去响应该中断事件，即执行针对该中断事件的程序，这种为中断编写的程序称为中断程序。若有某个中断事件发生，而该中断事件的中断程序又没有下载到 CPU 模块，CPU 将会进入 STOP 模式。如果希望忽略某个中断事件，可以编写一个空的中断程序并下载到 CPU，当该中断事件出现时，CPU 不会进入 STOP 模式。

② 中断优先级　PLC 的中断事件很多，如果这些中断事件同时发生，要同时响应这些事件是不可能的，正确的方法是对这些中断事件进行优先级别排序，优先级别高的中断事件先响应，然后再响应优先级别低的中断事件请求。当多个中断事件同时发生时，按事件的优先级别从高往低执行。

（2）组织块

在编程时，需要将用户程序编写在组织块（OB）中，OB1 为程序循环组织块，是最常用的组织块，由于 OB1 中的程序会循环执行，故一般将主程序编写在 OB1 中。除 OB1 外，S7-1200 PLC 还有很多组织块，这些组织块都有一些特定的功能，比如希望某程序每隔 5s 就执行一次，可将该程序写在循环组织块 OB30 中。

CPU 中的特定事件将触发组织块的执行，OB 无法互相调用，FC 或 FB 不能调用 OB，只有发生中断或时间间隔这类事件才能启动 OB 的执行。CPU 按照 OB 对应的优先级对其进行处理，按高优先级在前、低优先级在后的顺序执行 OB。最低优先级为 1（对应主程序循环），最高优先级为 26。

① 添加组织块　TIA STEP7 软件创建项目后，在项目树的程序块中会自动生成一个程序循环组织块 OB1，主程序写在该组织块中。如果要在项目中使用其他的组织块，可双击程序块中的“添加新块”，弹出“添加新块”对话框，如图 6-8 所示，选中“组织块”后选择组织

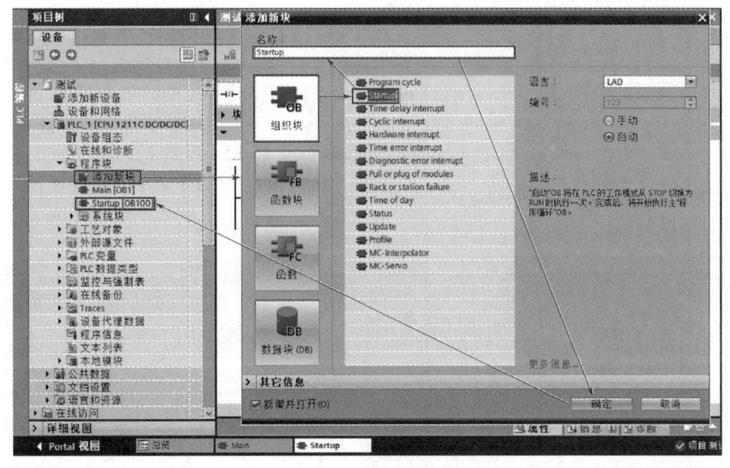

图 6-8　添加组织块

块的类型（图中为 Startup），然后输入组织块的名称（Startup），确定后在程序块中就添加了一个组织块“Startup［OB100］”。

② 组织块种类及说明　S7-1200 PLC 的组织块种类及说明见表 6-7。

表6-7　S7-1200 PLC的组织块种类及说明

名称	OB 编号	OB 数量	描述	优先级
程序循环（Program cycle）	OB1 或≥ OB123	≥ 1	在 CPU 处于 RUN 模式时循环执行程序循环 OB，可以有多个程序循环 OB，CPU 将按 OB 编号顺序执行这些 OB	1（数小级别低）
启动（Startup）	OB100 或≥ OB123	≥ 0	从 STOP 切换到 RUN 模式时执行一次启动 OB，之后执行程序循环 OB	1
时间中断（Time of day）	OB10 ～ OB17，或≥ OB123	最多 2 个	当到达设定的时间时执行时间中断 OB	2
延时中断（Time delay interrupt）	OB20 ～ OB23，或≥ OB123	最多 4 个	在经过设定的时间后执行延时中断 OB	3
循环中断（Cyclic interrupt）	OB30 ～ OB38，或≥ OB123		每隔一定的时间执行一次循环中断 OB	8
硬件中断（Hardware interrupt）	OB40 ～ OB47 或≥ OB123	≤ 50	硬件发生变化时将触发执行硬件中断 OB。例如输入点产生上升沿或下降沿，高速计数器事件	18
状态中断（Status）	OB55	0 或 1	CPU 或从站触发执行状态中断 OB。例如 CPU 或从站的组件（模块或机架）更改了其工作模式（如由 RUN 变为 STOP），则可能发生这种情况	4
更新中断（Update）	OB56	0 或 1	CPU 或从站触发执行更新中断 OB，例如更改了从站或设备的插槽参数	4
制造商中断（Profile）	OB57	0 或 1	CPU 接收到制造商特定中断或配置文件时，将执行配置文件 OB	4
诊断错误中断（Diagnostic error interrupt）	OB82	0 或 1	当 CPU 检测到诊断错误，或者具有诊断功能的模块发现错误且为该模块启用了诊断错误中断时，将执行诊断错误中断 OB	5
拔出 / 插入中断（Pull or plug of modules）	OB83	0 或 1	当已组态非禁用分布式 I/O 模块或子模块（PROFIBUS、PROFINET、AS-i）发生插入或拔出模块相关事件时，将执行拔出 / 插入中断 OB	6
机架错误（Rack or station failure）	OB86	0 或 1	当 CPU 检测到分布式机架 / 站出现故障或发生通信丢失时执行机架错误 OB	6
时间错误（Time error interrupt）	OB80	0 或 1	当扫描周期超过最大周期时间或发生时间错误事件时，将执行时间错误中断 OB	22（级别最高）

6.4.2　程序循环 OB 的使用与编程举例

程序循环 OB 在 CPU 处于 RUN 模式时循环执行，主程序写在程序循环 OB 中，一个项目中可以有多个程序循环 OB（OB1 或≥ OB123），CPU 将按编号顺序执行这些 OB，Main[OB1] 是默认的程序循环 OB。

程序循环 OB 的编程举例如图 6-9 所示。在 STEP7 软件中创建一个“程序循环 OB 的使用”项目，再双击项目树程序块中的“添加新块”，弹出“添加新块”对话框，先选中“组织块”，参见图 6-8，然后选择“Program cycle（程序循环）”类型，之后输入组织块的名称“Main_1（默认）”，确定后在程序块中就添加了一个组织块“Main_1[OB123]”。双击项目树程序块中的“Main[OB1]”打开 OB1，在 OB1 中编写图 6-9（a）所示的程序，再双击“Main_1[OB123]”打开 OB123，在 OB123 中编写图 6-9（b）所示的程序。

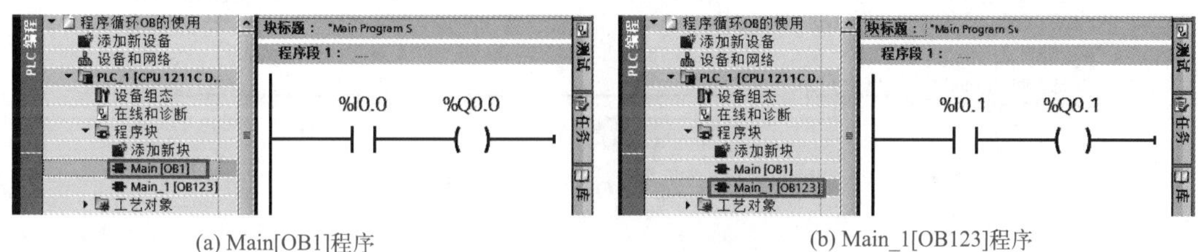

(a) Main[OB1]程序　　(b) Main_1[OB123]程序

图 6-9　程序循环 OB 的编程举例

OB1、OB123 写入 PLC 后，当 PLC 处于 RUN 模式时，先执行 OB1 中的程序，再执行 OB123，然后又执行 OB1，反复进行，I0.0 常开触点闭合时 Q0.0 线圈得电，I0.1 常开触点闭合时 Q0.1 线圈得电。实际编程时主程序通常写在一个程序循环 OB（OB1）中，如果主程序很长，可将程序分成多段按先后顺序写在多个程序循环 OB 中。

6.4.3　启动 OB 的使用与编程举例

启动 OB 主要用于系统初始化，当 CPU 模式从 STOP 切换到 RUN 时执行一次，之后将开始执行程序循环 OB。一个项目可以有多个启动 OB，默认为 OB100，之后为 OB123、> OB123，有多个启动 OB 时按编号由小到大的顺序执行。

启动 OB 的编程举例如图 6-10 所示。在 STEP7 软件中创建一个“启动 OB 的使用”项目，再双击项目树程序块中的“添加新块”，弹出“添加新块”对话框，先选中“组织块”，可参见图 6-8，然后选择“Startup（启动）”类型，之后输入组织块的名称“Startup（默认）”，确定后在程序块中就添加了一个组织块“Startup[OB100]”。双击项目树程序块中的“Startup[OB100]”打开 OB100，在 OB100 中编写图 6-10（a）所示的程序，再双击“Main[OB1]”打开 OB1，在 OB1 中编写图 6-10（b）所示的程序。

OB1、OB100 下载给 PLC 后，当 PLC 由 STOP 切换到 RUN 模式时，先执行 OB100 中的程序，将 2#00001111 传送给 QB0（Q0.7 ～ Q0.0），让 PLC 上的 Q0.3 ～ Q0.0 指示灯亮，然后执行 OB1，延时 3s，再将 16#00 传送给 QB0，让 PLC 上的 Q0.3 ～ Q0.0 指示灯熄灭。OB100 中的程序仅在 PLC 由 STOP 切换到 RUN 时执行一次，之后从前往后反复执行 OB1

中的主程序。

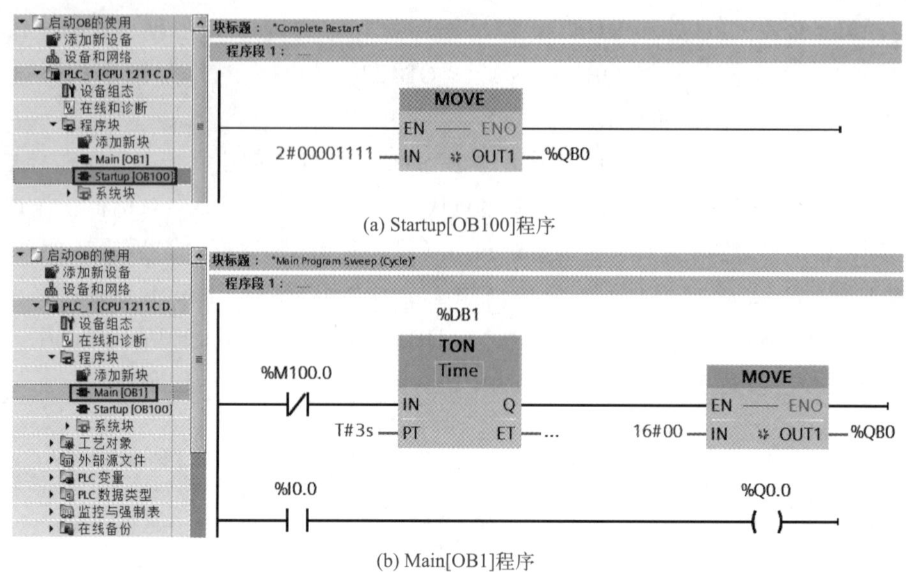

(a) Startup[OB100]程序

(b) Main[OB1]程序

图 **6-10**　启动 **OB** 的编程举例

6.4.4　循环中断 OB 的使用与编程举例

循环中断 OB 又称周期性中断 OB，如果希望某程序每隔一定的时间（1 ～ 60000ms）就执行一次，可将该程序写在循环中断 OB 中。S7-1200 PLC 允许循环中断 OB 和延时中断 OB 的数量之和最多为 4 个，循环中断 OB 的编号为 OB30 ～ OB38，或≥ OB123。

（1）循环中断 OB 使用编程举例

① 添加循环中断 OB 并设置属性　在 STEP7 软件中创建一个“循环中断 OB 的使用”项目，再双击项目树程序块中的“添加新块”，弹出“添加新块”对话框，先选中“组织块”，然后选择“Cyclic interrupt（循环中断）”类型，之后输入组织块的名称“Cyclic interrupt（默认）”，确定后在程序块中就添加了一个组织块“Cyclic interrupt[OB30]”。在该组织块上单击右键，弹出图 6-11 所示的右键菜单，选择“属性”，弹出属性对话框，选中“循环中断”项，将循环时间设为 1000ms（设置范围 1 ～ 60000ms），将相移设为 0（设置范围 0 ～ 60000ms），这样设置后，每隔 1000ms（即 1s）自动执行一次 OB30，反复进行。

② 编写循环中断 OB 程序　在项目树中双击程序块中的“Cyclic interrupt[OB30]”打开 OB30，在 OB30 中编写图 6-12（a）所示的程序，再双击“Main[OB1]”打开 OB1，在 OB1 中编写图 6-12（b）所示的程序。

OB1、OB30 写入 PLC 后，当 PLC 由 STOP 切换到 RUN 模式后，反复执行 OB1 中的主程序，1s 后产生循环中断，转入执行 OB30 中的程序，ADD 指令将 MW10 中的值加 1，MW10=1，然后返回 OB1，由于 MW10 值<5，两个“>=”触点均断开，5s 后产生 5 次循环中断，OB30 中的程序执行 5 次，MW10=5，OB1 中的“>=5”触点闭合，Q0.0 线圈得电，10s 后产生 10 次循环中断，OB30 中的程序执行 10 次，MW10=10，OB1 中的“>=5”和“>=10”触点都闭合，Q0.0、Q0.1 线圈均得电。

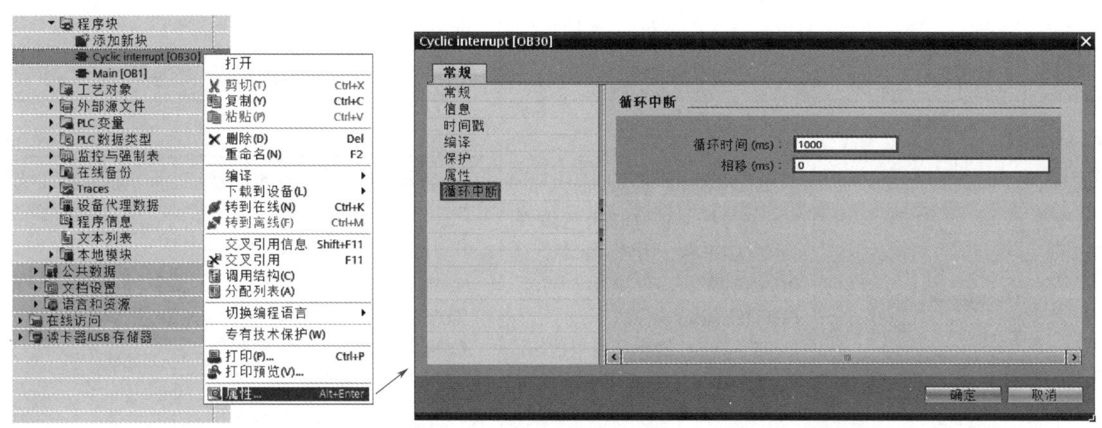

图 6-11　在循环中断 OB 的属性对话框设置循环时间为 1000ms

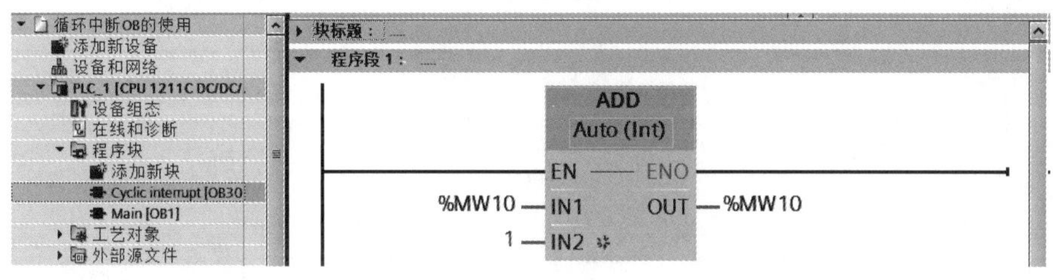

(a) Cyclic interrupt[OB30]程序

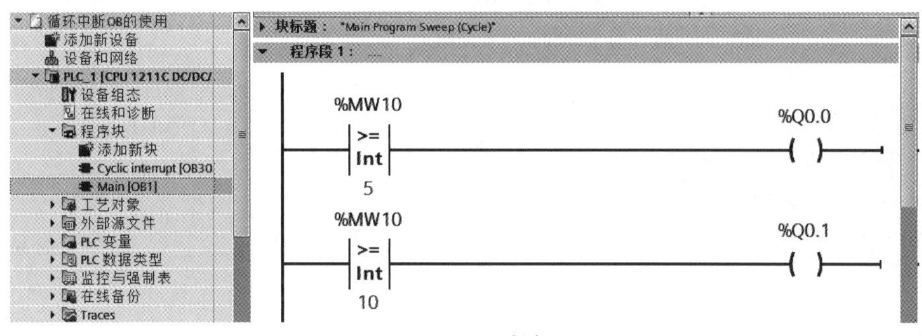

(b) Main[OB1]程序

图 6-12　循环中断 OB 的编程举例

（2）循环中断指令

① 指令说明　循环中断指令说明见表 6-8。

② 相位偏移（PHASE）说明　如果有 OB30、OB31 两个循环中断 OB，设置的时间间隔分别为 5ms 和 10ms，在第 10ms 时，OB30、OB31 会遇到同时执行，由于 OB31 是高优先级，故先执行 OB31（此时 OB30 处于等待），再执行 OB30。若执行 OB31 程序需要 2ms，则 OB30 需要到第 12ms 时才能执行（即 OB30 第 2 次执行的时间间隔为 7ms），以后 OB30 每执行偶数次都会遇到这种情况，设置相位偏移（PHASE）可解决这个问题。

PHASE 相当于首次延迟执行的时间，PHASE 值要大于高优先级 OB 的执行时间，才能减少或避免低优先级 OB 与高优先级 OB 同时相遇。若将 OB30 的 PHASE 值设为 3ms，OB30 除了首次在第 8ms 执行外，之后时间间隔保持为 5ms（不会再遇到 OB31 而产生等待时间）。

表6-8　循环中断指令说明

<table>
<tr><th>符号名称</th><th>说明</th><th>参数</th></tr>
<tr>
<td>SET_CINT
EN　ENO
<???> OB_NR　RET_VAL <???>
<???> CYCLE
<???> PHASE
设置循环中断参数</td>
<td>当EN输入1时，将OB_NR编号的OB的时间间隔设为CYCLE值、相位偏移设为PHASE值，指令成功执行后ENO端输出1。
RET_VAL值反映指令状态：0—无错误；8090—OB不存在或者类型错误；8091—时间间隔不正确；8092—相位偏移不正确；80B2—没有为OB指定事件</td>
<td><table>
<tr><th>参数和名称</th><th>数据类型</th><th>存储区</th></tr>
<tr><td>OB_NR—OB编号</td><td>OB_CYCLIC</td><td rowspan="3">I、Q、M、D、L或常数</td></tr>
<tr><td>CYCLE—时间间隔（μs）</td><td>UDINT</td></tr>
<tr><td>PHASE—相位偏移</td><td>UDINT</td></tr>
<tr><td>RET_VAL—指令状态</td><td>INT</td><td>I、Q、M、D、L</td></tr>
</table></td>
</tr>
<tr>
<td>QRY_CINT
EN　ENO
<???> OB_NR　RET_VAL <???>
CYCLE <???>
PHASE <???>
STATUS <???>
查询循环中断参数</td>
<td>当EN输入1时，查询OB_NR编号的OB的CYCLE（时间间隔）值、PHASE（相位偏移）值、STATUS（循环中断标志）值、RET_VAL（指令状态）值，指令成功执行后ENO端输出1。
RET_VAL值含义：0—无错误；8090—OB不存在或者类型错误；80B2—没有为OB指定结果。
STATUS值含义：位1（0—已启用循环中断；1—已延迟循环中断）；位2（0—循环中断未启用或者已到期；1—已启用循环中断）；位4（0—不存在指定编号的OB；1—存在指定编号的OB）；其他位未使用</td>
<td><table>
<tr><th>参数和名称</th><th>数据类型</th><th>存储区</th></tr>
<tr><td>OB_NR—OB编号</td><td>OB_CYCLIC</td><td>I、Q、M、D、L或常数</td></tr>
<tr><td>CYCLE—时间间隔（μs）</td><td>UDINT</td><td rowspan="4">I、Q、M、D、L</td></tr>
<tr><td>PHASE—相位偏移</td><td>UDINT</td></tr>
<tr><td>STATUS—循环中断标志</td><td>WORD</td></tr>
<tr><td>RET_VAL—指令状态</td><td>INT</td></tr>
</table></td>
</tr>
</table>

③ 指令使用举例　图6-13是在Main[OB1]中使用设置、查询循环中断参数指令编写的程序，Cyclic interrupt[OB30]循环中断程序见图6-12（a）。当PLC由STOP切换到RUN模式后，循环中断OB30按属性对话框设置的间隔时间（1000ms）和偏移相位（0）循环执行，当I0.0常开触点闭合时，MOVE指令执行，将MW10清0，同时执行QRY_CINT指令，将OB30的RET_VAL（指令状态）、CYCLE（时间间隔）、PHASE（相位偏移）、STATUS（循环中断标志）分别存入MW20、MD14、MD18、MW22，再执行SET_CINT指令，将OB30的CYCLE值设为2000000μs（即2s），将PHASE值设为0，之后OB30按2s的时间间隔反复执行。

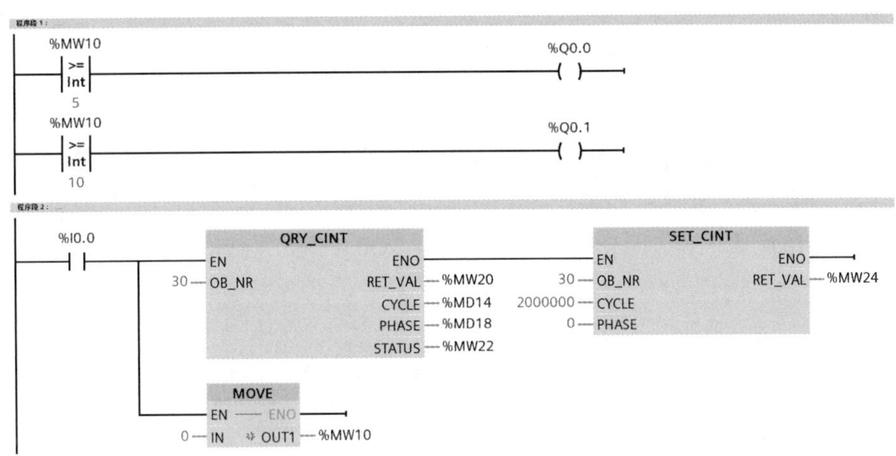

图 6-13　在 Main[OB1] 中使用设置、查询循环中断参数指令编写的程序

6.4.5　时间中断 OB 的使用与编程举例

如果希望在某个日期时间执行一次程序，或者从设置的时间开始，每分钟、每小时、每日、每周、每月、每年等循环执行某程序（见图 6-14），可使用时间中断 OB 来编写程序。S7-1200 PLC 时间中断 OB 的编号为 OB10 ～ OB17，或≥ OB123。

（1）时间中断 OB 使用编程举例

① 添加时间中断 OB 并设置属性　在 STEP7 软件中创建一个“时间中断 OB 的使用”项目，然后双击项目树程序块中的“添加新块”，弹出“添加新块”对话框，先选中“组织块”，再选择“Time of day（时间中断）”类型，之后输入组织块的名称“Time of day（默认）”，确定后在项目树的程序块中就添加了一个组织块“Time of day[OB10]”。在该组织块上单击右键，弹出图 6-14 所示的右键菜单，选择“属性”，弹出属性对话框，选中“时间中断”项，执行项选择“每分钟”，启动日期项设为 2020/6/16，时间项设为 14:50，这样从 2020/6/16 的 14:50 开始，每分钟（如 14:50、14:51）自动执行一次 OB10。

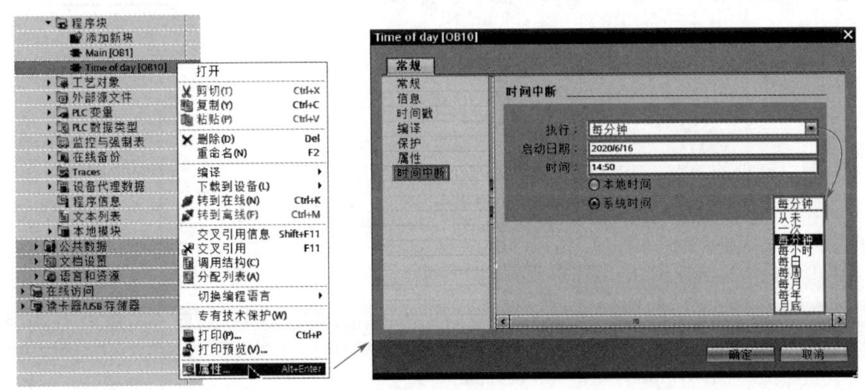

图 6-14　在时间中断 OB 的属性对话框设置执行方式和开始日期时间

② 编写时间中断 OB 程序　在项目树的程序块中双击“Time of day[OB10]”打开 OB10，在 OB10 中编写图 6-15（a）所示的程序，再双击“Main[OB1]”打开 OB1，在 OB1 中编写

图 6-15（b）所示的程序。

OB1、OB10 下载到 PLC 后，当 PLC 由 STOP 切换到 RUN 模式，反复执行 OB1 中的主程序，当时间到达 2020/6/16/14:50 时，转入执行 OB10 中的程序，ADD 指令将 MW10 中的值加 1，MW10=1，然后返回 OB1，由于 MW10 值 =1，第 1 个 “>=” 触点闭合，Q0.0 线圈得电，时间到达 14:51 时，再次转入执行 OB10 中的程序，MW10=2，第 2 个 “>=” 触点闭合，Q0.1 线圈得电。如果 I0.0 常开触点闭合，MW10 被清 0，Q0.0、Q0.1 线圈均失电。

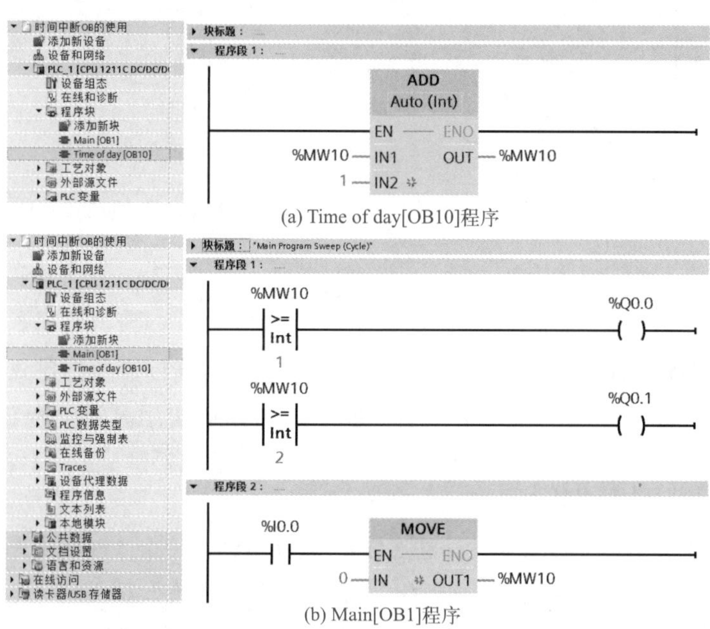

(a) Time of day[OB10]程序

(b) Main[OB1]程序

图 6-15　时间中断 OB 的编程举例

（2）时间中断指令

① 指令说明　时间中断指令说明见表 6-9。

表6-9　时间中断指令说明

<table>
<tr><th>符号名称</th><th>说明</th><th>参数</th></tr>
<tr><td>SET_TINTL
EN　ENO
<???> — OB_NR　RET_VAL — <???>
<???> — SDT
<??.?> — LOCAL
<???> — PERIOD
<??.?> — ACTIVATE
设置时间中断</td><td>当 EN 输入 1 时，按各输入端的参数对 OB_NR 端指定的时间中断 OB 进行设置。
OB_NR：时间中断 OB 编号，10 ～ 17 或 ≥ 123。
SDT：OB 执行的开始日期时间，每月仅可设 1 ～ 28 日（其他日用月末）。
LOCAL：1—使用本地时间；0—使用系统时间。
PERIOD：从 SDT 开始的时间间隔。（16#）0000—单次执行；0201—每分钟（一次）；0401—每小时；1001—每天；1201—每周；1401—每月；1801—每年；16#2001—月末。
ACTIVATE：1—设置并激活时间中断；0—仅设置时间中断。
RET_VAL：指令状态。（16#）0000—未发生错误；8090—OB_NR 错误；8091—SDT 错误；8092—PERIOD 错误；80A1—设置的开始时间为过去的时间（仅 PERIOD=16#0000 时才会生成该错误代码）</td><td><table>
<tr><th>参数</th><th>数据类型</th><th>存储区</th></tr>
<tr><td>OB_NR</td><td>OB_TOD</td><td rowspan="4">I、Q、M、D、L 或常数</td></tr>
<tr><td>LOCAL</td><td>BOOL</td></tr>
<tr><td>PERIOD</td><td>WORD</td></tr>
<tr><td>ACTIVATE</td><td>BOOL</td></tr>
<tr><td>SDT</td><td>DTL</td><td>D、L 或常数</td></tr>
<tr><td>RET_VAL</td><td>INT</td><td>I、Q、M、D、L</td></tr>
</table></td></tr>
</table>

续表

<table>
<tr><th>符号名称</th><th>说明</th><th>参数</th></tr>
<tr><td>CAN_TINT
EN　ENO
<???>—OB_NR　RET_VAL—<???>
取消时间中断</td><td>当 EN 输入 1 时，删除 OB_NR 端指定的时间中断 OB 的开始数据和开始时间，即取消激活时间中断，不再调用该 OB。
RET_VAL：指令状态。（16#）0000—未发生错误；8090—OB_NR 错误；80A0—没有为受影响的时间中断 OB 定义开始日期 / 时间</td><td rowspan="2"><table><tr><th>参数</th><th>数据类型</th><th>存储区</th></tr><tr><td>OB_NR</td><td>OB_TOD</td><td>I、Q、M、D、L 或常数</td></tr><tr><td>RET_VAL</td><td>INT</td><td>I、Q、M、D、L</td></tr></table></td></tr>
<tr><td>ACT_TINT
EN　ENO
<???>—OB_NR　RET_VAL—<???>
启用时间中断</td><td>当 EN 输入 1 时，激活 OB_NR 端指定的时间中断 OB（必须已设置了开始日期时间）。
RET_VAL：指令状态。（16#）0000—未发生错误；8090—OB_NR 错误；80A0—没有为相关时间中断 OB 设置开始日期和时间；80A1—已激活的时间为过去的时间（仅当单次执行时间中断时才会发生该错误）</td></tr>
<tr><td>QRY_TINT
EN　ENO
<???>—OB_NR　RET_VAL—<???>
STATUS—<???>
查询时间中断状态</td><td>当 EN 输入 1 时，查询 OB_NR 端指定的时间中断的状态。
RET_VAL：指令状态。（16#）0000—未发生错误；8090—OB_NR 错误；可能是 OB_NR 中的值超出该 CPU 可支持的 OB 编号范围（<1 或 > 32767）。
STATUS：时间中断的状态。位 0（0—处于运行模式；1—处于启动模式）；位 1（0—已启用时间中断；1—已禁用时间中断）；位 2（0—时间中断未激活或者已过去；1—已激活时间中断）；位 4（0—OB_NR 编号的 OB 不存在；1—OB_NR 编号的 OB 存在）；位 6（0—时间中断基于系统时间；1—时间中断基于本地时间）；其他位均为 0</td><td><table><tr><th>参数</th><th>数据类型</th><th>存储区</th></tr><tr><td>OB_NR</td><td>OB_TOD</td><td>I、Q、M、D、L 或常数</td></tr><tr><td>RET_VAL</td><td>INT</td><td rowspan="2">I、Q、M、D、L</td></tr><tr><td>STATUS</td><td>WORD</td></tr></table></td></tr>
</table>

② 指令使用举例　图 6-16 是在图 6-15（b）Main[OB1] 基础上使用时间中断指令追加的程序，Time of day[OB10] 时间中断程序见图 6-15（a）。

当 PLC 由 STOP 切换到 RUN 模式后，Time of day[OB10] 中的时间中断程序按属性对话框设置的开始日期时间（2020/6/16/14:50），每分钟（如 14:50、14:51）自动执行一次，Main[OB1] 中的 QRY_TINT（查询时间中断状态）指令执行，将时间中断 OB10 的状态值和指令状态值分别传送给 MW20、MW22。当 I0.1 常开触点闭合时，先执行 SET_TINT（设置时间中断）指令，将 OB10 执行的开始日期时间设为 2022/6/16/10:07:00，计时以本地时间为基准（LOCAL=1），每小时执行一次（PERIOD=16#0401），设置时不激活时间中断（ACTIVATE=0），然后执行 ACT_TINT（启用时间中断）指令，启用 SET_TINTL 指令设置的时间中断。当 I0.2 常开触点闭合时，CAN_TINT（取消时间中断）指令执行，取消激活的时间中断 OB10，不再执行该组织块。

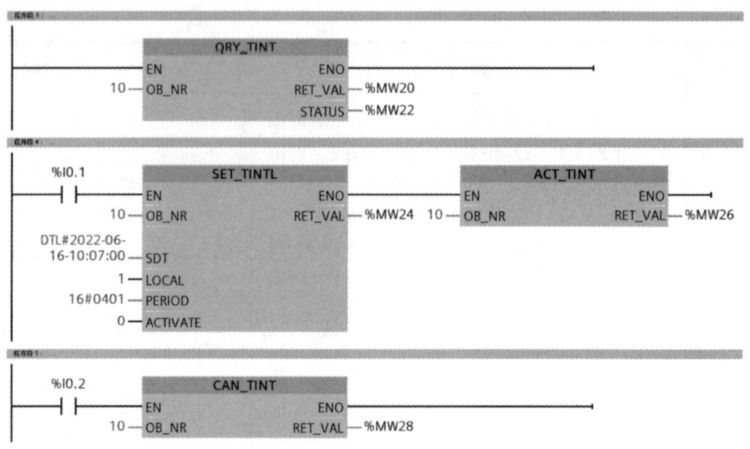

图 6-16　在 Main[OB1] 中使用时间中断指令编写的程序

6.4.6　延时中断 OB 的使用与编程举例

普通定时器可以延时，但其定时精度差，需要精确延时可使用延时中断。当 SRT_DINT（启动延时中断）指令的 EN 端输入上升沿时，启动延时中断（延时范围 1 ～ 60000ms，精度 1ms），到达延时时间后触发执行延时中断 OB 中的程序。S7-1200 PLC 允许延时中断 OB 和循环中断 OB 的总数最多为 4 个，延时中断 OB 的编号为 OB20 ～ OB23，或≥ OB123。

（1）延时中断指令

延时中断指令说明见表 6-10。

表6-10　延时中断指令说明

符号名称	说明	参数
SRT_DINT EN ENO <???> OB_NR RET_VAL <???> <???> DTIME <???> SIGN 启动延时中断	当 EN 输入 1 时，启动延时中断，EN 为下降沿时开始延时计时，延时 DTIME 后执行 OB_NR 端指定的延时中断 OB。 OB_NR：延时中断 OB 编号，20 ～ 23 或≥ 123。 DTIME：延时时间（1 ～ 60000ms），可以实现更长时间的延时，例如在延时中断 OB 中使用计数器。 SIGN：调用延时中断 OB 时 OB 启动事件信息中出现的标识符。 RET_VAL：指令状态。（16#）0000—未发生错误；8090—OB_NR 错误；8091—DTIME 错误	参数 / 数据类型 / 存储区： OB_NR / OB_DELAY / I、Q、M、D、L 或常数 DTIME / TIME / I、Q、M、D、L 或常数 SIGN / WORD / I、Q、M、D、L 或常数 RET_VAL / INT / I、Q、M、D、L
CAN_DINT EN ENO <???> OB_NR RET_VAL <???> 取消延时中断	当 EN 输入 1 时，取消已启动的延时中断，不再执行 OB_NR 端指定的延时中断 OB。 RET_VAL：指令状态。（16#）0000—未发生错误；8090—OB_NR 错误；80A0—延时中断尚未启动	参数 / 数据类型 / 存储区： OB_NR / OB_DELAY / I、Q、M、D、L 或常数 RET_VAL / INT / I、Q、M、D、L

续表

<table>
<tr><th>符号名称</th><th>说明</th><th>参数</th></tr>
<tr>
<td>QRY_DINT
EN　ENO
<???>—OB_NR　RET_VAL—<???>
STATUS—<???>
查询延时中断状态</td>
<td>当 EN 输入 1 时，将 OB_NR 端指定的延时中断 OB 的状态值传送给 STATUS。
RET_VAL：指令状态。(16#) 0000—未发生错误；8090—OB_NR 错误。
STATUS：延时中断的状态。位 0 (0—处于 RUN 模式；1—处于启动状态)；位 1 (0—已启用延时中断；1—已禁用延时中断)；位 2 (0—延时中断未激活或者已完成；1—已激活延时中断)；位 4 (0—OB_NR 编号的 OB 不存在；1—OB_NR 编号的 OB 存在)；其他位均为 0</td>
<td><table>
<tr><th>参数</th><th>数据类型</th><th>存储区</th></tr>
<tr><td>OB_NR</td><td>OB_DELAY</td><td>I、Q、M、D、L 或常数</td></tr>
<tr><td>RET_VAL</td><td>INT</td><td rowspan="2">I、Q、M、D、L</td></tr>
<tr><td>STATUS</td><td>WORD</td></tr>
</table></td>
</tr>
</table>

(2) 延时中断 OB 使用编程举例

① 添加延时中断 OB　在 STEP7 软件中创建一个“延时中断 OB 的使用”项目，然后双击项目树程序块中的“添加新块”，弹出“添加新块”对话框，如图 6-17 所示，选中“组织块”，再选择“Time delay interrupt (延时中断)”类型，之后输入组织块的名称“Time delay interrupt (默认)”，确定后就在项目树的程序块中添加了一个延时中断组织块“Time delay interrupt[OB20]”。

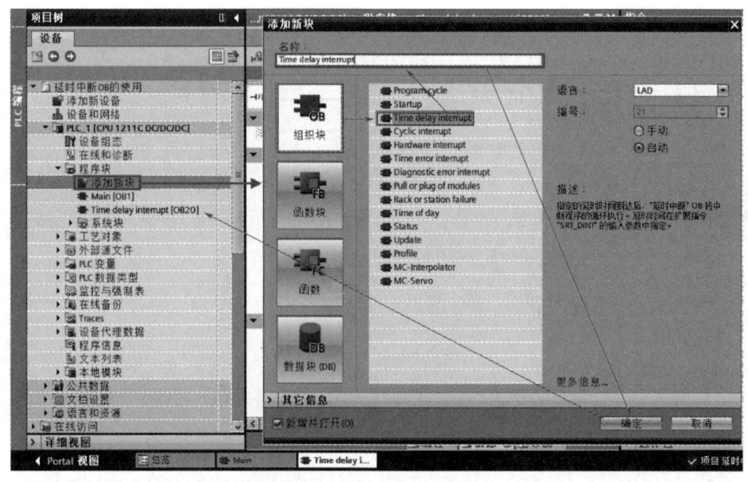

图 6-17　添加延时中断 OB

② 编写延时中断 OB 程序　在项目树的程序块中双击“Time delay interrupt[OB20]”打开 OB20，在 OB20 中编写图 6-18 (a) 所示的程序，再双击“Main[OB1]”打开 OB1，在 OB1 中编写图 6-18 (b) 所示的程序。

OB1、OB20 写入 PLC 后，当 PLC 由 STOP 切换到 RUN 模式，反复执行 OB1 中的主程序，先执行 QRY_DINT (查询延时中断状态) 指令，查询 OB20 延时中断的状态，状态值存入 MW12，如果延时中断未激活或中断已执行完成，MW12 (即高位 M12.7 ~ M12.0、M13.7 ~ M13.0 低位) 的位 2 为 0，M13.2 常闭触点闭合。如果 I0.0 常开触点闭合，SRT_

DINT（启用延时中断）指令执行，启用延时中断，MW12 位 2（M13.2）的值变为 1，M13.2 常闭触点断开，SRT_DINT 指令的 EN 端输入一个下降沿，开始 500ms 延时计时，500ms 后执行延时中断组织块 OB20，Q0.0 线圈初始值为 0（失电），OB20 程序执行后 Q0.0 线圈得电，然后退出 OB20 返回到主程序 OB1，先执行 QRY_DINT 指令，再执行 SRT_DINT 指令（I0.0 触点仍闭合时），再次启用延时中断，500ms 后执行 OB20，由于上次执行 OB20 后 Q0.0 线圈得电，故本次执行 OB20 时，Q0.0 常闭触点断开，Q0.0 线圈失电，然后退出 OB20 返回到 OB1。

若 I0.0 触点仍闭合，则会重复上述过程，Q0.0 线圈得电、失电时间分别为 500ms，即 Q0.0 产生一个秒脉冲。若 I0.0 触点断开，不会执行 SRT_DINT 指令，未启用延时中断，也就不会执行 OB20。如果 I0.1 常开触点闭合，CAN_DINT（取消延时中断）指令执行，取消已启用的延时中断，不再执行 OB20。

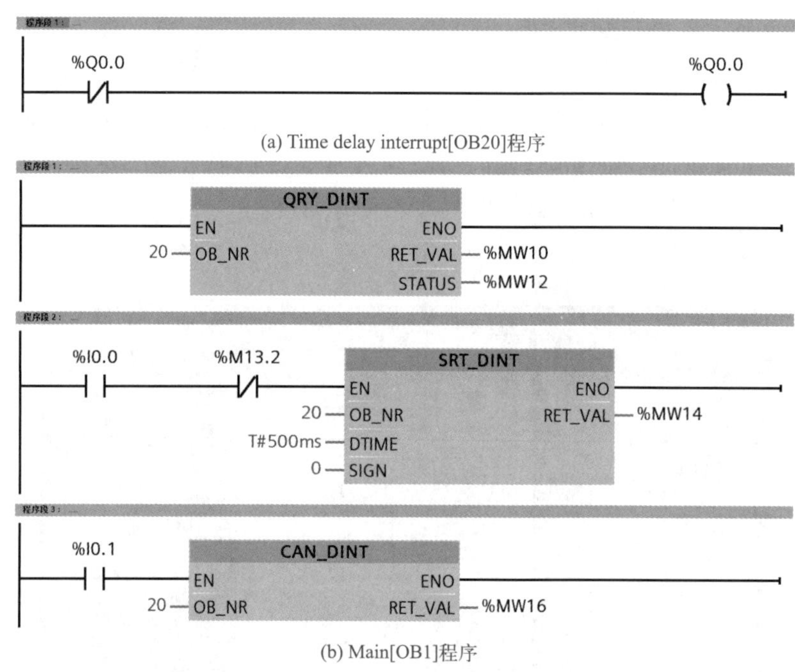

图 6-18　延时中断 OB 的编程举例

6.4.7　硬件中断 OB 的使用与编程举例

当 PLC 发生相关的硬件事件时将中断正常的循环程序转而执行硬件中断 OB。在执行某个中断时，若有多个中断发生，则在执行完当前中断后再按优先级排序依次执行其他的中断。S7-1200 PLC 最多支持 50 个硬件中断 OB，硬件中断 OB 的编号为 OB40 ～ OB47，或 ≥ OB123。

S7-1200 PLC 支持的硬件事件有以下几种。

① PLC 的某些数字量输入端输入上升沿或下降沿。

② HSC（高速计数器）的实际值等于设定值。

③ HSC 计数方向改变，即计数值由减小变为增大，或相反。

④ HSC 数字量外部复位输入上升沿使计数值复位。

（1）硬件中断 OB 使用编程举例

① 添加硬件中断 OB 并设置属性　在 STEP7 软件中创建一个“硬件中断 OB 的使用”项目，然后双击项目树程序块中的“添加新块”，弹出“添加新块”对话框，先选中“组织块”，再选择“Hardware interrupt（硬件中断）”类型，之后输入组织块的名称“硬件中断 1”，确定后在程序块中就添加了一个组织块“硬件中断 1[OB40]”，用同样的方法再添加一个组织块“硬件中断 2[OB41]”。

② 编写硬件中断 OB 程序　双击项目树程序块中的“Main[OB1]”打开 OB1，在 OB1 中编写图 6-19（a）所示的主程序，然后双击“硬件中断 1[OB40]”打开 OB40，在 OB40 中编写图 6-19（b）所示的程序，再打开“硬件中断 2[OB41]”，在 OB41 中编写图 6-19（c）所示的程序。

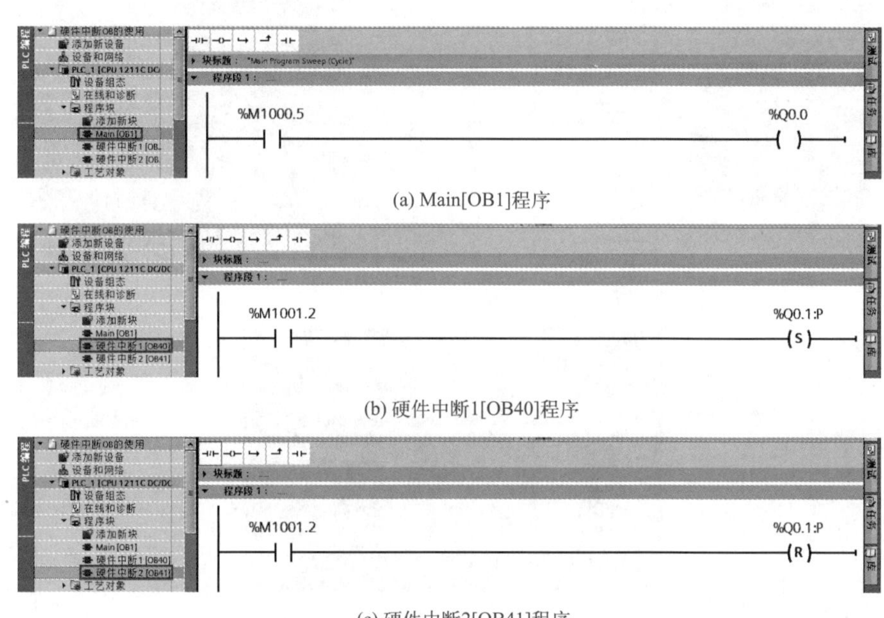

(a) Main[OB1]程序

(b) 硬件中断1[OB40]程序

(c) 硬件中断2[OB41]程序

图 6-19　硬件中断 OB 的编程举例

③ 设置硬件中断事件与硬件中断 OB 的关联　当硬件中断事件发生时才会触发执行其对应的硬件中断 OB，这里将硬件中断 1[OB40] 的关联事件设为 I0.0 端子输入上升沿，将硬件中断 2[OB41] 的关联事件设为 I0.1 端子输入下降沿，设置过程如图 6-20 所示。

在项目树的 PLC 设备（PLC_1）上单击右键，弹出右键菜单，选择其中的“属性”，弹出 PLC 设备属性对话框，如图 6-20（a）所示，打开“常规”选项卡，先在左侧选择数字量输入中的“通道 0（I0.0）”，再在右侧勾选“启用上升沿检测”，并选择“硬件中断 1[OB40]”与本硬件中断事件关联。然后在左侧选择“通道 1（I0.1）”，在右侧勾选“启用下降沿检测”，并选择“硬件中断 2[OB41]”与本硬件中断事件关联，如图 6-20（b）所示。

经过关联设置并将 OB1、OB40、OB41 下载到 PLC 后，PLC 运行时反复执行 OB1 中的主程序，M1000.5 是一个被设置成 1Hz 的脉冲触点（0.5s 通、0.5s 断，设置方法如图 6-21 所示），Q0.0 线圈 0.5s 得电、0.5s 失电，产生 1Hz 的脉冲。如果 I0.0 端子输入上升沿，会触发硬件中断 1，转入执行 OB40 中的程序，M1001.2 被设置成常 1，M1001.2 常开触点始终处于闭合状态，Q0.1 线圈被置位并立即输出（无需等到返回主程序并执行输出刷新后输出），然后返回反复执行 OB1。如果 I0.1 端子输入下降沿，触发硬件中断 2，转入执行 OB41 中的程序，M1001.2 常开触点始终处于闭合状态，Q0.1 线圈被复位并立即输出，然后返回 OB1。

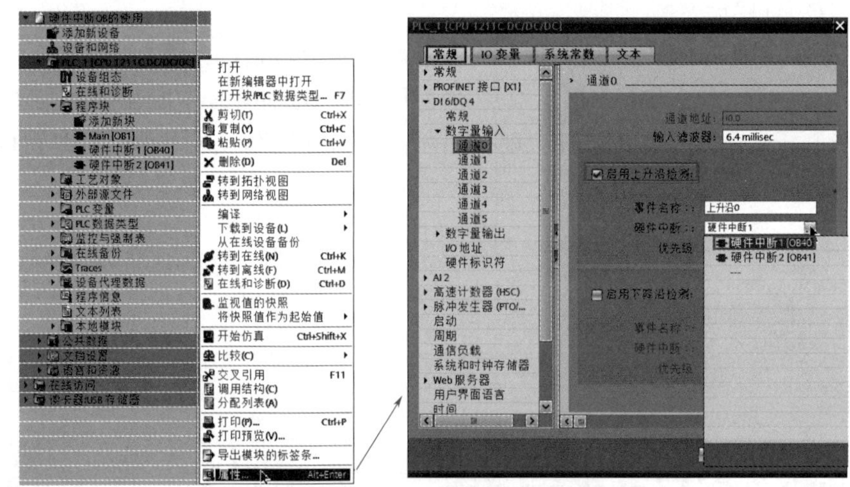

(a) 启用I0.0上升沿中断并关联“硬件中断1[OB40]”

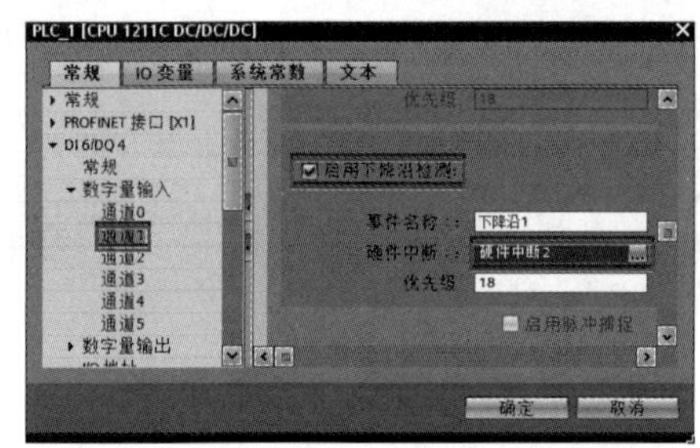

(b) 启用I0.1下降沿中断并关联“硬件中断2[OB41]”

图 **6-20** 设置硬件中断事件与硬件中断 **OB** 的关联

④ 系统和时间存储器的使用（与硬件中断无关） S7-1200 PLC 的位存储区 M（又称辅助继电器区）默认都是通用型的，可以通过设置使其中一些位存储区有特殊的功能。

在项目树 PLC 设备（PLC_1）上单击右键，弹出右键菜单，选择其中的“属性”，弹出 PLC 设备属性对话框，如图 6-21（a）所示，打开“常规”选项卡，先在左侧选择“系统和时钟存储器”，再在右侧勾选“启用系统存储器字节”和“启用时钟存储器字节”，这样 M1.0 具有首次扫描通电（值为 1）一个扫描周期的功能，M1.2 值始终为 1（M1.2 线圈始终通电），M0.5 产生 1Hz 时钟信号（0.5s 为 1、0.5s 为 0 的方波）。由于默认使用的系统和时钟存储器编号小，一般会当作普通的存储器使用，可以将一些不常用的高编号存储器用作特殊功能的存储器，如图 6-21（b）所示，这样 M1001.2 值始终为 1，M1000.5 产生 1Hz 时钟信号。

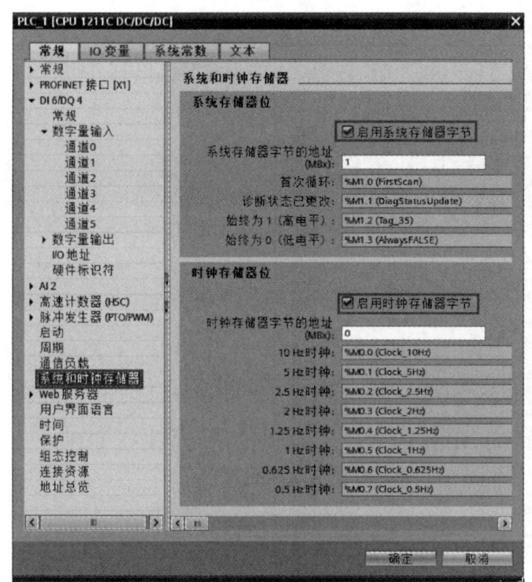

(a) 启用系统和时钟存储器位

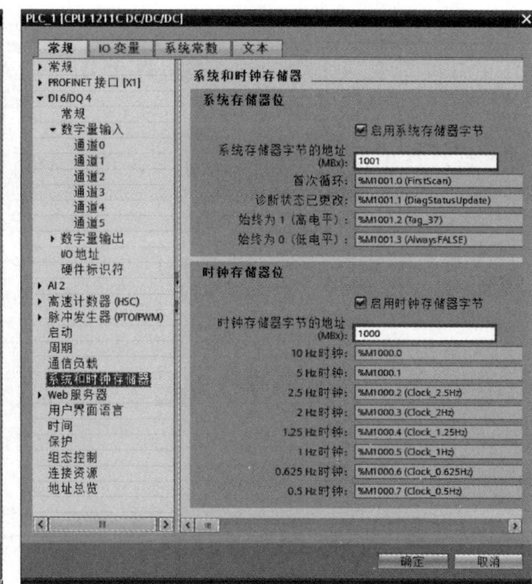

(b) 更改系统和时钟存储器位的地址

图 6-21　系统和时钟存储器位的启用与地址更改

（2）中断的关联与断开指令

① 指令说明　中断的关联与断开指令说明见表 6-11。

表6-11　中断的关联与断开指令说明

<table>
<tr><th>符号名称</th><th>说明</th><th>参数</th></tr>
<tr><td>ATTACH
EN　ENO
<???> OB_NR　RET_VAL <???>
<???> EVENT
<??.?> ADD
关联OB与中断事件</td><td>当 EN 输入 1 时，将 OB_NR 端指定的 OB 与 EVENT 端指定的中断事件关联。
OB_NR：硬件中断 OB 编号。
EVENT：要分配给 OB 的硬件中断事件，必须先在硬件设备配置中为输入或高速计数器启用硬件中断事件。
ADD：对先前分配的影响，ADD=0（默认值）时该事件将取代先前为此 OB 分配的所有事件，ADD=1 时此事件将添加到该 OB 先前指定的事件中。
RET_VAL：指令状态。(16#) 0—未发生错误；8090—OB_NR 不存在；8091—OB 类型错误；8093—事件不存在</td><td><table><tr><th>参数</th><th>数据类型</th><th>存储区</th></tr><tr><td>OB_NR</td><td>OB_ATT</td><td rowspan="2">I、Q、M、D、L 或常数</td></tr><tr><td>ADD</td><td>BOOL</td></tr><tr><td>EVENT</td><td>EVENT_ATT</td><td>D、L 或常数</td></tr><tr><td>RET_VAL</td><td>INT</td><td>I、Q、M、D、L</td></tr></table></td></tr>
<tr><td>DETACH
EN　ENO
<???> OB_NR　RET_VAL <???>
<???> EVENT
断开OB与中断事件</td><td>当 EN 输入 1 时，将 OB_NR 端指定的 OB 与 EVENT 端指定的中断事件关联断开。
OB_NR：硬件中断 OB 编号。
EVENT：要分配给 OB 的硬件中断事件，必须先在硬件设备配置中为输入或高速计数器启用硬件中断事件。
RET_VAL：指令状态。(16#) 0—未发生错误；8090—OB_NR 不存在；8091—OB 类型错误；8093—事件不存在</td><td><table><tr><th>参数</th><th>数据类型</th><th>存储区</th></tr><tr><td>OB_NR</td><td>OB_ATT</td><td>I、Q、M、D、L 或常数</td></tr><tr><td>EVENT</td><td>EVENT_ATT</td><td>D、L 或常数</td></tr><tr><td>RET_VAL</td><td>INT</td><td>I、Q、M、D、L</td></tr></table></td></tr>
</table>

② 指令使用举例　图 6-22 是使用中断关联与断开指令在 Main[OB1] 中编写的程序，OB40、OB41 程序见图 6-19。在程序使用 ATTACH、DETACH 指令关联和断开某中断事件与中断 OB 时，必须已在设备属性对话框中启用了该中断事件（启用操作见图 6-20），否则指令 EVENT 端不会出现该中断事件选项，选择中断事件后中断事件代码会自动出现。

OB1、OB40、OB41 写入 PLC 后，PLC 运行时反复执行 OB1 中的主程序。当 I0.0 端子输入上升沿，会触发硬件中断 1，转入执行 OB40 中的程序（在设备属性设置时已将 I0.0 上升沿事件与 OB40 关联），当 I0.1 端子输入下降沿，会触发硬件中断 2，转入执行 OB41 中的程序。如果 I0.3 常开触点闭合，DETACH 指令先执行，断开 OB40 与 I0.0 上升沿事件关联，然后 ATTACH 指令执行，将 OB40 与 I0.2 上升沿事件（需要先在设备属性对话框中启用该中断事件）关联，这样当 I0.2 输入上升沿时会触发执行 OB40，I0.0 输入上升沿则不会再执行 OB40。

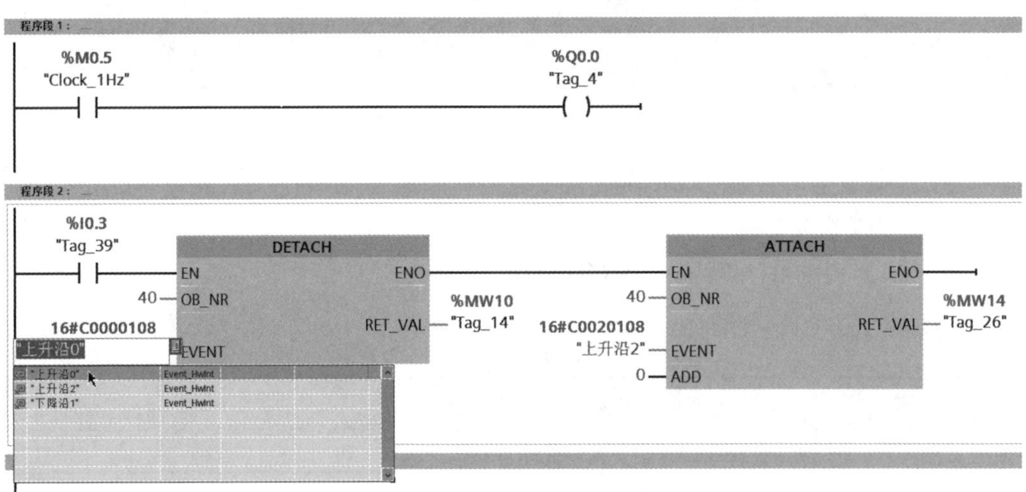

图 6-22　在 Main[OB1] 中使用中断关联与断开指令编写的程序

PLC

第7章

西门子 S7-1200 PLC 的顺序控制方式与编程实例

7.1 S7-1200 PLC 三种顺序控制方式及编程

7.1.1 顺序控制与顺序功能图

一个复杂的任务往往可以分成若干个小任务，当按一定的顺序完成这些小任务后，整个大任务也就完成了。**在生产实践中，顺序控制是指按照一定的顺序逐步执行来完成各个工序的控制方式。**在采用顺序控制时，为了直观表示出控制过程，可以绘制顺序控制功能图。

图 7-1 是一个三台电动机启 / 停控制的顺序功能图，由于每一个步骤称作一个工艺，所以又称工序图。**在 PLC 编程时，绘制的顺序控制图称为顺序功能图，也称为状态转移图，**图 7-1（b）为图 7-1（a）对应的顺序控制功能图。

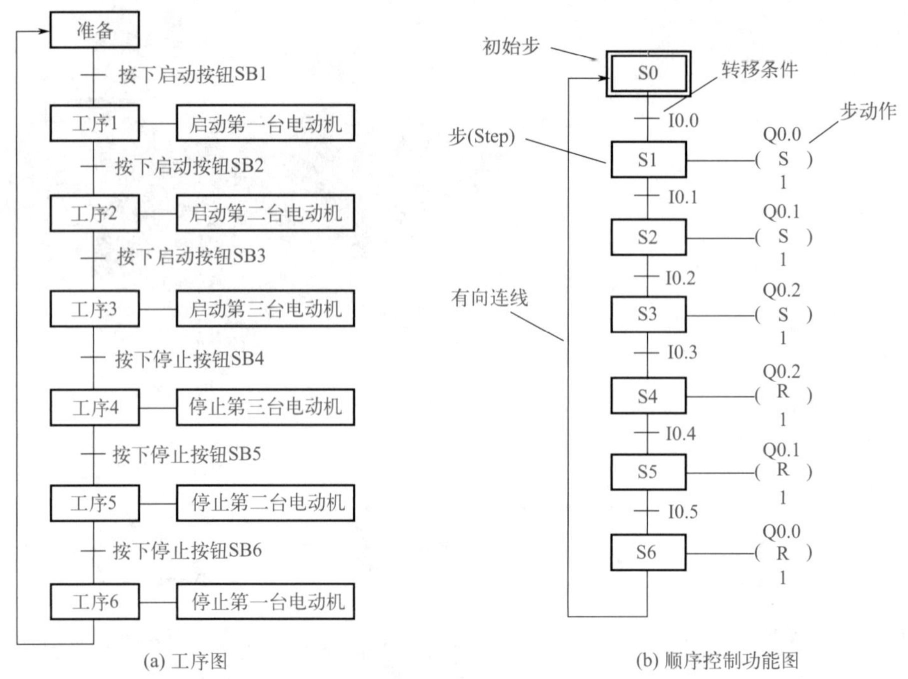

图 7-1　三台电动机启 / 停控制的顺序功能图

顺序控制有三个要素：转移条件、转移目标和工作任务。在图 7-1（a）中，当上一个工序需要转到下一个工序时必须满足一定的转移条件（或称转换条件），如工序 1 要转到下一个工序 2 时，必须按下启动按钮 SB2，若不按下 SB2，就无法进行下一个工序 2，按下 SB2 即为转移条件。当转移条件满足后，需要确定转移目标，如工序 1 转移目标是工序 2。每个工序都有具体的工作任务，如工序 1 的工作任务是"启动第一台电动机"。

在 PLC 编程时绘制的顺序功能图与工序图相似，图 7-1（b）中的步 1（S1）相当于工序 1，步 1 的动作是将 Q0.0 置位，对应工序 1 的工作任务——启动第一台电动机，步 1（S1）的转移目标是步 2（S2），步 6（S6）的转移目标是步 0（S0），步 0（S0）用来完成准备工作。

S7-200 PLC 有专用于编写顺序控制的指令，而 S7-1200 PLC 没有这样的指令，但可采用常规指令（如置位、复位指令）编写。顺序控制方式有单序列、选择序列和并行序列三种。

7.1.2　单序列顺序控制方式及编程

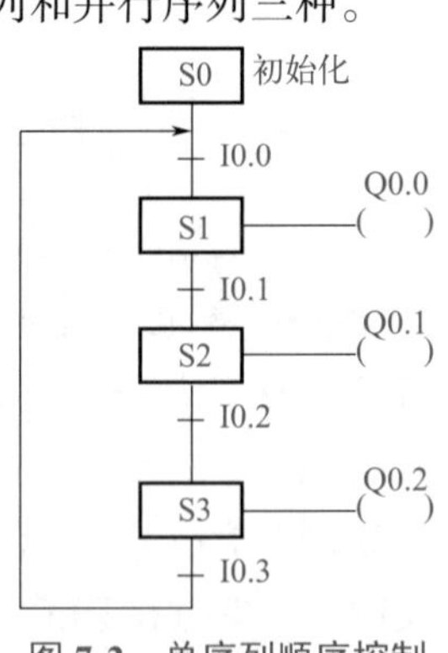

图 7-2　单序列顺序控制功能图

单序列顺序控制功能图如图 7-2 所示，其对应的实例程序如图 7-3 所示。**单序列顺序控制的每个步后面只有一个转换，每个转换后面只有一个步。**

启动 TIA STEP7，创建一个"单序列顺序控制"项目，并在项目树的程序块中添加一个启动组织块 OB100，打开 OB100，编写图 7-3（a）所示的程序，再打开主程序组织块 OB1，编写图 7-3（b）所示的程序。

程序工作过程说明如下：

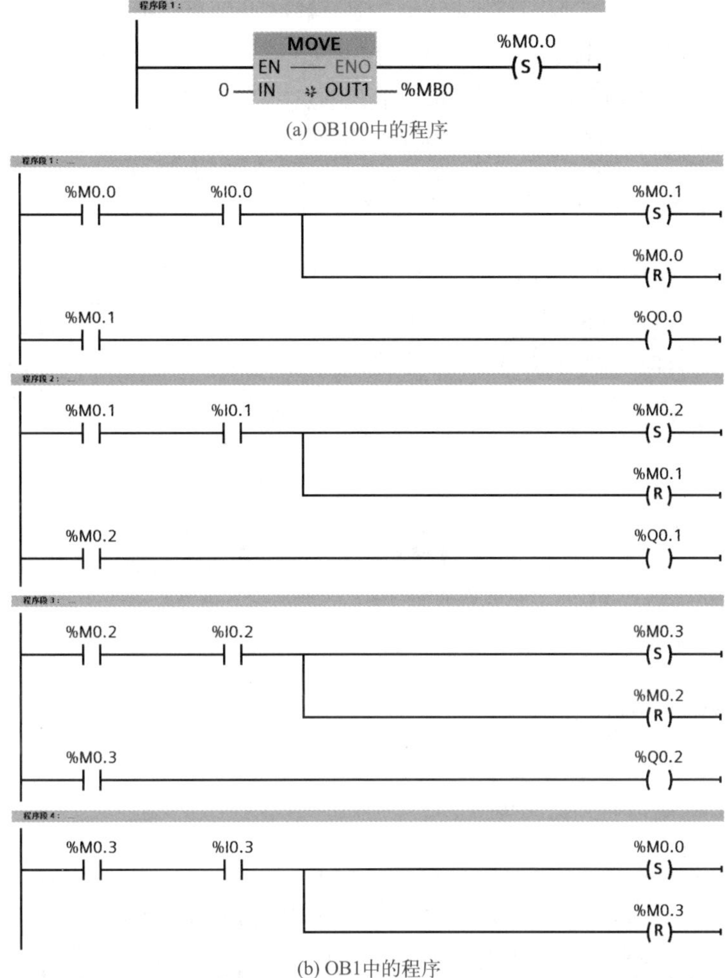

(a) OB100中的程序

(b) OB1中的程序

图 7-3　单序列顺序控制实例程序

① S0 步（初始化）。当 CPU 由 STOP 模式切换到 RUN 模式时，系统首先执行 OB100（仅执行一次，若无 OB100 则执行 OB1），OB100 中的程序先将 M0.7～M0.0（MB0）清 0，然后将 M0.0 置 1，为开始顺序控制做准备。

② S1 步。系统执行一次 OB100 后，接着开始反复循环执行 OB1 中的程序。由于 OB100 执行时将 M0.0 置 1，故 OB1 程序段 1 的 M0.0 常开触点处于闭合状态，当 I0.0 触点闭合时，将 M0.1 置 1，将 M0.0 复位，M0.0=0 使程序段 1 的 M0.0 常开触点断开，M0.1=1 使程序段 1、2 的 M0.1 常开触点闭合，Q0.0 线圈得电。

③ S2 步：由于 S1 步已使程序段 2 的 M0.1 常开触点闭合，当 I0.1 触点闭合时，M0.2 置 1，M0.1 复位，M0.1=0 使程序段 1 的 M0.1 常开触点断开，Q0.0 线圈失电，M0.2=1 使程序段 2、3 的 M0.2 常开触点闭合，Q0.1 线圈得电。

④ S3 步：由于 S2 步已使程序段 3 的 M0.2 常开触点闭合，当 I0.2 触点闭合时，M0.3 置 1，M0.2 复位，M0.2=0 使程序段 2 的 M0.2 常开触点断开，Q0.1 线圈失电，M0.3=1 使程序段 3、4 的 M0.3 常开触点闭合，Q0.2 线圈得电。

⑤ 返回：由于 S3 步已使程序段 4 的 M0.3 常开触点闭合，当 I0.3 触点闭合时，M0.0 置 1，M0.3 复位，M0.3=0 使程序段 3 的 M0.3 常开触点断开，Q0.2 线圈失电，M0.0=1 使程序段 1 的 M0.0 常开触点闭合，当 I0.0 触点闭合时又开始下一次顺序控制。

S0
初始化
I0.0
Q0.0
I0.3
Q0.2
S1
S3
I0.1
Q0.1
I0.4
Q0.3
S2
S4
I0.2
I0.5
Q0.4
S5
I0.6

图 7-4　选择序列顺序控制功能图

7.1.3　选择序列顺序控制方式及编程

选择序列顺序控制功能图如图 7-4 所示，其对应的实例程序如图 7-5 所示。在 S0 步后面有两个可选择的分支，当 I0.0 触点闭合时，执行 S1 步所在分支，当 I0.3 触点闭合时，执行 S3 步所在分支，两个分支不能同时进行。

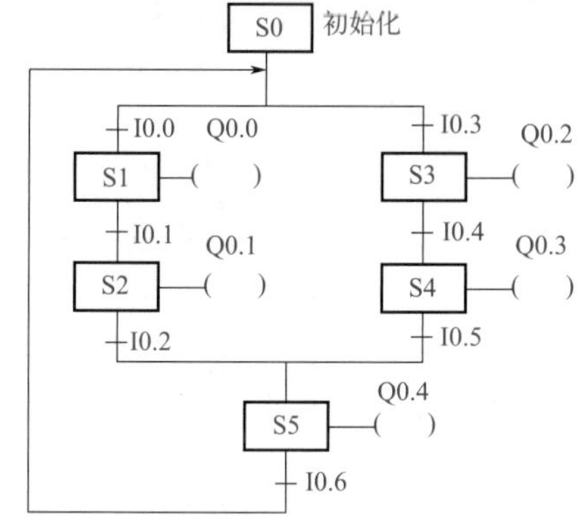

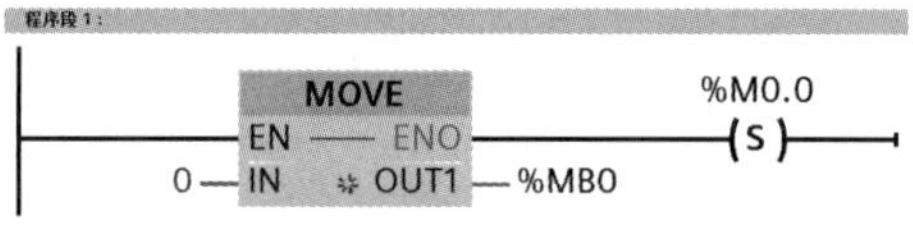

程序段 1：
MOVE
EN
ENO
0
IN
OUT1
%MB0
%M0.0
S

(a) OB100中的程序

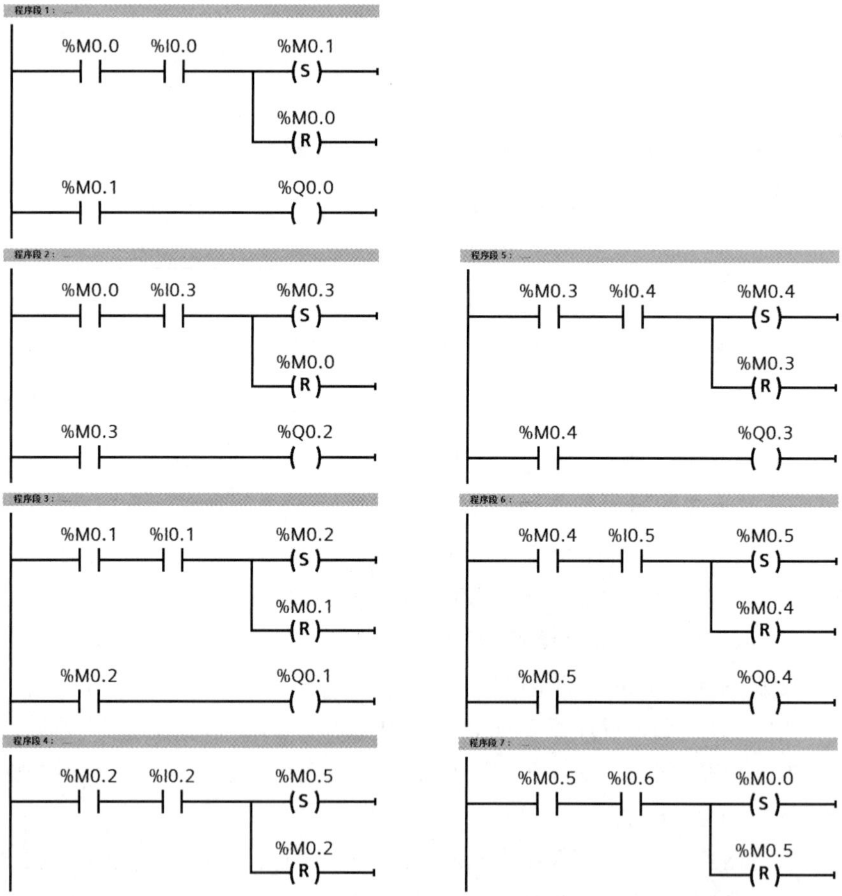

程序段 1：
%M0.0
%I0.0
%M0.1
S
%M0.0
R
%M0.1
%Q0.0
程序段 2：
%M0.0
%I0.3
%M0.3
S
%M0.0
R
%M0.3
%Q0.2
程序段 3：
%M0.1
%I0.1
%M0.2
S
%M0.1
R
%M0.2
%Q0.1
程序段 4：
%M0.2
%I0.2
%M0.5
S
%M0.2
R
程序段 5：
%M0.3
%I0.4
%M0.4
S
%M0.3
R
%M0.4
%Q0.3
程序段 6：
%M0.4
%I0.5
%M0.5
S
%M0.4
R
%M0.5
%Q0.4
程序段 7：
%M0.5
%I0.6
%M0.0
S
%M0.5
R

(b) OB1中的程序

图 7-5　选择序列顺序控制实例程序

7.1.4　并行序列顺序控制方式及编程

并行序列顺序控制功能图如图 7-6 所示，其对应的实例程序如图 7-7 所示。在 S0 步后面有两个分支，当 I0.0 触点闭合时，两个分支同时执行，两个分支都执行完且 I0.3 触点闭合时，才能往下执行 S5 步，任一个分支未执行完，即使 I0.3 触点闭合，也不会执行后面的 S5。

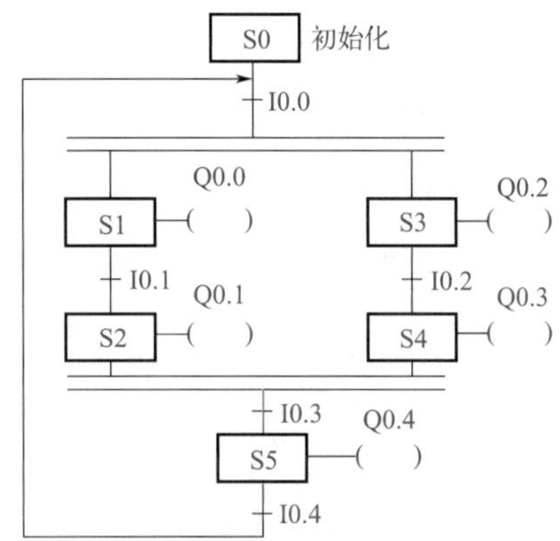

图 7-6　并行序列顺序控制功能图

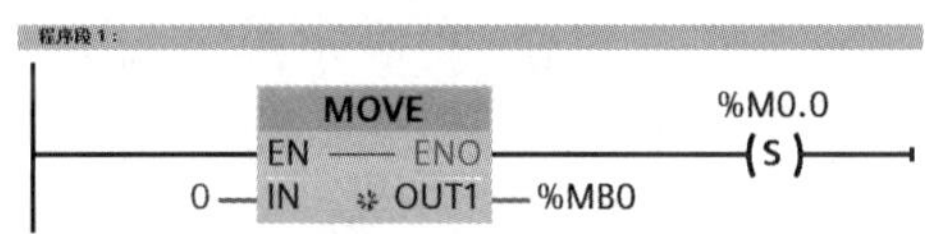

(a) OB100中的程序

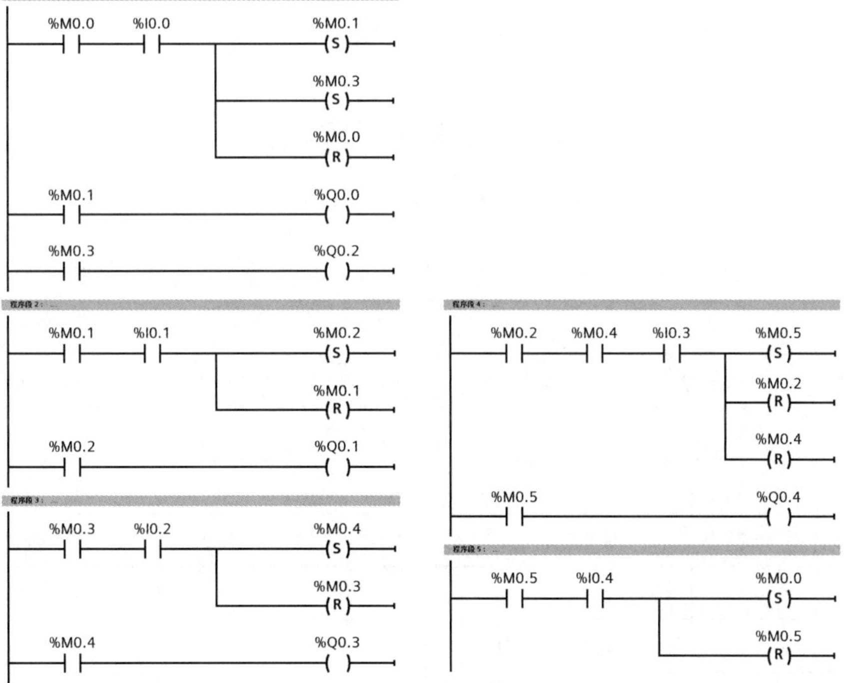

(b) OB1中的程序

图 7-7　并行序列顺序控制实例程序

7.2 单序列顺序控制编程实例：PLC 控制两种液体混合装置

7.2.1 控制功能

两种液体混合装置的结构及控制功能如图 7-8 所示。YV1、YV2 分别为 A、B 液体注入控制电磁阀，电磁阀线圈通电时打开，液体可以流入，YV3 为 C 液体流出控制电磁阀，H、M、L 分别为高、中、低液位传感器，M 为搅拌电动机，通过驱动搅拌部件旋转使 A、B 液体充分混合均匀。

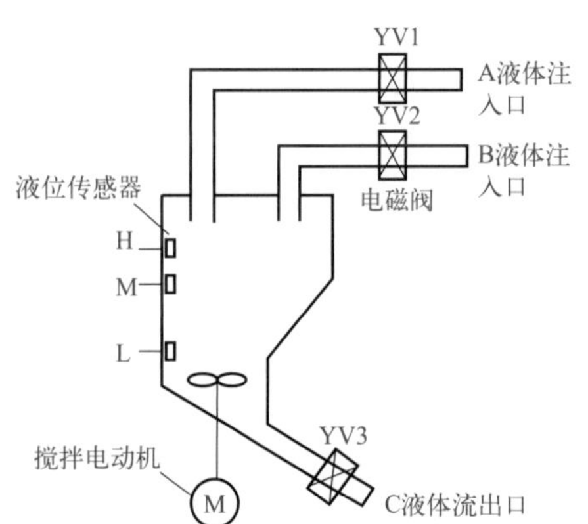

液体混合装置控制功能如下：
①装置的容器初始状态应为空，三个电磁阀都关闭，电动机M停转。按下启动按钮，YV1电磁阀打开，注入A液体，当A液体的液位达到中液位M位置时，YV1关闭；然后YV2电磁阀打开，注入B液体，当B液体的液位达到高液位H位置时，YV2关闭；接着电动机M开始运转搅拌20s，而后YV3电磁阀打开，C液体(A、B混合液)流出，当C液体的液位下降到低液位L位置时，开始20s计时，在此期间C液体全部流出，20s后YV3关闭，一个完整的周期完成。以后自动重复上述过程。
②当按下停止按钮后，装置要完成一个周期才停止。
③可以用手动方式控制A、B液体的注入和C液体的流出，也可以手动控制搅拌电动机的运转

图 7-8　两种液体混合装置的结构及控制功能

7.2.2 PLC 使用的 IO 端子与外接设备

PLC 控制两种液体混合装置使用的 IO 端子与外接设备见表 7-1。

表7-1　PLC使用的IO端子与外接设备（两种液体混合控制实例）

输入			输出		
输入设备	连接的 PLC 端子及功能		输出设备	连接的 PLC 端子及功能	
SB1	I0.0	启动控制	KM1 线圈	Q0.0	控制 A 液体电磁阀
SB2	I0.1	停止控制	KM2 线圈	Q0.1	控制 B 液体电磁阀
SQ1	I0.2	检测低液位 L	KM3 线圈	Q0.2	控制 C 液体电磁阀
SQ2	I0.3	检测中液位 M	KM4 线圈	Q0.3	控制搅拌电动机
SQ3	I0.4	检测高液位 H			
QS	I1.0	手动 / 自动控制切换 （0—手动；1—自动）			

续表

输入			输出		
输入设备	连接的 PLC 端子及功能		输出设备	连接的 PLC 端子及功能	
SB3	I1.1	手动控制 A 液体流入			
SB4	I1.2	手动控制 B 液体流入			
SB5	I1.3	手动控制 C 液体流出			
SB6	I1.4	手动控制搅拌电动机			

7.2.3　PLC 控制线路

图 7-9 为两种液体混合装置的 PLC 控制线路。

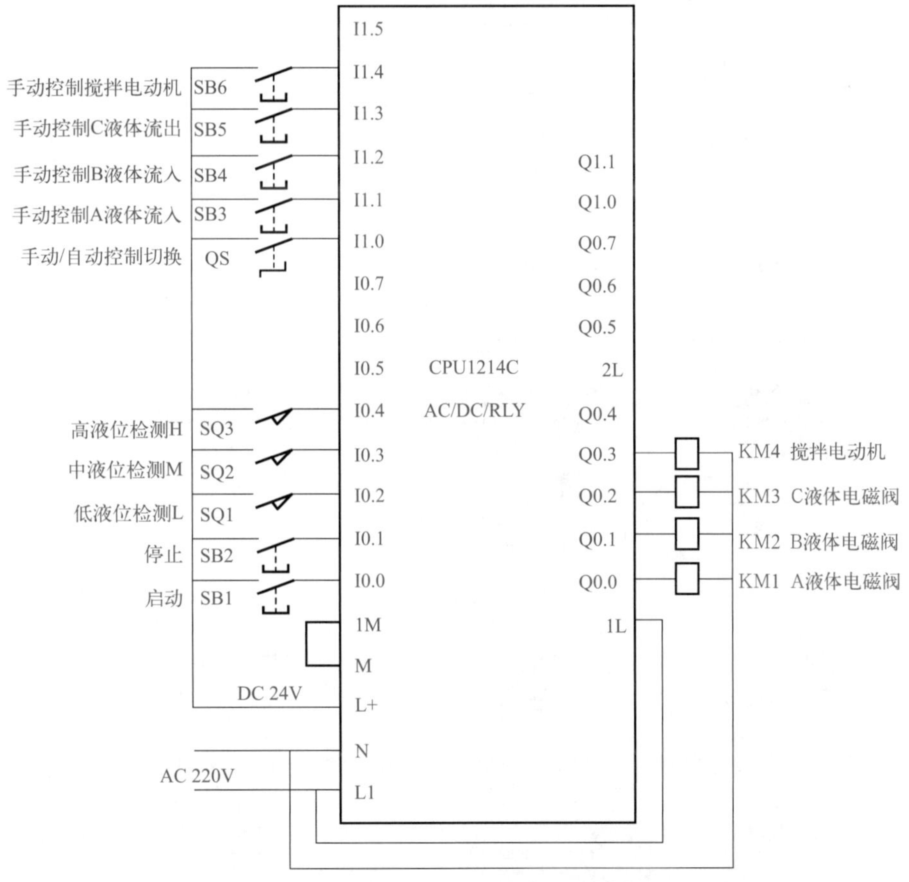

图 7-9　两种液体混合装置的 PLC 控制线路

7.2.4　顺序控制功能图

图 7-10 为两种液体混合装置的顺序控制功能图（单序列顺序控制）。

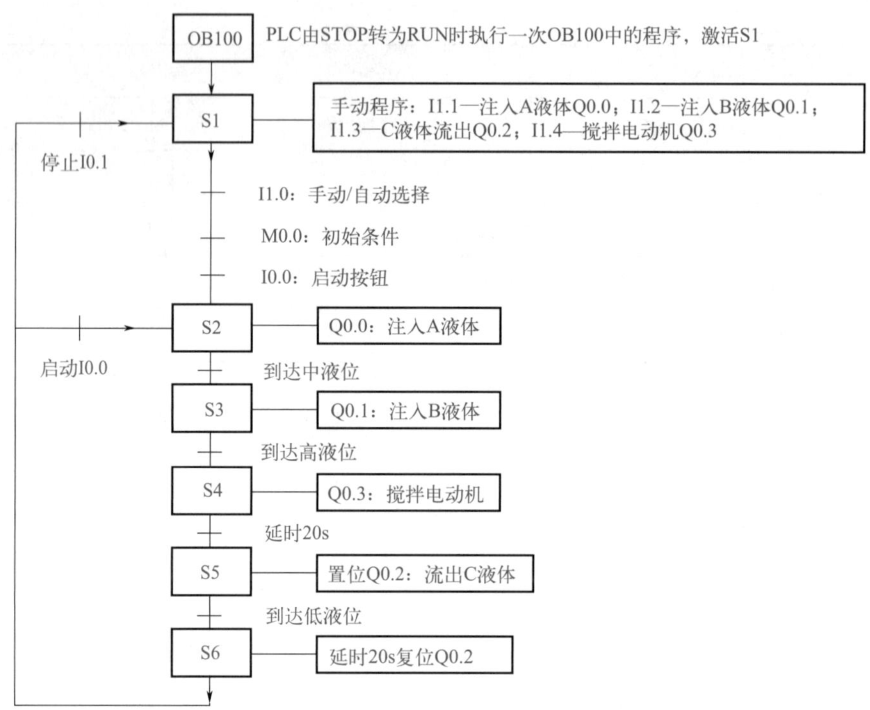
OB100
PLC由STOP转为RUN时执行一次OB100中的程序，激活S1
S1
手动程序：I1.1—注入A液体Q0.0；I1.2—注入B液体Q0.1；
I1.3—C液体流出Q0.2；I1.4—搅拌电动机Q0.3
停止I0.1
I1.0：手动/自动选择
M0.0：初始条件
I0.0：启动按钮
S2
Q0.0：注入A液体
启动I0.0
到达中液位
S3
Q0.1：注入B液体
到达高液位
S4
Q0.3：搅拌电动机
延时20s
S5
置位Q0.2：流出C液体
到达低液位
S6
延时20s复位Q0.2

图 7-10 两种液体混合装置的顺序控制功能图

7.2.5 PLC 控制程序及说明

两种液体混合装置的 PLC 控制程序及说明如图 7-11 所示。

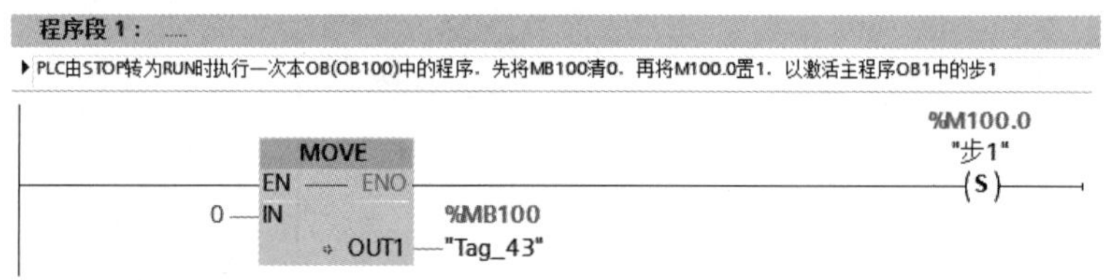
程序段 1： ......
PLC由STOP转为RUN时执行一次本OB(OB100)中的程序．先将MB100清0．再将M100.0置1．以激活主程序OB1中的步1
%M100.0
"步1"
S
MOVE
EN ENO
0 IN
%MB100
OUT1 "Tag_43"

(a) 启动组织块OB100中的程序

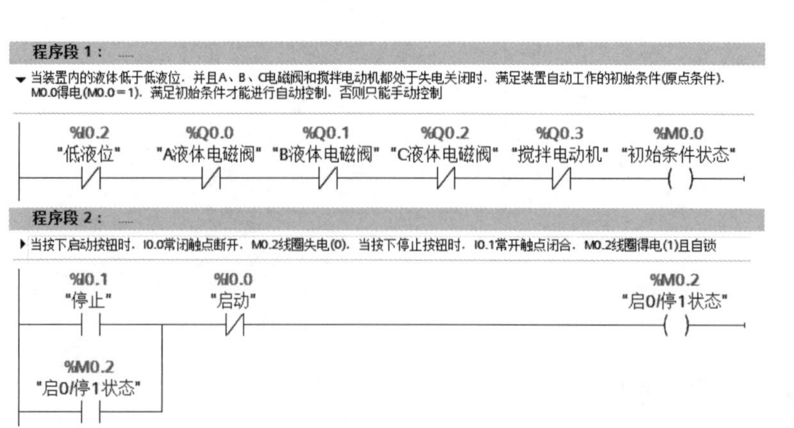
程序段 1： ......
当装置内的液体低于低液位．并且A、B、C电磁阀和搅拌电动机都处于失电关闭时．满足装置自动工作的初始条件(原点条件)．
M0.0得电(M0.0＝1)．满足初始条件才能进行自动控制．否则只能手动控制
%I0.2
"低液位"
%Q0.0
"A液体电磁阀"
%Q0.1
"B液体电磁阀"
%Q0.2
"C液体电磁阀"
%Q0.3
"搅拌电动机"
%M0.0
"初始条件状态"
程序段 2： ......
当按下启动按钮时．I0.0常闭触点断开．M0.2线圈失电(0)．当按下停止按钮时．I0.1常开触点闭合．M0.2线圈得电(1)且自锁
%I0.1
"停止"
%I0.0
"启动"
%M0.2
"启0/停1状态"
%M0.2
"启0/停1状态"

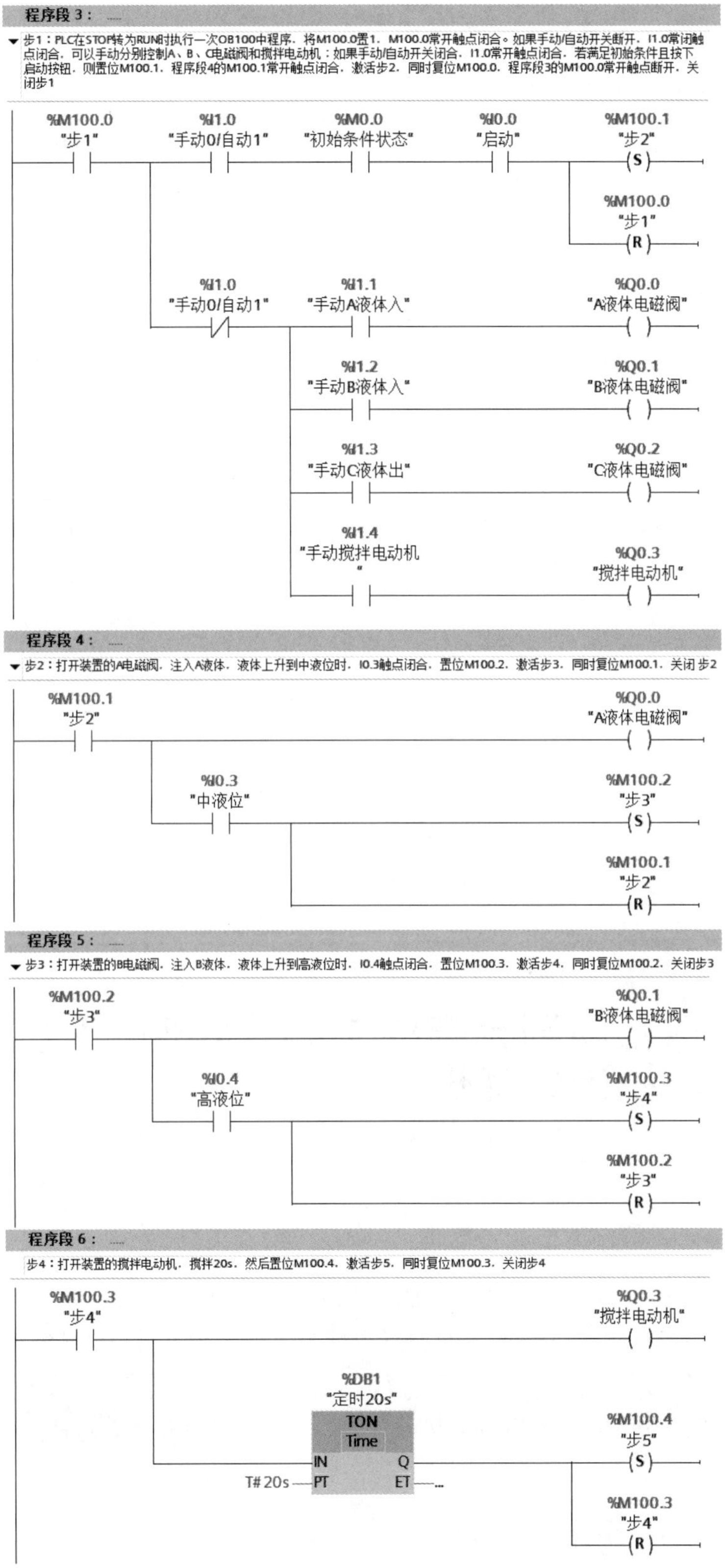

程序段 3： ……

步1：PLC在STOP转为RUN时执行一次OB100中程序．将M100.0置1．M100.0常开触点闭合。如果手动/自动开关断开．I1.0常闭触点闭合．可以手动分别控制A、B、C电磁阀和搅拌电动机：如果手动/自动开关闭合．I1.0常开触点闭合．若满足初始条件且按下启动按钮．则置位M100.1．程序段4的M100.1常开触点闭合．激活步2．同时复位M100.0．程序段3的M100.0常开触点断开．关闭步1

%M100.0 "步1"　%I1.0 "手动0/自动1"　%M0.0 "初始条件状态"　%I0.0 "启动"　%M100.1 "步2" (S)

%M100.0 "步1" (R)

%I1.0 "手动0/自动1"　%I1.1 "手动A液体入"　%Q0.0 "A液体电磁阀" ( )

%I1.2 "手动B液体入"　%Q0.1 "B液体电磁阀" ( )

%I1.3 "手动C液体出"　%Q0.2 "C液体电磁阀" ( )

%I1.4 "手动搅拌电动机"　%Q0.3 "搅拌电动机" ( )

程序段 4： ……

步2：打开装置的A电磁阀．注入A液体．液体上升到中液位时．I0.3触点闭合．置位M100.2．激活步3．同时复位M100.1．关闭 步2

%M100.1 "步2"　%Q0.0 "A液体电磁阀" ( )

%I0.3 "中液位"　%M100.2 "步3" (S)

%M100.1 "步2" (R)

程序段 5： ……

步3：打开装置的B电磁阀．注入B液体．液体上升到高液位时．I0.4触点闭合．置位M100.3．激活步4．同时复位M100.2．关闭步3

%M100.2 "步3"　%Q0.1 "B液体电磁阀" ( )

%I0.4 "高液位"　%M100.3 "步4" (S)

%M100.2 "步3" (R)

程序段 6： ……

步4：打开装置的搅拌电动机．搅拌20s．然后置位M100.4．激活步5．同时复位M100.3．关闭步4

%M100.3 "步4"　%Q0.3 "搅拌电动机" ( )

%DB1 "定时20s"
TON Time
IN　Q
T#20s — PT　ET — ...

%M100.4 "步5" (S)

%M100.3 "步4" (R)

图 7-11

程序段 7： ……

▼ 步5：打开装置的C电磁阀(置位Q0.2)，让A、B混合成的C液体流出，当液体下降到低液位时，I0.2触点闭合，置位M100.5，激活步6，同时复位M100.4，关闭步5

%M100.4
"步5"
%Q0.2
"C液体电磁阀"
(S)
%I0.2
"低液位"
%M100.5
"步6"
(S)
%M100.4
"步5"
(R)

程序段 8： ……

▼ 步6：延时20s，然后关闭C电磁阀(复位Q0.2)，如果按下停止按钮，M0.2=1(见程序段2)，M0.2常开触点闭合，将M100.0置位，激活步1，再复位M100.5，关闭步6，若未按下停止按钮，则置位M100.1，激活执行步2，进行下一次液体混合自动控制

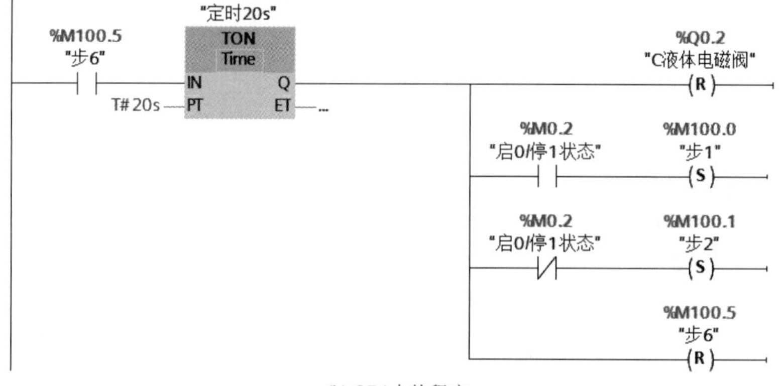

(b) OB1中的程序

图 7-11　两种液体混合装置的 PLC 控制程序

7.3　选择序列顺序控制编程实例：PLC 控制大小铁球分拣机

7.3.1　控制功能

大小铁球分拣机的结构及控制功能如图 7-12 所示。M1 为传送带电动机，通过传送带驱动机械手臂左向或右向移动；M2 为电磁铁升降电动机，用于驱动电磁铁 YA 上移或下移；SQ1、SQ4、SQ5 分别为混装球箱、小球球箱、大球球箱的定位开关，当机械手臂移到某球箱上方时，相应的定位开关闭合；SQ6 为接近开关，当铁球靠近时开关闭合，表示电磁铁下方有球存在。

7.3.2　PLC 使用的 IO 端子与外接设备

PLC 控制大小铁球分拣机使用的 IO 端子与外接设备见 7-2。

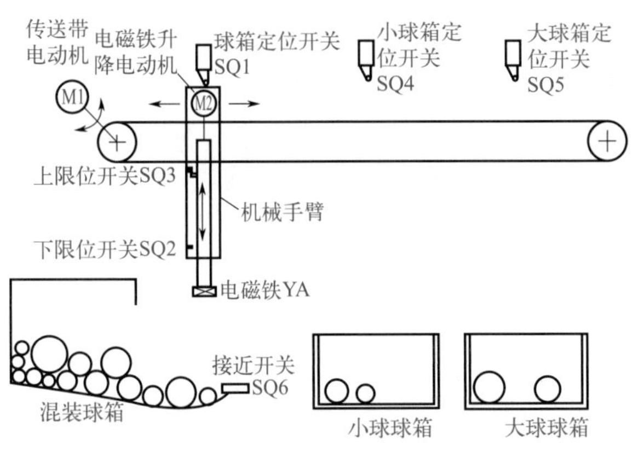

大小铁球分拣机控制要求及工作过程：
①分拣机要从混装球箱中将大小球分拣出来，并将小球放入小球球箱内，大球放入大球球箱内。
②分拣机的初始状态（原点条件）是机械手臂应停在混装球箱上方，SQ1、SQ3均闭合。
③工作时，若SQ6闭合，说明电磁铁下方有铁球，让电动机M2驱动电磁铁下移，2s 后，给电磁铁通电从混装球箱中吸引铁球，若此时SQ2断开，表示吸引的是大球，若SQ2闭合，则吸引的是小球，然后电磁铁上移，SQ3闭合后，电动机M1带动机械手臂右移，如果电磁铁吸引的为小球，机械手臂移至SQ4处停止，电磁铁下移，将小球放入小球球箱(让电磁铁失电)，而后电磁铁上移，机械手臂回归原位，如果电磁铁吸引的是大球，机械手臂移至SQ5处停止，电磁铁下移，将大球放入大球球箱，而后电磁铁上移，机械手臂回归原位

图 7-12　大小铁球分拣机的结构及控制功能

表7-2　PLC使用的IO端子与外接设备（大小铁球分拣控制实例）

输入			输出		
输入设备	连接的 PLC 端子及功能		输出设备	连接的 PLC 端子及功能	
SB1	I0.0	启动	HL	Q0.0	工作指示
SQ1	I0.1	混装球箱定位	KM1 线圈	Q0.1	控制电磁铁上升
SQ2	I0.2	电磁铁下限位	KM2 线圈	Q0.2	控制电磁铁下降
SQ3	I0.3	电磁铁上限位	KM3 线圈	Q0.3	控制机械手臂左移
SQ4	I0.4	小球球箱定位	KM4 线圈	Q0.4	控制机械手臂右移
SQ5	I0.5	大球球箱定位	KM5 线圈	Q0.5	控制电磁铁吸合
SQ6	I0.6	铁球检测			

7.3.3　PLC 控制线路

图 7-13 为大小铁球分拣机的 PLC 控制线路。

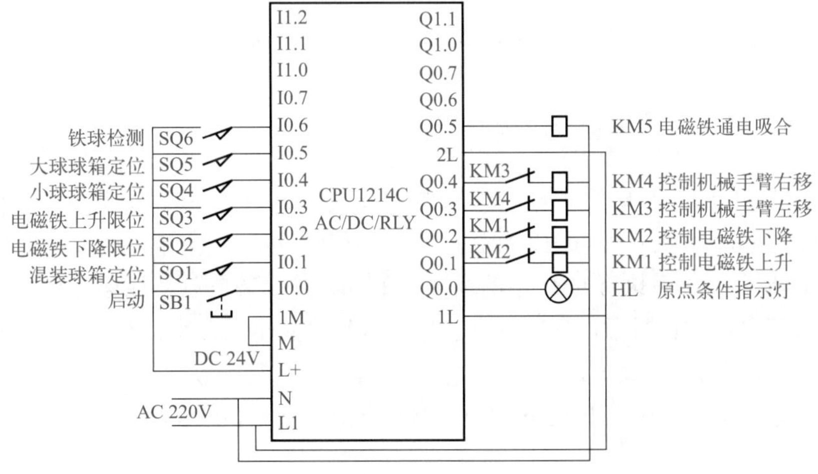

图 7-13　大小铁球分拣机的 PLC 控制线路

7.3.4 顺序控制功能图

图 7-14 为大小铁球分拣机的顺序控制功能图（选择序列顺序控制）。

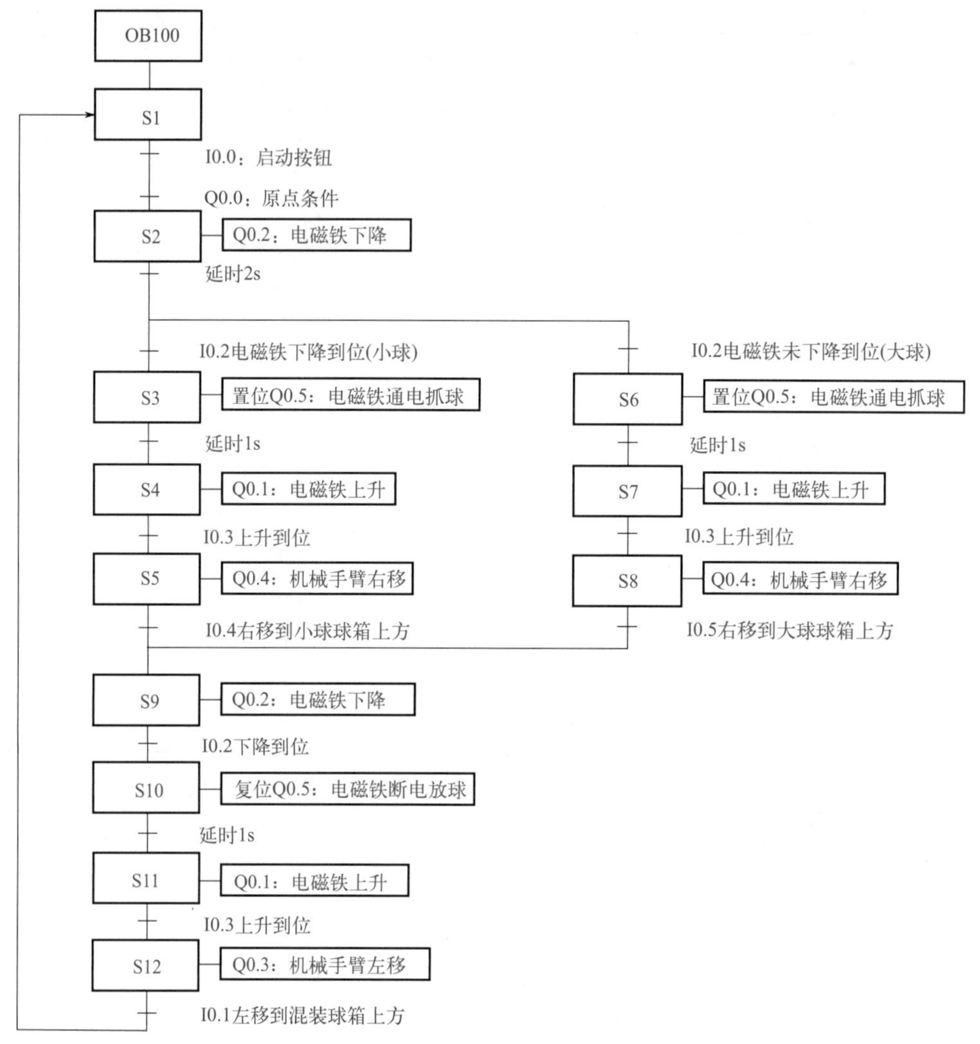

图 7-14　大小铁球分拣机的顺序控制功能图

7.3.5 PLC 控制程序及说明

大小铁球分拣机的 PLC 控制程序及说明如图 7-15 所示。当 PLC 由 STOP 模式切换到 RUN 模式时，会执行一次 OB100 中的程序，先将 MW100 清 0，再将 M100.0 置 1（以激活主程序 OB1 中的步 1），然后执行 OB1 中的程序。在 OB1 中，首先检测抓球初始条件是否满足，条件满足并按下启动按钮时激活抓球程序，抓球时先检测出大、小铁球，若是小球，执行步 3 ～步 5 抓出小球并移到小铁球球箱上方，若是大球，则执行步 6 ～步 8 抓出大球并移到大铁球球箱上方，然后执行步 9 ～步 12 将球放入球箱并返回初始位置，按启动按钮开始下一次大小铁球分拣。

程序段 1： PLC由STOP转为RUN时执行一次本OB(启动组织块OB100)中的程序

先用MOVE指令将MW100(MB100、MB101)清0．再将M100.0置1．以激活主程序OB1中的步1

(a) 启动组织块OB100中的程序

程序段 1： 抓球初始条件(原点条件)检测

如果机械手臂位于混装球箱上方(I0.1常开闭合)、电磁铁处于上限位(I0.3常开闭合)、电磁铁未通电(Q0.5常闭闭合)、检测到混装球箱有铁球(I0.6常开闭合)．Q0.0线圈得电．原点条件灯亮．指示抓球的初始条件满 足

%I0.1 "混装球箱定位"　%I0.3 "电磁铁上限位"　%Q0.5 "电磁铁通电"　%I0.6 "铁球检测"　%Q0.0 "原点条件灯" ( )

程序段 2： 步1(启动抓球)

PLC由STOP转为RUN时执行一次OB100中的程序．将M100.0置位．M100.0常开闭合．如果按下启动按钮(I0.0常开闭合)且抓球初始条件满足(Q0.0常开闭合)．则将M100.1置1．M100.1常开闭合．激活步2．同时将M100.0复位．M100.0常开断开．关闭步1(本步)

%M100.0 "步1"　%I0.0 "启动"　%Q0.0 "原点条件灯"　%M100.1 "步2" (S)

%M100.0 "步1" (R)

程序段 3： 步2(大小球检测)

M100.1常开闭合后．Q0.2得电．电磁铁下降．延时2s后．M1.0线圈得电．M1.0常开闭合．如果电磁铁下降到下限位处．I0.2常开闭合．说明电磁铁下方为小球．则置位M100.2．激活步3．执行抓小球程序．同时复位M100.1．关闭步2．如果电磁铁未下降到下限位处．I0.2常开断开．说明电磁铁下方为大球．则置位M100.5．激活步6．执行抓大球程序．同时复位M100.1．关闭步2

%M100.1 "步2"　%Q0.2 "电磁铁下降" ( )

%DB1 "IEC_Timer_0_DB"　TON Time　IN　Q　T# 2s PT　ET　%M1.0 "Tag_10" ( )

%M1.0 "Tag_10"　%I0.2 "电磁铁下限位"　%M100.2 "步3" (S)

%M100.1 "步2" (R)

%I0.2 "电磁铁下限位"　%M100.5 "步6" (S)

%M100.1 "步2" (R)

程序段 4： 步3(抓住小球)

M100.2常开闭合后．Q0.5置1．电磁铁通电．吸引住小铁球．延时1s后．将M100.3置1．M100.3常开闭合．激活步4．同时将M100.2复位．M100.2常开断开．关闭步3

%M100.2 "步3"　%Q0.5 "电磁铁通电" (S)

%DB2 "IEC_Timer_0_DB_1"　TON Time　IN　Q　T# 1s PT　ET　%M100.3 "步4" (S)

%M100.2 "步3" (R)

图 7-15

程序段 5： 步4(电磁铁上升)

M100.3常开闭合后．Q0.1得电． 电磁铁上升．到达上限位处时．I0.3常开闭合．将M100.4置1．M100.4常开闭合．激活步5．同时将M100.3复位．M100.3常开断开．关闭步4

%M100.3 "步4"
%Q0.1 "电磁铁上升"
%I0.3 "电磁铁上限位"
%M100.4 "步5" (S)
%M100.3 "步4" (R)

程序段 6： 步5(机械手臂右移到小球球箱上方)

M100.4常开闭合后．Q0.4得电．机械手臂右移.到达小球球箱上方时.I0.4常开闭合．将M101.0置1．M101.0常开闭合．激活步9．同时将M100.4复位．M100.4常开断开．关闭步5

%M100.4 "步5"
%I0.4 "小球箱定位"
%Q0.4 "机械手臂右移"
%I0.4 "小球箱定位"
%M101.0 "步9" (S)
%M100.4 "步5" (R)

程序段 7： 步6(抓住大球)

M100.5常开闭合后．Q0.5置1．电磁铁通电．吸引住大铁球．延时1s后．将M100.6置1．M100.6常开闭合．激活步7．同时将M100.5复位．M100.5常开断开．关闭步6

%M100.5 "步6"
%Q0.5 "电磁铁通电" (S)
%DB3 "IEC_Timer_0_DB_2"
TON Time
IN Q
T# 1s — PT ET — ...
%M100.6 "步7" (S)
%M100.5 "步6" (R)

程序段 8： 步7(电磁铁上升)

M100.6常开闭合后．Q0.1得电．电磁铁上升．到达上限位处时．I0.3常开闭合．将M100.7置1．M100.7常开闭合．激活步8．同时将M100.6复位．M100.6常开断开．关闭步7

%M100.6 "步7"
%Q0.1 "电磁铁上升"
%I0.3 "电磁铁上限位"
%M100.7 "步8" (S)
%M100.6 "步7" (R)

程序段 9： 步8(机械手臂右移到大球球箱上方)

M100.7常开闭合后．Q0.4得电．机械手臂右移.到达大球球箱上方时.I0.5常开闭合．将M101.0置1．M101.0常开闭合．激活步9．同时将M100.7复位．M100.7常开断开．关闭步8

%M100.7 "步8"
%I0.5 "大球箱定位"
%Q0.4 "机械手臂右移"
%I0.5 "大球箱定位"
%M101.0 "步9" (S)
%M100.7 "步8" (R)

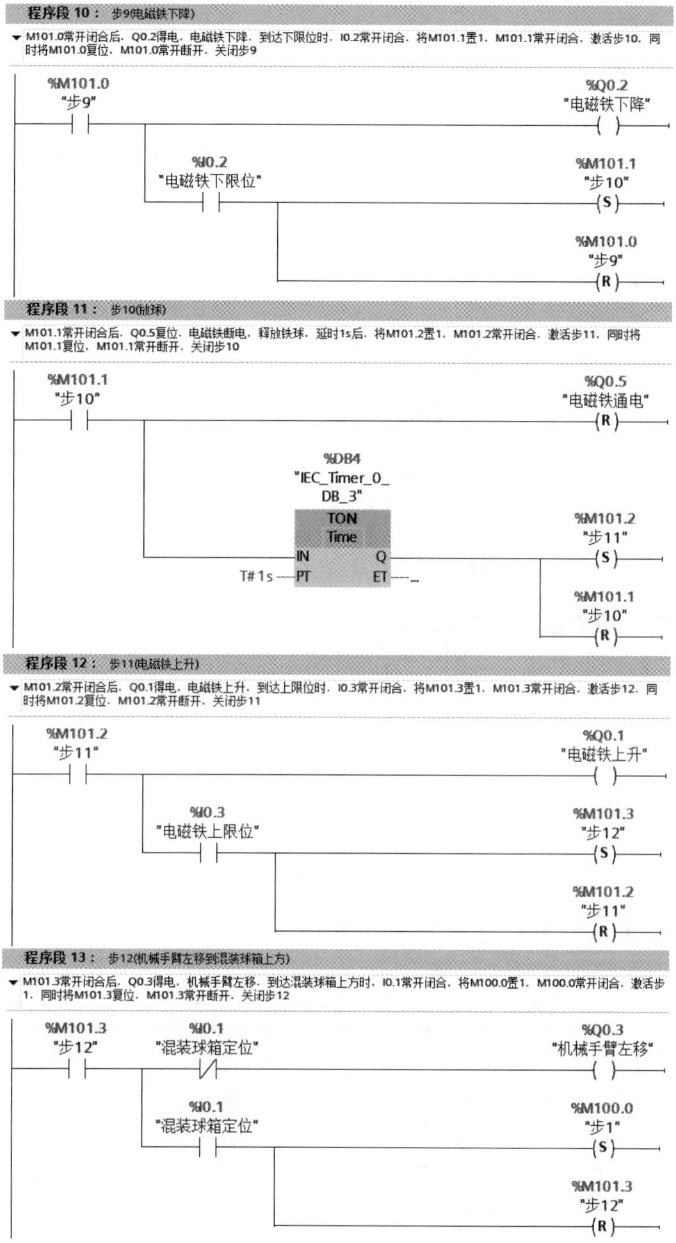

程序段 10： 步9(电磁铁下降)

M101.0常开闭合后．Q0.2得电．电磁铁下降．到达下限位时．I0.2常开闭合．将M101.1置1．M101.1常开闭合．激活步10．同时将M101.0复位．M101.0常开断开．关闭步9

%M101.0
"步9"
%Q0.2
"电磁铁下降"
%I0.2
"电磁铁下限位"
%M101.1
"步10"
S
%M101.0
"步9"
R

程序段 11： 步10(放球)

M101.1常开闭合后．Q0.5复位．电磁铁断电．释放铁球．延时1s后．将M101.2置1．M101.2常开闭合．激活步11．同时将M101.1复位．M101.1常开断开．关闭步10

%M101.1
"步10"
%Q0.5
"电磁铁通电"
R
%DB4
"IEC_Timer_0_DB_3"
TON
Time
IN
Q
T#1s
PT
ET
%M101.2
"步11"
S
%M101.1
"步10"
R

程序段 12： 步11(电磁铁上升)

M101.2常开闭合后．Q0.1得电．电磁铁上升．到达上限位时．I0.3常开闭合．将M101.3置1．M101.3常开闭合．激活步12．同时将M101.2复位．M101.2常开断开．关闭步11

%M101.2
"步11"
%Q0.1
"电磁铁上升"
%I0.3
"电磁铁上限位"
%M101.3
"步12"
S
%M101.2
"步11"
R

程序段 13： 步12(机械手臂左移到混装球箱上方)

M101.3常开闭合后．Q0.3得电．机械手臂左移．到达混装球箱上方时．I0.1常开闭合．将M100.0置1．M100.0常开闭合．激活步1．同时将M101.3复位．M101.3常开断开．关闭步12

%M101.3
"步12"
%I0.1
"混装球箱定位"
%Q0.3
"机械手臂左移"
%I0.1
"混装球箱定位"
%M100.0
"步1"
S
%M101.3
"步12"
R

(b) OB1中的程序

图 7-15 大小铁球分拣机的 PLC 控制程序

7.4 并行序列顺序控制编程实例：PLC 控制剪板机

7.4.1 控制功能

剪板机的结构示意图如图 7-16 所示，它有单次和连续两种工作方式。

剪板机的控制功能如下：

① 如果选择单次方式，当按下启动按钮时，首先板材右行到右限位处停止，接着压钳下降，压紧板材（压力开关闭合）后，剪刀下降将板材剪断，然后压钳和剪刀同时上升，上升到位后停止，即按一次启动按钮只剪板一次；如果选择连续方式，按下启动按钮后，剪板机会按单次方式一样连续不断剪板。

② 不管是单次方式还是连续方式，按下停止按钮后，剪板机不会马上停止，而是执行完当前一次剪板任务后再停止。

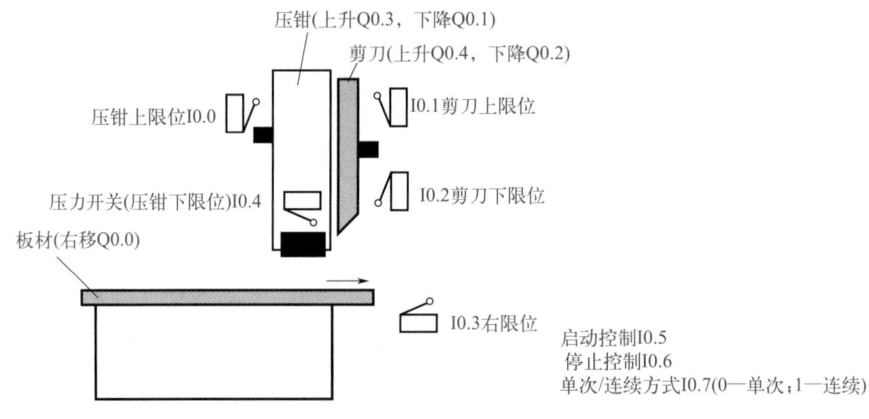

图 7-16　剪板机的结构示意图

7.4.2　PLC 使用的 IO 端子与外接设备

PLC 控制剪板机使用的 IO 端子与外接设备见 7-3。

表7-3　PLC使用的IO端子与外接设备（剪板机控制实例）

输入			输出		
输入设备	连接的 PLC 端子及功能		输出设备	连接的 PLC 端子及功能	
SB1	I0.5	启动	KM1 线圈	Q0.0	控制板材右移
SB2	I0.6	停止	KM2 线圈	Q0.1	控制压钳下降
QS	I0.7	单次 / 连续方式选择（0—单次；1—连续）	KM3 线圈	Q0.2	控制剪刀下降
SQ1	I0.0	压钳上限位	KM4 线圈	Q0.3	控制压钳上升
SQ2	I0.4	压钳下限位	KM5 线圈	Q0.4	控制剪刀上升
SQ3	I0.1	剪刀上限位			
SQ4	I0.2	剪刀下限位			
SQ5	I0.3	板材右限位			

7.4.3　PLC 控制线路

图 7-17 为剪板机的 PLC 控制线路。

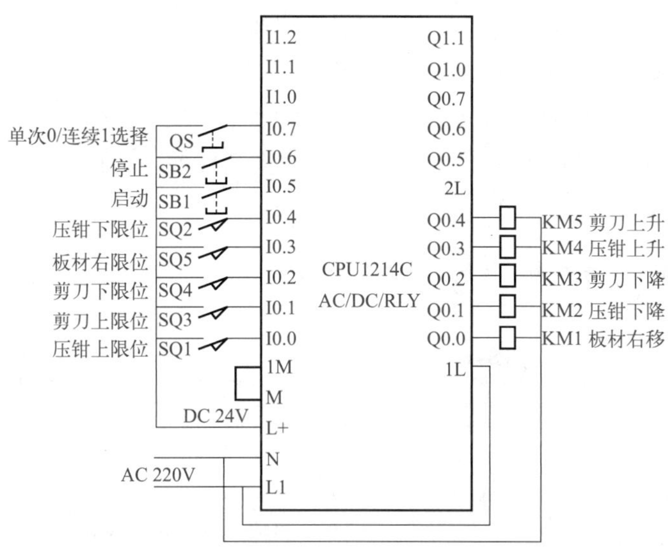

图 7-17　剪板机的 PLC 控制线路

7.4.4　顺序控制功能图

图 7-18 为剪板机的顺序控制功能图（并行序列顺序控制）。

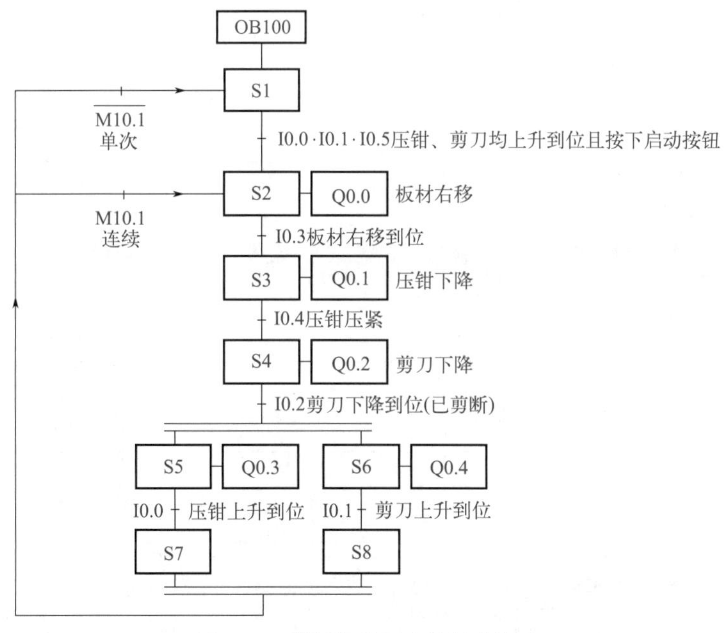

图 7-18　剪板机的顺序控制功能图

7.4.5　PLC 控制程序及说明

剪板机的 PLC 控制程序及说明如图 7-19 所示。当 PLC 由 STOP 模式切换到 RUN 模式时，会执行一次 OB100 中的程序，先将 MB100 清 0，再将 M100.0 置 1（以激活主程序 OB1 中的步 1），然后执行 OB1 中的程序。在 OB1 中，首先确定剪板机的工作方式（单次 / 连续），然后检测初始条件是否满足，条件满足并按下启动按钮时激活步 2 开始剪板，步 2 让板材右移，步 3 让压钳下移压紧板材，步 4 让剪刀下降剪断板材再同时激活步 5 和步 6，步 5 让压钳上升到位后激活空步 7（无操作内容），步 6 让剪刀上升到位后激活空步 8，当步 7、步 8 都激活后，如果选择连续工作方式，则返回到步 2，自动开始下一次剪板，如果选择单次工作方式，则返回到步 1，需要再次按启动按钮才开始下一次剪板。

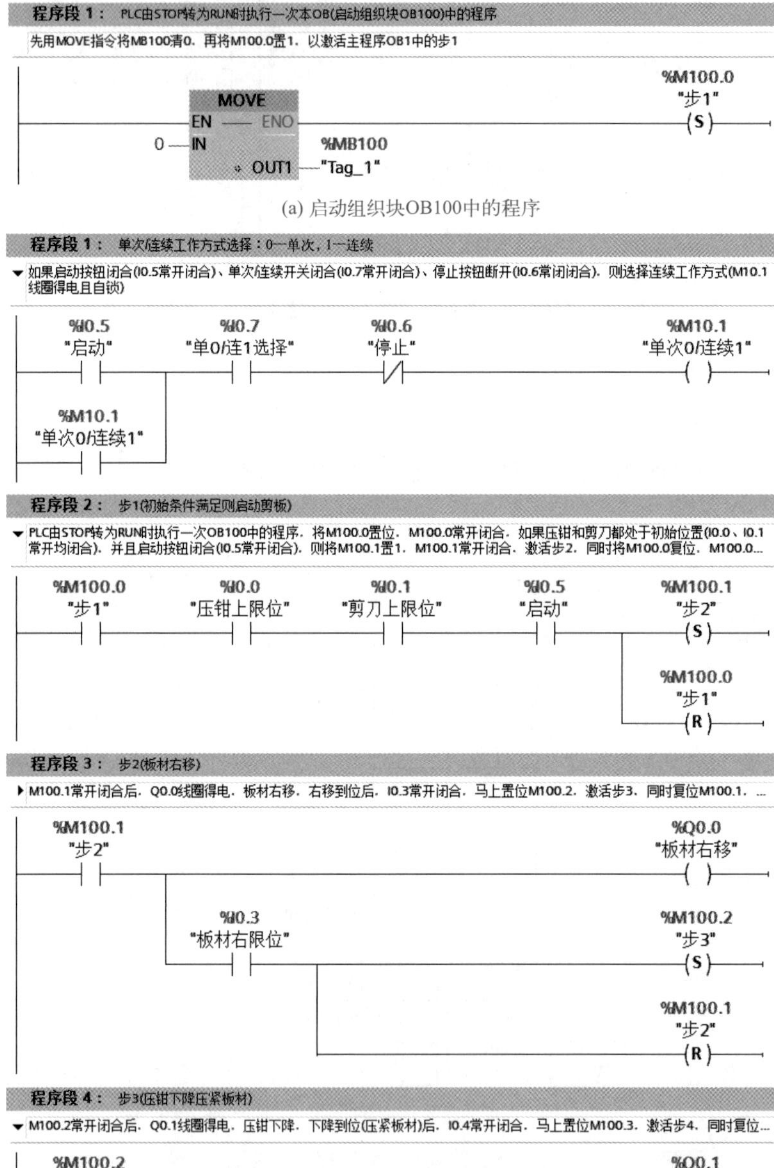

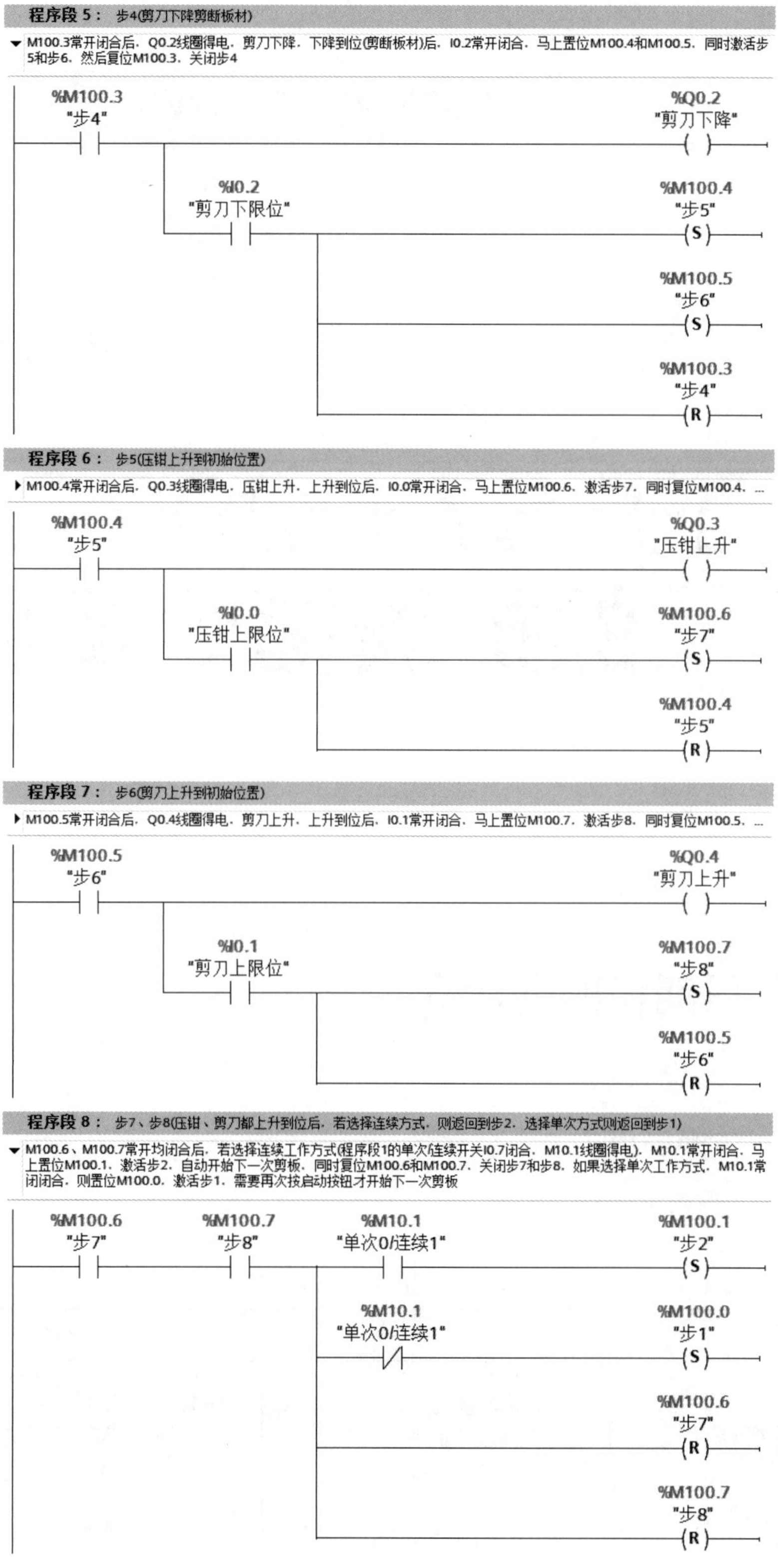

程序段 5： 步4(剪刀下降剪断板材)

▼ M100.3常开闭合后，Q0.2线圈得电，剪刀下降，下降到位(剪断板材)后，I0.2常开闭合，马上置位M100.4和M100.5，同时激活步5和步6，然后复位M100.3，关闭步4

%M100.3 "步4"
%Q0.2 "剪刀下降" ( )
%I0.2 "剪刀下限位"
%M100.4 "步5" (S)
%M100.5 "步6" (S)
%M100.3 "步4" (R)

程序段 6： 步5(压钳上升到初始位置)

▶ M100.4常开闭合后，Q0.3线圈得电，压钳上升，上升到位后，I0.0常开闭合，马上置位M100.6，激活步7，同时复位M100.4，...

%M100.4 "步5"
%Q0.3 "压钳上升" ( )
%I0.0 "压钳上限位"
%M100.6 "步7" (S)
%M100.4 "步5" (R)

程序段 7： 步6(剪刀上升到初始位置)

▶ M100.5常开闭合后，Q0.4线圈得电，剪刀上升，上升到位后，I0.1常开闭合，马上置位M100.7，激活步8，同时复位M100.5，...

%M100.5 "步6"
%Q0.4 "剪刀上升" ( )
%I0.1 "剪刀上限位"
%M100.7 "步8" (S)
%M100.5 "步6" (R)

程序段 8： 步7、步8(压钳、剪刀都上升到位后，若选择连续方式，则返回到步2，选择单次方式则返回到步1)

▼ M100.6、M100.7常开均闭合后，若选择连续工作方式(程序段1的单次/连续开关I0.7闭合，M10.1线圈得电)，M10.1常开闭合，马上置位M100.1，激活步2，自动开始下一次剪板，同时复位M100.6和M100.7，关闭步7和步8，如果选择单次工作方式，M10.1常闭闭合，则置位M100.0，激活步1，需要再次按启动按钮才开始下一次剪板

%M100.6 "步7"　%M100.7 "步8"　%M10.1 "单次0/连续1"
%M100.1 "步2" (S)
%M10.1 "单次0/连续1"
%M100.0 "步1" (S)
%M100.6 "步7" (R)
%M100.7 "步8" (R)

(b) OB1中的程序

图 7-19　剪板机的 PLC 控制程序

第8章

西门子 S7-1200 PLC 的扩展指令及应用

8.1 日期和时间指令

8.1.1 转换时间并提取指令

（1）指令说明（表 8-1）

表8-1 转换时间并提取指令说明

<table>
<tr><th rowspan="2">符号名称</th><th rowspan="2">说明</th><th colspan="3">参数</th></tr>
<tr><th>参数</th><th>数据类型</th><th>存储区</th></tr>
<tr><td rowspan="2">T_CONV
??? TO ???
EN ENO
<???> IN OUT <???>
转换时间并提取</td><td rowspan="2">当 EN 端输入 1 时，将 TO 左方 ??? 数据类型的 IN 值转换成 TO 右方 ??? 数据类型的值并从 OUT 端输出。
在指令框上可选择左、右 ??? 的数据类型</td><td>IN</td><td rowspan="2">整数、TIME、日期和时间</td><td>I、Q、M、D、L 或常数</td></tr>
<tr><td>OUT</td><td>I、Q、M、D、L</td></tr>
</table>

（2）指令使用举例

转换时间并提取指令使用举例如图 8-1 所示。当 I0.0 触点闭合时，T_CONV 指令执行，将 DTL（长格式日期和时间）类型的 IN 值“2022-06-21-10:18:36”转换成（提取）Time_Of_Day（实时时间）类型的值“10:18:36”，存入 MD10。

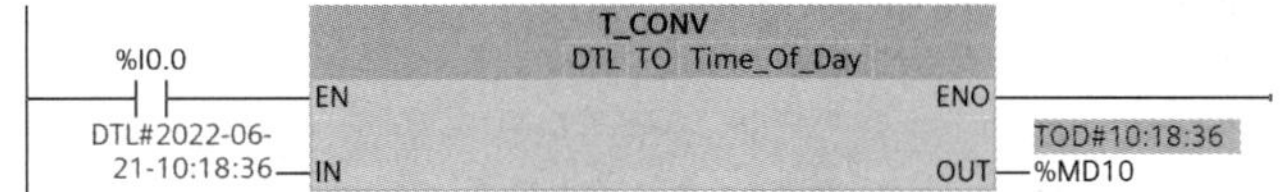

图 8-1　转换时间并提取指令使用举例

S7-1200 PLC 日期和时间的数据类型见表 8-2。

表8-2　S7-1200 PLC日期和时间的数据类型

数据类型	符号	位数	取值范围	举例
时间	Time	32	T#-24d20h31m23s648ms ～ T#+24d20h31m23s647ms	T#10d20h30m20s630ms
日期	Date	16	D#1990-1-1 ～ D#2168-12-31	D#2017-10-31
实时时间	Time_of_Day	32	TOD#0：0：0.0 ～ TOD#23：59：59.999	TOD#10：20：30.400
长格式日期和时间	DTL	12 字节	最大 DTL#2262-04-11-23：47：16.854775807	DTL#2016-10-16-20：30：20.250

8.1.2　时间相加和时间相减指令

（1）指令说明（表 8-3）

表8-3　时间相加和时间相减指令说明

<table>
<tr><th rowspan="2">符号名称</th><th rowspan="2">说明</th><th colspan="3">参数</th></tr>
<tr><th>参数</th><th>数据类型</th><th>存储区</th></tr>
<tr><td rowspan="2">T_ADD
??? PLUS Time
EN ENO
<???>—IN1 OUT—<???>
<???>—IN2
时间相加</td><td rowspan="2">当 EN 端输入 1 时，将 IN1、IN2 端的时间值相加，结果从 OUT 输出。可将一个时间段加到另一个时间段上，例如将一个 TIME 数据类型加到另一个 TIME 数据类型上。也可将一个时间段加到某个时间上，例如将一个 TIME 数据类型加到 DTL 数据类型上</td><td>IN1</td><td>DTL、TOD、TIME</td><td rowspan="2">I、Q、M、D、L、P 或常数</td></tr>
<tr><td>IN2</td><td>TIME</td></tr>
<tr><td>T_SUB
??? MINUS Time
EN ENO
<???>—IN1 OUT—<???>
<???>—IN2
时间相减</td><td>当 EN 端输入 1 时，将 IN1、IN2 端的时间相减，结果从 OUT 输出。可将一个时间段减去另一个时间段，例如将一个数据类型为 TIME 的时间段减去另一个数据类型为 TIME 的时间段，结果可输出到 TIME 格式的变量中。也可从某个时间中减去时间段，例如将数据类型为 DTL 的时间减去数据类型为 TIME 的时间段，结果可输出到 DTL 格式的变量中</td><td>OUT</td><td>DINT、DWORD、TIME、TOD、UDINT、DTL</td><td>I、Q、M、D、L、P</td></tr>
</table>

（2）指令使用举例

时间相加和时间相减指令使用举例如图 8-2 所示。

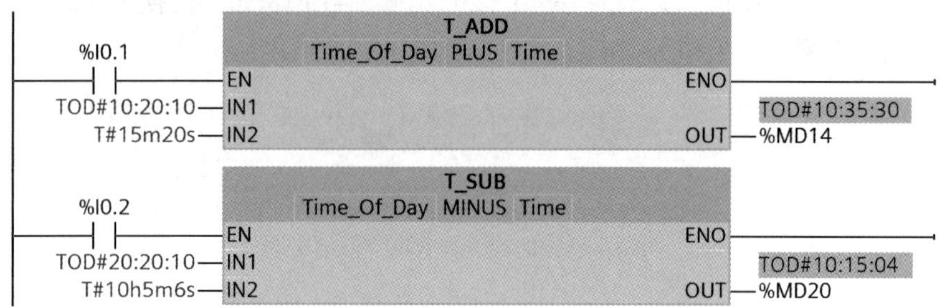

图 8-2　时间相加和时间相减指令使用举例

8.1.3　时差和组合时间指令

（1）指令说明（表 8-4）

表8-4　时差和组合时间指令说明

<table>
<tr><th>符号名称</th><th>说明</th><th>参数</th></tr>
<tr><td>T_DIFF
??? TO ???
EN ENO
<???>—IN1 OUT—<???>
<???>—IN2
时差（时间值相减）</td><td>当 EN 端输入 1 时，将 IN1、IN2 端的时间值相减，结果从 OUT 输出。IN1、IN2 数据类型相同。
如果 IN2 时间值大于 IN1 时间值，OUT 将输出一个负数结果。如果减法运算的结果超出 TIME 范围，则将结果设置为“0”（0:00）且 ENO=0</td><td><table>
<tr><th>参数</th><th>数据类型</th><th>存储区</th></tr>
<tr><td>IN1</td><td rowspan="2">DTL、TOD、TIME</td><td rowspan="2">I、Q、M、D、L、P 或常数</td></tr>
<tr><td>IN2</td></tr>
<tr><td>OUT</td><td>TIME、INT</td><td>I、Q、M、D、L、P</td></tr>
</table></td></tr>
<tr><td>T_COMBINE
Time_Of_Day TO DTL
EN ENO
<???>—IN1 OUT—<???>
<???>—IN2
组合时间</td><td>当 EN 端输入 1 时，将 IN1 端日期值和 IN2 端时间值合并，结果从 OUT 输出。
IN1 的数据类型为 DATE，必须为介于 1990-01-01 ～ 2089-12-31 之间的值（不会检查）</td><td><table>
<tr><th>参数</th><th>数据类型</th><th>存储区</th></tr>
<tr><td>IN1</td><td>DATE</td><td rowspan="2">I、Q、M、D、L、P 或常数</td></tr>
<tr><td>IN2</td><td>TOD</td></tr>
<tr><td>OUT</td><td>DTL</td><td>I、Q、M、D、L、P</td></tr>
</table></td></tr>
</table>

（2）指令使用举例

时差和组合时间指令使用举例如图 8-3 所示。由于 DTL（长格式日期时间）数据类型占用 12 个字节，需要用数据块存放，在 STEP7 软件的程序块中添加一个“数据块 _1[DB1]”数据块，再在该数据块中新增一个名称为“组合日期时间值”的变量，变量的数据类型选择“DTL”，如图 8-3（a）所示，然后在 T_COMBINE 指令的 OUT 端选择此数据块中的该变量。

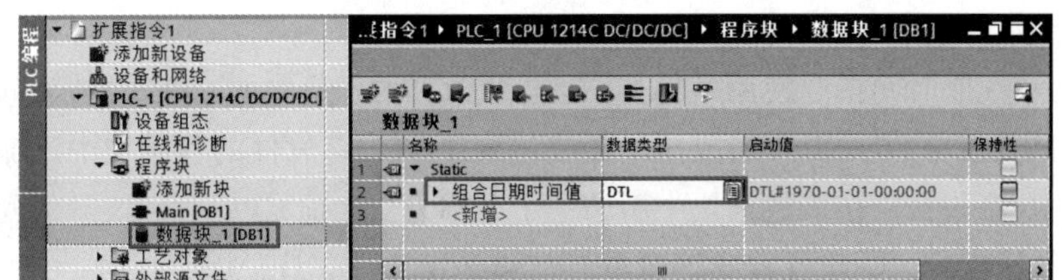

(a) 添加一个数据块并在其中建立一个DTL类型的变量存放组合日期时间值

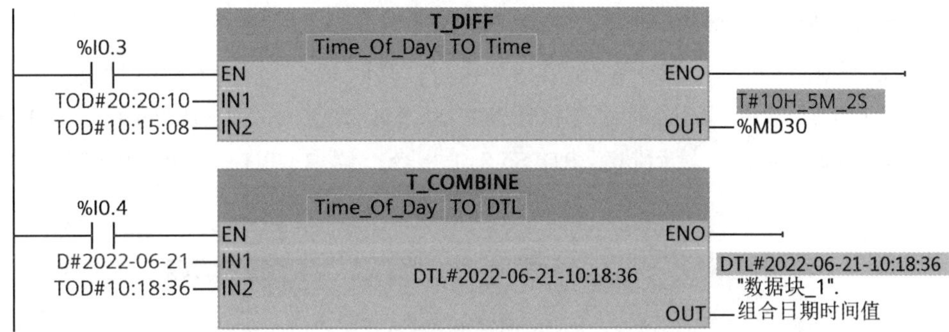

(b) 程序

图 **8-3**　时差和组合时间指令使用举例

8.1.4　设置时间和读取时间指令

（1）指令说明（表 8-5）

表**8-5**　设置时间和读取时间指令说明

<table>
<tr><th>符号名称</th><th>说明</th><th>参数</th></tr>
<tr><td>WR_SYS_T
DTL
EN ENO
<???> IN RET_VAL <???>
设置时间</td><td>当 EN 端输入 1 时，将 IN 端的日期时间写入 CPU 时钟。
IN（日期时间）：对于 DTL，最小值为 DTL#1970-01-01-00:00:00.0，最大值为 DTL#2200-12-31-23:59.999。
RET_VAL（错误信息）：（16#）0000—无错误；8080—日期错误；8081—时间错误；8082—月无效；8083—日无效；8084—小时信息无效；8085—分钟信息无效；8086—秒信息无效；8087—纳秒信息无效；80B0—实时时钟故障</td><td><table><tr><th>参数</th><th>数据类型</th><th>存储区</th></tr><tr><td>IN</td><td>DTL</td><td>I、Q、M、D、L、P 或常数</td></tr><tr><td>RET_VAL</td><td>INT</td><td>I、Q、M、D、L、P</td></tr></table></td></tr>
<tr><td>RD_SYS_T
DTL
EN ENO
RET_VAL <???>
OUT <???>
读取时间</td><td>当 EN 端输入 1 时，读取 CPU 时钟当前的日期时间，存入 OUT。
RET_VAL（错误信息）：（16#）0000—无错误；8081—OUT 时间值超出有效值范围（有效 DTL：DTL#1970-01-01-00:00:00.0 ～ DTL#2262-04-11-23:47:16.854775807）</td><td><table><tr><th>参数</th><th>数据类型</th><th>存储区</th></tr><tr><td>OUT</td><td>DTL</td><td rowspan="2">I、Q、M、D、L、P</td></tr><tr><td>RET_VAL</td><td>INT</td></tr></table></td></tr>
</table>

（2）指令使用举例

设置时间和读取时间指令使用举例如图 8-4 所示。由于读取的 CPU 时钟数据为 DTL（长格式日期时间）数据类型，需要用数据块存放，故在 STEP7 软件的程序块中添加一个“数据块 _2[DB2]”数据块，再在该数据块中新增一个名称为“当前 CPU 时钟值”的变量，变量的数据类型选择“DTL”，展开可发现该变量自动包含年、月、日、周、小时、分、秒、纳秒 8 个变量，如图 8-4（a）所示，然后在 RD_SYS_T（读取时间）指令的 OUT 端选择此数据块中的“当前 CPU 时钟值”变量。

当 I0.0 常开触点闭合时，RD_SYS_T 指令执行，读取 CPU 时钟的日期时间值为“2022-07-06...”，当 I0.1 常开触点闭合时，先执行 WR_SYS_T 指令，将日期时间值“2020-08-08-08:28:05”写入 CPU 时钟，然后执行 RD_SYS_T 指令，读取 CPU 时钟的日期时间值变为“2020-08-08...”。

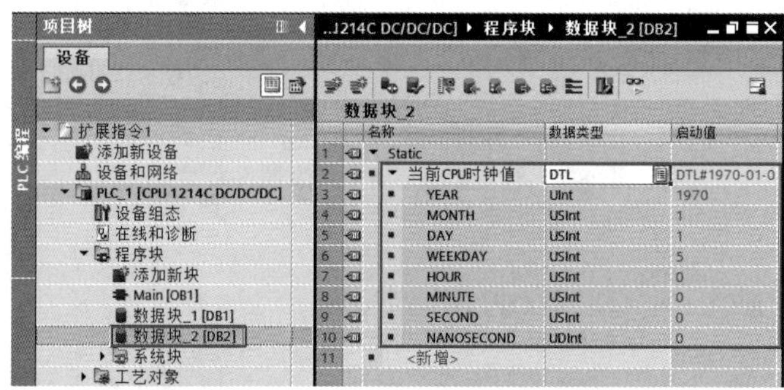

(a) 添加一个数据块并在其中建立一个DTL类型的变量存放读取的CPU时钟

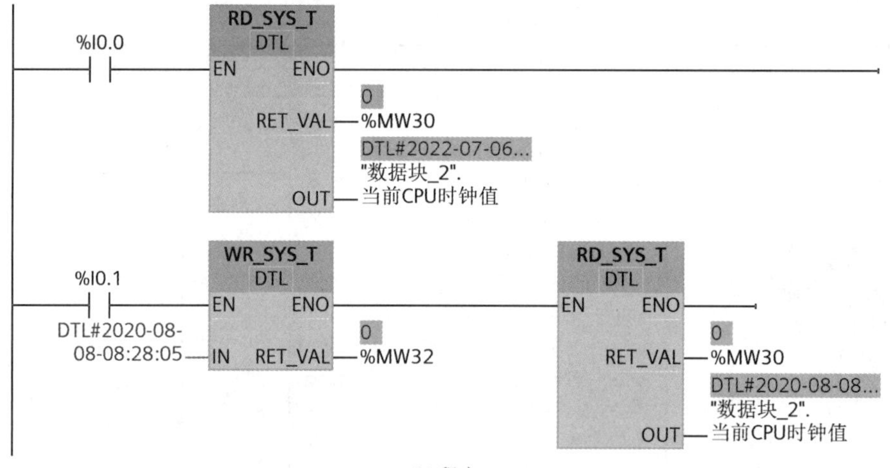

(b) 程序

图 8-4　设置时间和读取时间指令使用举例

8.1.5　读取本地时间和写入本地时间指令

S7-1200 PLC 的时间分为系统时间和本地时间，系统时间是指格林尼治标准时间，本地时间是指当地时区的时间。我国的本地时间为北京时间，与格林尼治标准时间相差 8 小时（北京时间早 8 小时），夏令时（夏季从凌晨 2 点开始将时钟拨快 1 小时人为变成 3 点）则比格林尼治标准时间早 7 小时，我国 1992 年停用夏令时。

读取本地时间和写入本地时间指令说明如表 8-6 所示。

表8-6　读取本地时间和写入本地时间指令说明

<table>
<tr><th>符号名称</th><th>说明</th><th>参数</th></tr>
<tr><td>RD_LOC_T
DTL
EN　ENO
RET_VAL —<???>
OUT —<???>
设置时间</td><td>当 EN 端输入 1 时，读取 CPU 时钟当前的本地日期时间，存入 OUT。
RET_VAL（错误信息）：（16#）0000—无错误；0001—地时间输出为夏令时；8080—无法读取本地时间；8081—OUT 指定的时间值超出有效值范围</td><td><table>
<tr><th>参数</th><th>数据类型</th><th>存储区</th></tr>
<tr><td>OUT</td><td>DTL</td><td rowspan="2">I、Q、M、D、L、P</td></tr>
<tr><td>RET_VAL</td><td>INT</td></tr>
</table></td></tr>
<tr><td>WR_LOC_T
DTL
EN　ENO
<???>— LOCTIME　RET_VAL —<???>
<??.?>— DST
读取时间</td><td>当 EN 端输入 1 时，将 LOCTIME 端的日期时间作为本地时间写入 CPU 时钟。
DST（夏令时）：1—夏令时；0—标准时间。
RET_VAL（错误信息）：（16#）0000—无错误；8080—日期错误；8081—时间错误；8082—月无效；8083—日无效；8084—小时信息无效；8085—分钟信息无效；8086—秒信息无效；8087—纳秒信息无效；8089—时间值不存在；80B0—实时时钟故障</td><td><table>
<tr><th>参数</th><th>数据类型</th><th>存储区</th></tr>
<tr><td>LOCTIME</td><td>DTL</td><td>D、L、P 或常数</td></tr>
<tr><td>DST</td><td>BOOL</td><td>I、Q、M、D、L、P、T、C 或常数</td></tr>
<tr><td>RET_VAL</td><td>INT</td><td>I、Q、M、D、L、P</td></tr>
</table></td></tr>
</table>

8.1.6　运行时间定时器指令

（1）指令说明（表 8-7）

表8-7　运行时间定时器指令说明

<table>
<tr><th>符号名称</th><th>说明</th><th>参数</th></tr>
<tr><td>RTM
EN　ENO
<???>— NR　RET_VAL —<???>
<???>— MODE　CQ —<??.?>
<???>— PV　CV —<???>
运行时间定时器</td><td>当 EN 端输入 1 时，让 NR 编号的 CPU 运行时间定时器按 MODE 指定模式工作。
NR：运行时间定时器编号，0 ～ 9。
MODE：工作模式。0—读取定时器，状态值写入 CQ，当前值写入 CV；1—启动（从上一计数值开始）；2—停止；4—设为 PV 中指定的值；5—设为 PV 中指定的值，然后启动；6—设为 PV 中指定的值，然后停止；7—将 CPU 中的所有 RTM 值保存到 MC 存储卡。
PV：运行时间定时器的预设小时值。
CQ：运行时间定时器的状态，1—正在运行。
CV：运行时间定时器的当前小时值。
RET_VAL（错误信息）：（16#）0000—无错误；8080—运行时间定时器编号错误；8081—将负值传递到 PV；8082—运行时间计数器上溢；8091—MODE 输入参数含有无效值</td><td><table>
<tr><th>参数</th><th>数据类型</th><th>存储区</th></tr>
<tr><td>NR</td><td>RTM</td><td rowspan="3">I、Q、M、D、L 或常数</td></tr>
<tr><td>MODE</td><td>BYTE</td></tr>
<tr><td>PV</td><td>DINT</td></tr>
<tr><td>RET_VAL</td><td>INT</td><td rowspan="3">I、Q、M、D、L</td></tr>
<tr><td>CQ</td><td>BOOL</td></tr>
<tr><td>CV</td><td>DINT</td></tr>
</table></td></tr>
</table>

（2）指令使用举例

运行时间定时器指令使用举例如图 8-5 所示。当 I0.0 常开触点闭合时，RTM 指令执行，因 MODE=5（设置 PV 值并启动定时器），故将 1 号运行时间定时器的预设小时值 PV 设为 5 并启动定时器，无错误时 RET_VAL 端的 MW20 值为 0，定时器正在运行时 CQ 端的 M10.0=1（TRUE），CV 端显示定时器当前小时值为 5，一小时后，CV 值将变为 6。

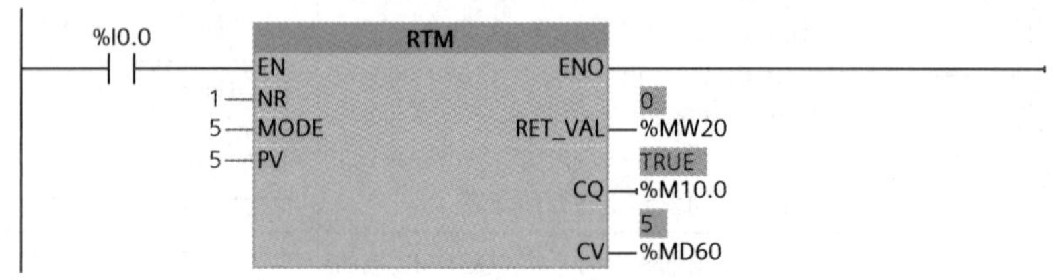

图 8-5 运行时间定时器指令使用举例

8.2 字符和字符串指令

8.2.1 字符与字符串数据类型

计算机键盘上的数字、字母和符号属于字符，例如 '1'、'A'、'B'、'+' 是 4 个字符，以 ASCII 码格式表示分别为 00110001（16#31）、01000001（16#41）、01000010（16#42）、00101011（16#2B），字符串是由多个字符组成，例如“1AB+”。S7-1200 PLC 的字符与字符串数据类型见表 8-8。

表8-8 S7-1200 PLC的字符与字符串数据类型

数据类型	符号	位数	取值范围	举例
字符	Char	8	16#00 ～ 16#FF	'A'，'t'
16 位宽字符	WChar	16	16#0000 ～ 16#FFFF	WCHAR#'a'
字符串	String	（n+2）字节	n=0 ～ 254 字节	STRING#'NAME'
16 位宽字符串	WString	（n+2）字	n=0 ～ 65534 字	WSTRING#'Hello World'

Char 数据类型在存储器中分配一个字节，可以存储 ASCII 格式（包括扩展 ASCII 字符代码）的单个字符（例如字符 A 的 ASCII 码格式为 16#41）。WChar 数据类型在存储器中分配一个字的空间，可存储任意双字节（字）字符（例如字符 A 的 ASCII 码格式双字节为 16#0041）。在编辑器中，字符的前面和后面各使用一个单引号。

String 数据类型存储一串单字节字符，最多提供 256 个字节空间，其中第 1 个字节存储本字符串可容纳的字符总个数、第 2 个字节存储字符串实际的字符个数（需小于或等于总个数值)，之后的最多 254 个字节存储 254 个字符（代码）。String 数据类型中的每个字节都可以是 16#00 ～ 16#FF 之间的任意值。

WString 数据类型存储一串双字节（字）的长字符串，最多提供 65536 个字空间，其中第 1 个字存储本字符串可容纳的字符总个数、第 2 个字存储字符串实际的字符个数（需小于或等于总个数值)，之后的最多 65534 个字存储 65534 个字符（代码）。WString 数据类型中的每个字都可以是 16#0000 ～ 16#FFFF 之间的任意值。

8.2.2　移动字符串和转换字符串指令

（1）指令说明（表 8-9）

表8-9　移动字符串和转换字符串指令说明

符号名称	说明
S_MOVE EN —— ENO <???>— IN　OUT —<???> 移动字符串	当 EN 端输入 1 时，将 IN 端的字符串移到 OUT 端指定的数据区。 IN 端的字符串可以直接指定，也可以在数据块的变量中指定，OUT 端则需要用数据块中的变量存放字符串。 IN、OUT 数据类型为 STRING、WSTRING，存储区为 D、L 或常数（仅 IN 可为常数）
S_CONV ??? TO ??? EN —— ENO <???>— IN　OUT —<???> 转换字符串	当EN端输入1时，将TO左方???指定数据格式的IN值转换成TO右方???指定数据格式的值，再存入 OUT 端。本指令可实现的转换如下。 ①字符串→数字值（整数或浮点数)：对字符串所有字符执行转换，允许数字 0 ～ 9、小数点及加减号。 ②字符串→字符：字符串中的第一个字符传送到 OUT。 ③字符串→字符串：可进行 STRING 和 WSTRING 之间的转换。 ④数字值或字符→字符串：用 TO 的左、右方 ??? 分别指定 IN、OUT 值的数据类型，转换后字符串的长度取决于 IN 值，转换结果从第 3 个字节开始为字符串，第 1 个字节为字符串的最大长度，第 2 个字节为字符串的实际长度，输出正数字值时不带符号；如果数字值 0（INT 或 UINT 数据类型）转换为字符串，结果字符串的长度将为 6 个字符；当数字值转换为字符串时，字符串的第 1 个字符用空格填充，空格的数量取决于数字值的长度；转换（W）CHAR 字符时，该字符将写入字符串的第一个位置处

转换字符串（S_CONV）指令的 IN、OUT 的数据类型和存储区与转换的数据类型有关，具体见表 8-10。

表8-10　转换字符串（S_CONV）指令IN、OUT的数据类型和存储区

转换类型	参数	数据类型	存储区
字符串→数字值	IN	STRING、WSTRING	D、L 或常数
	OUT	CHAR、WCHAR、USINT、UINT、UDINT、ULINT、SINT、INT、DINT、LINT、REAL、LREAL	I、Q、M、D、L

续表

转换类型	参数	数据类型	存储区
字符串→字符串	IN	STRING、WSTRING	D、L 或常数
	OUT		D、L
字符→字符	IN	CHAR、WCHAR	I、Q、M、D、L 或常数
	OUT		I、Q、M、D、L
数字值或字符→字符串	IN	CHAR、WCHAR、USINT、UINT、UDINT、ULINT、SINT、INT、DINT、LINT、REAL、LREAL	D、L 或常数
	OUT	STRING、WSTRING	I、Q、M、D、L

（2）指令使用举例

移动字符串和转换字符串指令使用举例如图 8-6 所示。字符串数据类型需要用数据块存放，在 STEP7 软件的程序块中添加一个“数据块 _1[DB1]”数据块，再在该数据块中新增一个名称为“字符串 A”的变量，变量的数据类型选择“String”，如图 8-6（a）所示。

在图 8-6（b）中，当 I0.0 常开触点闭合时，S_MOVE 移动字符串指令执行，将字符串 'a1b2c3' 移到数据块 _1 的字符串 A 变量中。如果 I0.1 常开触点闭合，S_CONV 转换字符串指令执行，将数值 123 转换成字符串并保存到数据块 _1 的字符串 A 变量中，数值转换成字符串时，字符串的第 1 个字符用空格填充。

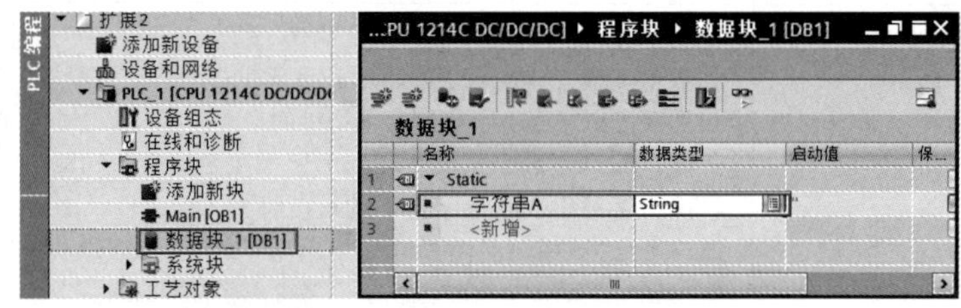

(a) 添加一个数据块并在其中建立一个String类型的变量存放字符串

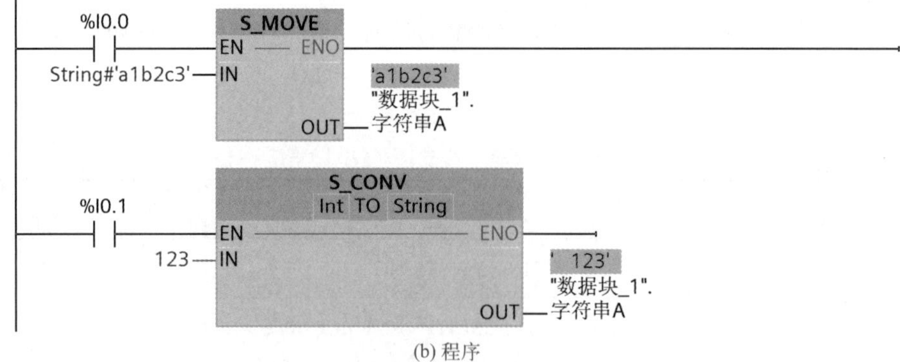

(b) 程序

图 8-6　移动字符串和转换字符串指令使用举例

8.2.3　字符串与数字值相互转换指令

（1）指令说明（表 8-11）

表8-11　字符串与数字值相互转换指令说明

<table>
<tr><th>符号名称</th><th>说明</th><th>参数</th></tr>
<tr>
<td>STRG_VAL
??? TO ???
EN　ENO
<???>—IN　OUT—<???>
<???>—FORMAT
<???>—P
字符串转换成数字值</td>
<td>将 IN 端的字符串转换成整数或浮点数并保存到 OUT 端。从 IN 字符串的第 P 个字符开始转换，直至字符串结束，支持转换的字符包括 0 ～ 9、加减号、句号、逗号、e 和 E。
FORMAT 端设置字符输出格式，取值 16#0000 ～ 16#0003，位 0 设置小数点格式（0—小数点用'，'表示；1—小数点用'．'表示）；位 1 设置定点数 / 指数表示（0—定点数表示；1—指数表示）。
STRG_VAL 转换规则：①如果将句点字符“.”当作小数点，则小数点左侧的逗点“，”将被当作千位分隔符字符；②如果将逗点字符“，”当作小数点，则小数点左侧的句点“.”将被当作千位分隔符字符；③忽略前导空格</td>
<td>
<table>
<tr><th>参数</th><th>数据类型</th><th>存储区</th></tr>
<tr><td>IN</td><td>（W）STRING</td><td>D、L 或常数</td></tr>
<tr><td>FORMAT</td><td>WORD</td><td rowspan="2">I、Q、M、D、L、P 或常数</td></tr>
<tr><td>P</td><td>UINT</td></tr>
<tr><td>OUT</td><td>（US/S/U/UD/D）INT、（L）REAL</td><td>I、Q、M、D、L、P</td></tr>
</table>
</td>
</tr>
<tr>
<td>VAL_STRG
??? TO ???
EN　ENO
<???>—IN　OUT—<???>
<???>—SIZE
<???>—PREC
<???>—FORMAT
<???>—P
数字值转换成字符串</td>
<td>将 IN 端的整数或浮点数转换成字符串并保存到 OUT 端。支持转换的字符包括 0 ～ 9、加减号、句号、逗号、e 和 E。
SIZE 指定字符的个数，PREC 指定小数的位数，P 指定开始写入字符的位置。FORMAT 端设置数字输出格式，取值 16#0000 ～ 16#0007，位 0、位 1 与 STRG_VAL 指令相同，位 3 设置显示正负号（0—仅显示 -；1—显示 +、-）</td>
<td>
<table>
<tr><th>参数</th><th>数据类型</th><th>存储区</th></tr>
<tr><td>IN</td><td>（US/S/U/UD/D）INT、（L）REAL</td><td rowspan="5">I、Q、M、D、L、P 或常数</td></tr>
<tr><td>SIZE</td><td rowspan="2">UINT</td></tr>
<tr><td>PREC</td></tr>
<tr><td>FORMAT</td><td>WORD</td></tr>
<tr><td>P</td><td>UINT</td></tr>
<tr><td>OUT</td><td>（W）STRING</td><td>D、L</td></tr>
</table>
</td>
</tr>
</table>

（2）指令使用举例

字符串与数字值相互转换指令使用举例如图 8-7 所示。字符串数据类型需要用数据块存放，在 STEP7 软件的程序块中添加一个“数据块 _1[DB1]”数据块，再在该数据块中新增一个名称为“字符串 A”的变量，变量的数据类型选择“String”，启动值设为“'High=（4 个空格）m'”如图 8-7（a）所示。

在图 8-7（b）中，当 I0.3 常开触点闭合时，STRG_VAL 字符串转数字值指令执行，因为 FORMAT=0001，IN 字符串中的“，”被当作千位分隔字符，将字符串 '123.45' 从第 1 个字符（P=1）开始转换成 Real 浮点型数字值 12345.0 存入 MD20。当 I0.4 常开触点闭合时，VAL_STRG 数字值转字符串指令执行，将数字值 175 取 2 位小数（PREC=2）转换成字符

串 '1.75'，该字符串从“数据块 _1”的“字符串 A”变量的第 6 个位置（P=6）开始往后存放，“字符串 A”变量的第 1 ～ 5 个字符已设初始字符“High=”，第 6 ～ 9 个字符为空格，用于存放 IN 数字值转换来的字符“1.75”，第 10 个字符为“m”，这样“字符串 A”中存放的字符串为“'High=1.75m'”。Size 值应等于或大于数字值的总位数（含小数点、正负号），小于总位数时转换可能失败，大于总位数时转换后会在字符串左方用空格填充多余位，例如 Size=6，会显示“（2 个空格）1.75”。如果希望 1.75 之前显示 + 号变成 +1.75，可设置 FORMAT=0004，Size=5。

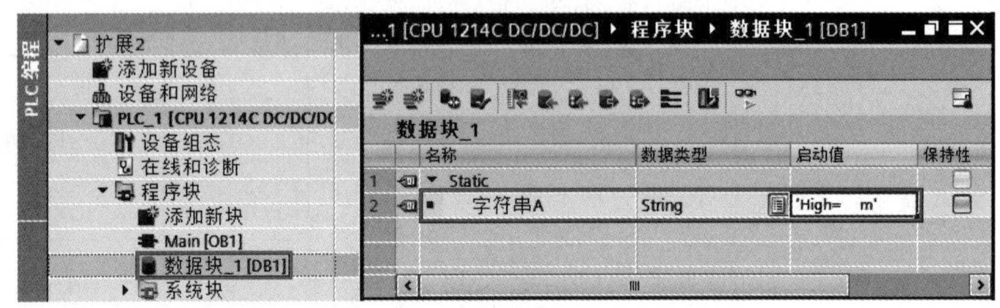

(a) 添加一个数据块并在其中建立一个String类型的变量存放字符串（启动值设为“High=(4个空格)m”）

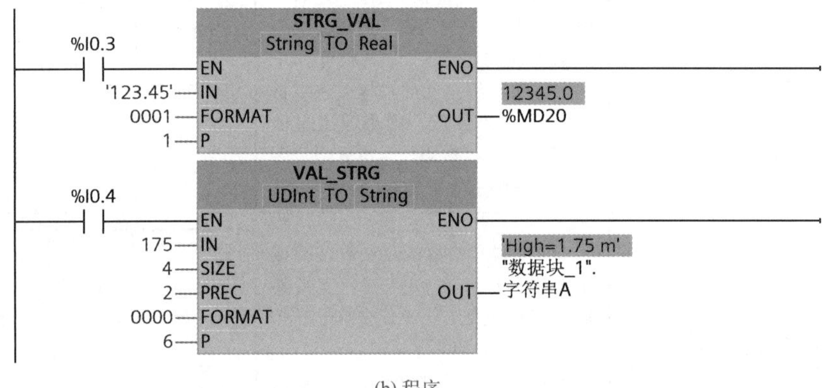

(b) 程序

图 8-7　字符串与数字值相互转换指令使用举例

8.2.4　字符串与字符相互转换指令

（1）指令说明（表 8-12）

表8-12　字符串与字符相互转换指令说明

<table>
<tr><th>符号名称</th><th>说明</th><th>参数</th></tr>
<tr><td>Strg_TO_Chars
???
EN　ENO
<???>—Strg　Cnt—<???>
<???>—pChars
<???>—Chars
字符串转换成字符</td><td>将 Strg 端字符串的各个字符依次复制到 Chars 端数组的 pChars 编号及之后的位置。Cnt 端输出已复制的字符个数。该操作只能复制 ASCII 字符</td><td><table><tr><th>参数</th><th>数据类型</th><th>存储区</th></tr><tr><td>Strg</td><td>（W）STRING</td><td>D、L 或常数</td></tr><tr><td>pChars</td><td>DINT</td><td>I、Q、M、D、L、P 或常数</td></tr><tr><td>Chars</td><td>VARIANT</td><td>D、L</td></tr><tr><td>Cnt</td><td>UINT</td><td>I、Q、M、D、L、P</td></tr></table></td></tr>
</table>

续表

符号名称	说明	参数		
		参数	数据类型	存储区
Chars_TO_Strg ??? EN ENO <???>—Chars Strg—<???> <???>—pChars <???>—Cnt 字符转换成字符串	将 Chars 端数组的 pChars 编号及之后位置的字符依次复制到 Strg 端形成字符串。Cnt 端指定要复制的字符个数。该操作只能复制 ASCII 字符	Chars	VARIANT	D、L
		pChars	DINT	I、Q、M、D、L、P 或常数
		Cnt	UINT	I、Q、M、D、L、P
		Strg	（W）STRING	D、L

（2）指令使用举例

字符串与字符相互转换指令使用举例如图 8-8 所示。在 STEP7 软件的程序块中添加一个“数据块 _1[DB1]”数据块，然后在该数据块中新增一个名称为“字符串 A”的变量，变量的数据类型选择“String”，再新增一个名称为“数组 A”的变量，变量的数据类型选择“Array of type（数组类型）”，单击旁边的下三角按钮，在弹出的选框中选择数组的数据类型为“Char”，数组限值为“0...7”，单击√按钮后就建立了一个有 8 个字符元素（编号为数组 A[0] ～数组 A[7]）的数组，如图 8-8（a）所示。

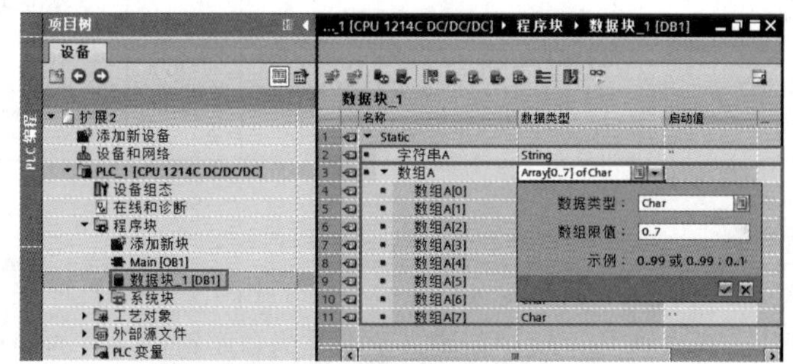

(a) 添加一个数据块并在其中建立一个String类型的变量和一个Array of type类型的变量

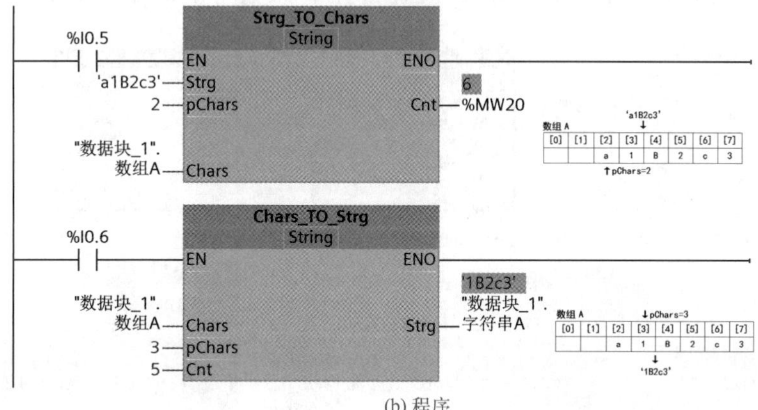

(b) 程序

图 8-8　字符串与字符相互转换指令使用举例

在图 8-8（b）中，当 I0.5 常开触点闭合时，Strg_TO_Chars（字符串转字符）指令执行，将 Strg 端的字符串 'a1B2c3' 复制到 Chars 数组“数据块 _1. 数组 A”的 [2] 号（pChars=2）及之后的位置（即数组 A[2] ～数组 A[7]），Cnt 端的 MW20 保存已复制字符的个数。当 I0.6 常开触点闭合时，Chars_TO_Strg（字符转字符串）指令执行，将 Chars 端数组“" 数据块 _1". 数组 A”的编号 [3]（pChars=3）及之后位置的字符依次复制到 Strg 端的“" 数据块 _1". 字符串 A”中形成字符串。

8.2.5　确定（查询）字符串长度指令

（1）指令说明（表 8-13）

表8-13　确定（查询）字符串长度指令说明

<table>
<tr><th>符号名称</th><th>说明</th><th>参数</th></tr>
<tr><td>LEN
???
EN —— ENO
<???>—IN　OUT—<???>
确定字符串当前长度</td><td>查询 IN 端指定字符串的当前长度（实际存放的字符个数），并将当前长度值保存到 OUT 端</td><td><table><tr><th>参数</th><th>数据类型</th><th>存储区</th></tr><tr><td>IN</td><td>（W）STRING</td><td>D、L 或常数</td></tr><tr><td>OUT</td><td>（D）INT、（L）REAL</td><td>I、Q、M、D、L</td></tr></table></td></tr>
<tr><td>MAX_LEN
String
EN　ENO
<???>—IN　OUT—<???>
确定字符串最大长度</td><td>查询 IN 端指定字符串的最大长度（允许存放的字符个数），并将最大长度值保存到 OUT 端。
STRING 型字符串占用空间为“最大长度 +2”个字节，WSTRING 型字符串占用空间为“最大长度 +2”个字。当前长度必须小于或等于最大长度</td><td><table><tr><th>参数</th><th>数据类型</th><th>存储区</th></tr><tr><td>IN</td><td>（W）STRING</td><td>D、L 或常数</td></tr><tr><td>OUT</td><td>INT</td><td>I、Q、M、D、L、P</td></tr></table></td></tr>
</table>

（2）指令使用举例

确定字符串长度指令使用举例如图 8-9 所示。在 STEP7 软件的程序块中添加一个“数据块 _1[DB1]”数据块，再在该数据块中新增一个名称为“字符串 A”的变量，变量的数据类型选择“String”，启动值（初始值）设为“'a1B2c3D4'”，如图 8-9（a）所示。

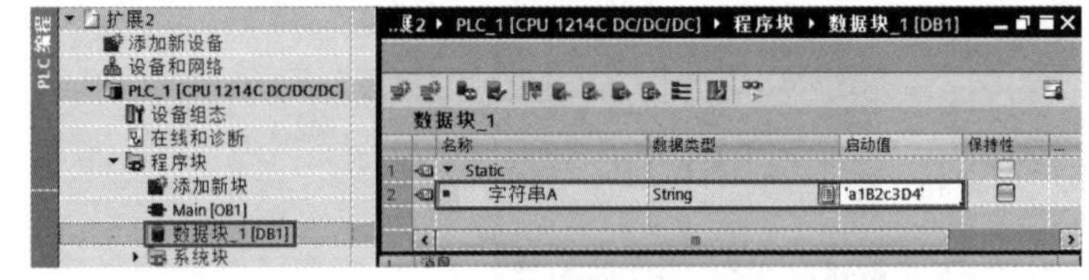

(a) 添加一个数据块并在其中建立一个String类型的变量存放字符串（启动值设为“'a1B2c3D4'”）

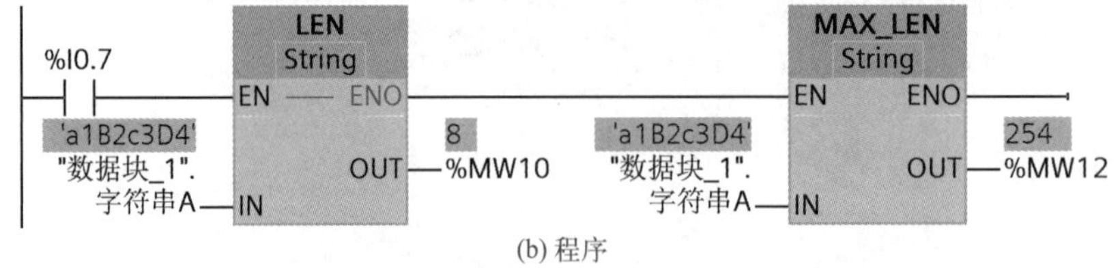

(b) 程序

图 8-9　确定字符串长度指令使用举例

在图 8-9（b）中，当 I0.7 常开触点闭合时，LEN（确定字符串当前长度）指令执行，数

据块 _1 的字符串 A 中有 8 个字符（'a1B2c3D4'），故 OUT 端的 MW10 保存的当前长度值（实际字符的个数）为 8，然后 MAX_LEN（确定字符串最大长度）指令执行，数据块 _1 的字符串 A 最多可存放 254 个字符，故 OUT 端的 MW12 保存的最大长度值为 254。

8.2.6 ASCII 字符串与十六进制数相互转换指令

（1）指令说明（表 8-14）

表8-14　ASCII字符串与十六进制数相互转换指令说明

<table>
<tr><th>符号名称</th><th>说明</th><th>参数</th></tr>
<tr>
<td>ATH
EN　ENO
<???>—IN　RET_VAL—<???>
<???>—N　OUT—<???>
ASCII字符串转为十六进制数</td>
<td>将 IN 端的 ASCII 字符串的 N 个字符转换为十六进制数保存到 OUT 端。只转换 ASCII 字符串中的 0～9、A～F，其他字符则均转换为 0（同时 ENO 端会输出 0），最多可转换 32767 个有效 ASCII 字符。
RET_VAL（指令状态）：（16#）0000—无错误；0007—无效字符；8101—IN 参数中的指针无效；8182—输入缓冲区过小；8120—IN 格式无效；8151—IN 数据类型不受支持；8401—OUT 指针无效；8482—输出缓冲区过小；8420—OUT 格式无效；8451—OUT 数据类型不受支持。
IN、OUT 数据类型可为 STRING、Array of CHAR、Array of BYTE、WSTRING、Array of WCHAR，OUT 数据类型还可为位字符串和整数</td>
<td><table>
<tr><th>参数</th><th>数据类型</th><th>存储区</th></tr>
<tr><td>IN</td><td>VARIANT</td><td>I、Q、D、L</td></tr>
<tr><td>N</td><td>INT</td><td>I、Q、M、D、L 或常数</td></tr>
<tr><td>RET_VAL</td><td>WORD</td><td rowspan="2">I、Q、M、D、L</td></tr>
<tr><td>OUT</td><td>VARIANT</td></tr>
</table></td>
</tr>
<tr>
<td>HTA
EN　ENO
<???>—IN　RET_VAL—<???>
<???>—N　OUT—<???>
十六进制数转为ASCII字符串</td>
<td>将 IN 端的十六进制数转换为 ASCII 字符串保存到 OUT 端。N 为转换的字节数，2 个十六制数为 1 个字节。转换结果的 ASCII 字符串由 0～9、A～F 组成，OUT 最多可存放 32767 个 ASCII 字符，若 OUT 设置的数据类型无法存放全部字符时，则只存放部分字符。
RET_VAL（指令状态）：代码含义与 ATH 指令相同。
IN、OUT 数据类型可为 STRING、Array of CHAR、Array of BYTE、WSTRING、Array of WCHAR，IN 数据类型还可为位字符串和整数</td>
<td><table>
<tr><th>参数</th><th>数据类型</th><th>存储区</th></tr>
<tr><td>IN</td><td>VARIANT</td><td>I、Q、D、L</td></tr>
<tr><td>N</td><td>UINT</td><td>I、Q、M、D、L 或常数</td></tr>
<tr><td>RET_VAL</td><td>WORD</td><td rowspan="2">I、Q、M、D、L</td></tr>
<tr><td>OUT</td><td>VARIANT</td></tr>
</table></td>
</tr>
</table>

（2）指令使用举例

ASCII 字符串与十六进制数相互转换指令使用举例如图 8-10 所示。在 STEP7 软件的程序块中添加一个“数据块_1[DB1]”数据块，再在该数据块中新增名称为“字符串 A”和“字符串 B”的 2 个变量，其数据类型均选择“String”，并将字符串 A 的启动值设为“' 01A34D'”，如图 8-10（a）所示。

在图 8-10（b）中，当 I1.0 常开触点闭合时，ATH（ASCII 字符串转为十六进制数）

指令先执行，将数据块_1的字符串A中的N=6个字符（01A34D）转换成十六进制数（16#01A34D），存入OUT端的MD30中，2个十六进制数占用1个字节空间，6个十六进制数占用3个字节，MD30有4个字节，多余的1个字节用0填充。ATH指令的RET_VAL端的MW24值为16#0000，说明指令执行无错误，其ENO端输出1，然后HTA（十六进制数转为ASCII字符串）指令执行，将MD30（16#01A34D00）中的N=2个字节转换成ASCII字符串存入OUT端指定的位置（数据块_1的字符串B中），转换时将1个十六进制数（占4位，例如A的十六进制数为1010）转换成1个ASCII字符（占8位，例如A的ASCII字符代码为01000001），2个字节包含4个十六进制数，转换成4个ASCII字符代码后需用4个字节存放。

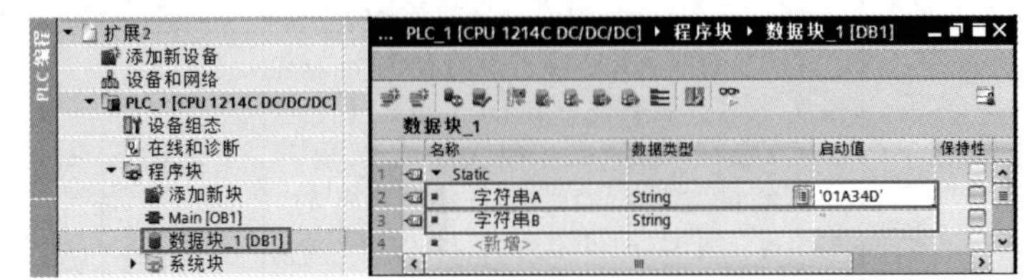

(a) 添加一个数据块并在其中建立2个String类型的变量（字符串A的启动值设为“'01A34D'”）

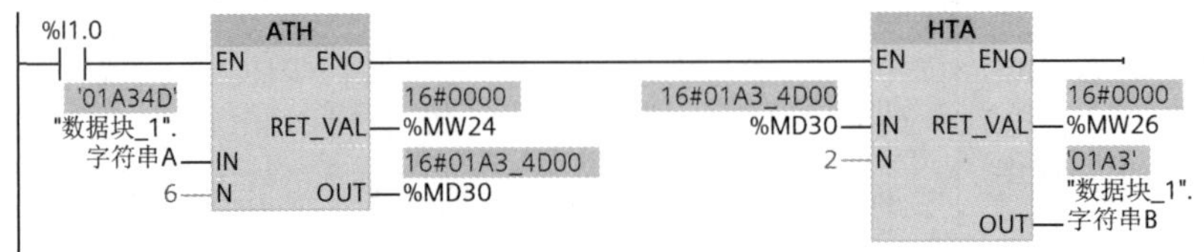

(b) 程序

图 8-10　ASCII 字符串与十六进制数相互转换指令使用举例

8.2.7　合并字符串和删除字符串中的字符指令

(1) 指令说明（表 8-15）

表8-15　合并字符串和删除字符串中的字符指令说明

<table>
<tr><th>符号名称</th><th>说明</th><th>参数</th></tr>
<tr><td>CONCAT
???
EN — ENO
<???> — IN1　OUT — <???>
<???> — IN2
合并字符串</td><td>将IN1、IN2端的字符串合并在一起，形成新的字符串保存到OUT端。
若合并的字符串超出OUT指定变量的长度，超出的字符会丢失，如果指令执行产生错误，会将空字符串保存到OUT</td><td><table><tr><th>参数</th><th>数据类型</th><th>存储区</th></tr><tr><td>IN1</td><td rowspan="3">（W）STRING</td><td rowspan="2">D、L或常数</td></tr><tr><td>IN2</td></tr><tr><td>OUT</td><td>D、L</td></tr></table></td></tr>
<tr><td>DELETE
???
EN — ENO
<???> — IN　OUT — <???>
<???> — L
<???> — P
删除字符串中的字符</td><td>将IN端字符串从第P个字符开始的L个字符删除，剩余的字符保存到OUT端。
执行该指令的规则：①若P值为负数或等于零，则OUT将输出空字符串；②若P值大于IN字符串的当前长度，则OUT将得到输入字符串；③若L值为零，则OUT将得到输入字符串；④若L值大于IN的字符串长度，则将删除P指定位置开始的所有字符；⑤若L值为负数或指令执行产生错误，则将输出空字符串</td><td><table><tr><th>参数</th><th>数据类型</th><th>存储区</th></tr><tr><td>IN</td><td>（W）STRING</td><td>D、L或常数</td></tr><tr><td>L</td><td rowspan="2">BYTE、（U/S）INT</td><td rowspan="2">I、Q、M、D、L或常数</td></tr><tr><td>P</td></tr><tr><td>OUT</td><td>（W）STRING</td><td>D、L</td></tr></table></td></tr>
</table>

（2）指令使用举例

合并字符串和删除字符串中的字符指令使用举例如图 8-11 所示。在 STEP7 软件的程序块中添加一个“数据块 _1[DB1]”数据块，再在该数据块中新增名称为“字符串 A”和“字符串 B”的 2 个变量，其数据类型均选择“String”，如图 8-11（a）所示。

在图 8-11（b）中，当 I1.1 常开触点闭合时，CONCAT（合并字符串）指令执行，将 IN1 端字符串 '1234' 与 IN2 端字符串 'abcd' 合并，得到新的字符串 '1234abcd' 存入 OUT 端指定的“数据块 _1”的字符串 A 中，CONCAT 指令执行无错误，其 ENO 端输出 1，DELETE（删除字符串中的字符）指令执行，将 IN 端字符串 '567ABC' 从第 3（P 值 =3）个字符开始的 2（L 值 =2）个字符删除，剩余的字符串（'56BC'）保存到 OUT 端指定的“数据块 _1”的字符串 B 中。

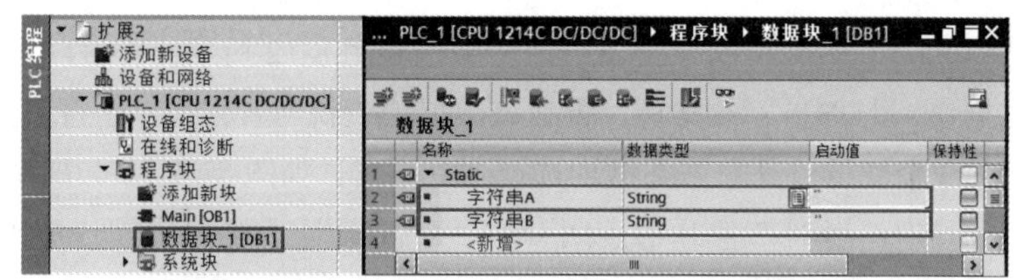

(a) 添加一个数据块并在其中建立2个String类型的变量

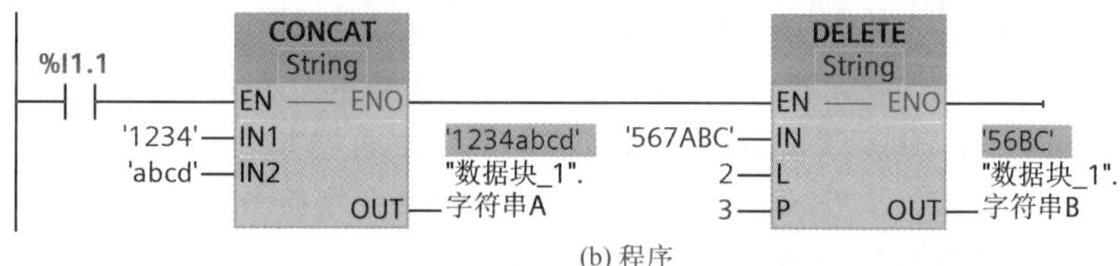

(b) 程序

图 8-11　合并字符串和删除字符串中的字符指令使用举例

8.2.8　读取字符串左边、右边和中间字符指令

（1）指令说明（表 8-16）

表8-16　读取字符串左边、右边和中间字符指令说明

<table>
<tr><th>符号名称</th><th>说明</th><th>参数</th></tr>
<tr><td>LEFT
???
EN — ENO
<???> — IN　OUT — <???>
<???> — L
读取字符串左边的字符</td><td>从 IN 端字符串第 1 个字符开始往后读取 L 个字符，保存到 OUT 端。
如果 L 值大于 IN 字符串的当前长度（字符个数），则 OUT 保存全部输入字符串，如果 L 值≤ 0、IN 为空字符串或指令执行发生错误，则 OUT 为空字符串</td><td rowspan="2"><table><tr><th>参数</th><th>数据类型</th><th>存储区</th></tr><tr><td>IN</td><td>（W）STRING</td><td>D、L 或常数</td></tr><tr><td>L</td><td>BYTE、（U/S）INT</td><td>I、Q、M、D、L 或常数</td></tr><tr><td>OUT</td><td>（W）STRING</td><td>D、L</td></tr></table></td></tr>
<tr><td>RIGHT
???
EN — ENO
<???> — IN　OUT — <???>
<???> — L
读取字符串右边的字符</td><td>从 IN 端字符串最后 1 个字符开始往前读取 L 个字符，保存到 OUT 端。
如果 L 值大于 IN 字符串的当前长度，则 OUT 保存全部输入字符串，如果 L 值≤ 0、IN 为空字符串或指令执行发生错误，则 OUT 为空字符串</td></tr>
</table>

续表

<table>
<tr><th>符号名称</th><th>说明</th><th colspan="3">参数</th></tr>
<tr><td rowspan="5">MID
???
EN —— ENO
<???>—IN OUT—<???>
<???>—L
<???>—P
读取字符串中间的字符</td><td rowspan="5">从 IN 端字符串第 P 个字符开始往后读取 L 个字符，保存到 OUT 端。
如果 IN 字符串的当前长度小于 L 值时，则读取 P 位置至最后一个字符，如果 L 值或 P 值 ≤ 0、IN 为空字符串或者指令执行发生错误，则 OUT 为空字符串</td><td>参数</td><td>数据类型</td><td>存储区</td></tr>
<tr><td>IN</td><td>（W）STRING</td><td>D、L 或常数</td></tr>
<tr><td>L</td><td rowspan="2">BYTE、（U/S）INT</td><td rowspan="2">I、Q、M、D、L 或常数</td></tr>
<tr><td>P</td></tr>
<tr><td>OUT</td><td>（W）STRING</td><td>D、L</td></tr>
</table>

（2）指令使用举例

读取字符串左边、右边和中间字符指令使用举例如图 8-12 所示。在 STEP7 软件的程序块中添加一个“数据块_1[DB1]”数据块，再在该数据块中新增名称为“字符串 A”“字符串 B”和“字符串 C”的 3 个变量，其数据类型均选择“String”，如图 8-12（a）所示。

在图 8-12（b）中，当 I1.2 常开触点闭合时，LEFT（读取字符串左边的字符）指令先执行，从 IN 端字符串 '123abc' 第 1 个字符开始往后读取 L=5 个字符（'123ab'），保存到 OUT 端指定的“数据块_1”的字符串 A 中，LEFT 指令执行无错误，其 ENO 端输出 1，然后 RIGHT（读取字符串右边的字符）指令执行，从 IN 端字符串 '123abc' 最后 1 个字符开始往前读取 L=4 个字符（'3abc'），保存到 OUT 端指定的“数据块_1”的字符串 B 中，接着执行 MID（读取字符串中间的字符）指令，从 IN 端字符串 '123abc' 第 P=2 个字符开始往后读取 L=3 个字符（'23a'），保存到 OUT 端指定的“数据块_1”的字符串 C 中。

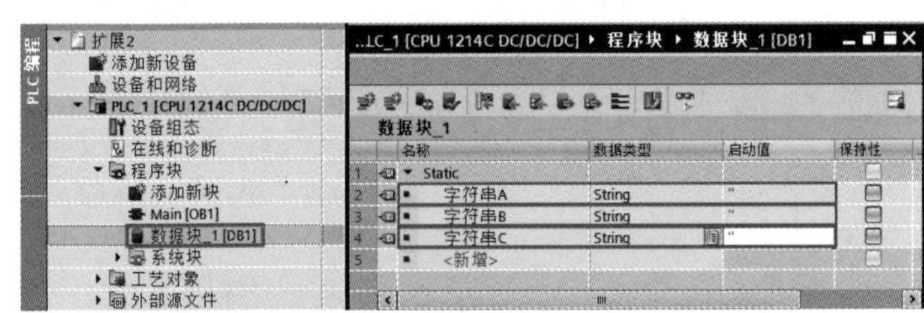

(a) 添加一个数据块并在其中建立3个String类型的变量

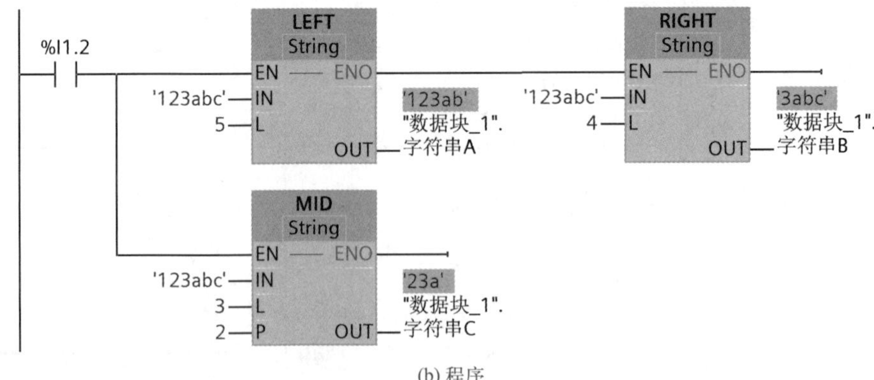

(b) 程序

图 8-12　读取字符串左边、右边和中间字符指令使用举例

8.2.9　在字符串中插入、查找和替换字符指令

（1）指令说明（表 8-17）

表8-17　在字符串中插入、查找和替换字符指令说明

<table>
<tr><th>符号名称</th><th>说明</th><th>参数</th></tr>
<tr>
<td>INSERT
???
EN —— ENO
<???>— IN1　OUT —<???>
<???>— IN2
<???>— P
在字符串中插入字符</td>
<td>将 IN2 字符串的所有字符插入到 IN1 字符串第 P 个字符的位置，生成的新字符串保存到 OUT 端。
若 P 值大于 IN1 字符串的当前长度（字符个数），则将 IN2 字符串附加到 IN1 字符串之后保存到 OUT 端（IN1+IN2）；若 P 值 =0，则 OUT=IN2+IN1；若 P 值为负值，则 OUT 为空字符串。如果生成的字符串的长度大于 OUT 变量的长度，则只保存可用长度的字符串</td>
<td><table>
<tr><th>参数</th><th>数据类型</th><th>存储区</th></tr>
<tr><td>IN1</td><td rowspan="2">（W）STRING</td><td rowspan="2">D、L 或常数</td></tr>
<tr><td>IN2</td></tr>
<tr><td>P</td><td>BYTE、（U/S）INT</td><td>I、Q、M、D、L 或常数</td></tr>
<tr><td>OUT</td><td>（W）STRING</td><td>D、L</td></tr>
</table></td>
</tr>
<tr>
<td>FIND
???
EN —— ENO
<???>— IN1　OUT —<???>
<???>— IN2
在字符串中查找字符</td>
<td>在 IN1 字符串中查找与 IN2 相同的字符或字符序列，并将首次出现相同的位置号保存到 OUT 端，若找不到相同的，OUT=0。
如果 IN2 为无效字符或指令执行出现错误，OUT=0</td>
<td><table>
<tr><th>参数</th><th>数据类型</th><th>存储区</th></tr>
<tr><td>IN1</td><td>（W）STRING</td><td>D、L 或常数</td></tr>
<tr><td>IN2</td><td>（W）STRING、（W）CHAR</td><td>I、Q、M、D、L 或常数</td></tr>
<tr><td>OUT</td><td>INT</td><td>I、Q、M、D、L</td></tr>
</table></td>
</tr>
<tr>
<td>REPLACE
???
EN —— ENO
<???>— IN1　OUT —<???>
<???>— IN2
<???>— L
<???>— P
替换字符串中的字符</td>
<td>用 IN2 字符串中所有字符去替换 IN1 字符串 P 位置开始的 L 个字符，生成的新字符串保存到 OUT 端。
若 L 值或 P 值≤ 0，则 OUT 为空字符串；若 P 值大于 IN1 字符串当前长度，则将 IN2 字符串附加到 IN1 字符串之后保存到 OUT 端（IN1+IN2）；若 L 值 =0，则将 IN2 插入 IN1 而不替换任何字符（同 INSERT 指令）；如果生成的字符串的长度大于 OUT 变量的长度，则只保存可用长度的字符串</td>
<td><table>
<tr><th>参数</th><th>数据类型</th><th>存储区</th></tr>
<tr><td>IN1</td><td rowspan="2">（W）STRING</td><td rowspan="2">D、L 或常数</td></tr>
<tr><td>IN2</td></tr>
<tr><td>L</td><td rowspan="2">BYTE、（U/S）INT</td><td rowspan="2">I、Q、M、D、L 或常数</td></tr>
<tr><td>P</td></tr>
<tr><td>OUT</td><td>（W）STRING</td><td>D、L</td></tr>
</table></td>
</tr>
</table>

（2）指令使用举例

在字符串中插入、查找和替换字符指令使用举例如图 8-13 所示。在 STEP7 软件的程序块中添加一个“数据块 _1[DB1]”数据块，再在该数据块中新增名称为“字符串 A”和“字符串 B”的 2 个变量，其数据类型均选择“String”，如图 8-13（a）所示。

在图 8-13（b）中，当 I1.3 常开触点闭合时，INSERT（在字符串中插入字符）指令先执行，将 IN2 字符串（'abc'）插入到 IN1 字符串（'123'）第 P=2 个字符之后的位置，生成的新字符串（'12abc3'）保存到 OUT 端指定的“数据块 _1”的字符串 A 中，INSERT 指令执

行无错误，其 ENO 端输出 1；然后 FIND（在字符串中查找字符）指令执行，在 IN1 字符串（'1A2B3C'）中查找与 IN2 相同的字符或字符序列（'B3'），并将首次出现相同的位置号（4）保存到 OUT 端指定的 MW10 中；接着执行 REPLACE（替换字符串中的字符）指令，用 IN2 字符串中所有字符（'EFGH'）去替换 IN1 字符串第 P=3 个字符开始的 L=2 个字符（即替换字符 '78'），生成的新字符串（'56EFGH9'）保存到 OUT 端指定的“数据块 _1”的字符串 B 中。

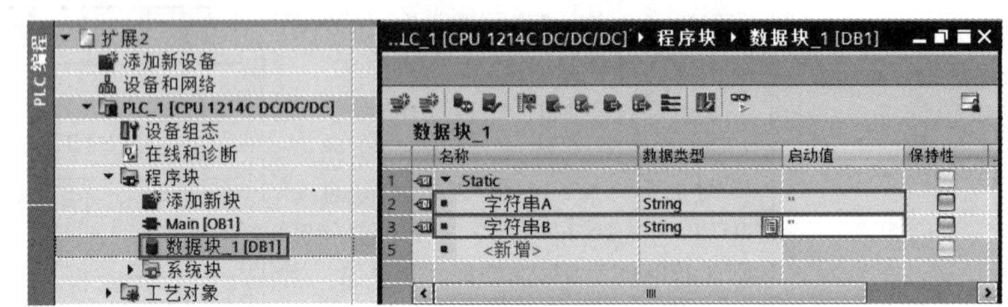

(a) 添加一个数据块并在其中建立2个String类型的变量

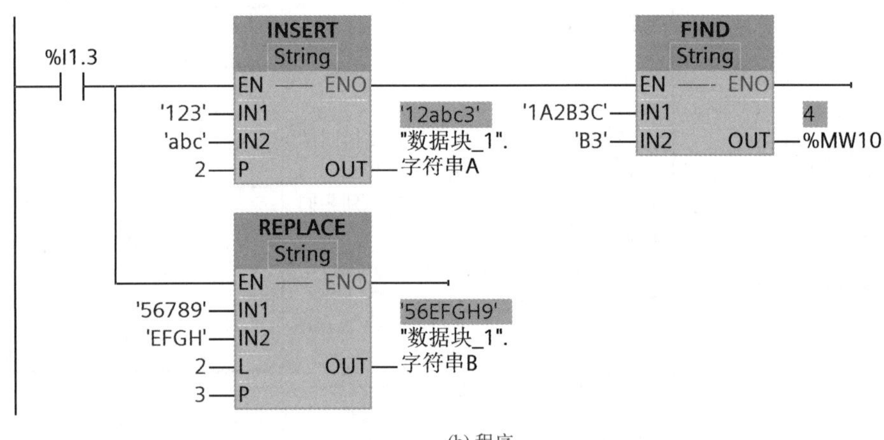

(b) 程序

图 8-13 在字符串中插入、查找和替换字符指令使用举例

8.3 PTO/PWM 脉冲发生器与脉冲输出指令

8.3.1 PTO/PWM 脉冲发生器与脉冲输出端分配

S7-1200 CPU 有 4 个 PTO/PWM 脉冲发生器，可以输出 PTO 脉冲或 PWM 脉冲。PTO（脉冲串输出）脉冲是指占空比固定为 50% 的方波脉冲序列，PWM（脉冲宽度调制）脉冲是指占空比可调节的脉冲。占空比是指高电平时间与周期时间的比值。PTO 脉冲和 PWM 脉冲如图 8-14、图 8-15 所示。

在使用 PTO/PWM 脉冲发生器时，只能指定其输出一种脉冲（PWM 脉冲或 PTO 脉冲）。4 个 PTO/PWM 脉冲发生器的脉冲输出端分配见表 8-18。以 PTO1/PWM1 脉冲发生器为例，若设定产生 PWM 脉冲，则从 CPU 模块的 Q0.0 端输出 PWM 脉冲，如果安装了信号板，还可以选择从信号板的 Q4.0 端输出 PWM 脉冲，脉冲宽度值默认保存在 QW1000 中，若设定产生 PTO 脉冲，除了从 Q0.0 或 Q4.0 端输出 PTO 脉冲，还会从 Q0.1 或 Q4.1 端输出方向信号。

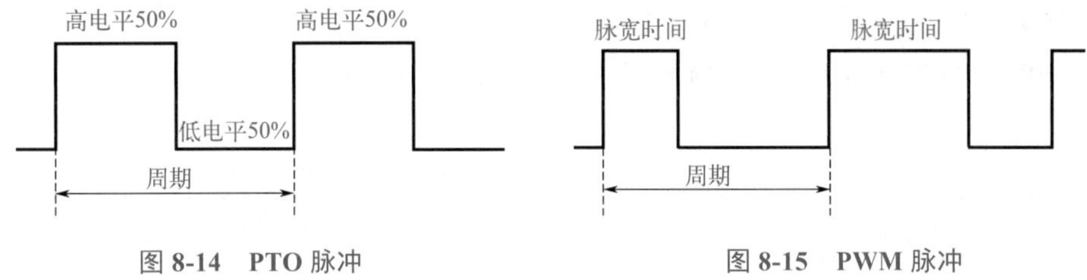

图 8-14　PTO 脉冲　　　　图 8-15　PWM 脉冲

表8-18　PTO/PWM脉冲发生器的脉冲输出端

脉冲发生器	脉冲类型	内置输出端	信号板输出端	脉宽值地址	最大输出频率
PTO1/PWM1	PWM/PTO 脉冲	Q0.0	Q4.0	QW1000	1211C：100kHz（Q0.0 ～ Q0.3） 1212C：100kHz（Q0.0 ～ Q0.3）；20kHz（Q0.0 ～ Q0.3） 1214C/1215C：100kHz（Q0.0 ～ Q0.4）；20kHz（Q0.5 ～ Q1.1） 1217C：1MHz（Q0.0 ～ Q0.3）；100kHz（Q0.4 ～ Q1.1） SB1222/SB1223：200kHz
	PTO 方向	Q0.1	Q4.1		
PTO2/PWM2	PWM/PTO 脉冲	Q0.2	Q4.2	QW1002	
	PTO 方向	Q0.3	Q4.3		
PTO3/PWM3	PWM/PTO 脉冲	Q0.4	Q4.0	QW1004	
	PTO 方向	Q0.5	Q4.1		
PTO4/PWM4	PWM/PTO 脉冲	Q0.6	Q4.2	QW1006	
	PTO 方向	Q0.7	Q4.3		

8.3.2　脉宽调制指令（CTRL_PWM）说明

脉宽调制指令（CTRL_PWM）说明如表 8-19 所示。

表8-19　脉宽调制指令（CTRL_PWM）指令说明

<table>
<tr><th>符号名称</th><th>说明</th><th>参数</th></tr>
<tr><td><???>
CTRL_PWM
EN　ENO
PWM　BUSY
ENABLE　STATUS
脉宽调制</td><td>在 EN=1 时，若 ENABLE=1，则启动 PWM 端指定的脉冲发生器（硬件 ID）输出脉冲，ENABLE=0，禁用脉冲发生器。
BUSY 端为功能忙信号，指令执行时 BUSY 始终为 0（FALSE）。
STATUS 端显示指令状态，其含义为：0—无错误；80A1—指定的硬件 ID 无效；80D0—指定硬件 ID 的脉冲发生器未启用，需要在 STEP 7 中组态启用该 PTO/PWM 脉冲发生器。
在使用该指令启动某个脉冲发生器产生 PWM 脉冲时，需要先在 TIA STEP7 软件中组态（配置）该脉冲发生器</td><td><table>
<tr><th>参数</th><th>数据类型</th><th>存储区</th></tr>
<tr><td>PWM</td><td>HW_PWM</td><td rowspan="2">I、Q、M、D、L 或常数</td></tr>
<tr><td>ENABLE</td><td>BOOL</td></tr>
<tr><td>BUSY</td><td>BOOL</td><td rowspan="2">I、Q、M、D、L</td></tr>
<tr><td>STATUS</td><td>WORD</td></tr>
</table></td></tr>
</table>

8.3.3 在 STEP7 软件中配置 PTO/PWM 脉冲发生器

脉宽调制指令（CTRL_PWM）主要用来启动指定的 PTO/PWM 脉冲发生器产生 PWM 脉冲，脉冲发生器的参数配置需要在 STEP7 软件中进行。

在 STEP7 软件中配置 PTO/PWM 脉冲发生器的过程见表 8-20。

表8-20　在STEP7软件中配置PTO/PWM脉冲发生器的过程

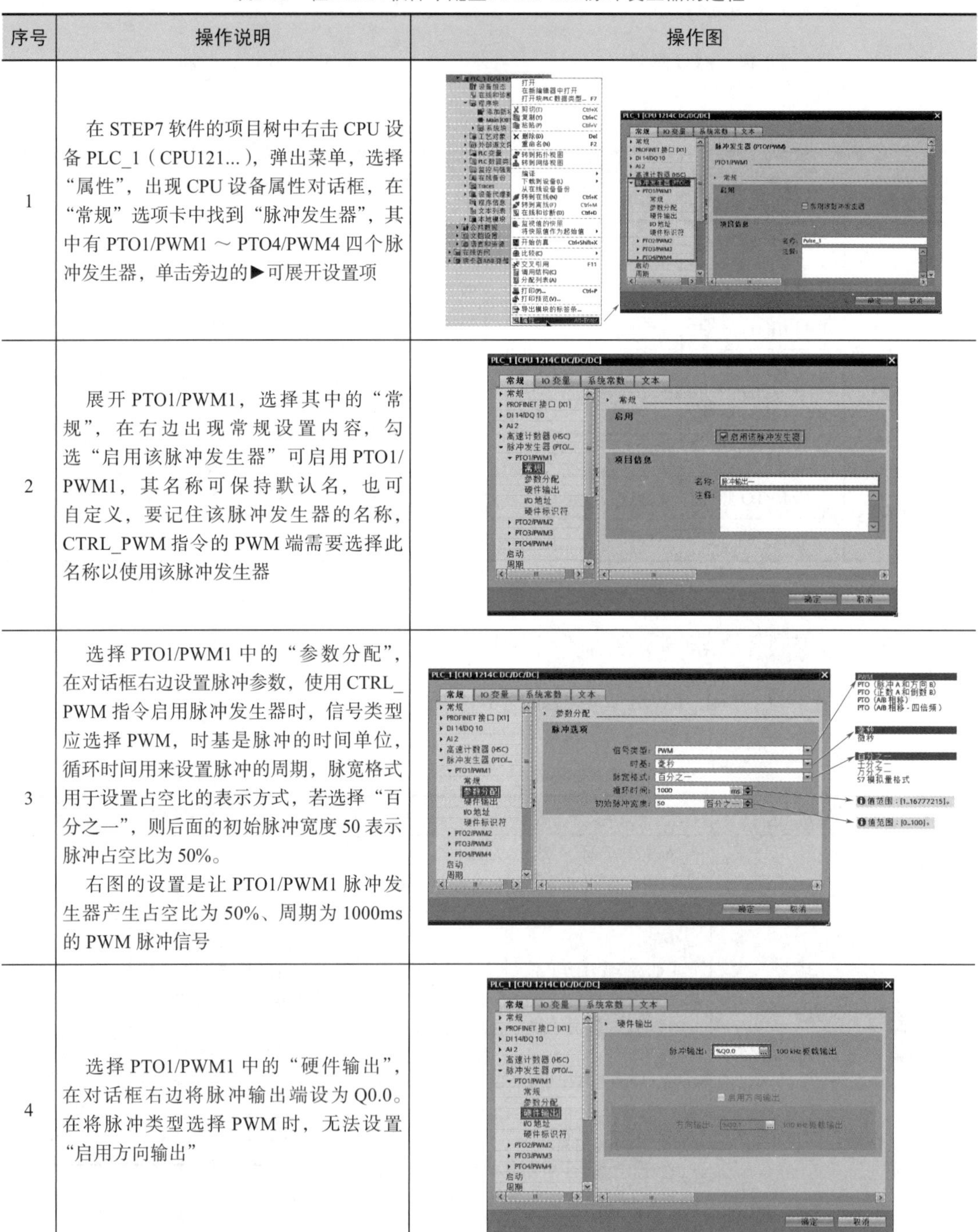

序号	操作说明	操作图
1	在 STEP7 软件的项目树中右击 CPU 设备 PLC_1（CPU121...），弹出菜单，选择“属性”，出现 CPU 设备属性对话框，在“常规”选项卡中找到“脉冲发生器”，其中有 PTO1/PWM1 ～ PTO4/PWM4 四个脉冲发生器，单击旁边的▶可展开设置项	
2	展开 PTO1/PWM1，选择其中的“常规”，在右边出现常规设置内容，勾选“启用该脉冲发生器”可启用 PTO1/PWM1，其名称可保持默认名，也可自定义，要记住该脉冲发生器的名称，CTRL_PWM 指令的 PWM 端需要选择此名称以使用该脉冲发生器	
3	选择 PTO1/PWM1 中的“参数分配”，在对话框右边设置脉冲参数，使用 CTRL_PWM 指令启用脉冲发生器时，信号类型应选择 PWM，时基是脉冲的时间单位，循环时间用来设置脉冲的周期，脉宽格式用于设置占空比的表示方式，若选择“百分之一”，则后面的初始脉冲宽度 50 表示脉冲占空比为 50%。 右图的设置是让 PTO1/PWM1 脉冲发生器产生占空比为 50%、周期为 1000ms 的 PWM 脉冲信号	
4	选择 PTO1/PWM1 中的“硬件输出”，在对话框右边将脉冲输出端设为 Q0.0。在将脉冲类型选择 PWM 时，无法设置“启用方向输出”	

续表

序号	操作说明	操作图
5	选择 PTO1/PWM1 中的“I/O 地址”，在对话框右边将脉冲宽度值的保存地址设为 QW1000（即 QB1000、QB1001），其他 2 项设置保持默认	
6	选择 PTO1/PWM1 中的“硬件标识符”，在对话框右边显示 PTO1/PWM1 脉冲发生器的标识符为 265（不可更改）。 在 CTRL_PWM 指令的 PWM 端可选择脉冲发生器的名称，也可直接输入硬件标识符来启用其对应的 PTO1/PWM1 脉冲发生器	

8.3.4 PWM 脉冲的产生与更改占空比编程举例

在使用 CTRL_PWM 指令启动 PTO/PWM 脉冲发生器产生脉冲前，应先在 STEP7 软件中对脉冲发生器进行配置（组态），这里使用 PTO1/PWM1 脉冲发生器，其脉冲分配参数设置如图 8-16 所示（其他设置与表 8-20 相同），该设置可让 PTO1/PWM1 脉冲发生器产生占空比为 50%、周期为 1000μs（频率为 1kHz）的脉冲。在 STEP7 软件中配置好 PTO1/PWM1 脉冲发生器后，再使用 CTRL_PWM 指令编程来启动该脉冲发生器，程序如图 8-17 所示。

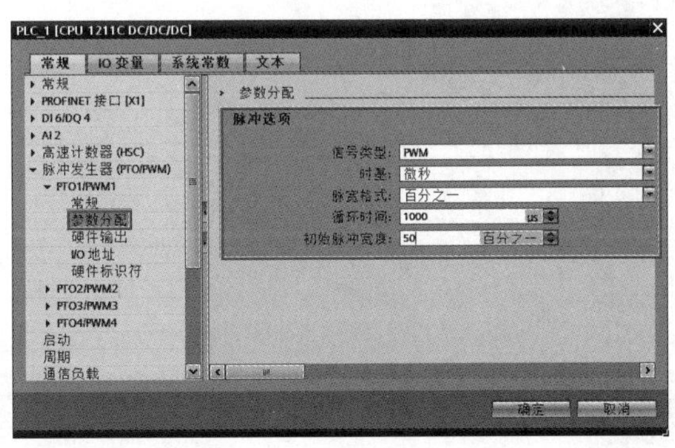

图 8-16　配置 PTO1/PWM1 脉冲发生器产生占空比为 50%、周期为 1000μs（频率为 1kHz）的脉冲

当 PLC 由 STOP 转入 RUN 模式后，CTRL_PWM 指令执行，如图 8-17（a）所示，由于 EN、ENABLE 端均为 1，马上启动 PWM 端指定的硬件标识符为 265 的 PTO1/PWM1 脉冲发

生器，使之按配置产生占空比为 50%、周期为 1000μs 的脉冲，脉冲宽度值 50 保存在 QW1000 中，QW1000（QB1000—高 8 位、QB1001—低 8 位）中保存 50 的十六进制数 16#0032（二进制表示为 0000000000110010），利用 CONV（转换值）指令将该值转换成 Bcd16 类型的数值，Bcd 意为二进制编码的十进制数，采用 4 位二进制数表示 0 ～ 9 中的一个数，Bcd16 数据类型用到 16 位二进制数，可表示 4 个十进制数，十六进制数 16#0032（二进制表示为 0000000000110010）转换成 Bcd16 类型的数值为 16#0050（0000000001010000），保存在 MW1000 中。

当 I0.0 常开触点闭合时，CONV 指令执行，将 Bcd16 类型的数值 16#25（00100101）转换成十六进制数 16#0019（二进制表示为 0000000000011001），保存在 QW1000 中，如图 8-17（b）所示，之后 CTRL_PWM 指令执行启动 PTO1/PWM1 脉冲发生器时，将会以 QW1000 中的新值作为脉冲宽度值，产生占空比为 25%、周期为 1000μs（频率为 1kHz）的脉冲。

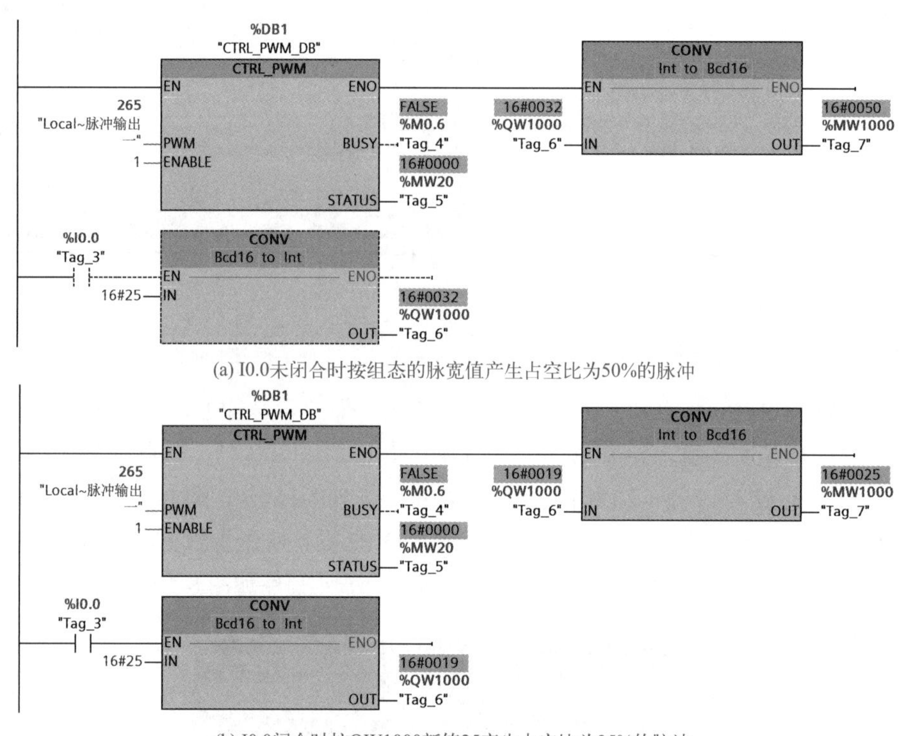

图 8-17　PWM 脉冲的产生与更改占空比的程序

8.4 高速计数器及指令

PLC 有普通计数器和高速计数器，普通计数器的计数速度与 PLC 扫描周期有关，一个扫描周期只能读取一次输入脉冲的变化，只能对几十赫兹以下的低频脉冲进行计数，高速计数器的计数速度与 PLC 扫描周期无关，最高可对 200kHz 的脉冲进行计数。S7-1200 PLC 有 6 个高速计数器（HSC1 ～ HSC6）。

8.4.1　高速计数器的工作模式

高速计数器可配置 4 种工作模式（或称计数器模式）：内部 / 外部方向控制的单相计数器；加、减两路脉冲输入的双相计数器；A/B 相正交计数器；A/B 相正交四倍频计数器。

（1）内部 / 外部方向控制的单相计数器

单相计数器只有一路计数脉冲输入，其计数方向（加 / 减计数）可由用户程序控制（即内部方向控制），也可以用外部输入端子控制（即外部方向控制）。

内部 / 外部方向控制的单相计数器工作时序如图 8-18 所示。首先装载计数器当前计数初始值 0 和参考值 4，若方向控制值为 1（加计数），计数器每输入一个计数脉冲上升沿，当前计数值增 1，当计数值 CV 增到等于参考值 RV 时，会产生 CV=RV 硬件中断，随着计数脉冲不断输入，当前计数值不断增大；如果方向控制值为 0（减计数），计数器每输入一个计数脉冲上升沿，当前计数值减 1，当 CV 值减到等于 RV 值时，会产生 CV=RV 硬件中断，随着计数脉冲不断输入，当前计数值不断减小。当高速计数器发生计数方向改变时，会产生计数方向改变中断。

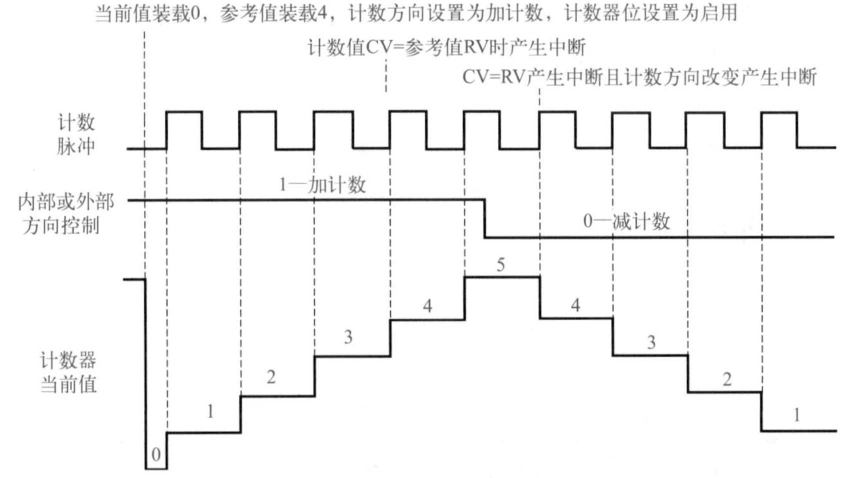

图 8-18　内部 / 外部方向控制的单相计数器工作时序例图

（2）加、减两路脉冲输入的双相计数器

加、减两路脉冲输入的双相计数器有加计数和减计数两路脉冲输入，当加计数端输入脉冲时进行加计数，当减计数端输入脉冲时进行减计数。

加、减两路脉冲输入的双相计数器工作时序如图 8-19 所示。加计数端每输入一个计数脉冲上升沿，当前计数值增 1，当计数值 CV 增到等于参考值 RV 时，会产生 CV=RV 硬件中断，随着加计数脉冲不断输入，当前计数值不断增大；减计数端每输入一个计数脉冲上升沿，当前计数值减 1，当 CV 值减到等于 RV 值时，会产生 CV=RV 硬件中断，随着计数脉冲不断输入，当前计数值不断减小。当高速计数器发生计数方向改变时，会产生计数方向改变中断。

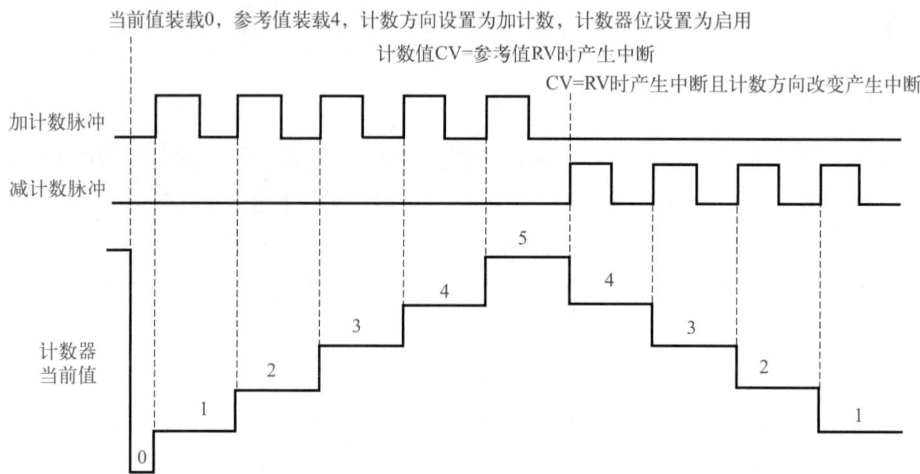

图 **8-19**　加、减两路脉冲输入的双相计数器工作时序例图

（3）A/B 相正交计数器

A/B 相正交计数器有 A 相和 B 相两路脉冲输入，当 A 相脉冲超前 B 相脉冲时，对 A 相脉冲上升沿进行加计数，当 B 相脉冲超前 A 相脉冲时，对 A 相脉冲下降沿进行减计数。

A/B 相正交计数器工作时序如图 8-20 所示。当 A 相脉冲超前 B 相脉冲时，A 相每输入一个计数脉冲上升沿，当前计数值增 1，当计数值 CV 增到等于参考值 RV 时，会产生 CV=RV 硬件中断，随着 A 相脉冲不断输入，当前计数值不断增大；当 B 相脉冲超前 A 相脉冲时，A 相每输入一个计数脉冲下降沿，当前计数值减 1，当计数值 CV 减到等于参考值 RV 时，会产生 CV=RV 硬件中断，随着 A 相脉冲不断输入，当前计数值不断减小。当高速计数器发生计数方向改变时，会产生计数方向改变中断。

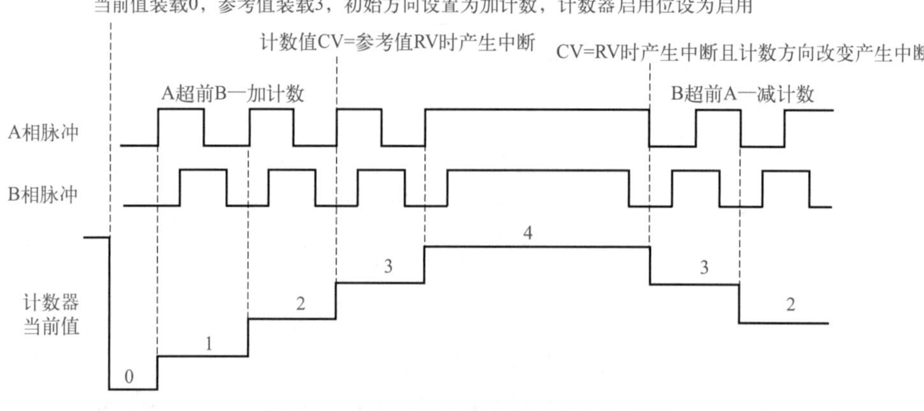

图 **8-20**　**A/B** 相正交计数器工作时序例图

（4）A/B 相正交四倍频计数器

A/B 相正交四倍频计数器有 A 相和 B 相两路脉冲输入，当 A 相脉冲超前 B 相脉冲时，对 A、B 相脉冲上升沿和下降沿进行加计数，当 B 相脉冲超前 A 相脉冲时，对 A、B 相脉冲上升沿和下降沿进行减计数。

A/B 相正交四倍频计数器工作时序如图 8-21 所示。当 A 相脉冲超前 B 相脉冲时，依次对 A 相上升沿、B 相上升沿、A 相下降沿和 B 相下降沿进行加计数，一个脉冲周期计数 4 次，当计数值 CV 增到等于参考值 RV 时，会产生 CV=RV 硬件中断，随着 A、B 相脉冲不断输入，当前计数值不断增大；当 B 相脉冲超前 A 相脉冲时，依次对 B 相上升沿、A 相上升沿、B 相下降沿和 A 相下降沿进行减计数，一个脉冲周期计数 4 次，当计数值 CV 减到等于参考值 RV 时，会产生 CV=RV 硬件中断，随着 A、B 相脉冲不断输入，当前计数值不断减小。当高速计数器发生计数方向改变时，会产生计数方向改变中断。

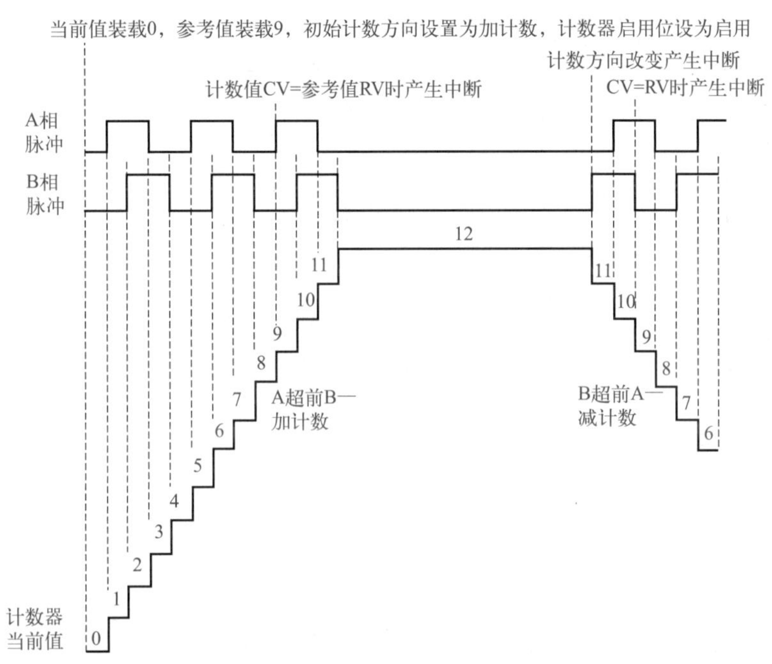

图 **8-21**　**A/B** 相正交四倍频计数器工作时序例图

8.4.2　高速计数器分配的输入端子

S7-1200 PLC 有 HSC1 ～ HSC6 共 6 个高速计数器，每个 HSC 可配置 4 种工作模式，HSC 工作时需要分配输入端子，以便接收计数脉冲和控制信号，每个 HSC 分配 3 个输入端子，各端子的功能与 HSC 的工作模式有关。S7-1200 CPU 模块型号很多，有的型号因为输入端子少，仅依靠本体不能使用全部 HSC，若要使用更多的 HSC，可在 CPU 模块上安装输入信号板 SB，将 SB 的输入端子用作 HSC 的输入端子。

CPU1211C 默认分配的 HSC 输入端子见表 8-21。CPU1212C/CPU1214C/CPU1215C/CPU1217C 默认分配的 HSC 输入端子见表 8-22。以 CPU1211C 为例，如果需要使用 HSC1 并工作在单相模式，则默认将 I0.0 端子用作计数脉冲输入端，I0.1 端子用作计数方向控制端（若用程序控制计数方向，该端子不用），I0.3 端子用作计数器复位控制端，如果安装了 SB 信号板，可将 SB 的 I4.0、I4.1、I4.3 端子分别用作计数脉冲输入、计数方向控制和复位控制端。HSC 默认分配的输入端子可在 STEP7 软件中组态更改。

表8-21　CPU1211C默认分配的HSC输入端子

HSC 计数器模式		CPU 本体输入端子 I0.x						SB 信号板输入端子 I4.x			
		0	1	2	3	4	5	0	1	2	3
HSC 1	单相	C	[d]		[R]			C	[d]		[R]
	双相	U	D		[R]			U	D		[R]
	AB 相	A	B		[R]			A	B		[R]
HSC 2	单相		[R]	C	[d]				[R]	C	[d]
	双相		[R]	U	D				[R]	U	D
	AB 相		[R]	A	B				[R]	A	B
HSC 3	单相					C	[d]	C	[d]		[R]
	双相										
	AB 相										
HSC4	单相					C	[d]	C	[d]		[R]
	双相					U	D				
	AB 相					A	B				
HSC 5	单相							C	[d]		[R]
	双相							U	D		[R]
	AB 相							A	B		[R]
HSC 6	单相								[R]	C	[d]
	双相								[R]	U	D
	AB 相								[R]	A	B

注：C—计数脉冲输入；[d]—计数方向控制（选用）；U—加计数脉冲输入；D—减计数脉冲输入；A—A 相脉冲输入；B—B 相脉冲输入；[R]—复位控制（选用）。

表8-22　CPU1212C/CPU1214C/CPU1215C/CPU1217C默认分配的HSC输入端子

HSC 计数器模式		输入端子 I0.x								输入端子 I1.x					
		0	1	2	3	4	5	6	7	0	1	2	3	4	5
HSC 1	单相	C	[d]		[R]										
	双相	U	D		[R]										
	AB 相	A	B		[R]										
HSC 2	单相		[R]	C	[d]										
	双相		[R]	U	D										
	AB 相		[R]	A	B										

续表

HSC 计数器模式		输入端子 I0.x								输入端子 I1.x					
		0	1	2	3	4	5	6	7	0	1	2	3	4	5
HSC 3	单相					C	[d]		[R]						
	双相					U	D		[R]						
	AB 相					A	B		[R]						
HSC 4	单相						[R]	C	[d]						
	双相						[R]	U	D						
	AB 相						[R]	A	B						
HSC 5	单相									C	[d]	[R]			
	双相									U	D	[R]			
	AB 相									A	B	[R]			
HSC 6	单相												C	[d]	[R]
	双相												U	D	[R]
	AB 相												A	B	[R]

注：C—计数脉冲输入；[d]—计数方向控制（选用）；U—加计数脉冲输入；D—减计数脉冲输入；A—A 相脉冲输入；B—B 相脉冲输入；[R]—复位控制（选用）。

8.4.3 高速计数器的配置

S7-1200 PLC 高速计数器的工作模式、输入端子和中断等属性在 STEP7 软件中配置，下载程序时与编写的程序一起下载到 PLC。高速计数器的配置过程见表 8-23。

表8-23 在STEP7软件中配置高速计数器的过程

操作说明	操作图
在 STEP7 软件的项目树中右击 CPU 设备 PLC_1（CPU121...），弹出菜单，选择“属性”，出现 CPU 设备属性对话框，在“常规”选项卡中可找到“高速计数器（HSC）”项，其中有 HSC1 ～ HSC6 六个高速计数器，单击旁边的▶可展开设置项	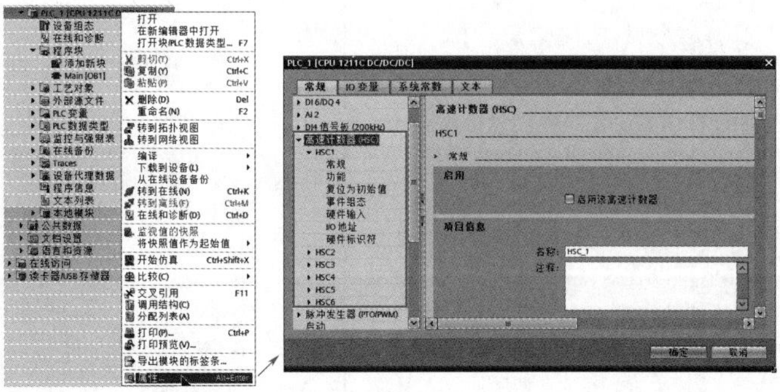

续表

<table>
<tr><th>操作说明</th><th>操作图</th></tr>
<tr><td>展开 HSC1 设置项，选择其中的“常规”，在右侧勾选“启用该高速计数器”，其名称可保持默认名“HSC_1”，也可自定义</td><td>
</td></tr>
<tr><td>选择 HSC1 中的“功能”，在右侧设置计数器的计数类型、工作模式、计数方向控制和计数方向。
在计数类型中，当选“计数”时，递增或递减计算脉冲数；当选“时间段”时，在指定时间段（1.0s/0.1s/0.01s）内计算脉冲数，得到脉冲数及周期（ns）；当选“频率”时，测量输入脉冲的频率，得到一个有符号的双精度整数的频率；当选“运动控制”时，用于运动控制工艺对象</td><td>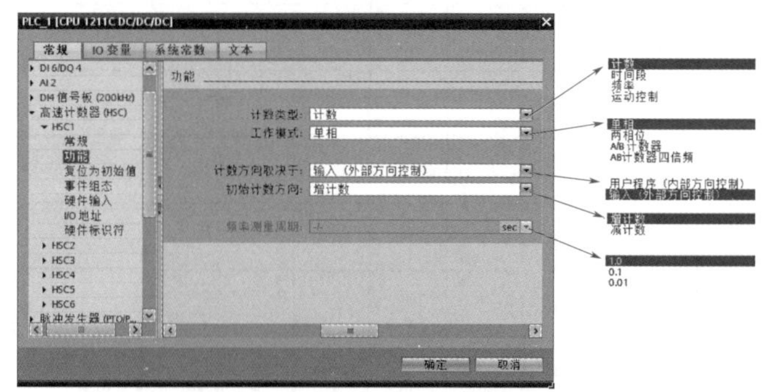
</td></tr>
<tr><td>选择 HSC1 中的“复位为初始值”，在右侧可设置高速计数器的初始计数器值 CV、初始参考值 RV，勾选“使用外部复位输入”后，会使用外部端子输入复位信号，可进一步选择有效的复位信号方式（高电平或低电平有效）</td><td>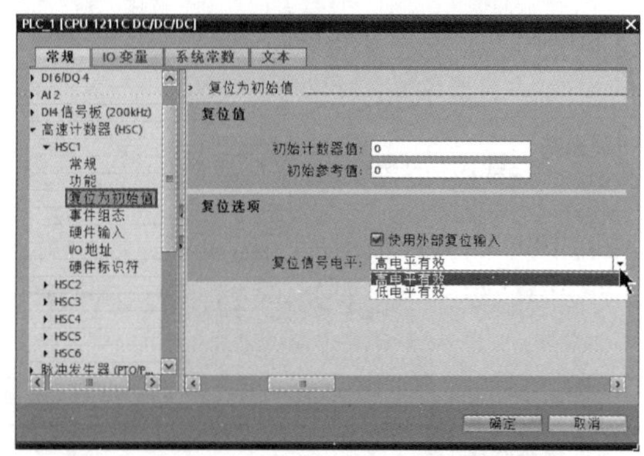
</td></tr>
<tr><td>选择 HSC1 中的“事件组态”，在右侧可设置计数值 CV= 参考值 RV 时触发的硬件中断 OB 和外部复位信号输入时触发的硬件中断 OB。
单击“硬件中断”右边的“...”按钮，可以创建或选择已创建的硬件中断 OB，也可以在 STEP7 项目树的程序块中创建硬件中断 OB</td><td>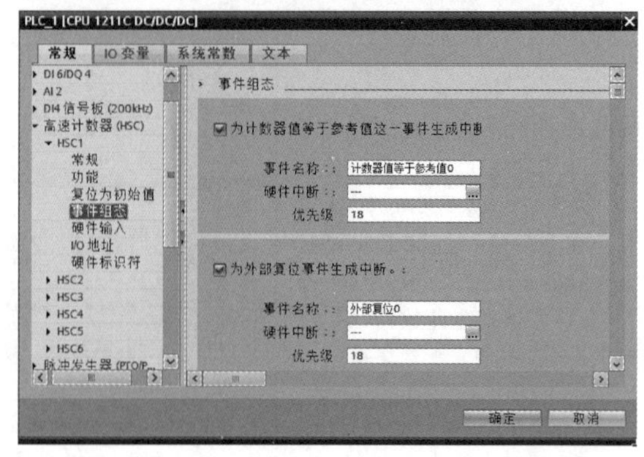
</td></tr>
</table>

续表

<table>
<tr><th>操作说明</th><th>操作图</th></tr>
<tr><td>在 STEP7 项目树的程序块中双击“添加新块”，弹出对话框，选择组织块中的“Hardware interrupt（硬件中断）”，将其命名为“CV=RV 中断”，确定后即在程序块中添加了“CV=RV 中断 [OB40]”组织块</td><td>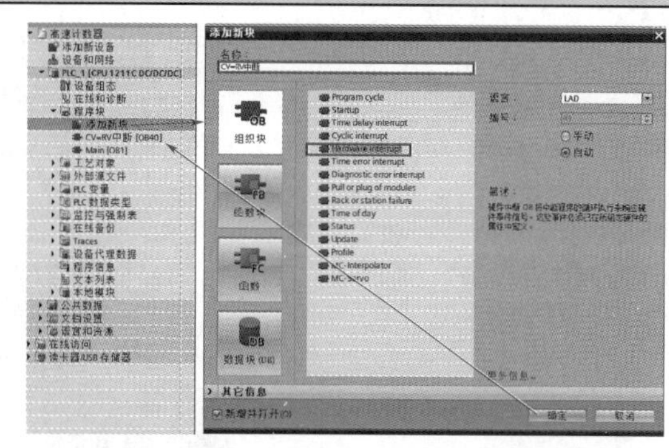
</td></tr>
<tr><td>在设备属性对话框的HSC1 的“事件组态”中，单击“硬件中断”右边的“...”按钮，选择已创建的“CV=RV 中断 [OB40]”，这样当出现计数值 CV=参考值 RV 时会执行“CV=RV 中断 [OB40]”组织块</td><td>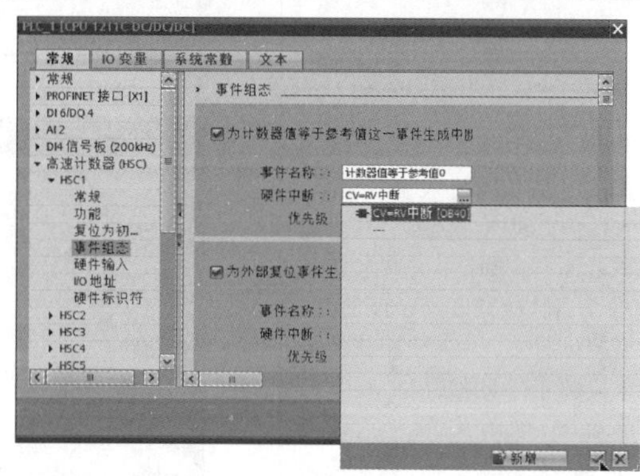
</td></tr>
<tr><td>选择 HSC1 中的“硬件输入”，在右侧可设置计数脉冲、外部控制方向和复位控制的输入端子，HSC1 默认分别为 I0.0、I0.1 和 I0.3，单击“...”按钮可选择其他端子</td><td>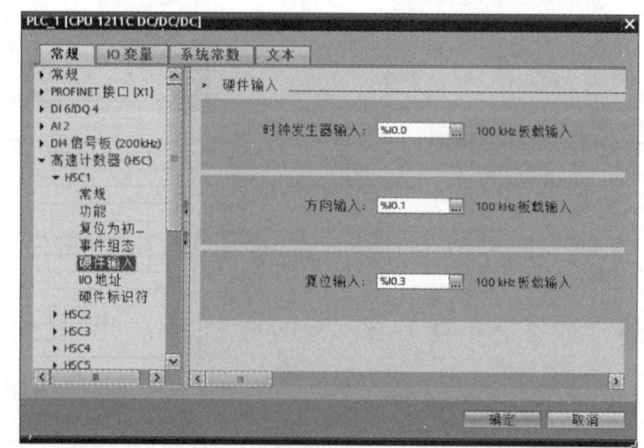
</td></tr>
<tr><td>选择 HSC1 中的“I/O 地址”，在右侧可设置 HSC1 当前计数值的保存地址。
HSC1 ～ HSC6 当前计数值（数据类型为 DInt）默认存放地址为：
HSC1—ID1000（IB000 ～ IB1003）
HSC2—ID1004
HSC3—ID1008
HSC4—ID1012
HSC5—ID1016
HSC6—ID1020</td><td>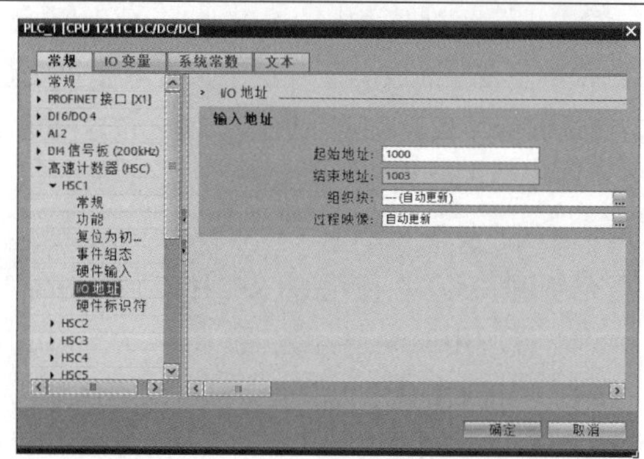
</td></tr>
</table>

续表

操作说明	操作图
选择 HSC1 中的“硬件标识符”，HSC1 的硬件标识符为 257，即用 257 表示 HSC1，不可更改	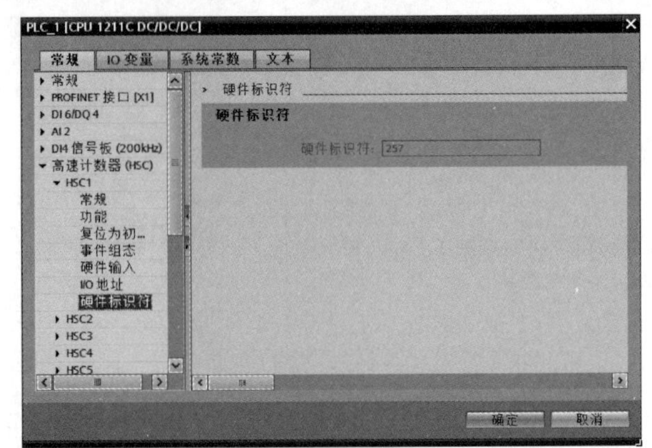
为减小外部干扰信号进入输入电路，数字量输入端内部设有滤波器，其滤波值默认为 6.4ms，如果该端子用作 HSC 脉冲输入端，当脉冲宽度小于该值时，可能会过滤掉该脉冲，为此应将滤波值设置小于最小脉冲宽度值。 选择数字量输入中的“通道 0（I0.0）”，在右边可设置输入滤波器的滤波值，如果输入脉冲最小宽度为 1ms，可将滤波值设为 0.8ms	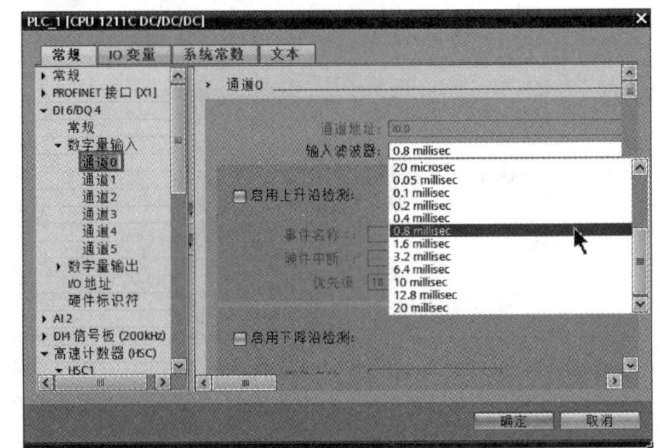

8.4.4 高速计数器指令说明及使用举例

高速计数器指令有 2 条，分别是 CTRL_HSC（控制高速计数器）指令和 CTRL_HSC_EXT（控制高速计数器扩展）指令。低版本的 CPU 不支持 CTRL_HSC_EXT 指令。CTRL_HSC 指令采用直接加载指令上的值来控制计数器工作，而 CTRL_HSC_EXT 指令则需要根据测量内容不同，先添加并设置数据块中的 HSC_Count（计数）、HSC_Period（周期）或 HSC_Frequency（频率）数据类型变量（该类型变量中又含有很多变量）的值，然后用 CTRL_HSC_EXT 指令将该类型变量的值加载给高速计数器，使之按这些值工作。

（1）CTRL_HSC 指令

① 指令说明　见表 8-24。

② 指令使用举例　在使用 CTRL_HSC（控制高速计数器）指令编程前，需要在 STEP7 软件中启用并配置所用的高速计数器（HSC1 ～ HSC6），本例中启用 HSC1，其组态配置如图 8-22 所示。使用 CTRL_HSC 指令编写的程序如图 8-23 所示，图（a）为高速计数器 HSC1 出现计数值 CV= 参考值 RV 时产生中断而执行的硬件中断 OB 程序。

表8-24　CTRL_HSC指令说明

<table>
<tr><th>符号名称</th><th>说明</th><th>参数</th></tr>
<tr>
<td> 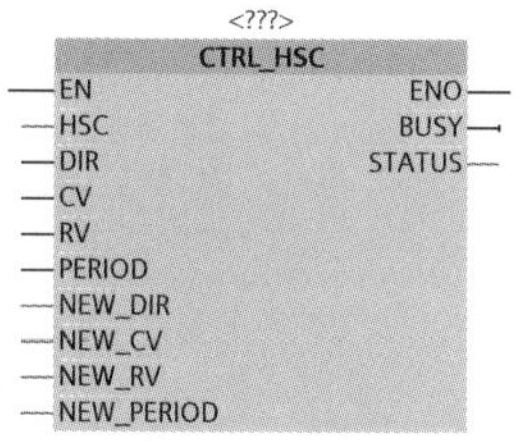<???>
CTRL_HSC
EN　ENO
HSC　BUSY
DIR　STATUS
CV
RV
PERIOD
NEW_DIR
NEW_CV
NEW_RV
NEW_PERIOD
控制高速计数器</td>
<td>当 EN=1 时，根据 DIR、CV、RV、PERIOD 端的值（1—装载；0—不装载），将 NEW_DIR（新计数方向：1—加计数；-1—减计数）；NEW_CV（新计数值）、NEW_RV（新参考值）、NEW_PERIOD（新频率测量周期：1000—1s；100—0.1s；10—0.01s）端的值装载（或不装载）给 HSC 端指定的高速计数器，使之按新值工作。
NEW_CV、NEW_RV 取值范围为 -2147483648 ～ 2147483647。
BUSY：指令处理状态。1—处理中；0—处理完成。
STATUS：运行状态。0—无错误；80A1—HSC 硬件标识符无效；80B1—NEW_DIR 值无效；80B2—NEW_CV 值无效；80B—NEW_RV 值无效；80B4—NEW_PERIOD 值无效；80C0—多次访问高速计数器；80D0—CPU 硬件配置中没有启用高速计数器</td>
<td>
<table>
<tr><th>参数</th><th>数据类型</th><th>存储区</th></tr>
<tr><td>EN</td><td>BOOL</td><td>I、Q、M、D、L、T、C</td></tr>
<tr><td>ENO</td><td>BOOL</td><td>I、Q、M、D、L</td></tr>
<tr><td>HSC</td><td>HW_HSC</td><td>I、Q、M 或常数</td></tr>
<tr><td>DIR、CV、RV、PERIOD</td><td>BOOL</td><td rowspan="3">I、Q、M、D、L 或常数</td></tr>
<tr><td>NEW_DIR、NEW_PERIOD</td><td>INT</td></tr>
<tr><td>NEW_CV、NEW_RV</td><td>DINT</td></tr>
<tr><td>BUSY</td><td>BOOL</td><td rowspan="2">I、Q、M、D、L</td></tr>
<tr><td>STATUS</td><td>WORD</td></tr>
</table>
</td>
</tr>
</table>

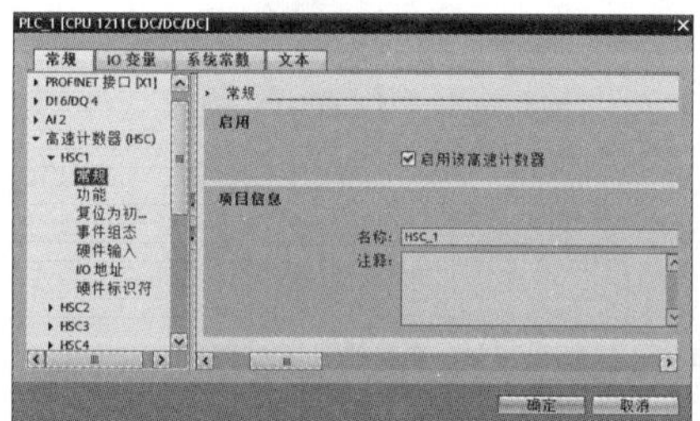

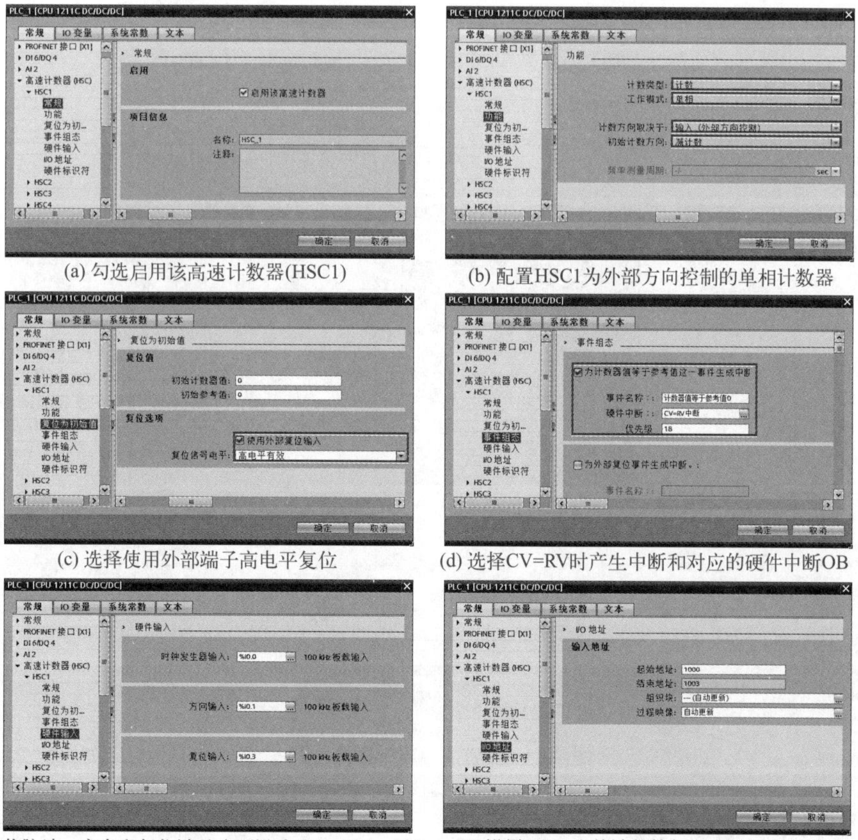

(a) 勾选启用该高速计数器(HSC1)

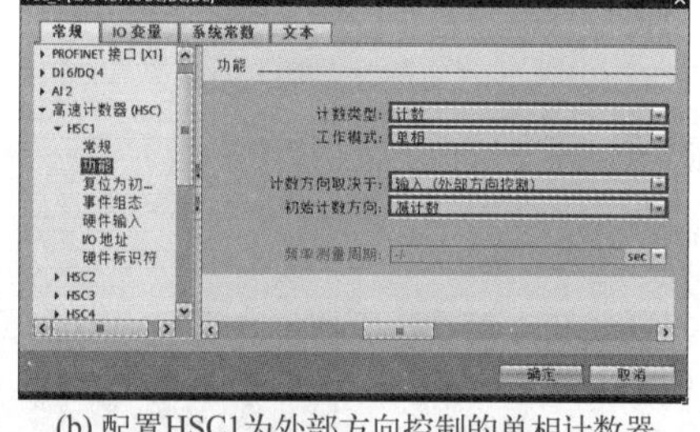

(b) 配置HSC1为外部方向控制的单相计数器

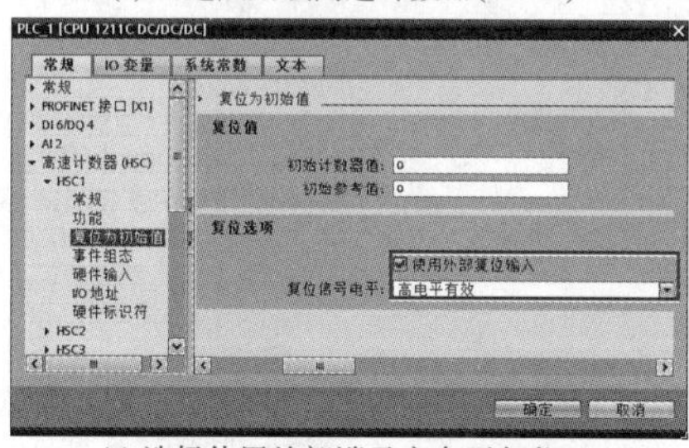

(c) 选择使用外部端子高电平复位

(d) 选择CV=RV时产生中断和对应的硬件中断OB

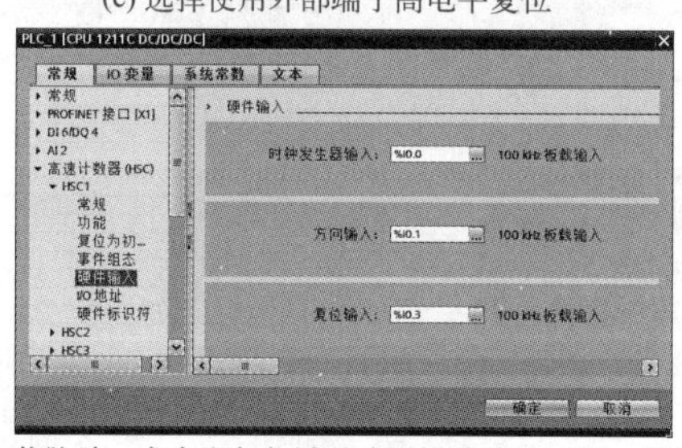

(e) 将脉冲、方向和复位端子分别设为I0.0、I0.1、I0.3

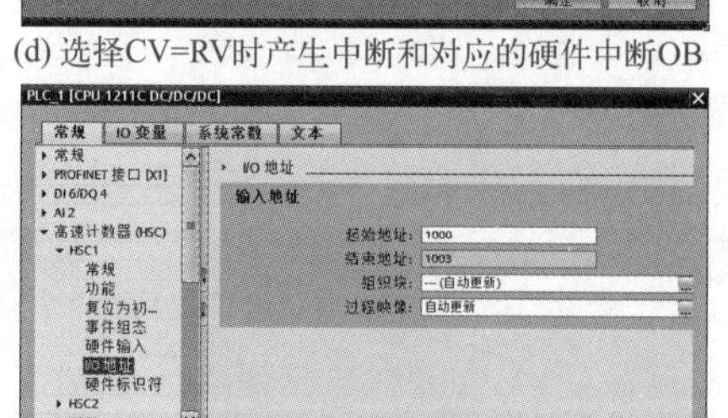

(f) 设置HSC1当前计数值保存地址为ID0000

图 8-22

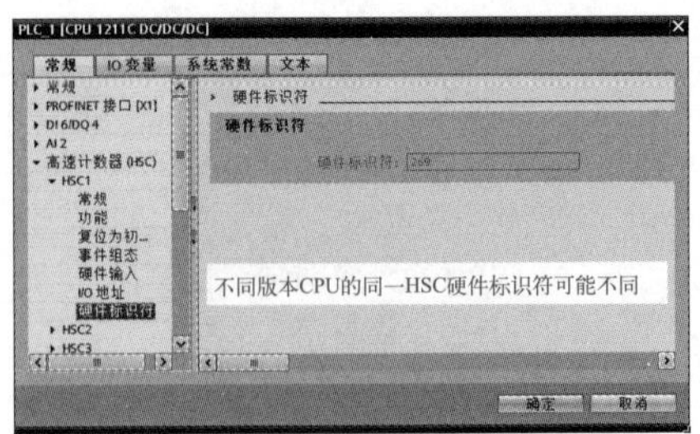

(g) 查看HSC1的硬件标识符为269

图 8-22　高速计数器 HSC1 的组态配置

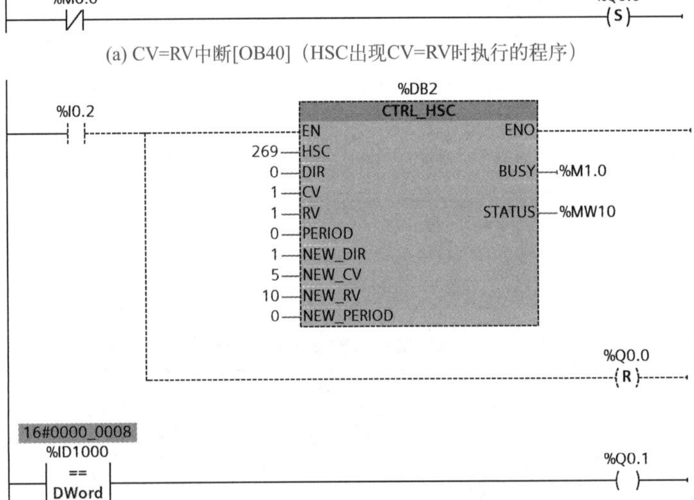

(a) CV=RV中断[OB40]（HSC出现CV=RV时执行的程序）

PLC上电运行时，HSC1的初始计数值为0(ID1000=16#00000000)，先让方向控制I0.1端子固定为高电平(如将该端子外接开关闭合，加计数），再给计数脉冲I0.0端子输入脉冲(如外接开关通断一次输入一个脉冲)，随着脉冲的不断输入，ID1000的值不断增大，当其值为8时，CMP ==（比较相等）触点闭合，Q0.1线圈得电

(b) MAIN[OB1]（未执行CTRL_HSC指令时）

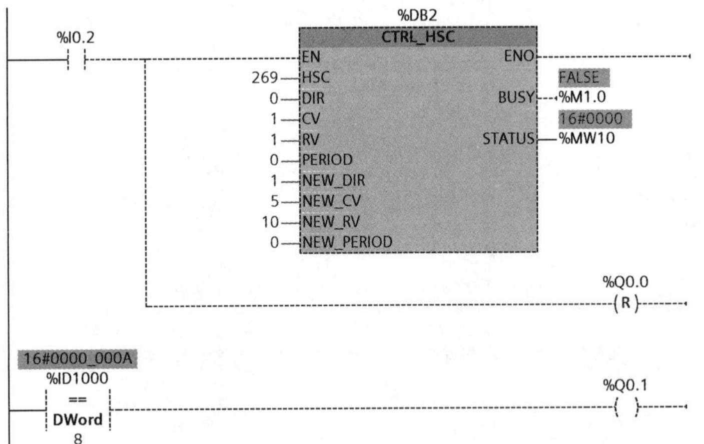

当I0.2触点闭合时，CTRL_HSC指令执行，因CV=1、RV=1，故将NEW_CV=5、NEW_RV=10装载给HSC1的初始计数值和参考值，ID1000的值变为5，然后给计数脉冲I0.0端子不断输入脉冲，ID1000的值不断增大，增到8时，CMP ==触点闭合，Q0.1线圈得电，增到10(16#0000000A)时，HSC1出现CV=RV，产生CV=RV中断，触发执行“CV=RV中断[OB40]”，Q0.0线圈得电。

如果复位I0.3端子输入高电平（如该端子外接开关闭合），HSC1复位，ID1000值变为0

(c) MAIN[OB1]（执行CTRL_HSC指令后）

图 8-23　CTRL_HSC 指令使用举例

（2）CTRL_HSC_EXT 指令

① 指令说明　见表 8-25。

表8-25　CTRL_HSC_EXT指令说明

<table>
<tr><th>符号名称</th><th>说明</th><th>参数</th></tr>
<tr>
<td><???>
CTRL_HSC_EXT
EN　ENO
HSC　DONE
CTRL　BUSY
ERROR
STATUS
控制高速计数器扩展</td>
<td>当 EN=1 时，将 CTRL 端指定数据块中的 HSC_Count（计数）、HSC_Period（周期）或 HSC_Frequency（频率）的系统数据类型（SDT）变量的值加载给 HSC 端指定的高速计数器，使之按新值工作。
DONE：成功处理指令后的反馈。1—已完成。
BUSY：指令处理状态。1—处理中；0—处理完成。
ERROR：错误处理指令的反馈。1—出现错误。
STATUS：运行状态。0—无错误；80A1—HSC 硬件标识符无效；80B1—新方向值无效；80B4—新周期值无效；80B5—新 OP 模式值无效；80B6—新限制行为值无效；80D0—SFB124 不可用</td>
<td>
<table>
<tr><th>参数</th><th>数据类型</th><th>存储区</th></tr>
<tr><td>EN</td><td>BOOL</td><td>I、Q、M、D、L、T、C</td></tr>
<tr><td>ENO</td><td>BOOL</td><td>I、Q、M、D、L</td></tr>
<tr><td>HSC</td><td>HW_HSC</td><td>I、Q、M 或常数</td></tr>
<tr><td>CTRL</td><td>VARIANT</td><td>M、D</td></tr>
<tr><td>DONE、BUSY、ERROR</td><td>BOOL</td><td rowspan="2">I、Q、M、D、L</td></tr>
<tr><td>STATUS</td><td>WORD</td></tr>
</table>
</td>
</tr>
</table>

② CTRL_HSC_EXT 指令的系统数据类型（SDT）　CTRL_HSC_EXT 指令的 CTRL 端为系统数据类型（SDT）的变量，具体又分为 HSC_Count（计数）、HSC_Period（周期）和 HSC_Frequency（频率）三种，这些变量需要使用全局数据块存放。

在 STEP7 软件项目树的程序块中添加一个数据块（类型选择全局 DB），在该数据块变量表中新增一个名称为“MyHSC”变量，数据类型一栏直接输入“HSC_Count”，再单击▶展开该变量，可查看到该变量包含有很多元素，各元素、I/O 及说明见表 8-26，通过给相应的元素赋值可以为高速计数器设置各种参数值（如设置方向、初始计数值和参考计数值等）。

表8-26　HSC_Count数据类型变量的组成元素及说明

HSC_Count 数据类型变量	组成元素	I/O	说明
	CurrentCount	输出	HSC 的当前计数值
	CapturedCount	输出	在指定输入事件上捕获的计数值
	SyncActive	输出	状态位：同步输入已激活
	DirChange	输出	状态位：计数方向已更改
	CmpResult-1	输出	状态位：CurrentCount（当前计数值）等于发生的 Reference1（参考值 1）事件
	CmpResult-2	输出	状态位：CurrentCount 等于发生的 Reference2 事件
	OverflowNeg	输出	状态位：CurrentCount 达到最低下限值
	OverflowPos	输出	状态位：CurrentCount 达到最高上限值

续表

HSC_Count 数据类型变量	组成元素	I/O	说明
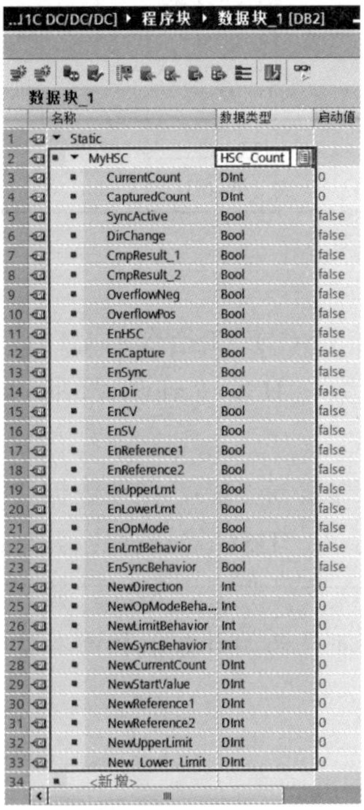	EnHSC	输入	启 / 禁用 HSC 脉冲计数（1—启用；0—禁用）
	EnCapture	输入	启 / 禁用捕获输入（1—启用；0—禁用）
	EnSync	输入	启 / 禁用同步（复位）输入（1—启用；0—禁用）
	EnDir	输入	启 / 禁用 NewDirection（新计数方向）
	EnCV	输入	启 / 禁用 NewCurrentCount（新当前计数值）
	EnSV	输入	启 / 禁用 NewStartValue（新初始值）
	EnReference1	输入	启 / 禁用 NewReference1（新参考值 1）
	EnReference2	输入	启 / 禁用 NewReference2（新参考值 2）
	EnUpperLmt	输入	启 / 禁用 NewUpperLimit（新上限值）
	EnLowerLmt	输入	启 / 禁用 New_Lower_Limit（新下限值）
	EnOpMode	输入	启 / 禁用 NewOpModeBehavior（新操作模式）
	EnLmtBehavior	输入	启 / 禁用 NewLimitBehavior（新限制模式）
	EnSyncBehavior	输入	不使用此值
	NewDirection	输入	新计数方向：1—加计数；-1—减计数；所有其他值保留
	NewOpMode-Behavior	输入	新 HSC 溢出的操作：1—HSC 停止计数（HSC 必须禁用并重新启用才能继续计数）；2—HSC 继续操作；所有其他值保留
	NewLimit-Behavior	输入	新当前计数值超出限值的操作：1—将当前计数值设置为相反限值；2—将当前计数值设置为开始值；所有其他值保留
	NewSyncBehavior	输入	不使用此值
	NewCurrentCount	输入	新当前计数值
	NewStartValue	输入	新初始值
	NewReference1	输入	新参考值 1
	NewReference2	输入	新参考值 2
	NewUpperLimit	输入	新计数上限值
	New_Lower_Limit	输入	新计数下限值

如果需要用高速计数器测量脉冲周期或频率，可以在数据块中创建 HSC_Period 或 HSC_Frequency 数据类型的变量，再用 CTRL_HSC_EXT 指令将这些变量的值加载给高速计数器。HSC_Period 数据类型变量的组成元素及说明见表 8-27，HSC_Period 数据类型变量的组成元素及说明见表 8-28。

表8-27 HSC_Period数据类型变量的组成元素及说明

HSC_Period 数据类型变量	组成元素	I/O	说明
高速计数器2 ▸ PLC_1 [CPU 1211C DC/DC/DC] ▸ 程 数据块_1 名称 | 数据类型 | 启动值 1 Static 2 MyHSCPeriod | HSC_Period 3 ElapsedTime | UDInt | 0 4 EdgeCount | UDInt | 0 5 EnHSC | Bool | false 6 EnPeriod | Bool | false 7 NewPeriod | Int | 0 8 <新增>	ElapsedTime	输出	ElapsedTime 值是连续测量间隔最后一个计数事件之间的时间（ns）。若在测量间隔内无计数事件发生，则该值为自最后一个计数事件算起的累计时间。 ElapsedTime 值范围为 0 ～ 4294967280ns（0x00000000 ～ 0xFFFFFFF0）
	EdgeCount	输出	EdgeCount 值为测量间隔内计数事件的数量。只有在 EdgeCount 值大于 0 时才能计算周期。如果 ElapsedTime 为 0（没有收到输入脉冲）或 0xFFFFFFFF（出现周期溢出），则 EdgeCount 中的值无效。 当 EdgeCount 有效，则周期（ns）=ElapsedTime/EdgeCount，计算的时间周期值为测量间隔内发生的所有脉冲的平均时间周期。如果输入脉冲周期大于测量间隔（10ms、100ms 或 1000ms），那么周期计算需要多个测量间隔
	EnHSC	输入	启 / 禁用 HSC 周期测量（1—启用；0—禁用）
	EnPeriod	输入	启 / 禁用 NewPeriod 值（1—启用；0—禁用）
	NewPeriod	输入	指定的周期测量间隔时间（ms），允许的值只有 10ms、100ms 或 1000ms

表8-28 HSC_Frequency数据类型变量的组成元素及说明

HSC_Frequency 数据类型变量	组成元素	I/O	说明
高速计数器2 ▸ PLC_1 [CPU 1211C DC/DC/DC] ▸ 程 数据块_1 名称 | 数据类型 | 启动值 1 Static 2 MyHSCPeriod | HSC_Period 3 ElapsedTime | UDInt | 0 4 EdgeCount | UDInt | 0 5 EnHSC | Bool | false 6 EnPeriod | Bool | false 7 NewPeriod | Int | 0 8 <新增>	Frequency	输出	测量的频率值（Hz），涵盖测量间隔时间。HSC 减计数时，指令会返回一个负频率值
	EnHSC	输入	启 / 禁用 HSC 的频率测量（1—启用；0—禁用）
	EnPeriod	IN	启 / 禁用 NewPeriod 值（1—启用；0—禁用）
	NewPeriod	输入	指定的测量间隔时间（ms），其值只能为 10ms、100ms 或 1000ms

③ 指令使用举例 在使用 CTRL_HSC_EXT 指令编程时，需要在 STEP7 软件中启用并配置所用的高速计数器 HSC1，一些项的配置如图 8-24（a）～（c）所示。再在 STEP7 软件项目树的程序块中添加一个名称为“数据块 _1”全局数据块，在数据块中新增一个名称为 MyHSCCount、数据类型为 HSC_Count 的变量，并设置其中一些元素的值（其他元素保持默认值），如图 8-24（d）所示，EnHSC=1（启用 HSC），EnSync=1（启用复位同步输入），EnDir=1（启用 NewDirection 变量指定的计数方向：1—加计数；-1—减计数，），EnSV=1（启用 NewStartValue 变量指定的初始计数值 5），EnReference1=1（启用 NewReference1 变量指定的参考值，默认为 0）。

配置 HSC1 属性和 HSC_Count 变量后，再用 CTRL_HSC_EXT 指令编写程序，如图 8-25 所示，图（a）为高速计数器 HSC1 出现计数值 CV= 参考值 RV 时产生中断而执行的硬件中断 OB 程序。

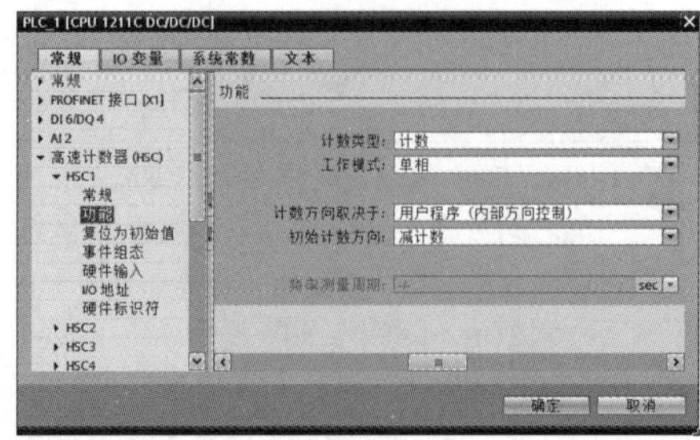

(a) 配置HSC1为程序控制计数方向的单相计数器

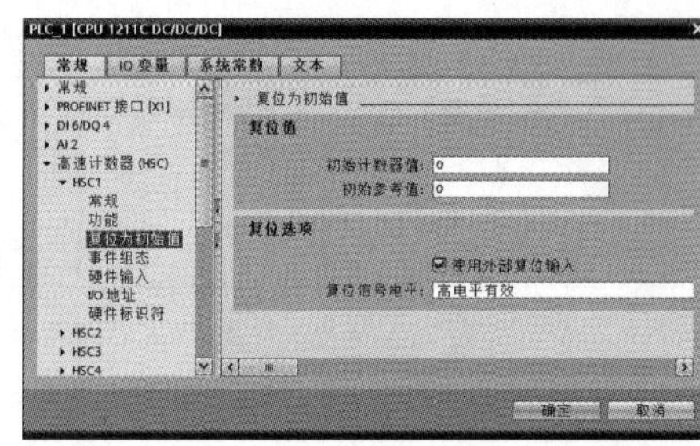

(b) 启用外部复位输入（高电平有效）

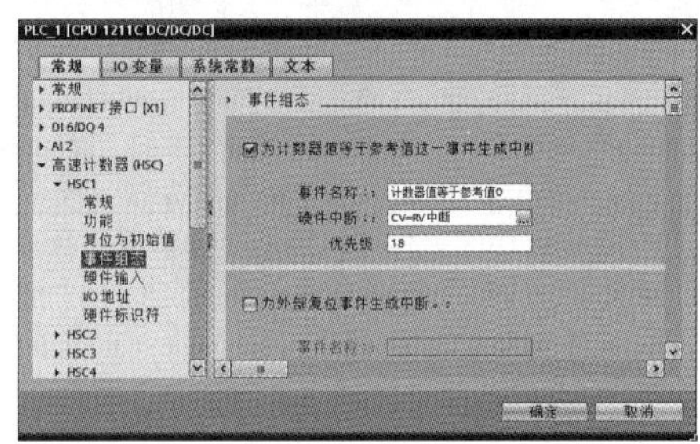

(c) 选择CV=RV产生中断和对应的硬件中断OB

数据块_1

	名称	数据类型	启动值
1	▼ Static		
2	▪ ▼ MyHSCCount	HSC_Count	
11	▪ EnHSC	Bool	1
13	▪ EnSync	Bool	1
14	▪ EnDir	Bool	1
16	▪ EnSV	Bool	1
17	▪ EnReference1	Bool	1
24	▪ NewDirection	Int	1
29	▪ NewStartValue	DInt	5

(d) 在数据块中新增HSC_Count类型变量并配置一些元素值

图 8-24　配置 HSC1 属性和 HSC_Count 变量

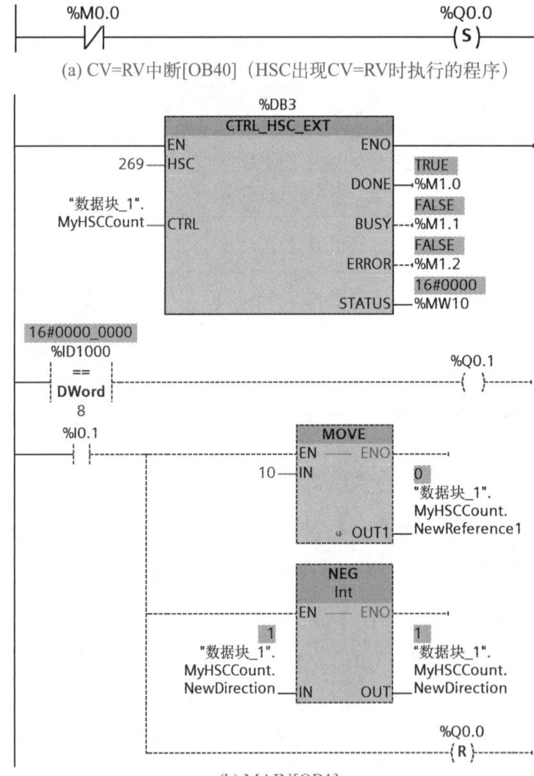

(a) CV=RV中断[OB40]（HSC出现CV=RV时执行的程序）

(b) MAIN[OB1]

PLC 上电运行时，先执行 CTRL_HSC_EXT 指令，让 HSC1 按属性和 HSC_Count 变量的配置工作，若某项参数两者配置不同，HSC_Count 变量有效，例如 HSC 属性配置为减计数，HSC_Count 变量配置为加计数，则 HSC1 按加计数。

PLC 上电后 ID1000 中的当前计数值为 0，给计数脉冲 I0.0 端子输入脉冲（如外接开关通断一次输入一个脉冲），随着脉冲的不断输入，ID1000 的值不断增大，当其值为 8 时，CMP ==（比较相等）触点闭合，Q0.1 线圈得电。

当 I0.1 触点（HSC 为程序控制计数方向时 I0.1 可用作普通端子）闭合时，先执行 MOVE 指令，将 10 赋给"数据块_1"中的 MyHSCCount 变量的元素 NewReference1 作为计数参考值，然后执行 NEG（取反）指令，将"数据块_1"中的 MyHSCCount 变量的 NewDirection 值（新计数方向值）取反，改变 HSC 的计数方向，再执行复位线圈指令，将 Q0.0 线圈复位失电。

HSC 计数时，当 ID1000 中的当前计数值 CV 等于参考值（RV）时，产生 CV=RV 中断，触发执行"CV=RV 中断 [OB40]"，Q0.0 线圈置位得电。

如果复位 / 同步 I0.3 端子输入高电平，MyHSCCount 变量中的 NewStartValue 值（初始计数值，为 5）会赋给 ID1000

图 8-25　CTRL_HSC_EXT（控制高速计数器扩展）指令使用举例

PLC

第9章

西门子 S7-1200 PLC 的模拟量功能与 PID 控制

PLC 数字量 I/O 端子输入输出的信号为开关量信号，开关量的特点是“突变”，这种信号只有两种状态：通（或称开、高电平、1、ON）和断（或称关、低电平、0、OFF）。在生产生活中有很多物理量是连续变化的，如温度、压力、转速和流量等，这种连续变化的物理量称为模拟量，其转换成的电信号（电压或电流）是连续增大或减小（也可连续保持某一值不变）的。S7-1200 CPU 模块自带模拟量输入端子，可以输入模拟量电压或电流信号，如果需要 PLC 输出模拟量信号，可在 CPU 模块上安装模块量输出信号板，也可以安装模块量输出模块。

PLC 处理模拟量的过程如图 9-1 所示。模拟量信号（-10 ～ +10V 或 0 ～ 20mA）从模拟量输入（AI）端子进入 PLC 后，内部的 A/D（模 / 数）转换器将其转换成数字量（-27648 ～ 27648 或 0 ～ 27648）保存在指定的存储单元（IWx），PLC 可根据需要用指令对该数字量进行操作处理；如果要让 PLC 输出模拟量信号，可将数字量传送到指定的存储单元（QWx），该单元的数字量会送到 D/A（数 / 模）转换器，转换成模拟量信号从模拟量输出（AQ）端子输出。

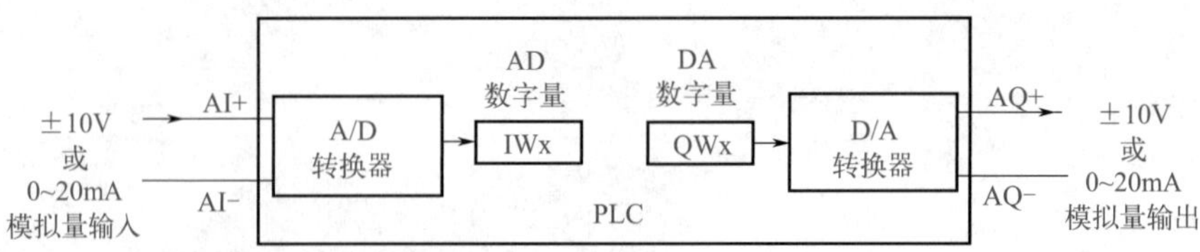

图 9-1　PLC 处理模拟量的过程

9.1　模拟量输入功能

S7-1200 PLC 使用模拟量输入功能有三种方式：①使用 CPU 模块自带的模拟量输入功能；②使用模拟量输入信号板；③使用模拟量输入模块。

9.1.1　模拟量输入信号板 / 模块的接线和技术规范

图 9-2 为常用模拟量输入信号板和输入模块的接线，使用 CPU 模块自带的模拟量输入功能时，其模拟量输入的接线与之相同。图 9-2（a）所示的 1 路模拟量输入信号板虽然有 4 个端子，但只能输入一路模拟量信号，输入电流时使用 R、0+ 端子，输入电压时使用 0−、0+ 端子；图（b）所示的 4 路模拟量输入模块的各路输入端子接线均不区分电流、电压输入，但在 STEP7 软件中组态该模块时，需要将相应端子指定为电流输入或电压输入。

S7-1200 PLC 常用模拟量输入信号板 / 模块的技术规范见表 9-1 和表 9-2。

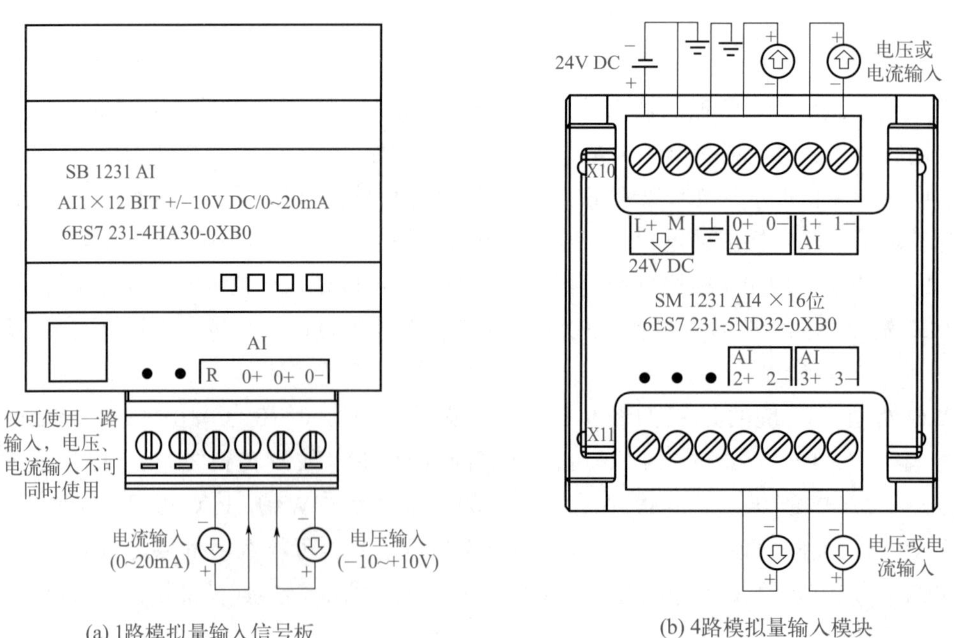

(a) 1路模拟量输入信号板　　(b) 4路模拟量输入模块

图 9-2　常用模拟量输入信号板和输入模块的接线

表9-1　CPU模块自带模拟量输入转换器和SB1231模拟量输入信号板的技术规范

S7-1200 CPU 模块自带模拟量输入转换器		SB 1231 AI 1×12 位（6ES7 231-4HA30-0XB0）	
输入路数	2	输入路数	1
类型	电压（单侧）	类型	电压或电流（差动）
范围	0 ～ 10V	范围	±10V，±5V，±2.5 或者 0 ～ 20mA
满量程范围（数据字）	0 ～ 27648	分辨率	11 位 + 符号位
过冲范围	10.001 ～ 11.759V	满量程范围（数据字）	-27648 ～ 27648
过冲范围（数据字）	27649 ～ 32511	最大耐压 / 耐流	±35V/±40mA
上溢范围	11.760 ～ 11.852V	平滑	无，弱，中或强
溢出（数据字）	32512 ～ 32767	噪声抑制	400、60、50 或 10Hz
分辨率	10 位	精度（25℃ /0 ～ 55℃）	满量程的 ±0.3%/±0.6%
最大耐压	35V DC	输入阻抗	电压：150kΩ；电流：250Ω
平滑	无、弱、中或强	RUN-STOP 时的行为	上一个值或替换值（默认值为 0）
噪声抑制	10、50 或 60Hz	测量原理	实际值转换
阻抗	≥ 100kΩ	共模抑制	400dB，DC—60Hz
隔离（现场侧与逻辑侧）	无	工作信号范围	信号加共模电压必须小于 +35V 且大于 -35V
精度（25℃ /0 ～ 55℃）	满量程的 3.0%/3.5%	隔离（现场侧与逻辑侧）	无
电缆	100 米屏蔽双绞线	电缆	100m，双绞线

表9-2　SM1231模拟量输入模块的技术规范

型号	SM 1231 AI 4×13 位	SM 1231 AI 8×13 位	SM 1231 AI 4 ×16 位
订货号（MLFB）	6ES7 231-4HD32-0XB0	6ES7 231-4HF32-0XB0	6ES7 231-5ND32-0XB0
输入路数	4	8	4
类型	电压或电流（差动）：可 2 个选为一组		电压或电流（差动）
范围	±10V、±5V、±2.5V、0 ～ 20mA 或 4 ～ 20 mA		±10V、±5V、±2.5V、±1.25V、0 ～ 20mA 或 4 ～ 20mA
满量程范围（数据字）	-27648 ～ 27648，电压；0 ～ 27648，电流		
过冲 / 下冲范围（数据字）	电压：32511 ～ 27649/-27649 ～ -32512 电流：32511 ～ 27649/0 ～ -4864		
上溢 / 下溢（数据字）	电压：32767 ～ 32512/-32513 ～ -32768 电流：0 ～ 20mA：32767 ～ 32512/-4865 ～ -32768 电流：4 ～ 20mA：32767 ～ 32512/ 值小于 -4864 时表示开路		
精度	12 位 + 符号位		15 位 + 符号位
最大耐压 / 耐流	±35V/±40mA		
平滑	无、弱、中或强		

续表

噪声抑制	400、60、50 或 10Hz	
阻抗	≥ 9MΩ（电压）/ ≥ 270Ω，<290Ω（电流）	≥ 1MΩ（电　压）/<315Ω，>280Ω（电流）
精度 （25℃ /0 ～ 55℃）	满量程的 ±0.1%/±0.2%	满量程的 ±0.1%/±0.3%
共模抑制	40dB，DC—60Hz	
工作信号范围	信号加共模电压必须小于 +12V 且大于 -12V	
电缆	100m，屏蔽双绞线	

9.1.2 输入模拟量与对应转换得到的数字量

PLC 输入模拟量分为电压型模拟量和电流型模拟量，根据输入值范围不同，电压型模拟量分为 -10 ～ +10V、-5 ～ +5V、-2.5 ～ +2.5V、-1.25 ～ +1.25V，电流型模拟量分为 0 ～ 20mA、4 ～ 20mA。模拟量输入电压、电流与对应转换成的数字量见表 9-3 和表 9-4。

如果模拟量输入模块设为 -10 ～ +10V 电压输入，当输入电压为 +10V 时，该电压经模 / 数转换后得到的数字量为 27648（十六制数为 6C00），电压增 / 减约 361.7μV，数字量值则增 / 减 1。若模拟量输入模块设置为 0 ～ 20mA 电流输入，当输入电流为 15mA 时，该电流经模 / 数转换后得到的数字量为 20736（十六制数为 5100），电流增 / 减约 723.4nA，数字量值增 / 减 1。

表9-3　模拟量输入电压与对应转换成的数字量

模拟量输入电压				转换得到的数字量		所属范围
±10V	±5V	±2.5V	±1.25V	十进制	十六进制	
11.851V	5.926V	2.963V	1.481V	32767	7FFF	上溢范围
				32512	7F00	
11.759V	5.879V	2.940V	1.470V	32511	7EFF	过冲范围
				27649	6C01	
10V	5V	2.5V	1.250V	27648	6C00	额定范围
7.5V	3.75V	1.875V	0.938V	20736	5100	
361.7μV	180.8μV	90.4μV	45.2μV	1	1	
0V	0V	0V	0V	0	0	
				-1	FFFF	
-7.5V	-3.75V	-1.875V	-0.938V	-20736	AF00	
-10V	-5V	-2.5V	-1.250V	-27648	9400	

续表

模拟量输入电压				转换得到的数字量		所属范围
±10V	**±5V**	**±2.5V**	**±1.25V**	十进制	十六进制	
				−27649	93FF	下冲范围
−11.759V	−5.879V	−2.940V	−1.470V	−32512	8100	
				−32513	80FF	下溢范围
−11.851V	−5.926V	−2.963V	−1.481V	−32768	8000	

表9-4　模拟量输入电流与对应转换成的数字量

模拟量输入电流		转换得到的数字量		所属范围
0 ～ 20mA	**4 ～ 20mA**	十进制	十六进制	
23.70mA	22.96mA	32767	7FFF	上溢范围
		32512	7F00	
23.52mA	22.81mA	32511	7EFF	过冲范围
		27649	6C01	
20mA	20mA	27648	6C00	额定范围
15mA	16mA	20736	5100	
723.4nA	4mA+578.7nA	1	1	
0mA	4mA	0	0	
		−1	FFFF	下冲范围
−3.52mA	1.185mA	−4864	ED00	
		−4865	ECFF	下溢范围
		−32768	8000	

9.1.3　模拟量输入模块的配置

S7-1200 PLC 没有专门的模拟量处理指令，若要使用模拟量输入功能，需先选择安装具有模拟输入功能的信号板或模块（也可使用自带的模拟量输入功能），再在 STEP7 软件中对其进行配置，然后编写程序读取和处理模拟量转换得到的数字量即可。

选用安装模拟量输入模块的操作如图 9-3 所示。在 TIA STEP7 软件的项目树中双击“设备组态”，打开设备视图，在软件右边的选件窗口打开“硬件目录”，从 AI 选件中找到需要的模拟量输入模块，将其拖到设备视图中 CPU 模块右侧（插槽号为 2），单击该模块，下方出现巡视窗口（若未出现该窗口，可在模块上单击右键，在右键菜单中选择“属性”），按图示箭头所示切换到模块的属性窗口，在此可查看和配置模块。

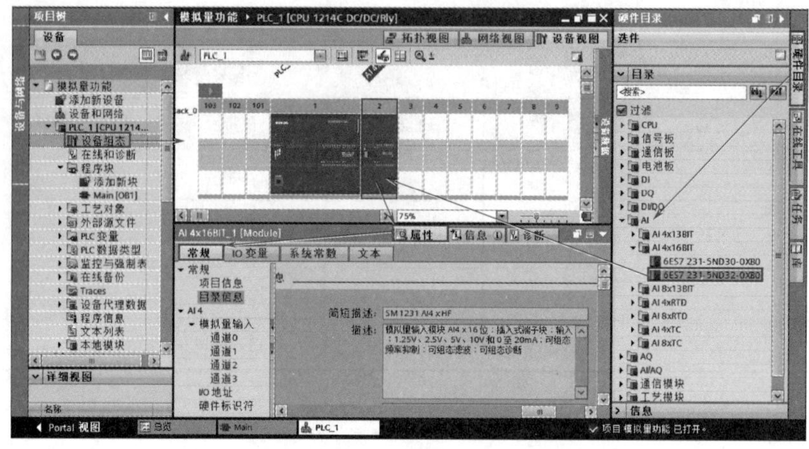

图 9-3　模拟量输入模块的选用安装

在 STEP7 软件中配置模拟量输入模块的过程见表 9-5。

表9-5　在STEP7软件中配置模拟量输入模块的过程

操作说明	操作图
在模拟量输入模块属性窗口的“常规”选项卡中，单击左边的“模拟量输入”，右边显示积分时间设置项（用于减少输入干扰信号的影响），若输入模拟信号变化缓慢，可选择时间长（频率低）的积分时间，默认为 50Hz（20ms）。积分时间长，则转换模拟量时采样时间长	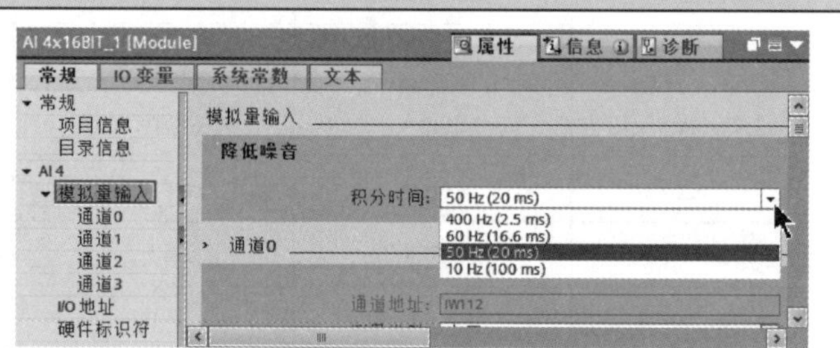
选择模拟量输入中的“通道 0”，可设置 AI 模块 4 路模拟量输入通道中的第 1 路通道，在右边可对该通道进行设置。 通道地址是指模拟量转换得到的数字量保存地址（通道 0 默认为 IW112），测量类型可选择“电压”或“电流”，在电压 / 电流范围项中可选择模拟电压或电流的输入范围，滤波项用于设置转换时采样次数（求平均值），“弱（4 个周期）”表示转换时采样 4 次值再求平均值	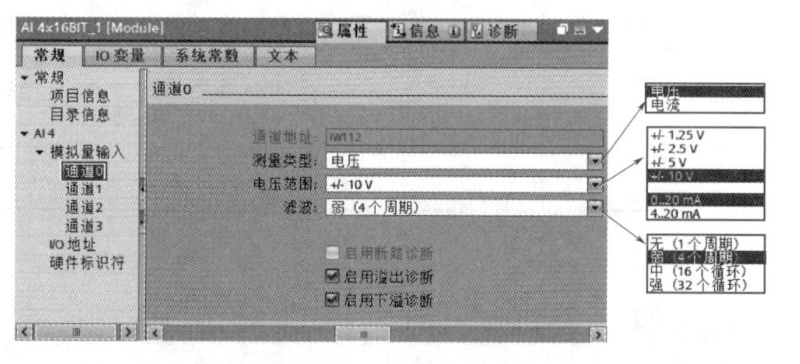
选择“I/O 地址”，在右边可设置通道 0 ～通道 3 的数字量保存地址，默认分别为 IW112、IW114、IW116、IW118（即 IB118、IB119），其他 2 项设置保持默认	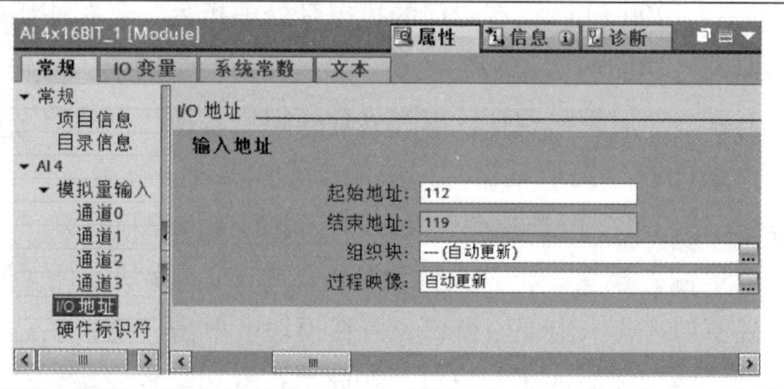

续表

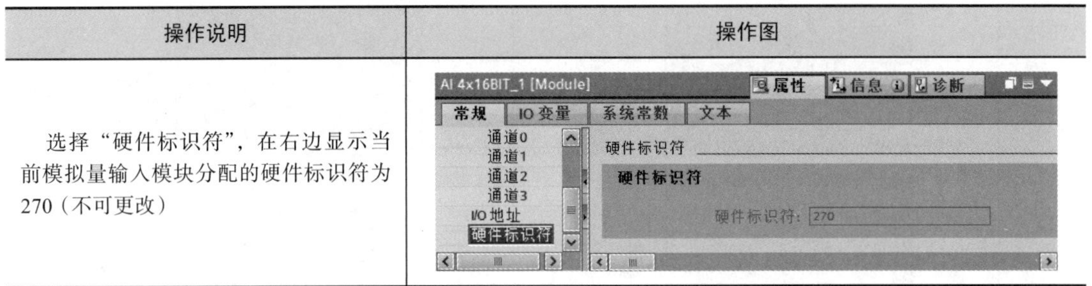

操作说明	操作图
选择“硬件标识符”，在右边显示当前模拟量输入模块分配的硬件标识符为 270（不可更改）	

9.1.4　模拟量输入功能的使用举例

模拟量输入功能的使用举例如图 9-4 所示，本例使用 CPU 模块自带的模拟量输入（AI）转换器。PLC 模拟量输入端子的接线如图 9-4（a）所示，调节电位器可给 AI0 端子输入 0～10V 的电压；CPU 模块自带 AI 转换器的配置如图（b）所示，该 AI 转换器只接收 0～10V 电压输入（该配置内容灰色显示，无法更改），AI 模块各项配置均保持默认。

图 9-4（c）为 CPU 模块自带 AI 转换器的使用程序，左、右方分别为 AI0 端子输入电压为 0V 和 5V 时的程序（监视状态）。AI0 端子输入模拟量转换成的数字量存放在 IW0 中。

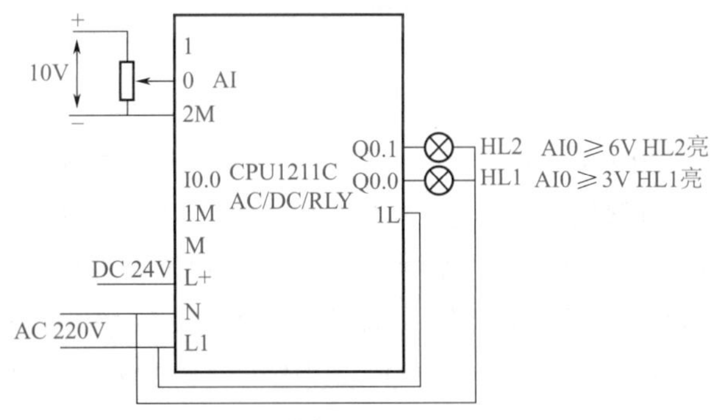

(a) PLC的接线图

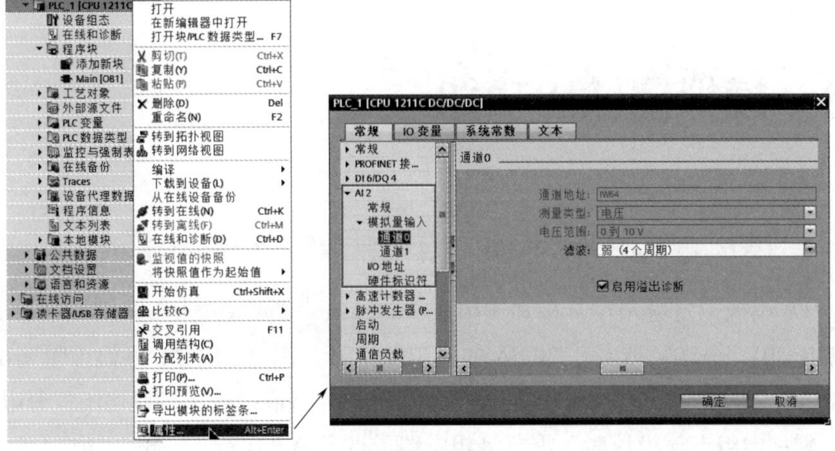

(b) CPU自带AI块的配置

图 9-4

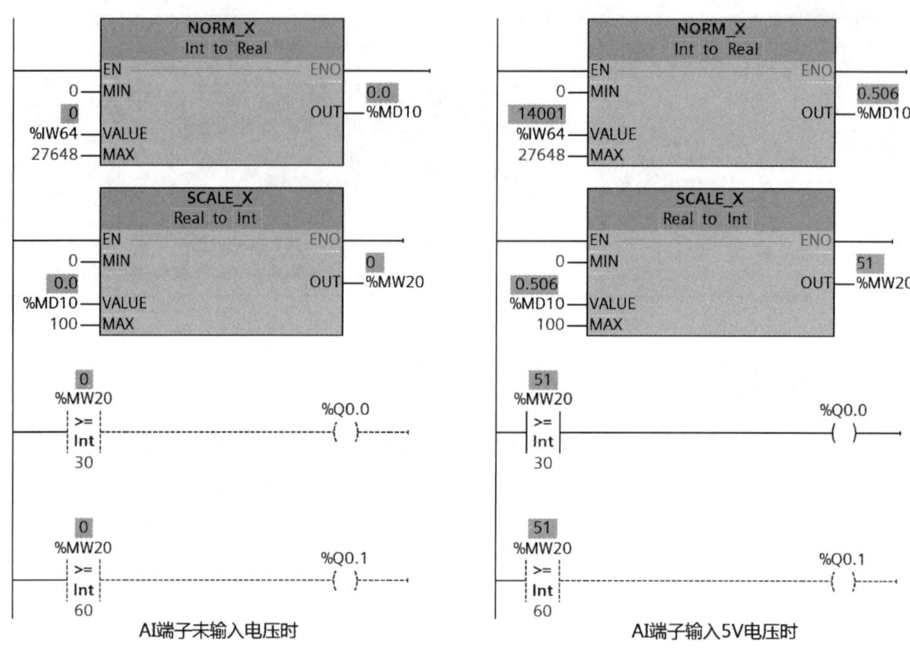

(c) 模拟量输入功能的使用程序

图 9-4　模拟量输入功能的使用举例

NORM_X（标准化）指令的功能是将 VALUE 值按“OUT =（VALUE–MIN）/（MAX–MIN）”转换成 0.0 ～ 1.0 范围的值，该指令可将 IW64 中的数字量电压值（0 ～ 27648）转换成 0.0 ～ 1.0 范围内的值。SCALE_X（标定缩放）指令的功能是将 VALUE 值按“OUT=[VALUE×（MAX–MIN）]+MIN”转换成 MIN ～ MAX 范围的值，该指令可将 0.0 ～ 1.0 范围内的值放大 100 倍。如果 AI0 端输入电压大于 3V，MD10 中的值大于 0.3，MW20 中的值大于 30，“MW20 ＞ = 30”触点闭合，Q0.0 线圈得电，Q0.0 端子外接的 HL1 灯点亮，指示输入电压大于 3V。

9.2　模拟量输出功能

9.2.1　模拟量输出信号板 / 模块的接线和技术规范

图 9-5 为常用模拟量输出信号板和输出模块的接线，图（a）为 1 路模拟量输出信号板的接线，可输出 -10 ～ +10V 或 0 ～ 20mA 的模拟量信号，图（b）为 2 路模拟量输出模块的接线，可输出 -10 ～ +10V 或 0 ～ 20mA 的模拟量信号，各路输出端子接线均不区分电流、电压，但在 STEP7 软件中组态该模块时，需要将相应端子指定为电压输出或电流输出。S7-1200 PLC 常用模拟量输出信号板 / 模块的技术规范见表 9-6 和表 9-7。

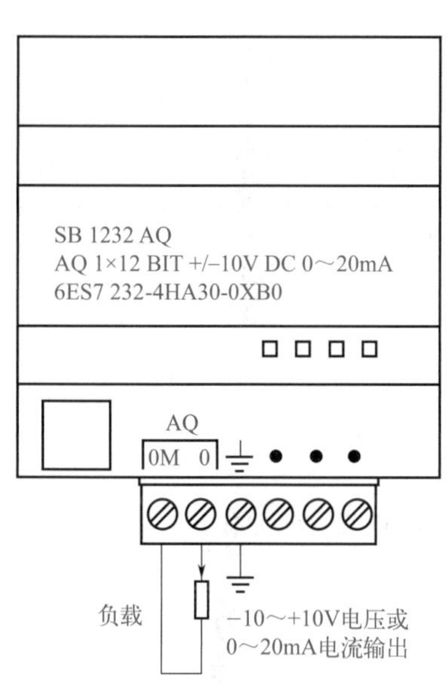

(a) 1路模拟量输出信号板

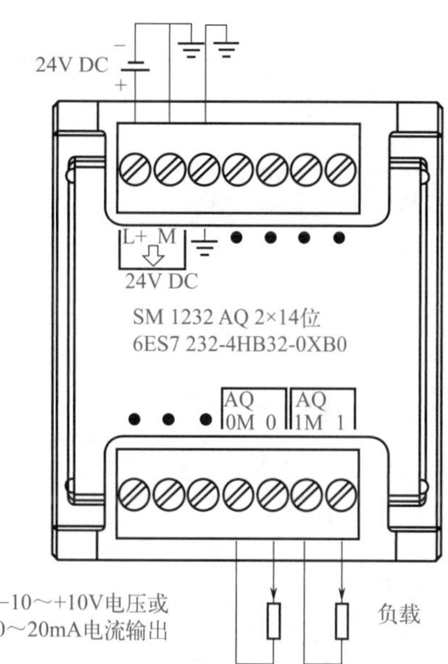

(b) 2路模拟量输出模块

图 9-5　常用模拟量输出信号板和输出模块的接线

表9-6　SB1232模拟量输出信号板的技术规范

型号	SB 1232 AQ 1×12 位
订货号	6ES7 232-4HA30-0XB0
输出路数	1
类型	电压或电流
范围	±10V 或 0 ～ 20mA
分辨率	电压：12 位 电流：11 位
满量程范围（数据字）	电压：-27648 ～ 27648 电流：0 ～ 27648
精度（25℃ /-20 ～ 60℃）	满量程的 ±0.5%/±1%
稳定时间（新值的 95%）	电压：300μs（R）、750μs（1μF） 电流：600μs（1mH）、2ms（10mH）
负载阻抗	电压：≥ 1000Ω 电流：≤ 600Ω
RUN-STOP 时的行为	上一个值或替换值（默认值为 0）
隔离（现场侧与逻辑侧）	无
电缆	100m，屏蔽双绞线

表9-7　SM1232模拟量输出模块的技术规范

型号	SM 1232 AQ 2×14 位	SM 1232 AQ 4×14 位
订货号	6ES7 232-4HB32-0XB0	6ES7 232-4HD32-0XB0
输出路数	2	4
类型	电压或电流	
范围	±10V、0 ～ 20mA 或 4 ～ 20mA	
分辨率	电压：14 位；电流：13 位	
满量程范围（数据字）	电压：-27648 ～ 27648；电流 0 ～ 27648	
精度（25℃ /0 ～ 55℃）	满量程的 ±0.3%/±0.6%	
稳定时间（新值的 95%）	电压：300μs（R）、750μs（1μF）；电流：600μs（1mH）、2ms（10mH）	
负载阻抗	电压：≥ 1000Ω；电流：≤ 600Ω	
RUN-STOP 时的行为	上一个值或替换值（默认值为 0）	
隔离（现场侧与逻辑侧）	无	
电缆	100m，屏蔽双绞线	

9.2.2　数字量与数 / 模转换输出的模拟量

PLC 输出模拟量分为电压型模拟量和电流型模拟量，其输出值范围不同，电压型模拟量为 -10 ～ +10V，电流型模拟量为 0 ～ 20mA、4 ～ 20mA。数字量与对应转换成的模拟量电压和电流分别见表 9-8 和表 9-9。如果模拟量输出模块设为 -10 ～ +10V 电压输出，当数字量为 27648 时，该数字量经数 / 模转换后输出的模拟量电压为 10V，数字量值增 / 减 1，输出电压增 / 减约 361.7μV；若模拟量输出模块设为 4 ～ 20mA 电流输出，当数字量为 20736 时，该数字量经数 / 模转换后输出的模拟量电流为 16mA，数字量值增 / 减 1，输出电流增 / 减约 578.7nA（0.5787μA）。

表9-8　数字量与数/模转换输出的电压

数字量		转换输出的电压	所属范围
十进制	十六进制	±10V	
32767	7FFF	STOP 模式的替代值	上溢范围
32512	7F00	STOP 模式的替代值	
32511	7EFF	11.76V	过冲范围
27649	6C01		
27648	6C00	10V	额定范围
20736	5100	7.5V	
1	1	361.7μV	

续表

数字量		转换输出的电压	所属范围
十进制	十六进制	±10V	
0	0	0V	额定范围
-1	FFFF	-361.7μV	
-20736	AF00	-7.5V	
-27648	9400	-10V	
-27649	93FF		下冲范围
-32512	8100	-11.76V	
-32513	80FF	STOP 模式的替代值	下溢范围
-32768	8000	STOP 模式的替代值	

表9-9　数字量与数/模转换输出的电流

数字量		转换输出的电流		所属范围
十进制	十六进制	0 ～ 20mA	4 ～ 20mA	
32767	7FFF	STOP 模式的替代值	STOP 模式的替代值	上溢范围
32512	7F00	STOP 模式的替代值	STOP 模式的替代值	
32511	7EFF	23.52mA	22.81mA	过冲范围
27649	6C01			
27648	6C00	20mA	20mA	额定范围
20736	5100	15mA	16mA	
1	1	723.4nA	4mA+578.7nA	
0	0	0mA	4mA	
-1	FFFF		4mA-578.7nA	下冲范围
-6912	E500		0mA	
-6913	E4FF			输出值限制在 0mA
-32512	8100			
-32513	80FF	STOP 模式的替代值	STOP 模式的替代值	下溢范围
-32768	8000	STOP 模式的替代值	STOP 模式的替代值	

9.2.3　模拟量输出模块的配置

S7-1200 PLC 要使用模拟量输出功能，需先选择安装具有模拟输出功能的信号板或模块，再在 STEP7 软件中对其进行配置，然后编写程序往指定的地址写入数字量，模拟输出模块根据配置自动将该地址中的数字量转换成模拟量输出。

选用安装模拟量输出模块的操作如图 9-6 所示。在 TIA STEP7 软件的项目树中双击“设备组态”，打开设备视图，在软件右边的选件窗口打开“硬件目录”，从 AQ 选件中找到需要的模拟量输出模块，将其拖到设备视图中 CPU 模块右侧（插槽号为 2），单击该模块，下方出现巡视窗口（若未出现该窗口，可在模块上单击右键，在右键菜单中选择“属性”），按图示箭头所示切换到模块的属性窗口，在此可查看和配置模块。在 STEP7 软件中配置模拟量输出模块的过程见表 9-10。

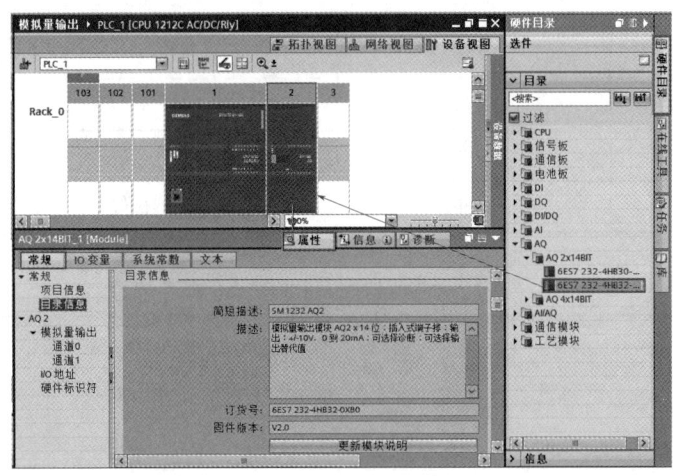

图 9-6　模拟量输出模块的选用

表9-10　在STEP7软件中配置模拟量输出模块的过程

操作说明	操作图
在模拟量输出模块属性窗口的“常规”选项卡，单击左边的“模拟量输出”，右边第一项用于选择 CPU 进入 STOP 模式时对输出值的处理方式，若选择“使用替代值”，在下面将替代值设为 0.000，则 CPU 进入 STOP 模式时模拟输出为 0。 在右边还可以设置通道 0（AQ0）的输出类型和范围，选择电压类型时，只能选择输出 -10 ～ +10V 电压，选择电流类型时，可选择输出 0 ～ 20mA 或 4 ～ 20mA 电流	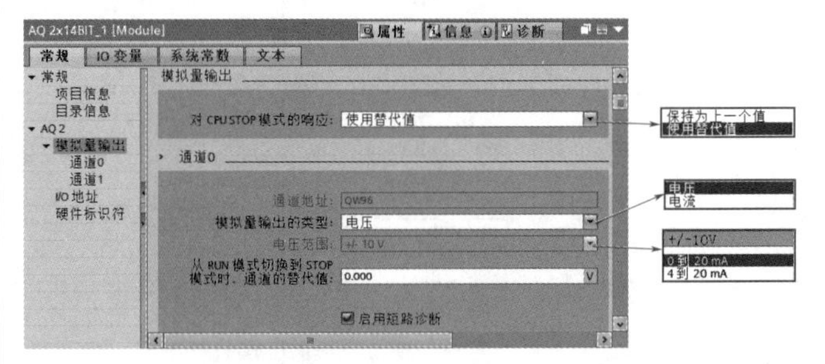
选择“I/O 地址”，在右边可设置通道 0 ～通道 1 的数字量存放地址，默认分别为 QW96（即 QB96、QB97）、QW98，其他 2 项设置保持默认	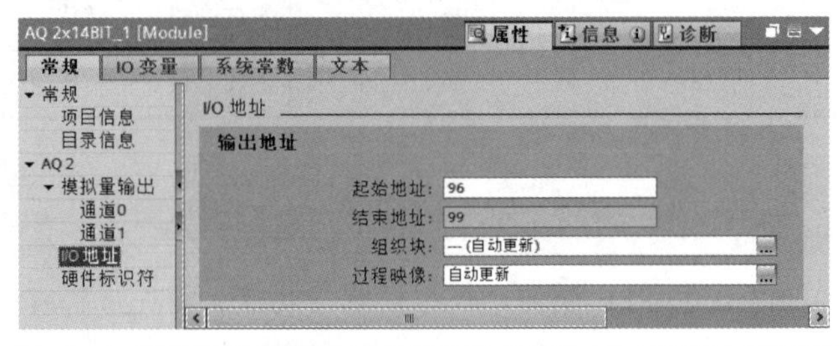

续表

操作说明	操作图
选择“硬件标识符”，在右边显示当前模拟量输出模块分配的硬件标识符为 269（不可更改）	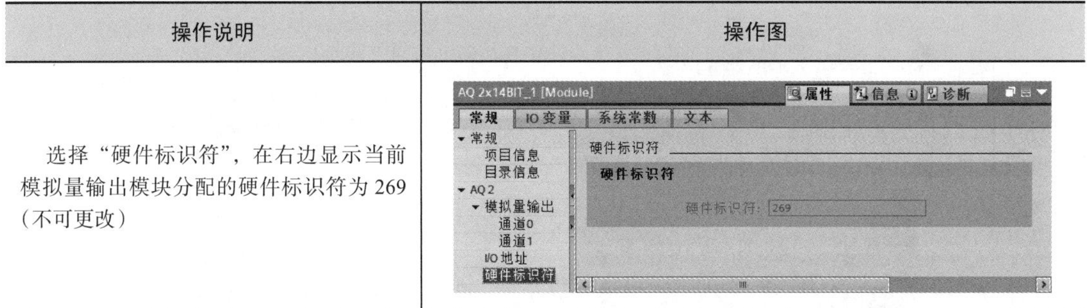

9.2.4　模拟量输出功能的使用举例

模拟量输出功能的使用举例如图 9-7 所示，本例使用 SM1232AQ2 两路模拟量输出模块，其接线如图（a）所示，图（b）为该模块的配置，将通道 0 配置为 -10 ～ +10V 电压输出，其他各项配置均保持默认。

图 9-7（c）为模拟量输出模块的使用程序及说明。程序实现的功能：电压增 / 减按钮每闭合一次，模拟量输出模块的 0、0M 端子输出的电压就增大 / 减小 1V，当输出电压大于或等于 3V 时，Q0.0 端子外接的指示灯 HL1 亮，当输出电压大于或等于 6V 时，Q0.0、Q0.1 端子外接的指示灯 HL1、HL2 全亮。

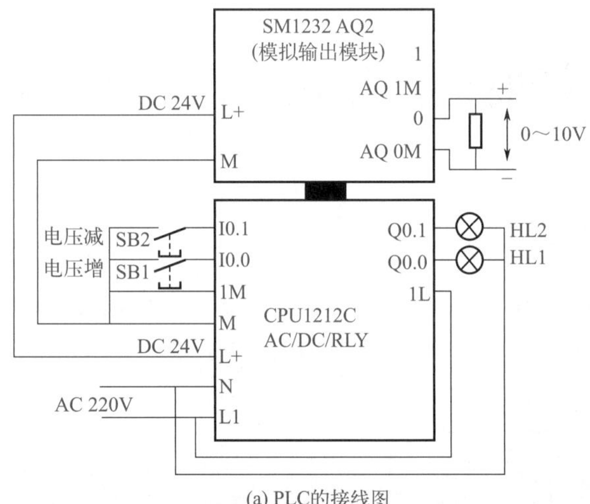

(a) PLC的接线图

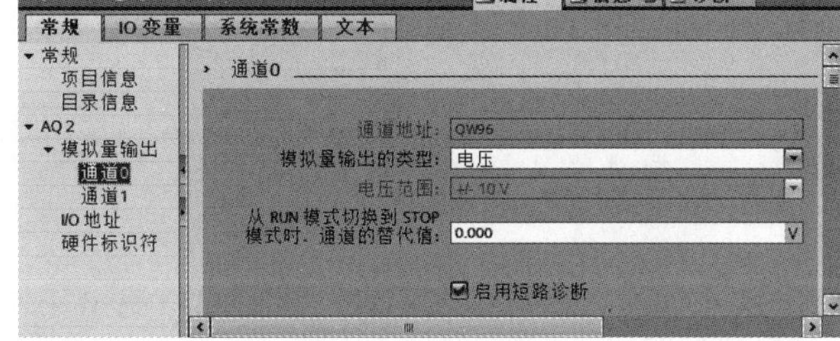

(b) 模拟量输出模块的配置

图 9-7

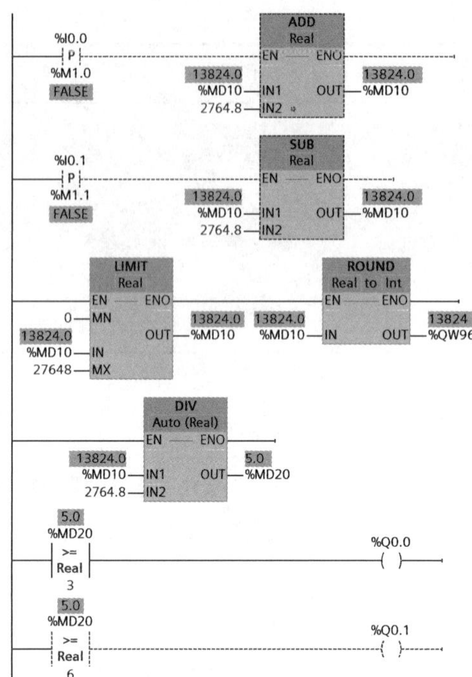

I0.0 触点每闭合一次，其 P 触点产生一个上升沿，ADD 指令就执行一次，将 MD10 中的值加 2764.8，I0.0 触点闭合 5 次，MD10 中的值从 0 变到 13824.0。I0.1 触点每闭合一次，SUB 指令会执行一次，MD10 值就减小 2764.8。

LIMIT（设置限值）指令的功能是将 MD10 值限制在 0~27648 范围内，若 MD10<0，让 MD10=MN=0，若 MD10>27648，让 MD10=MX=27648，其目的是将输出电压限制在 0 ~ 10V 范围内。

ROUND（取整）指令的功能是将 MD10 中的浮点数按四舍五入取整后保存到 QW96。

QW96 中的数字量自动被模拟量输出模块中的数 / 模转换器转换成模拟量电压从 AQ 的 0、0M 端子输出，QW96=13824，转换输出的电压约为 5V。

DIV（除）指令将 MD10 值除以 2764.8，结果存入 MD20，MD10 值范围为 0~27648，对应 MD20 值为 0.0~10.0，MD20 值与转换输出电压基本一致。

如果 MD20 值大于或等于 3，“MD20>=3”触点闭合，Q0.0 线圈得电，此时 QW96 值（来自 MD10）转换成的模拟量输出电压也大于或等于 3V。

如果 MD20 值大于或等于 6，“MD20>=6”触点闭合，Q0.1 线圈得电

(c) 模拟量输出功能的使用程序

图 9-7　模拟量输出功能的使用举例

9.3　PID 控制器的结构原理、指令与配置

9.3.1　PID 控制原理

PID（Proportional Integral Derivative）控制又称比例积分微分控制，是一种闭环控制系统。下面以图 9-8 所示的恒压供水系统来说明 PID 控制原理。

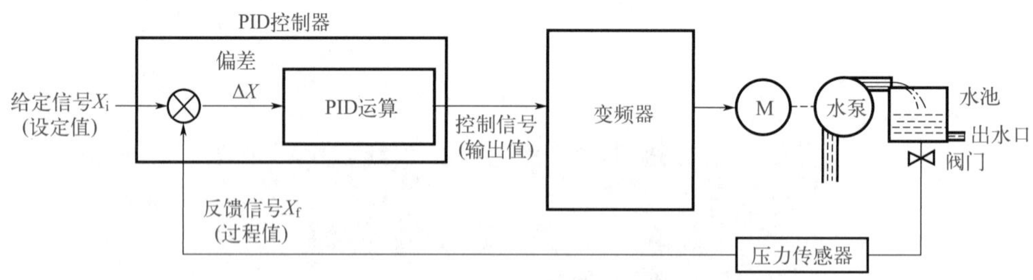

图 9-8　恒压供水的 PID 控制

电动机驱动水泵将水抽入水池，水池中的水除了从出水口流出往外供水外，还有一路经阀门送到压力传感器，传感器将水压大小转换成相应的电信号 X_f，X_f 反馈到比较器与给定信号 X_i 进行比较，得到偏差信号 ΔX（$\Delta X=X_i-X_f$）。

若 $\Delta X>0$，表明水压小于给定值，偏差信号经 PID 运算得到控制信号去控制变频器，使之输出电源频率上升，电动机转速加快，水泵抽水量增多，水压增大。

若 $\Delta X<0$，表明水压大于给定值，偏差信号经 PID 运算得到控制信号去控制变频器，使之输出电源频率下降，电动机转速变慢，水泵抽水量减少，水压下降。

若 $\Delta X=0$，表明水压等于给定值，偏差信号经 PID 运算得到控制信号去控制变频器，使之输出频率不变，电动机转速不变，水泵抽水量不变，水压不变。

由于控制回路的滞后性，会使水压值总与给定值有偏差。例如当用水量增多水压下降时，$\Delta X>0$，控制电动机转速变快，提高水泵抽水量，从压力传感器检测到水压下降到控制电动机转速加快，提高抽水量恢复水压需要一定时间。通过提高电动机转速恢复水压后，系统又要将电动机转速调回正常值，这也要一定时间，在这段回调时间内水泵抽水量会偏多，导致水压又增大，又需进行反调。这样的结果是水池水压会在给定值上下波动（振荡），即水压不稳定。

采用了 PID 运算可以有效减小控制滞后和过调问题（无法彻底消除）。PID 运算包括 P 运算、I 运算和 D 运算。P（比例）运算是将偏差信号 ΔX 按比例放大，提高控制的灵敏度，P 分量过小会使调节时间过长，P 分量过大会使调节力度大，易调节过量，从而需要反复回调，导致振荡次数增加，甚至闭环系统不稳定；I（积分）运算是对偏差信号进行积分运算，消除 P 运算比例引起的误差和提高控制精度，积分运算使控制有滞后性；D（微分）运算对偏差信号进行微分运算，在将达到控制点时阻碍被控量的变化（提前减速刹车），以减小过调，使控制具有超前性和预测性。

9.3.2　PID_Compact 指令（通用 PID 控制器）

PID_Compact 指令提供自动 / 手动模式下具有自调节功能的通用 PID 控制。PID_Compact 指令符号如图 9-9（a）所示，单击符号下方的▲可收缩成最少参数符号，PID_Compact 指令使用图 9-9（b）所示的公式自动进行 PID 运算得到输出值。PID_Compact 指令各参数说明见表 9-11。

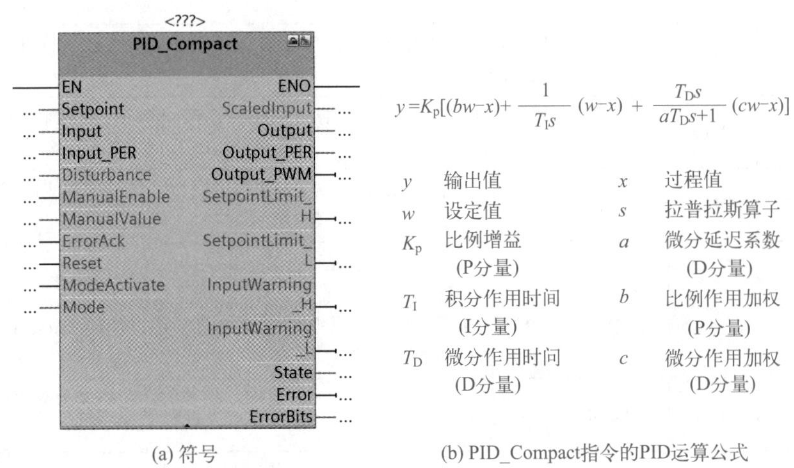

(a) 符号　　(b) PID_Compact指令的PID运算公式

图 9-9　PID_Compact 指令符号和 PID 运算公式

表9-11 PID_Compact指令参数说明

参数和类型		数据类型	说明
Setpoint	IN	Real	PID 控制器在自动模式下的设定值（0.0 ～ 100.0%），默认值为 0.0
Input	IN	Real	用户程序的变量用作过程值（0.0 ～ 100.0%），默认值为 0.0
Input_PER	IN	Word	模拟量输入用作过程值（0 ～ 27648），默认值为 0
Disturbance	IN	Real	干扰变量或预控制值（0.0 ～ 100.0%），默认值为 0.0
ManualEnable	IN	Bool	启用或禁用手动操作模式（默认值：FALSE）。 上升沿激活手动模式，同时 State=4，Mode 保持不变。ManualEnable=TRUE 时，无法利用 ModeActivate 的上升沿或使用调试对话框更改工作模式。下降沿激活 Mode 分配的工作模式。建议只使用 ModeActivate 更改工作模式
ManualValue	IN	Real	手动操作的输出值（0.0 ～ 100.0%），默认值为 0.0
ErrorAck	IN	Bool	错误确认，上升沿复位 ErrorBits 和警告输出，默认值为 FALSE
Reset	IN	Bool	重新启动控制器（默认值：FALSE）。 上升沿切换到未激活模式、复位 ErrorBits 和警告输出、清除积分作用、保持 PID 参数，只要 Reset=TRUE，则 PID_Compact 便会保持在未激活模式（State=0）。下降沿 PID_Compact 切换到保存在 Mode 参数中的工作模式
ModeActivate	IN	Bool	上升沿时 PID_Compact 切换到 Mode 参数指定的工作模式，默认值为 FALSE
Mode	IN	Int	指定 PID_Compact 将转换到的工作模式（默认值：4）。 0—未激活；1—预调节；2—精确调节；3—自动模式；4—手动模式。工作模式可以由 ModeActivate 上升沿、Reset 下降沿或 ManualEnable 下降沿激活
ScaledInput	OUT	Real	标定的过程值（0.0 ～ 100.0%），默认值为 0.0
Output	OUT	Real	REAL 格式的输出值（0.0 ～ 100.0%），默认值为 0.0
Output_PER	OUT	Word	模拟量输出值（0 ～ 27648），默认值为 0
Output_PWM	OUT	Bool	脉冲宽度调制的输出值（默认值：FALSE），输出值由变量开关时间形成
SetpointLimit_H	OUT	Bool	设定值上限（默认值：FALSE）。SetpointLimit_H=TRUE，说明达到设定值的绝对上限
SetpointLimit_L	OUT	Bool	设定值下限（默认值：FALSE）。SetpointLimit_L=TRUE，说明达到设定值的绝对下限
InputWarning_H	OUT	Bool	如果 InputWarning_H=TRUE，说明过程值已达到或超出警告上限。默认值：FALSE
InputWarning_L	OUT	Bool	如果 InputWarning_L=TRUE，说明过程值已达到或低于警告下限。默认值：FALSE
State	OUT	Int	PID 控制器的当前操作模式（默认值：0）。 0—未激活；1—预调节；2—手动精确调节；3—自动模式；4—手动模式；5—通过错误监视替换输出值。可以使用 Mode 和 ModeActivate 的上升沿更改工作模式
Error	OUT	Bool	如果 Error=TRUE，则该周期内至少有一条错误消息未解决。默认值：FALSE
ErrorBits	OUT	DWord	PID_Compact 指令错误代码。默认值：DW#16#0000（无错误）。ErrorBits 具有保持性并在 Reset 或 ErrorAck 的上升沿复位

9.3.3　PID_Compact 控制器的组成及说明

图 9-10 是 PID_Compact 控制器的组成结构。过程值有模拟量过程值（Input_PER）和标定过程值（Input），只能选择其中一种输入。输出值有标定输出值（Output）、模拟量输出值（Output_PER）和脉冲输出值（Output_PWM），三个值同时产生输出。在手动模式时，断开 PID 控制器的输出，直接将手动值作为输出值输出。如果选择反转输出，则将 PID 的输出值取反后作为输出值输出。在 STEP7 软件中，可以设置 PID 控制器的输入过程值选择、输出反转、上下限值和上下限警告值等内容。

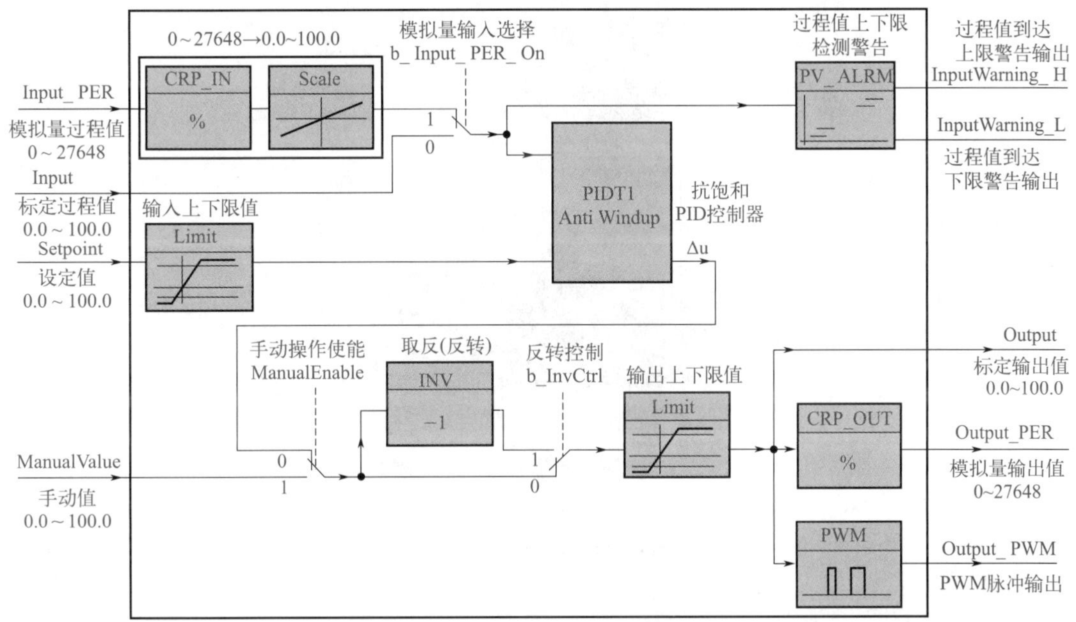

图 9-10　**PID_Compact 控制器的组成结构**

9.3.4　PID 控制器的配置

使用 PID_Compact 指令可以给 PID 控制器输入部分参数（如设定值、过程值）并启动其按默认设置运算来得到输出值，如果需要更改 PID 控制器一些参数的默认值（如 P、I、D 值和上、下限值等）以满足各种复杂的控制要求，可在 STEP7 软件中对 PID 控制器进行配置。

（1）添加循环中断 OB 并插入 PID_Compact 指令

PID 控制器工作时需要每隔一定的时间采样被控对象的变化，运算后输出相应的控制。调用 PID_Compact 指令控制执行 PID 控制器的时间间隔称为采样时间，采样时间一般采用固定的精确时间，为此可将 PID_Compact 指令写在每隔一段时间执行一次的循环中断 OB（组织块）中。

在 STEP7 软件中先按图 9-11（a）所示，在项目树的程序块中添加一个循环中断 OB（Cyclic interrupt[OB30]），循环时间设为 200ms，即每隔 200ms 执行一次 OB30 中的程序，然后在 OB30 中插入 PID_Compact 指令，如图 9-11（b）所示，在插入该指令时会弹出“调用选项”对话框，指令的背景数据块名称默认为“PID_Compact_1”，保持默认名称，确定后关闭对话框，在项目树的工艺对象中出现了一个名称为“PID_Compact_1[DB1]”的对象，该对象中有“组态”和“调试”，在“组态”中可以配置 PID_Compact 指令控制的 PID 控制器。

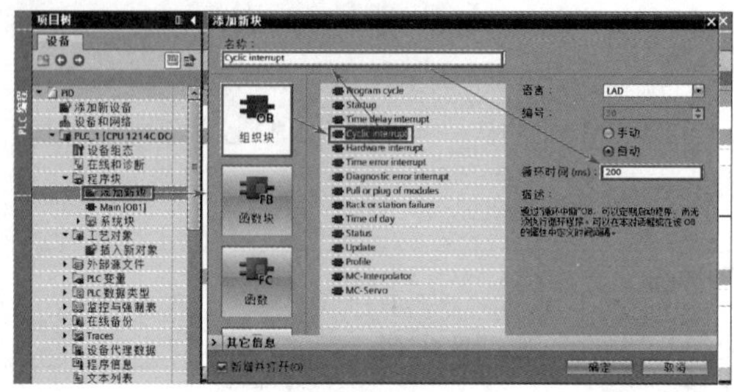

(a) 添加循环中断OB

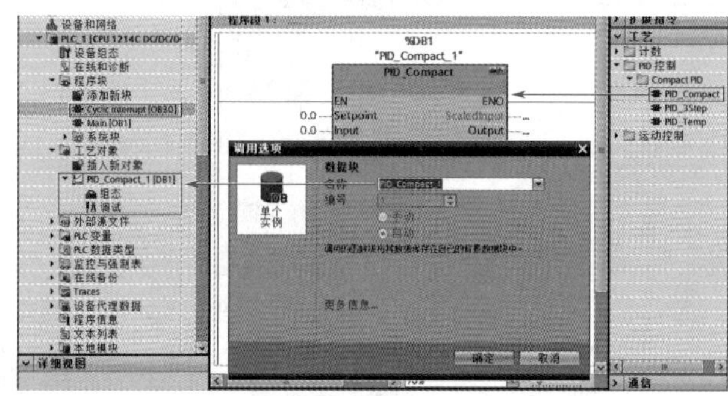

(b) 在循环中断OB中插入PID_Compact指令

图 9-11　添加循环中断 OB 并插入 PID_Compact 指令

（2）配置 PID 控制器

配置 PID 控制器过程见表 9-12。

表9-12　配置PID控制器过程

操作说明	操作图
在 STEP7 软件的项目树展开“工艺对象”，双击“PID_Compact_1[DB1]”中的“组态”，打开右图所示的 PID 组态窗口，在左边单击基本设置中的“控制器类型”，右边出现控制器类型设置项。 控制器类型很多，一般选择“常规”，后面的单位只有 %，若选择“温度”，单位则可选℃、℉和 K。 如果勾选“反转控制逻辑”，当 PID 输入值大于设定值时输出值会增大，未勾选该项则输入值小于设定值时输出值增大。 若勾选“CPU 重启后激活 Mode”，则 CPU 重启后激活下面设置的 Mode（图中为手动模式），不勾选为非激活模式	

续表

操作说明	操作图
在窗口左边选择基本设置中的“Input/Output 参数”，在右边可选择过程值（Input）输入类型（2 选 1）和输出值（Output）的类型（不管选哪种，3 种同时有输出）。 设定值、过程值和输出值需要在 PID_Compact 指令上输入输出，在此处不可设置这些值（输入框均为灰色）	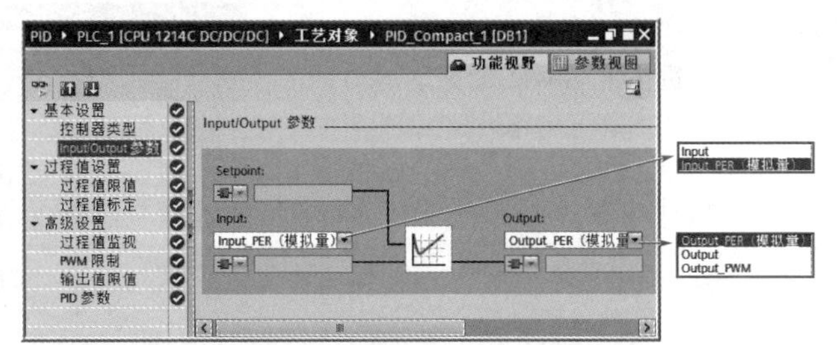
在窗口左边选择过程值设置中的“过程值限值”，在右边可设置过程值上限（默认为 120%）和过程值下限（默认为 0.0%），设置的上限值应大于下限值	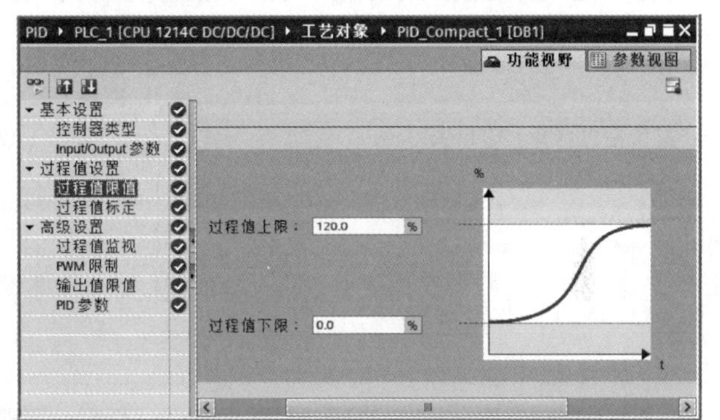
在窗口左边选择“过程值标定”，在右边可设置 PID 输入 Input_PER（模拟量过程值）时上、下限的标定值，默认用 0.0% 标定 0.0，用 100.0% 标定 27648.0，即用 0.0% ～ 100.0% 对应表示 0.0 ～ 27648.0	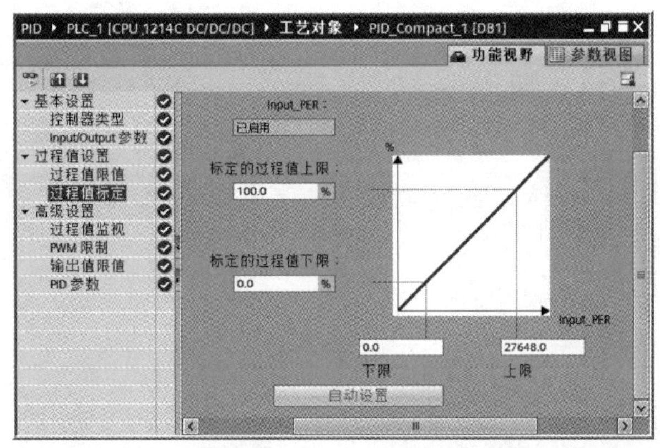
在窗口左边选择高级设置中的“过程值监视”，在右边可设置过程值的上、下限警告值（应不大于过程值的上、下限值），当过程值超出上、下限警告值时，PID_Compact 指令的 InputWarning_L/H 端输出 TRUE	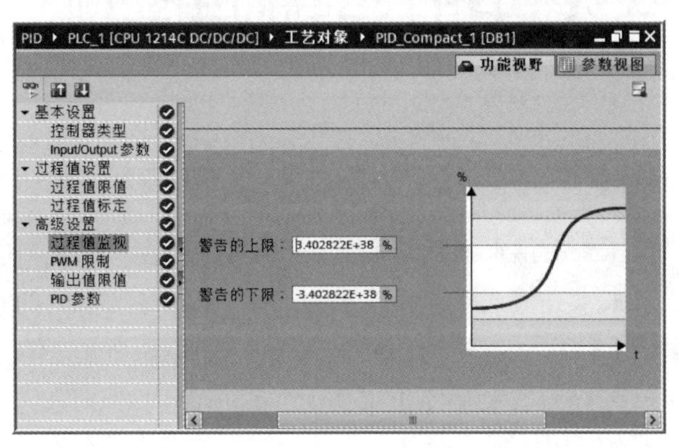

续表

操作说明	操作图
在窗口左边选择“PWM 限制”，在右边可设置 PWM 输出时接通和关闭的最小时间。 PWM 输出值是以脉冲的宽度来反映输出值大小，输出脉冲越宽，表示输出值越大	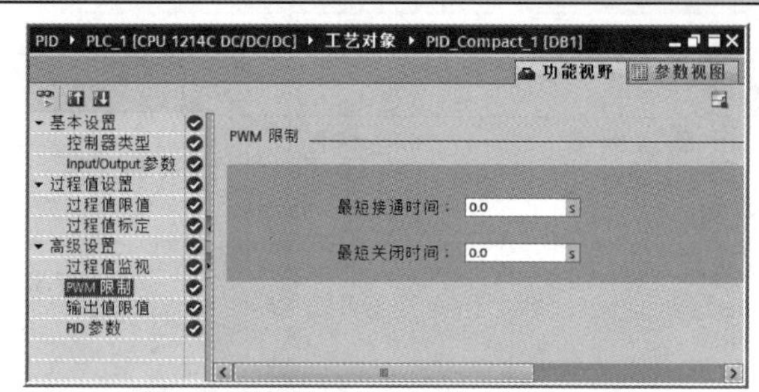
在窗口左边选择“输出值限值”，在右边可设置输出值的上、下限值和对输出值出错的处理方式。图中设置是让输出值在超出上下限值时变为 0.0	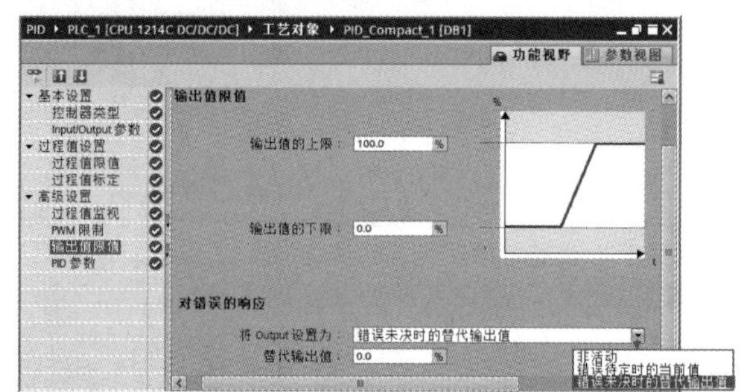
在窗口左边选择“PID 参数”，在右边勾选“启用手动输入”后，可以设置 PID 的各项参数，PID 取这些参数值计算得出输出值。 PID 控制器可以选择使用 P、I、D 运算，也可选择 PI，仅使用 P、I 运算	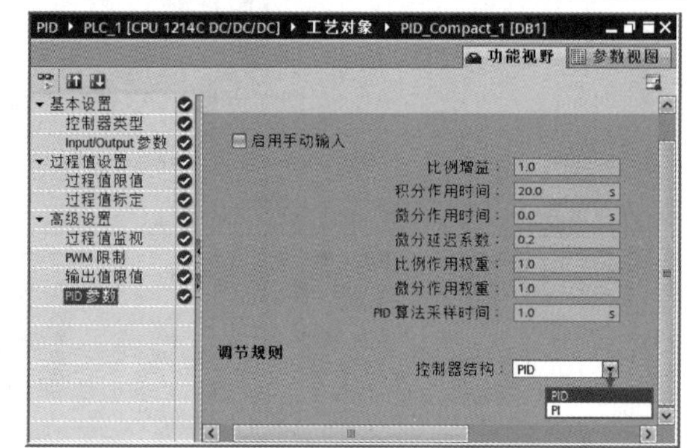

9.4 PID 控制应用实例：恒压供水系统

9.4.1 恒压二次供水系统的组成

恒压二次供水系统的组成如图 9-12 所示。

自来水先流入水箱（或水池），水泵再将水箱内的水抽往高处管道，随着管道内的水不断增多，水挤压气压罐内的空气，由于气压罐内空气的缓冲作用，管道内水压不会急剧增大而使管道爆裂，当水泵停止工作时，气压罐内的压缩空气膨胀作用使管道内的水维持一定的压力。水泵采用变频器驱动，当用户用水量增多时，管道内的水压降低，远传压力表（兼压力传感器功能）检测到水压降低后，将压力信号送到变频控制柜内的控制器，控制器输出控制信号送给变频器，使之驱动水泵电机运转。变频器输出电源频率变高，水泵转速加快，单位时间内抽水量增多，管道内的水压升高，这样在用水量大时仍有足够的水压。如果水压仍不足，控制器会控制另一台水泵也工作，如果用水量减少，控制器会控制变频器输出电源频率降低，水泵转速变慢，单位时间内抽水量减少。

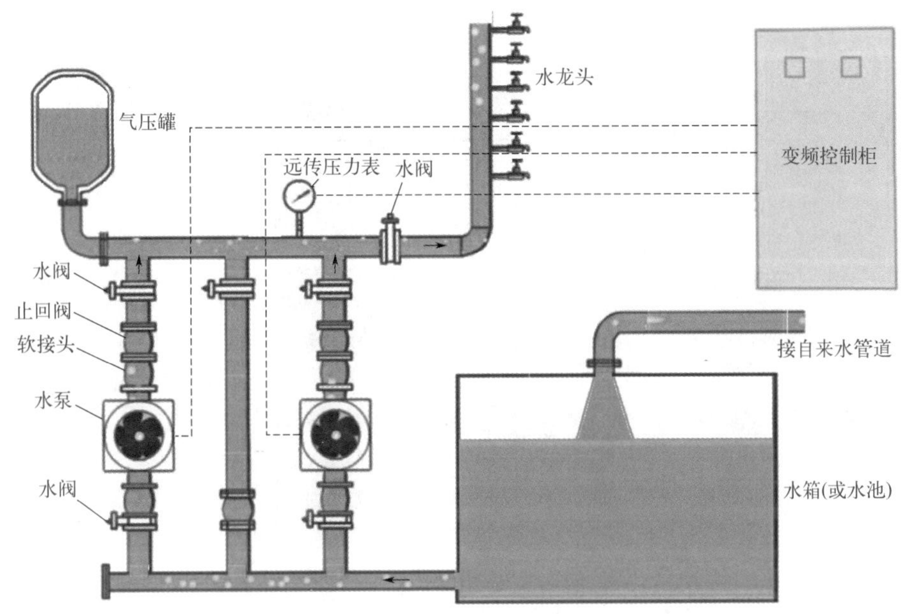

图 9-12　恒压二次供水系统的组成

9.4.2　恒压供水的 PLC 控制线路与程序

（1）控制线路

恒压供水的 PLC 控制线路如图 9-13 所示。SA1 为手动 / 自动模式选择开关，SA1 断开选择 PID 手动模式，SA1 闭合选择自动控制模式。SA2 为正常 /PID 实验选择开关，SA2 断开时以压力传感器测得压力值作为 PID 过程值，SA2 闭合时将 PID 的输出值加 276（相当于 0.1V）后作为 PID 的过程值，模仿压力传感器测得的压力上升，这样可在不连接压力传感器情况下检查和调试 PID 程序。

当开关 SA1 闭合时，S7-1200 PLC 的 I0.0 端子输入为 ON，内部的 PID 控制器工作在自动模式，压力传感器将 0 ～ 1.6MPa 的水压（相当于 0 ～ 160m 水位的水压）转换成 0 ～ 10V 电压，送入 CPU 模块自带 AI（模拟量输入）的输入端，内部 AD 转换器将其转换成 0 ～ 27648 数字量，该数字量为 PID 控制器的过程值（反馈信号）。PID 控制器将过程值与设定值进行 PID 运算后得到输出值，经模拟量输出模块（SM1232）转换成 0 ～ 10V 电压输出去控制变频器，该电压越高，变频器输出电源频率越高，水泵电机转速越快，单位时间抽水量越多，压力传感器检测的水压越高，送往 PID 控制器的过程值越大，当过程值等于设定值时，PID 控制器输出值不再上升，水泵电机转速不变，水压保持不变。当用水量增多时，水压下降，压力传感器输出电压低，PID 过程值小于设定值，PID 输出值增大，水泵电机转速加快；当用水量减少时，水压升高，压力传感器输出电压高，PID 过程值大于设定值，PID 输出值减小，水泵电机转速变慢。

当开关 SA1 断开时，PLC 的 I0.0 端子输入为 OFF，内部的 PID 控制器工作在手动模式，直接将设置的手动值作为 PID 的输出值送给变频器，变频器驱动水泵电机以固定的转速运行。

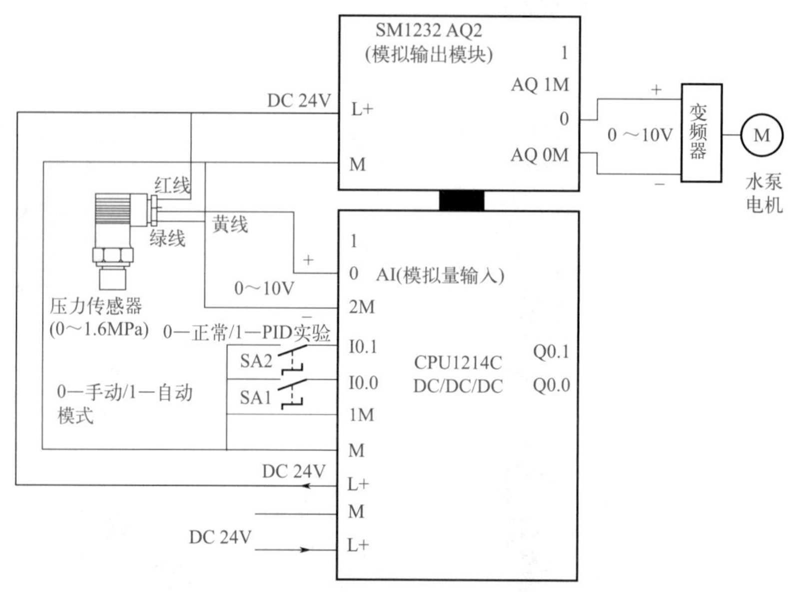

图 9-13　恒压供水的 PLC 控制线路

（2）PLC 程序

在 TIA STEP7 软件项目树的程序块中添加一个循环中断组织块（Cyclic interrupt[OB30]），循环时间设为 100ms，即每隔 100ms 执行一次 OB30 中的程序，然后在 OB30 中使用 PID_Compact 指令编写程序，如图 9-14（a）所示，再切换主程序组织块（Main[OB1]），编写图 9-14（b）所示的程序。

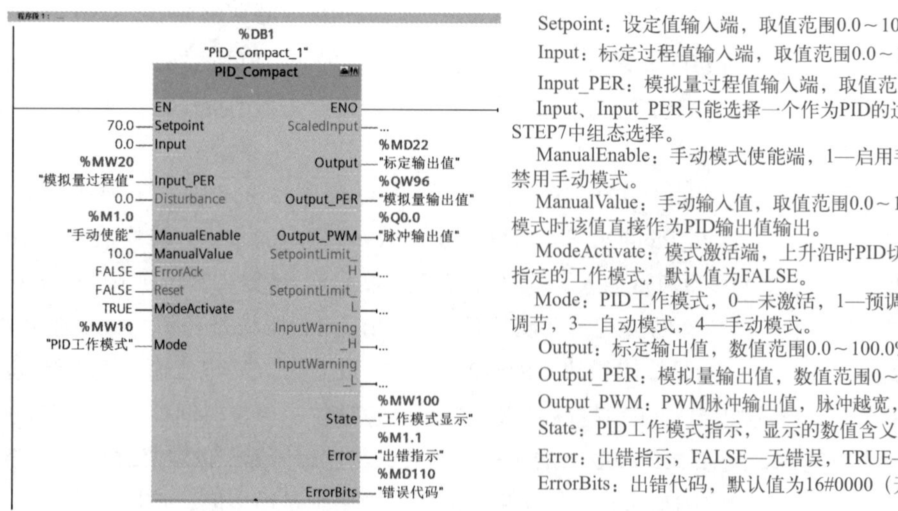

%DB1
"PID_Compact_1"
PID_Compact
EN
ENO
70.0 — Setpoint
ScaledInput — ...
0.0 — Input
%MD22
Output — "标定输出值"
%MW20
"模拟量过程值" — Input_PER
%QW96
0.0 — Disturbance
Output_PER — "模拟量输出值"
%M1.0
%Q0.0
"手动使能" — ManualEnable
Output_PWM — "脉冲输出值"
10.0 — ManualValue
SetpointLimit_H — ...
FALSE — ErrorAck
FALSE — Reset
SetpointLimit_L — ...
TRUE — ModeActivate
%MW10
InputWarning_H — ...
"PID工作模式" — Mode
InputWarning_L — ...
%MW100
State — "工作模式显示"
%M1.1
Error — "出错指示"
%MD110
ErrorBits — "错误代码"
Setpoint：设定值输入端，取值范围0.0～100.0%。
Input：标定过程值输入端，取值范围0.0～100.0%。
Input_PER：模拟量过程值输入端，取值范围0～27648，
Input、Input_PER只能选择一个作为PID的过程值，可在STEP7中组态选择。
ManualEnable：手动模式使能端，1—启用手动模式，0—禁用手动模式。
ManualValue：手动输入值，取值范围0.0～100.0%，手动模式时该值直接作为PID输出值输出。
ModeActivate：模式激活端，上升沿时PID切换到Mode端指定的工作模式，默认值为FALSE。
Mode：PID工作模式，0—未激活，1—预调节，2—精确调节，3—自动模式，4—手动模式。
Output：标定输出值，数值范围0.0～100.0%。
Output_PER：模拟量输出值，数值范围0～27648。
Output_PWM：PWM脉冲输出值，脉冲越宽，输出值越大。
State：PID工作模式指示，显示的数值含义与Mode相同。
Error：出错指示，FALSE—无错误，TRUE—指令出现错误。
ErrorBits：出错代码，默认值为16#0000（无错误代码）

(a) 在循环中断组织块OB30中使用PID_Compact指令编写的程序

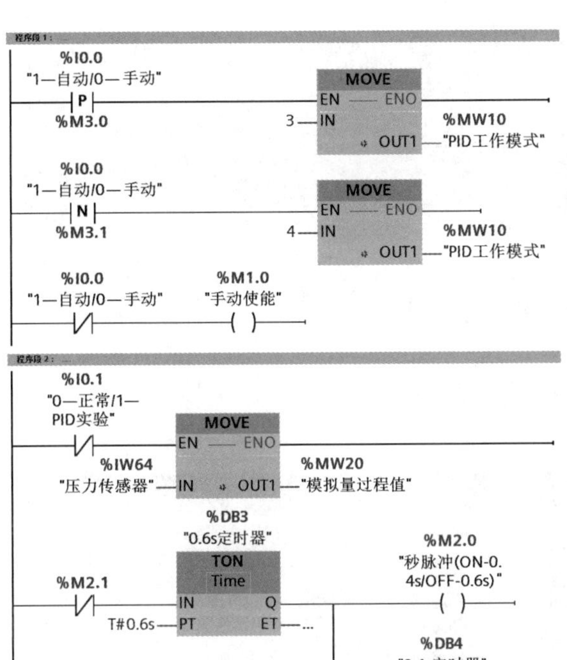

(b) 在Main[OB1]中编写的程序

程序段 1：I0.0 开关闭合时将 PID 设为自动模式，I0.0 开关断开时将 PID 设为手动模式。

当 I0.0 端子外接开关闭合时，I0.0 上升沿触点接通一个扫描周期，MOVE 指令执行，将 3 送入 MW10，PID_Compact 指令的 Mode 端为 3，PID 工作模式设为自动模式。如果 I0.0 端子外接开关断开，I0.0 下降沿触点接通一个扫描周期，MOVE 指令将 4 送入 MW10，PID 工作模式设为手动模式，同时 I0.0 常闭触点闭合，M1.0 得电为 1，PID_Compact 指令的 ManualEnable 端输入 1，启用手动模式。

程序段 2：当 I0.1 端子外接开关断开（正常工作方式）时，I0.1 常闭触点闭合，MOVE 指令执行，将 IW64 中的模拟量（压力传感器输出电压经 AI 模块转换得到的值保存在 IW64）送入 MW20 作为 PID 的模拟量过程值。

M2.0、M2.1、0.6s 定时器和 0.4s 定时器构成一个秒脉冲发生器。M2.1 常闭触点闭合时，0.6s 定时器输入为 ON 进行 0.6s 计时，0.6s 后 Q 端输出 ON，M2.0 线圈得电，同时 0.4s 定时器输入为 ON 进行 0.4s 计时，0.4s 后 Q 端输出 ON，M2.1 线圈得电，M2.1 常闭触点断开，0.6s 定时器输入为 OFF，Q 端输出 OFF，M2.0 线圈失电，0.4s 定时器输入为 OFF，Q 端输出 OFF，M2.1 线圈失电，M2.1 常闭触点又闭合。以后重复上述过程，结果 M2.0 线圈产生秒脉冲（0.4s—ON、0.6s—OFF），M2.0 上升沿触点每隔 1s 闭合一次。

当 I0.1 端子外接开关闭合（PID 实验方式）时，I0.1 常闭触点断开，停止 IW64 往 MW20 传送数据，I0.1 常开触点闭合，每隔 1s 执行一次 ADD 指令，将 PID 的模拟量输出值（QW96）加 276（相当于 +0.1V）送给 MW20，作为 PID 的模拟量过程值。这样可在不使用压力传感器的情况下，模仿压力传感器检测并送到 PID 的压力过程值不断增大的情况，便于在不接实际设备时查看和调试 PID

图 9-14　恒压供水的 PLC 程序

9.4.3　模拟量输入、模拟量输出模块和 PID 控制器的配置

（1）模拟量输入 AI 和模拟量输出 AQ 模块的配置

模拟量输入模块的功能是将压力传感器送来的反映水压高低的 0 ～ 10V 电压转换成 0 ～ 27648 数值送给 PID 作为过程值（反馈信号）。模拟量输出模块的功能是将 PID 输出值 0 ～ 27648 转换成 0 ～ 10V 电压去控制变频器输出电源频率，进而控制电机的转速。

本例恒压供水 PLC 控制电路的模拟量输入模块使用 CPU 模块自带的 AD 转换器，模拟量输出模块使用 SM1232 AQ2 模块，两者配置如图 9-15 所示。CPU 模块自带的 AD 转换器只能配置成 0 ～ 10V 电压输入，转换成的数字量存储地址为 IW64，AQ 模块配置成 -10 ～ +10V 电压输出，待转换成模拟量的数字量存储地址为 QW96，其他项配置保持默认。

（2）PID 控制器的配置

PID_Compact 指令控制的 PID 控制器（简称 PID_Compact 控制器）配置如图 9-16 所示。

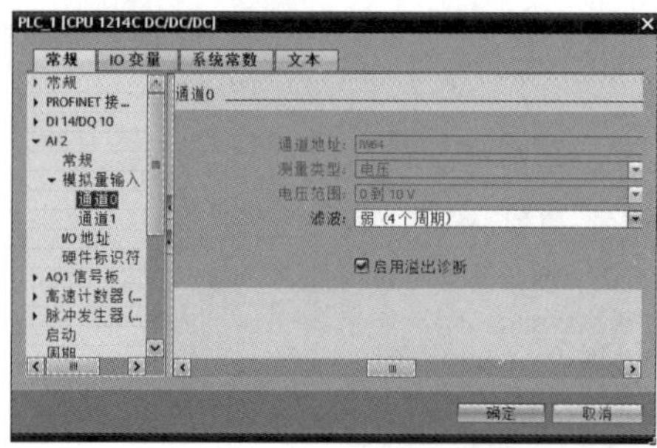

(a) CPU模块自带AD转换器的配置

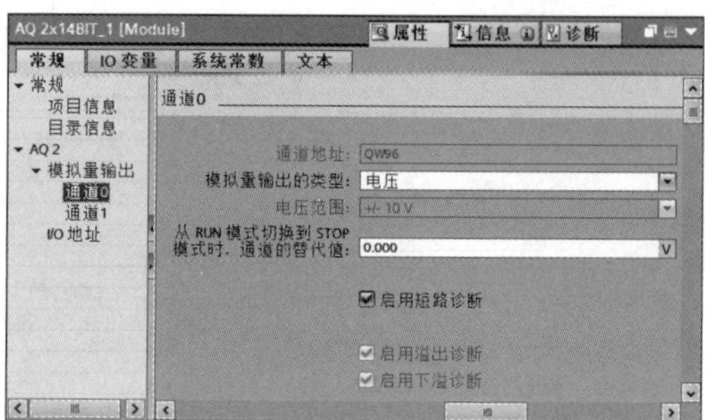

(b) SM1232 AQ2模块的配置

图 9-15　模拟量输入和输出模块的配置

(a) 控制器的类型、模式分别选择“常规”和“手动模式”

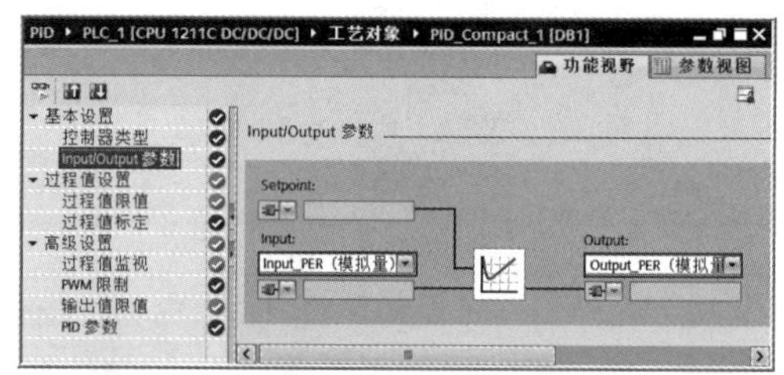

(b) Input、Output分别选择“Input_PER”和“Output_PER”

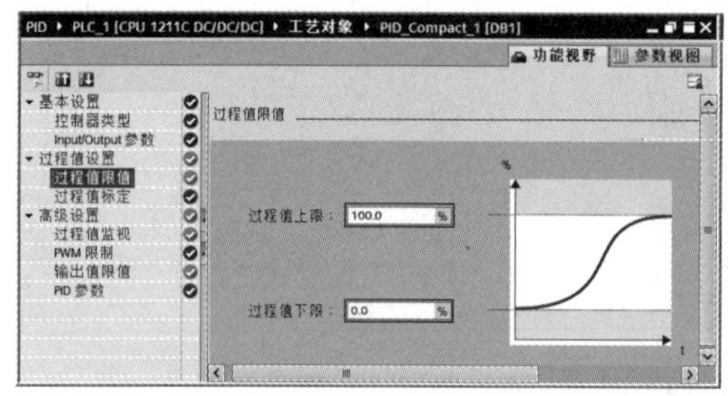

(c) 将过程值上、下限值分别设为100.0%和0.0%

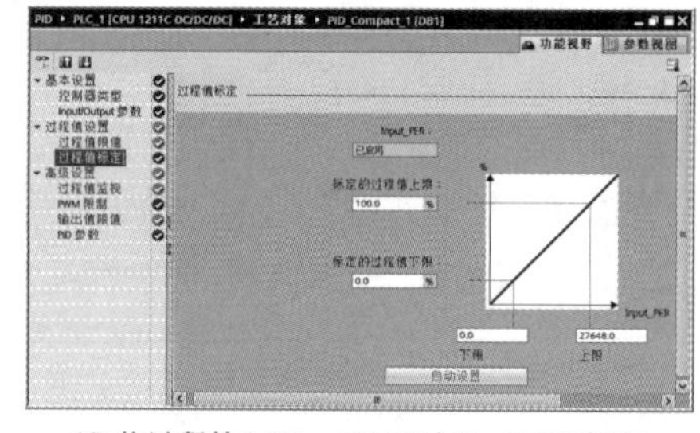

(d) 将过程值0.0%～100.0%与0～27648标定

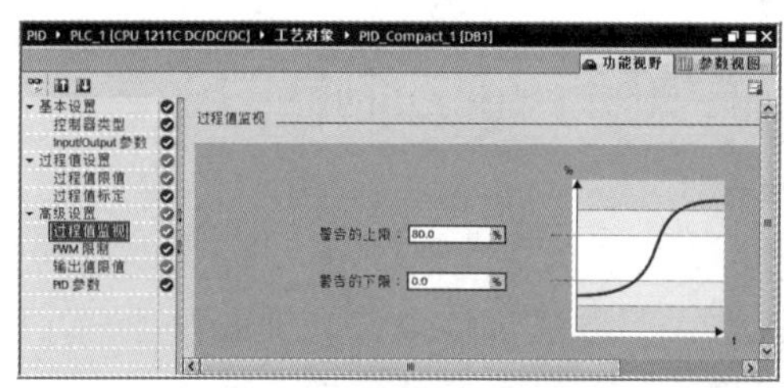

(e) 将过程值警告上、下限值分别设为80.0%和0.0%

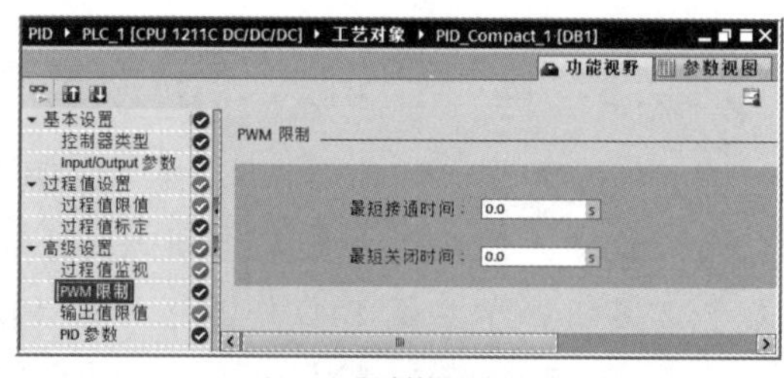

(f) PWM限制按默认设置

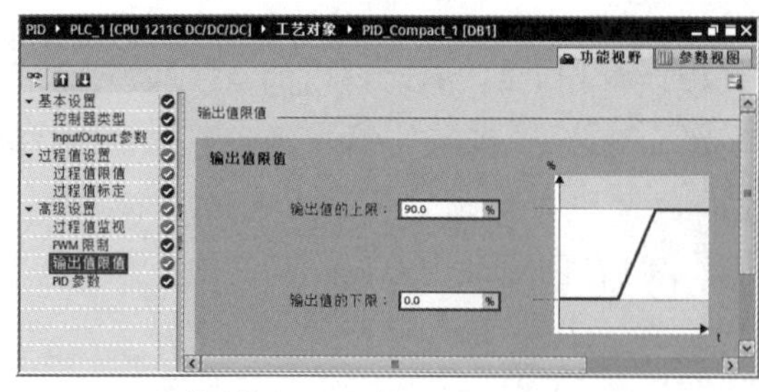

(g) 将输出值上、下限值分别设为90.0%和0.0%

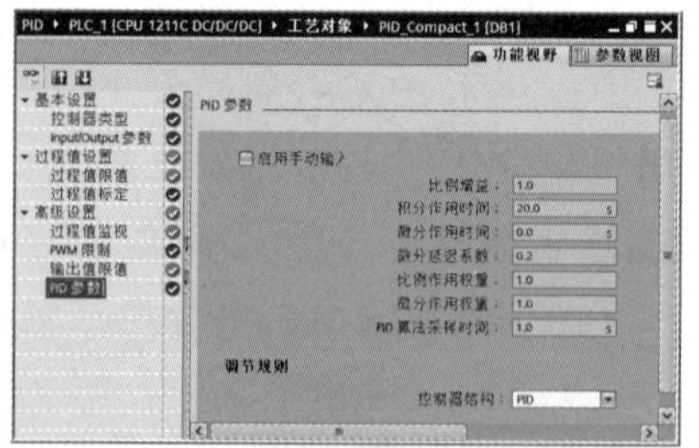

(h) PID参数按默认设置

图 9-16　配置 PID_Compact 控制器

9.4.4　程序的运行监视

如果要了解程序在 PLC 中的运行情况，将程序下载到 PLC 并在保持编程计算机与 PLC 连接正常的情况下，可在 STEP7 软件中监视程序的运行。

在 STEP7 软件中打开 Main[OB1] 程序，然后执行菜单命令“在线”→“监视”，Main[OB1] 程序马上进入监视状态，如图 9-17（a）所示。在监视状态下，STEP7 软件中的

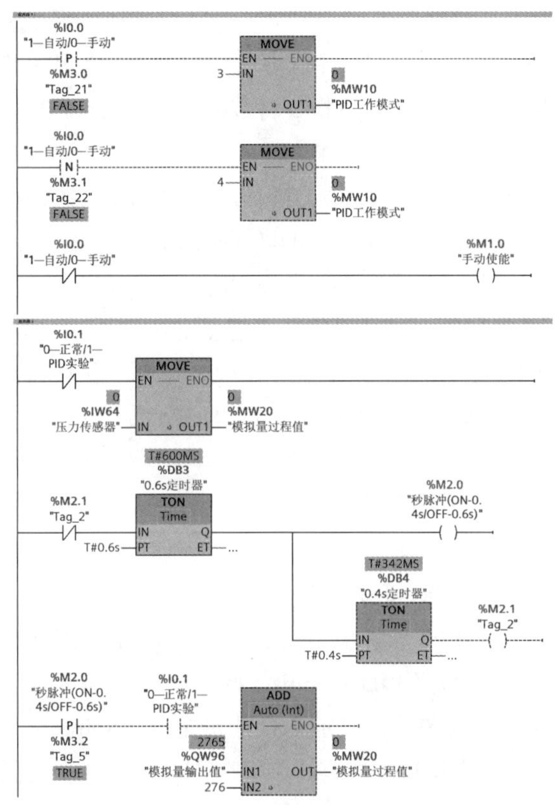

(a) Main[OB1]程序（I0.0、I0.1端子外接开关均断开）

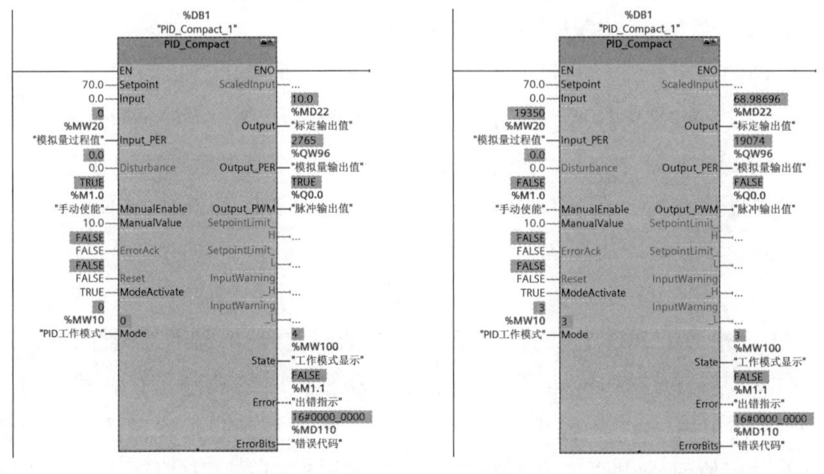

(b) PID_Compact控制器的输入与输出（手动模式）　(c) PID_Compact控制器的输入与输出（自动模式）

图 9-17　PLC 控制 PID 的程序运行监视

程序运行与 PLC 中的程序运行保持一致，当前 I0.0、I0.1 端子外接开关处于断开状态，I0.0 常闭触点闭合，M1.0=1，该值送到 PID_Compact 指令的 ManualEnable 端，使 PID 进入手动模式，I0.1 常闭触点闭合，将压力传感器的值送到 PID 作为过程值。打开 Cyclic interrupt[OB30] 程序并进入监视状态，如图 9-17（b）所示，当前 PID_Compact 指令控制 PID 处于手动模式（ManualEnable=M1.0=TRUE、Mode=4），手动值 ManualValue=10.0 作为输出值直接从 Output 端输出。

如果将 I0.0、I0.1 端子外接开关都闭合，Main[OB1] 程序运行使 MW10=3、M1.0=0，这 2 个值分别送到 PID_Compact 指令 Mode、ManualEnable 端，使 PID 进入自动模式，如图 9-17（c）所示，同时 I0.1 常开触点闭合，ADD 指令将 QW96 值（来自 PID 的 Output_PER 端输出值）加 276 后传送给 MW20 去 PID 的 Input_PER 端。

PID 控制器将 Setpoint 端的设定值（70.0）与 Input_PER 端输入并标定的过程值（例如 276 的标定值约为 1.0，27648 的标定值为 100.0）进行 PID 运算，得到输出值后以标定值、模拟量值和脉冲方式分别同时从 Output、Output_PER、Output_PWM 端输出。当过程值与设定值相差很大时，输出值快速变化，当过程值与设定值相差不大时，输出值缓慢变化，当过程值与设定值相等时，输出值保持恒定值。在图 9-17（c）中，设定值（70.0）与过程值（19350 的标定值为 19350×100÷27648，略小于 70.0）非常接近，故输出值变化很小。

9.4.5 PID 控制器的调试

（1）PID 调试窗口

在监视 PLC 控制 PID 的程序时可以了解 PID 的一些运行情况，若使用 PID 调试窗口则能更直观了解并调试 PID。在 STEP7 软件项目树的“工艺对象”中展开“PID_Compact_1”，找到并双击其中“调试”，右边会打开 PID_Compact 调试窗口，如图 9-18 所示。在窗口中部为波形显示区，用 3 种不同颜色的线条分别显示 PID 的设定值（Setpoint）、过程值（ScaledInput）和输出值（Output）的变化，在窗口下方有 3 个框分别显示这 3 个值的最新数值（标定值形式的数值，0.0 ～ 100.0）。

（2）查看 PID 运行的输入、输出值变化波形和数值

在 PID 调试窗口的左上角选择测量的采样时间（0.3s），再单击旁边的“Start/Stop”按钮，PID 进入调试测量状态，如图 9-19 所示。如果无法进入调试状态，可检测计算机与 PLC 通信连接是否正常，在 STEP7 软件中执行程序下载操作，下载正常则两者通信连接正常。

PID 进入调试测量状态后，在 PID 调试窗口时序图中可查看到 PID 在不同情况下的设定值、过程值和输出值的变化。时序图的第①段为 PID 处于手动模式时的波形，设定值（70.0），过程值（0.0）和输出值（10.0）都保持不变；时序图的第②段为 PID 处于自动模式时的波形，因过程值始终为 0.0，相当于 PID 未接入过程值（反馈信号），输出值迅速线性增大到最大值，然后保持最大值不变；时序图的第③段为 PID 处于自动模式时的波形，有过程值输入且随输出值变化（过程值 = 输出值 +0.1），输出值先快速增大，当过程值接近设定值时输出值增速变慢，当过程值等于设定值时输出值几乎不变。在 PID 调试窗口右下方可以查看到设定值，过程值和输出值的最新数值大小，这些数值与波形保持同步变化。

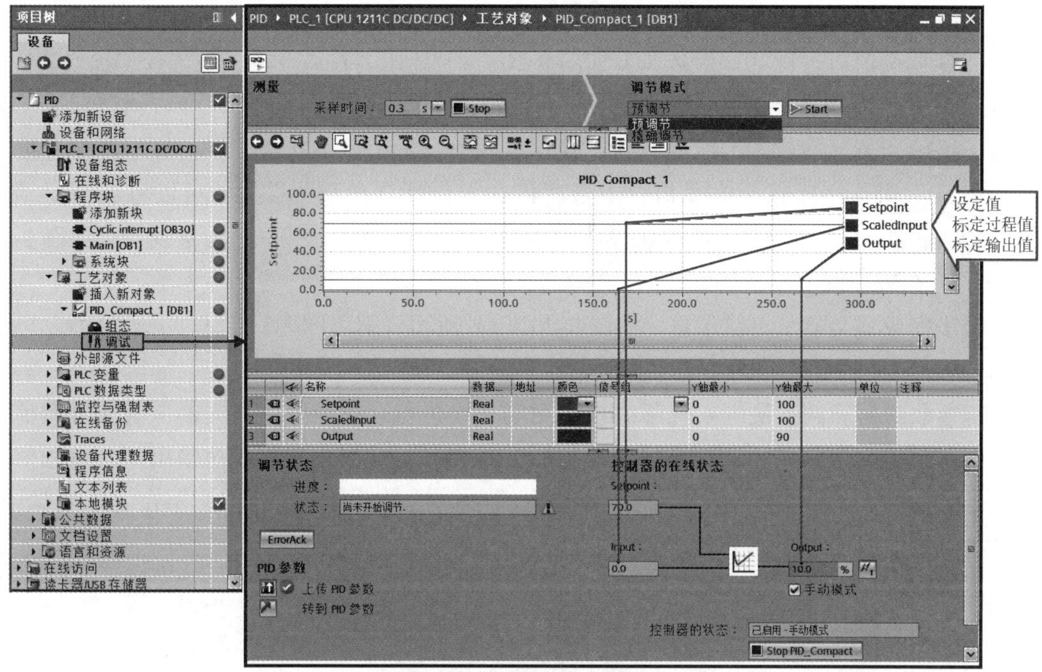

图 9-18　**PID_Compact** 调试窗口

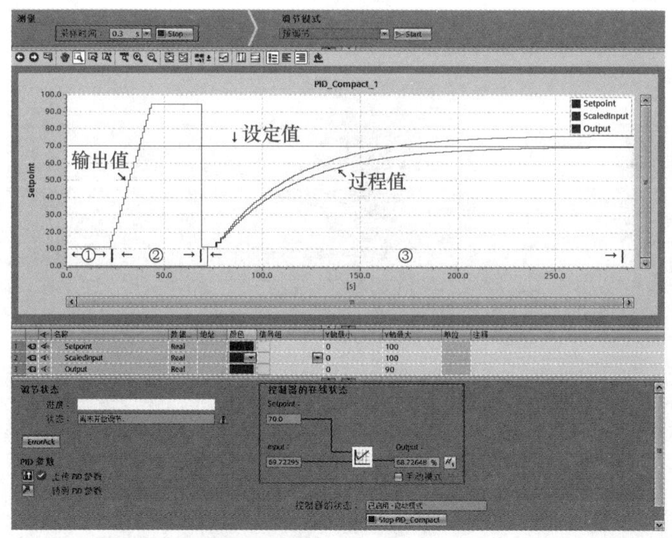

图 9-19　在 **PID** 调试测量状态可查看设定值、过程值、输出值波形和数值

(3) PID 参数调节

在未进行 PID 参数调节时，PID 会对设定值和过程值按系统默认参数进行运算来得到输出值，而在实际使用时 PID 控制对象种类很多，采用默认 PID 参数运算获得输出值虽然可行，但达不到较佳的控制效果。为此使用系统默认参数配置好 PID 后，建议在实际的 PID 应用场景中进行 PID 参数调节，以获得适合该场景理想的控制效果。比如 PID 使用默认的 PID 参数运算控制恒压供水系统，可能需要较长时间才能让水压恒定，而用 PID 参数调节获得的参数

进行 PID 运算，可以很快让水压恒定。

在 PID 调试窗口进行 PID 参数调节如图 9-20（a）所示。在调节模式项选择“预调节（粗调）”或“精确调节（细调）”，再单击旁边的“Start/Stop”按钮，PID 进入参数调节状态。如果选择了精确调节，参数调节时间较长，在窗口左下方的“调节状态”栏会显示调节进度和状态。当显示调节完成后，单击 PLC 参数栏的“上传 PID 参数”按钮，可以将调节得到的 PID 参数传输给系统，单击“转到 PID 参数”按钮可打开 PID 组态的 PID 参数窗口，如图 9-20（b）所示，左边是调节前系统默认的 PID 参数，右边为调节后得到的 PID 参数。如果 PID 参数调节无法完成，会显示出错信息，如图 9-20（c）所示，解决问题后单击“ErrorAck”可清除出错显示，然后再重新进行 PID 参数调节。

PID 参数的精确调节最好在实际 PID 应用场景中进行，这样可用真实输出值和过程值进行 PID 运算调节，容易获得适合该场景理想的 PID 参数。如果用程序模仿输出值与过程值之间的关系来进行 PID 参数调节，一是这样获取的参数与实际有差距而不能用在实际场景中，二是可能模仿程序不完善易导致调节出现错误。

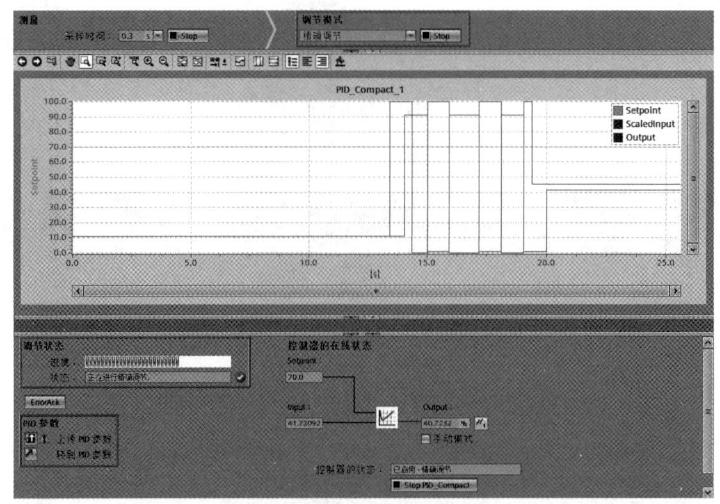

(a) PID参数调节操作

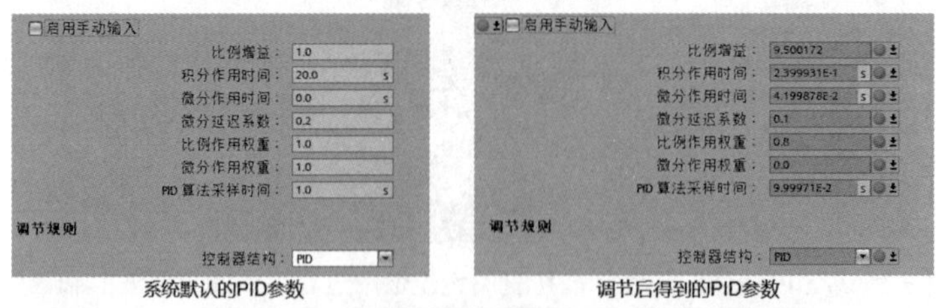

(b) 系统默认的PID参数与PID调节后得到的PID参数

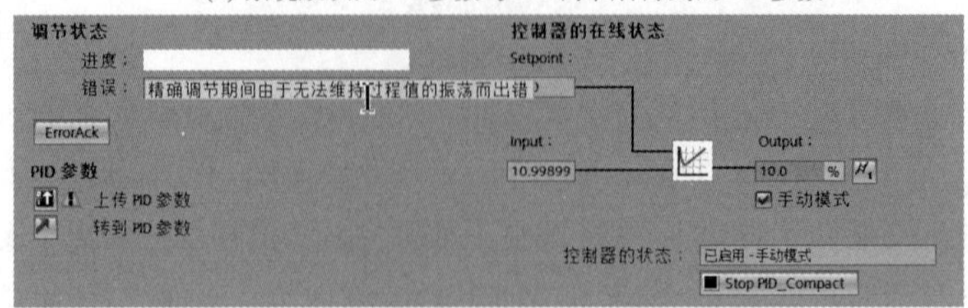

(c) 调节出错时会显示出错信息

图 9-20　PID 参数调节

PLC

第 10 章

西门子 S7-1200 PLC 的通信

10.1 通信基础知识

通信是指一地与另一地之间的信息传递。PLC 通信是指 PLC 与计算机、PLC 与 PLC、PLC 与人机界面（触摸屏）和 PLC 与其他智能设备之间的数据传递。

10.1.1 通信方式

（1）有线通信和无线通信

有线通信是指以导线、电缆、光缆、纳米材料等作为传输媒质的通信，无线通信是指以电磁波等作为传输媒质的通信，常见的无线通信有微波通信、短波通信、移动通信和卫星通信等。

（2）并行通信与串行通信

① 并行通信　**同时传输多位数据的通信方式称为并行通信。**并行通信如图 10-1（a）所示，计算机中的 8 位数据 10011101 通过 8 条数据线同时送到外部设备中。并行通信的特点是数据传输速度快，由于需要的传输线多，故成本高，只适合近距离的数据通信。PLC 主机与

扩展模块之间通常采用并行通信。

② 串行通信　**逐位依次传输数据的通信方式称为串行通信。**串行通信如图 10-1（b）所示，计算机中的 8 位数据 10011101 通过一条数据线逐位传送到外部设备中。串行通信的特点是数据传输速度慢，但由于只需要一条传输线，故成本低，适合远距离的数据通信。PLC 与计算机、PLC 与 PLC、PLC 与人机界面之间通常采用串行通信。

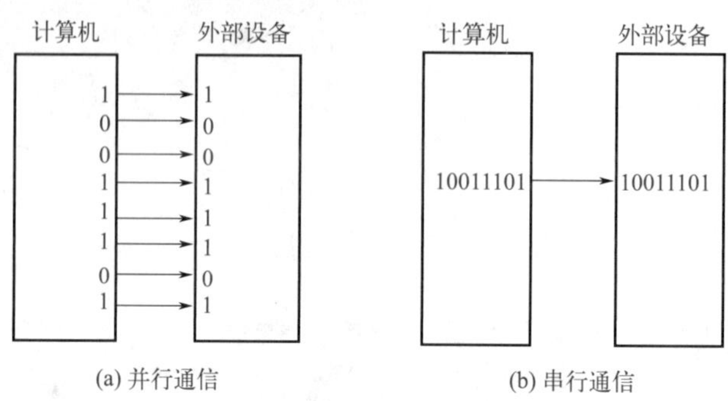

图 10-1　并行通信和串行通信

（3）异步通信和同步通信

串行通信又可分为异步通信和同步通信。PLC 与其他设备通常采用串行异步通信方式。

① 异步通信　**在异步通信中，数据是一帧一帧地传送的。**异步通信如图 10-2 所示，**这种通信是以帧为单位进行数据传输，一帧数据传送完成后，可以接着传送下一帧数据，也可以等待，等待期间为空闲位（高电平）。**

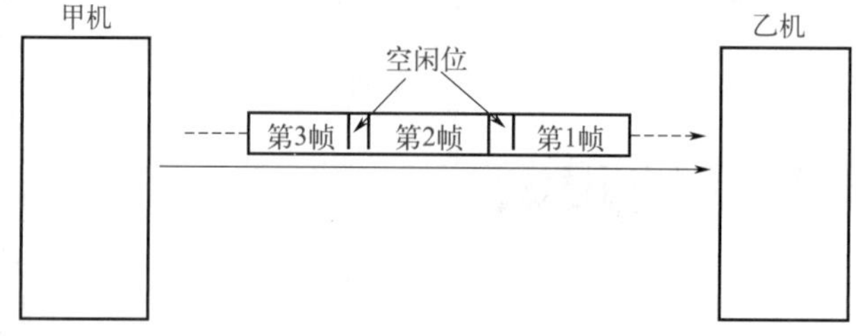

图 10-2　异步通信

串行通信时，数据是以帧为单位传送的，帧数据有一定的格式。帧数据格式如图 10-3 所示，从图中可以看出，**一帧数据由起始位、数据位、奇偶校验位和停止位组成。**

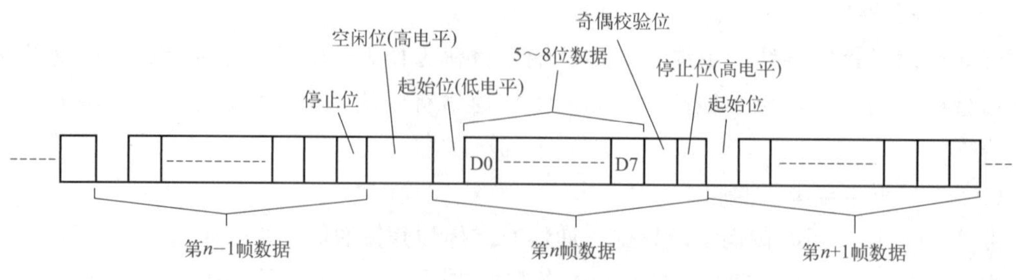

图 10-3　异步通信帧数据格式

起始位：表示一帧数据的开始，起始位一定为低电平。当甲机要发送数据时，先送一个低电平（起始位）到乙机，乙机接收到起始信号后，马上开始接收数据。

数据位：它是要传送的数据，紧跟在起始位后面。数据位的数据为 5 ～ 8 位，传送数据时是从低位到高位逐位进行的。

奇偶校验位：该位用于检验传送的数据有无错误。奇偶校验是检查数据传送过程中有无发生错误的一种校验方式，它分为奇校验和偶校验。奇校验是指数据和校验位中 1 的总个数为奇数，偶校验是指数据和校验位中 1 的总个数为偶数。

以奇校验为例，如果发送设备传送的数据中有偶数个 1，为保证数据和校验位中 1 的总个数为奇数，奇偶校验位应为 1，如果在传送过程中数据产生错误，其中一个 1 变为 0，那么传送到接收设备的数据和校验位中 1 的总个数为偶数，外部设备就知道传送过来的数据发生错误，会要求重新传送数据。

数据传送采用奇校验或偶校验均可，但要求发送端和接收端的校验方式一致。在帧数据中，奇偶校验位也可以不用。

停止位：它表示一帧数据的结束。停止位可以为 1 位、1.5 位或 2 位，但一定为高电平。

一帧数据传送结束后，可以接着传送第二帧数据，也可以等待，等待期间数据线为高电平（空闲位）。如果要传送下一帧，只要让数据线由高电平变为低电平（下一帧起始位开始），接收器就开始接收下一帧数据。

② 同步通信　在异步通信中，每一帧数据发送前要用起始位，在结束时要用停止位，这样会占用一定的时间，导致数据传输速度较慢。为了提高数据传输速度，在计算机与一些高速设备数据通信时，常采用同步通信。同步通信的数据格式如图 10-4 所示。

图 10-4　同步通信的数据格式

从图中可以看出，同步通信的数据后面取消了停止位，前面的起始位用同步信号代替，在同步信号后面可以跟很多数据，所以同步通信传输速度快，但由于同步通信要求发送端和接收端严格保持同步，这需要用复杂的电路来保证，所以 PLC 不采用这种通信方式。

（4）单工通信和双工通信

串行通信根据数据的传送方向不同，可分为单工、半双工和全双工三种方式。这三种传送方式如图 10-5 所示。

① 单工方式　在这种方式下，数据只能向一个方向传送。单工方式如图 10-5（a）所示，数据只能由发送端传输给接收端。

② 半双工方式　在这种方式下，数据可以双向传送，但同一时间内，只能向一个方向传送，只有一个方向的数据传送完成后，才能往另一个方向传送数据。半双工方式如图 10-5（b）所示，通信的双方都有发送器和接收器，一方发送时，另一方接收，由于只有一条数据线，所以双方不能在发送的同时进行接收。

③ 全双工方式　在这种方式下，数据可以双向传送，通信的双方都有发送器和接收器，由于有两条数据线，所以双方在发送数据的同时可以接收数据。全双工方式如图 10-5（c）所示。

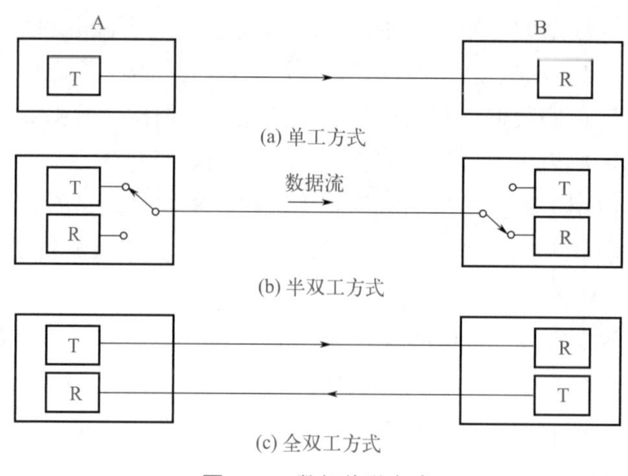

图 10-5　数据传送方式

10.1.2　通信传输介质

有线通信采用的传输介质主要有双绞线、同轴电缆和光缆。这三种通信传输介质如图 10-6 所示。

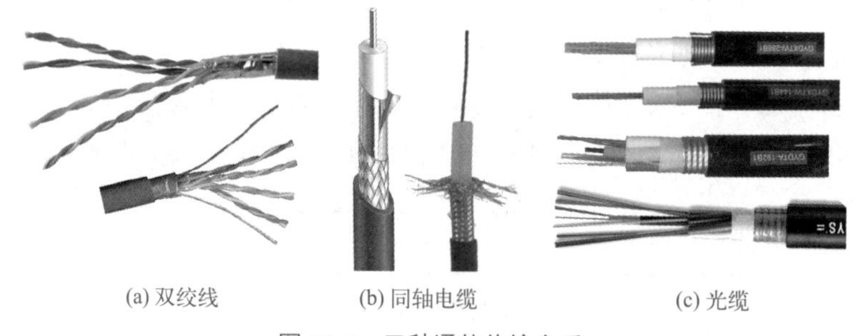

(a) 双绞线　(b) 同轴电缆　(c) 光缆

图 10-6　三种通信传输介质

（1）双绞线

双绞线是将两根导线扭绞在一起，以减少电磁波的干扰，如果再加上屏蔽套层，则抗干扰能力更好。双绞线的成本低、安装简单，RS232C、RS422A、RS485 和 RJ45 等接口多用双绞线电缆进行通信连接。

（2）同轴电缆

同轴电缆的结构是从内到外依次为内导体（芯线）、绝缘线、屏蔽层及外保护层。由于从截面看这四层构成了 4 个同心圆，故称为同轴电缆。根据通频带不同，同轴电缆可分为基带（5052）和宽带（7552）两种，其中基带同轴电缆常用于 Ethernet（以太网）中。同轴电缆的传送速率高、传输距离远，但价格比双绞线高。

（3）光缆

光缆是由石英玻璃经特殊工艺拉成细丝结构，这种细丝比头发丝还要细，一般直径在 8 ～ 95μm（单模光纤）及 50/62.5μm（多模光纤，50μm 为欧洲标准，62.5μm 为美国标准），但它能传输的数据量却是巨大的。光纤是以光的形式传输信号的，其优点是传输的为数字的光脉冲信号，不会受电磁干扰，不怕雷击，不易被窃听，数据传输安全性好，传输距离长，且带宽宽、传输速度快。但由于通信双方发送和接收的都是电信号，因此通信双方都需要价格昂贵的光纤设备进行光电转换，另外光纤连接头的制作与光纤连接需要专门工具和专门的技术人员。

10.1.3　S7-1200 支持的通信与使用的接口

S7-1200 CPU 可与编程设备、HMI（人机界面）和其他 CPU 通信。

S7-1200 支持的通信有：I-Device、PROFINET、PROFIBUS、远距离控制通信、点对点（PtP）通信、USS 通信、Modbus RTU、AS-i 和 IO LINK MASTER。

S7-1200 CPU 与其他设备通信的接口主要有：①自带的 PROFINET 接口（RJ45 网线接口）；②通信模块 CM1241 的 RS232、RS485、RS422 接口；③ CM1243/CM12432 主 / 从通信模块的 PROFIBUS 接口。

10.2　两台 S7-1200 PLC 的以太网通信实例

以太网是一种常见的通信网络，多台计算机通过网线与交换机连接起来就构成一个以太网局域网，局域网之间也可以进行以太网通信。以太网最多可连接 32 个网段、1024 个节点。以太网可实现高速（高达 100Mbps）、长距离（铜缆最远约为 1.5km，光纤最远约为 4.3km）的数据传输。

10.2.1　S7-1200 CPU 以太网连接的设备类型与支持的通信协议

S7-1200 CPU 至少自带一个 PROFINET 接口（RJ45 网线接口），该接口具有自动交叉网线功能，支持最多 68 个以太网连接，数据传输速率达 10/100Mbps。S7-1200 CPU 使用 PROFINET 接口可直接与编程设备、HMI 和其他 SIMATIC 控制器连接通信，如果使用 4 端口以太网交换机模块 CSM1277（或普通的以太网交换机），则可将多台设备与 S7-1200 CPU 连接在一起组建成一个统一或混合的网络。S7-1200 CPU 以太网连接的设备类型如图 10-7 所示。

S7-1200 CPU 的 PROFINET 接口支持的通信协议有 TCP/IP、UDP、OPC-UA（服务器）、ISO-on-TCP、Modbus TCP、S7 通信和 PROFINET IO 等。

10.2.2　IP 地址的设置

以太网中的各设备在通信时，必须为每个设备设置不同的 IP 地址， IP 是英文 Internet Protocol 的缩写，意思是“网络之间互联协议”。

（1）IP 地址的组成

在以太网通信时，处于以太网络中的设备都要有不同的 IP 地址，这样才能找到通信的对象。 以太网 IP 地址由 IP 地址、子网掩码和网关组成，如图 10-8 所示。

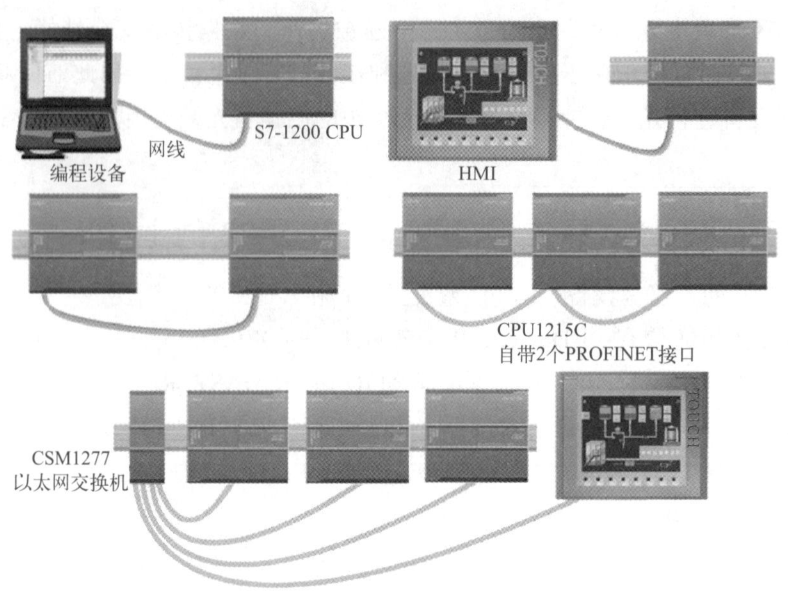

图 10-7　S7-1200 CPU 以太网连接的设备类型

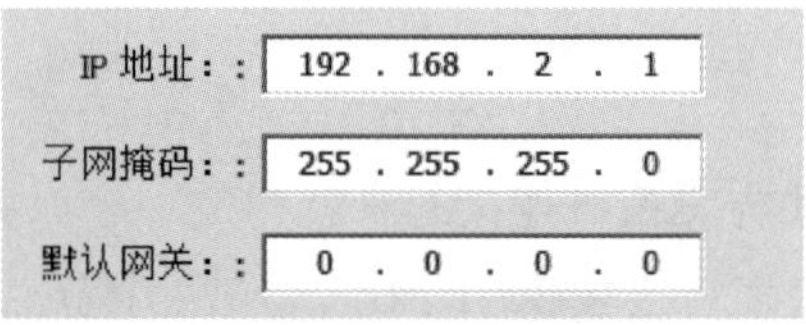

IP 地址：：192 . 168 . 2 . 1
子网掩码：：255 . 255 . 255 . 0
默认网关：：0 . 0 . 0 . 0

图 10-8　IP 地址的组成

IP 地址由 32 位二进制数组成，分为四组，每组 8 位（数值范围 00000000 ～ 11111111），各组用十进制数表示（数值范围 0 ～ 255），前三组组成网络地址，后一组为主机地址（编号）。**如果两台设备 IP 地址的前三组数相同，表示两台设备属于同一子网，同一子网内的设备主机地址不能相同，否则产生冲突。**

子网掩码与 IP 地址一样，也是由 32 位二进制数组成，分为四组，每组 8 位，各组用十进制数表示。**子网掩码用于检查以太网内的各通信设备是否属于同一子网。**在检查时，将子网掩码 32 位的各位与 IP 地址的各位进行“与”运算（1•1=1，1•0=0，0•1=0，0•0=0），如果某两台设备的 IP 地址（如 192.168.1.6 和 192.168.1.28）分别与子网掩码（255.255.255.0）进行与运算，得到的结果相同（均为 192.168.1.0），表示这两台设备属于同一个子网。

网关（Gateway）又称网间连接器、协议转换器，是一种具有转换功能，能将不同网络连接起来的计算机系统或设备（如路由器）。同一子网（IP 地址前三组数相同）的两台设备可以直接用网线连接进行以太网通信，同一子网的两台以上设备通信需要用到以太网交换机，不需要用到网关，**如果两台或两台以上设备的 IP 地址不属于同一子网，其通信就需要用到网关（路由器）。**网关可以将一个子网内的某设备发送的数据包转换后发送到其他子网内的某设备内，反之同样也能进行。如果通信设备处于同一个子网内，不需要用到网关，故可不用设置网关地址。

（2）计算机 IP 地址的设置及网卡型号查询

当计算机与 PLC 用网线连接起来后，两者必须设置不同的 IP 地址，才可以进行以太网通信。

打开计算机的控制面板内的“网络和共享中心”（以操作系统为 WIN7 为例），在“网络和共享中心”窗口的左方单击“更改适配器设置”，会出现图 10-9（a）窗口，双击“本地连接”，弹出“本地连接 状态”对话框，单击左下方的“属性”按钮，弹出“本地连接 属性”对话框，如图 10-9（b）所示，从中选择“Internet 协议版本（TCP/IPv4)”，再单击“属性”按钮，弹出图 10-9（c）所示的对话框，选择“使用下面的 IP 地址”项，并按图示设置好计算机的 IP 地址、子网掩码和默认网关，计算机与 PLC 的网关应相同，两者的 IP 地址不能相同（两者的 IP 地址前三组数要相同，最后一组数不能相同），子网掩码固定为 255.255.255.0，单击“确定”按钮完成计算机的 IP 地址设置。

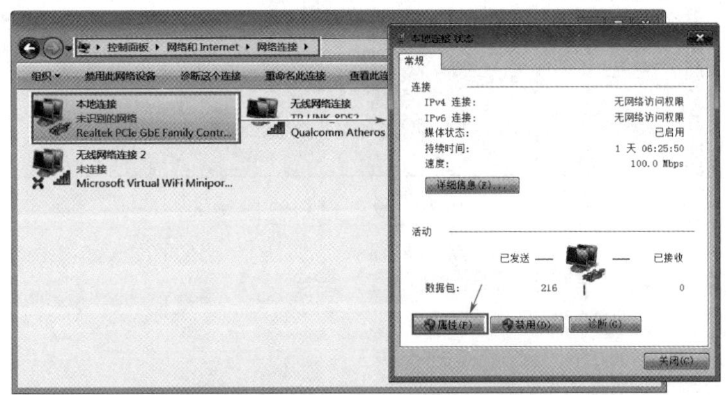

(a) 双击“本地连接”弹出本地连接状态对话框

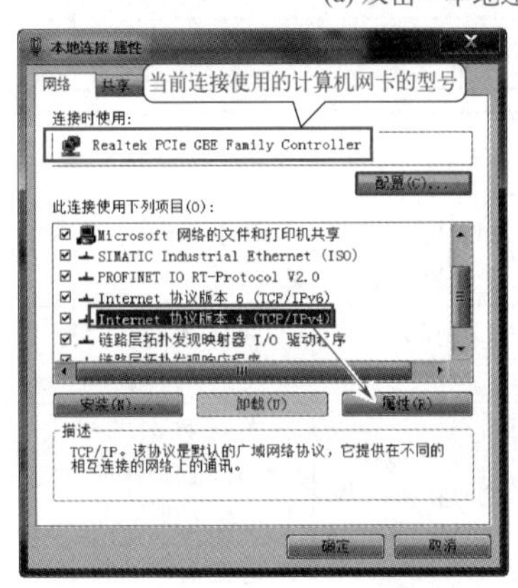

(b) 在对话框中选择“……(TCP/IPv4)”

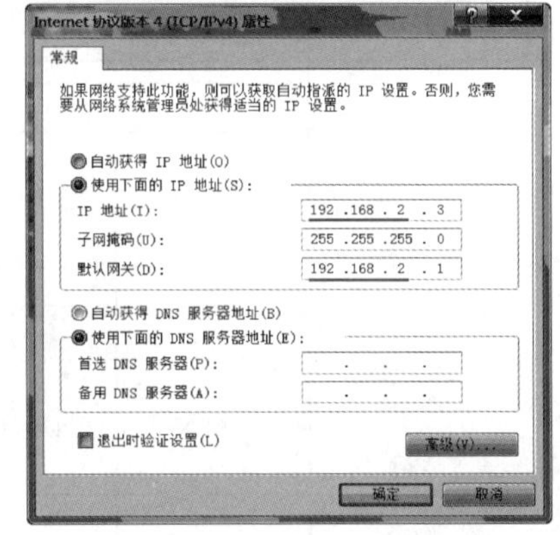

(c) 设置计算机的IP地址

图 10-9　设置计算机的 IP 地址

（3）设置 PLC 的 IP 地址

如果要设置 S7-1200 CPU 的 IP 地址，可在 TIA STEP7 软件的项目树中双击“设备组态”，打开设备视图，双击 CPU 模块上的 PROFINET 接口，下方出现巡视窗口（若未出现该窗口，可在 PROFINET 接口单击右键，在右键菜单中选择“属性”），如图 10-10 所示，按图示箭头所示切换到 PROFINET 接口的属性窗口，在左边选中“以太网地址”，在右边设置 IP 地址。在下载程序时，该 IP 地址会同时下载到 CPU 模块。

10.2.3　以太网通信指令

S7-1200 PLC 用作以太网通信的指令很多，下面介绍常用的通过以太网发送数据（TSEND_C）和通过以太网接收数据（TRCV_C）指令。

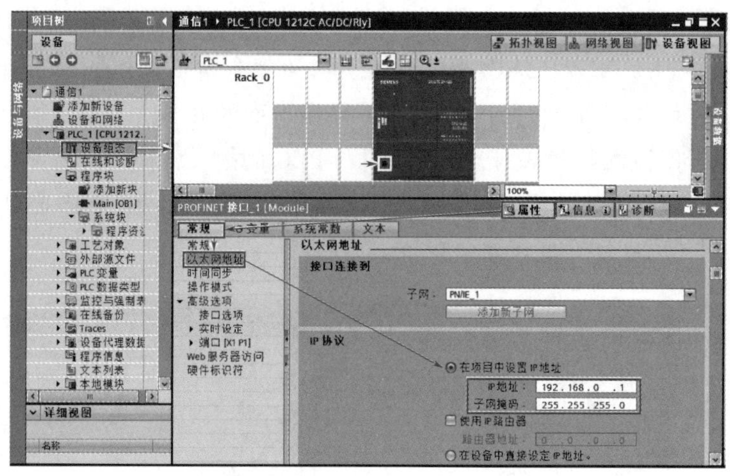

图 10-10　设置 PLC 的 IP 地址

（1）通过以太网发送数据（TSEND_C）指令

TSEND_C 指令说明如表 10-1 所示。

表10-1　TSEND_C指令说明

<table>
<tr><th>符号、名称与功能</th><th colspan="4">参数</th></tr>
<tr><td rowspan="9"><???>
TSEND_C
EN　ENO
REQ　DONE
CONT　BUSY
LEN　ERROR
CONNECT　STATUS
DATA
ADDR
COM_RST
通过以太网发送数据
当 EN=1 时，REQ 端输入上升沿启动发送数据，将 DATA 端地址的数据通过以太网发送出去</td><td>参数</td><td>数据类型</td><td>存储区</td><td>说明</td></tr>
<tr><td>REQ</td><td>BOOL</td><td>I、Q、M、D、L、T、C 或常数</td><td>在上升沿启动发送数据</td></tr>
<tr><td>CONT</td><td>BOOL</td><td>I、Q、M、D、L</td><td>通信连接控制：0—断开连接；1—建立并保持通信连接</td></tr>
<tr><td>LEN</td><td>UDINT</td><td>I、Q、M、D、L 或常数</td><td>发送数据的最大字节数。若在 DATA 参数中使用具有优化访问权限的发送区，LEN 值必须为 0</td></tr>
<tr><td>CONNECT</td><td>VARIANT</td><td>D</td><td>连接描述的数据块。
设定连接：对于 TCP 或 UDP，使用 TCON_IP_v4 系统数据类型；对于 ISO-on-TCP，使用 TCON_IP_RFC 系统数据类型；对于 ISO，使用 TCON_ISOnative 系统数据类型（仅适用于 CP1543-1）。
组态连接：对于现有连接，使用 TCON_Configured 系统数据类型</td></tr>
<tr><td>DATA</td><td>VARIANT</td><td>I、Q、M、D、L</td><td>发送区的地址</td></tr>
<tr><td>ADDR</td><td>VARIANT</td><td>D</td><td>接收方的地址</td></tr>
<tr><td>COM_RST</td><td>BOOL</td><td>I、Q、M、D、L</td><td>通信连接重置：0—无关；1—重置现有连接</td></tr>
<tr><td>DONE</td><td>BOOL</td><td>I、Q、M、D、L</td><td>状态参数：0—发送数据尚未启动或仍在进行；1—发送数据已成功执行。此状态仅显示一个周期</td></tr>
</table>

续表

符号、名称与功能	参数

参数	数据类型	存储区	说明
BUSY	BOOL	I、Q、M、D、L	状态参数：0—发送数据尚未启动或已完成；1—发送数据尚未完成，无法启动新发送
ERROR	BOOL	I、Q、M、D、L	状态参数：0—无错误；1—在连接建立、数据传送或连接终止过程中出错
STATUS	WORD	I、Q、M、D、L	指令的状态代码。0000—发送数据已成功完成

（2）通过以太网接收数据（TRCV_C）指令

TRCV_C 指令说明如表 10-2 所示。

表10-2　TRCV_C指令说明

符号、名称与功能	参数
通过以太网接收数据 当 EN=1 时，若 EN_R=1 启动数据接收，将通过以太网接收来的数据存放到 DATA 端指定的地址	见下表

参数	数据类型	存储区	说明
EN_R	BOOL	I、Q、M、D、L	EN_R=1 启动数据接收功能
CONT	BOOL	I、Q、M、D、L	通信连接控制：0—断开连接；1—建立并保持通信连接
LEN	UDINT	I、Q、M、D、L 或常数	待接收数据的最大字节数（最大 8192 字节）。如果 DATA 参数使用纯符号值，LEN 值必须为 0
CONNECT	TCON_Param	D	连接描述的数据块
DATA	VARIANT	I、Q、M、D、L	接收区的地址
ADDR	VARIANT	D	接收方的地址
COM_RST	BOOL	I、Q、M、D、L	重启 TRCV_C 指令：0—无关；1—重启
DONE	BOOL	I、Q、M、D、L	状态参数：0—接收数据尚未启动或仍在进行；1—接收数据已成功执行
BUSY	BOOL	I、Q、M、D、L	状态参数：0—接收数据尚未启动或已完成；1—接收数据尚未完成，无法启动新接收
ERROR	BOOL	I、Q、M、D、L	状态参数：0—无错误；1—出错
STATUS	WORD	I、Q、M、D、L	指令的状态代码。0000—接收数据已成功完成
RCVD_LEN	UDINT	I、Q、M、D、L	实际接收到的数据量（以字节为单位）

10.2.4 两台 S7-1200 PLC 开放式用户通信实例

S7-1200 PLC 开放式用户通信采用的通信协议主要有 TCP（传输控制协议）、ISO on TCP（基于传输控制协议的国际标准组织协议）和 UDP（用户数据报协议），在组态通信时可根据需要选择一种通信协议。

（1）通信设备硬件连接与控制要求

两台 S7-1200 CPU（分别命名为 PLC_1、PLC_2）使用 PROFINET 接口连接进行以太网通信，如图 10-11 所示。

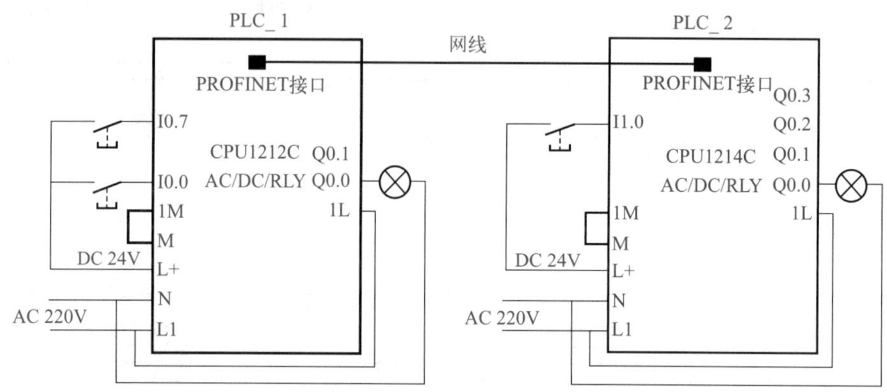

图 10-11　两台 S7-1200 CPU 使用 PROFINET 接口连接通信

通信控制要求如下：

① 当 PLC_1 的 I0.0 端子输入 1（I0.0 端子外接开关闭合）时，I0.0 值 1 通信传送给 PLC_2 的 Q0.0，Q0.0=1，Q0.0 端子外接指示灯亮。

② 当 PLC_2 的 I1.0 端子输入 1 时，启动 PLC_2 发送数据，将内部发送数据块中的 3 个字节通信传给 PLC_1 内部接收数据块，如果 PLC_1 接收数据块第 3 个字节的值与 PLC_2 发送数据块第 3 个字节的值相等，PLC_1 的 Q0.0 值变为 1，Q0.0 端子外接指示灯亮，说明 PLC_1 接收到 PLC_2 发送过来的数据。

（2）添加通信设备

在 TIA STEP7 软件中创建一个名称为“以太网通信 1”的项目，系统默认会添加一个名称为“PLC_1”的设备（CPU1212C），再在项目树中双击“添加新设备”，弹出“添加新设备”对话框，如图 10-12 所示，按图示箭头顺序操作添加一个名称为“PLC_2”的设备（CPU1214C）。添加新 PLC 后，项目树中新增了“PLC_2”设备，它与“PLC_1”设备有相同选项，双击某个 PLC 设备中的选项，可打开该 PLC 相应的编辑组态窗口，从而对该 PLC 进行编程和配置。

（3）组态连接两台通信设备并设置其 IP 地址

项目中添加 2 台 PLC 后，两者是独立无关联的，由于 2 台 PLC 需要连接通信，故应在 STEP7 软件中组态将 2 台设备连接起来。2 台 PLC 的组态连接如图 10-13 所示，在项目树中双击“设备和网络”，弹出设备和网络窗口，窗口显示 PLC_1 和 PLC_2 两台设备，如图（a）所示，在 PLC_1（CPU1212C）的 PROFINET 接口上单击，选中该接口后按住鼠标不放，拖出一根线到 PLC_2（CPU1214C）的 PROFINET 接口，如图（b）所示，松开鼠标后出现一条通信线将 PLC_1 和 PLC_2 连接起来，这条通信网络连接名称为“PN/IE_1”。

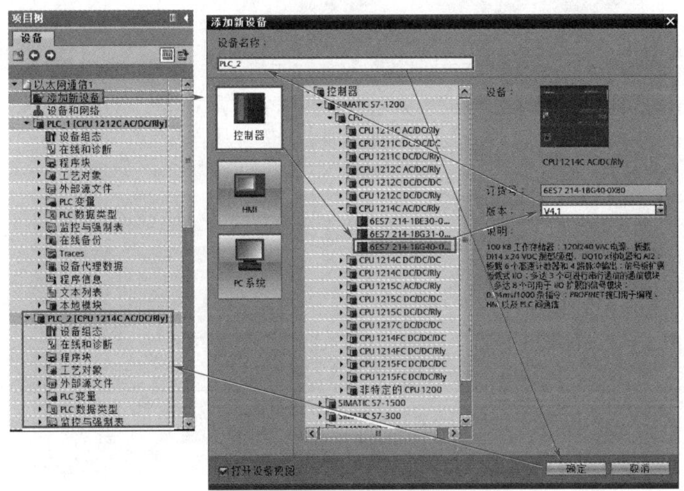

图 10-12　在项目中添加新设备（PLC_2）

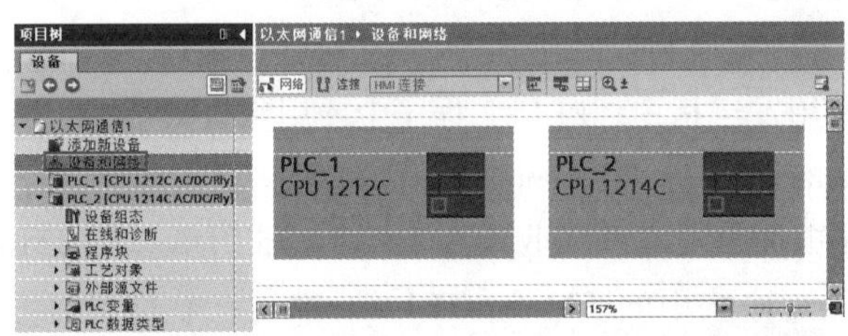

(a) 在项目树中双击“设备和网络”打开设备和网络窗口

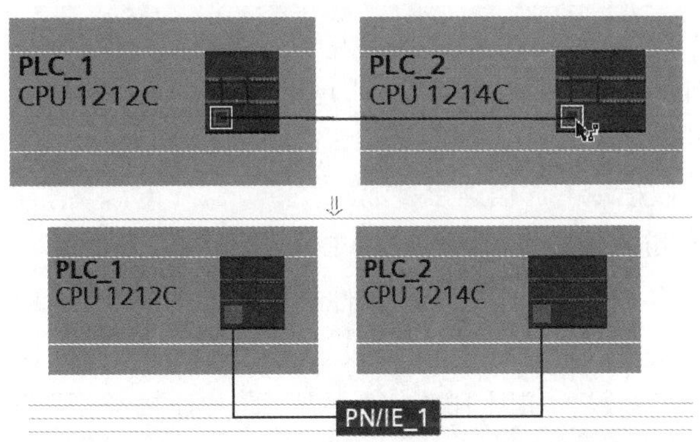

(b) 用拖动的方法将两台PLC的PROFINET接口连接起来

图 10-13　在设备和网络窗口将 2 台 PLC 的 PROFINET 接口连接起来

单击 PLC_1 的 PROFINET 接口，在软件下方会出现 PROFINET 接口属性窗口，如图 10-14 所示，在窗口左方选择“以太网地址”项，在窗口右方可以设置 PLC_1 的 IP 地址，将 IP 地址设为“192.168.0.1”，再单击选中 PLC_2 的 PROFINET 接口，用同样的方法将 PLC_2 的 IP 地址设为“192.168.0.2”。两台 PLC 的 IP 地址前三组应设成相同的，最后一组必须设为不同的。

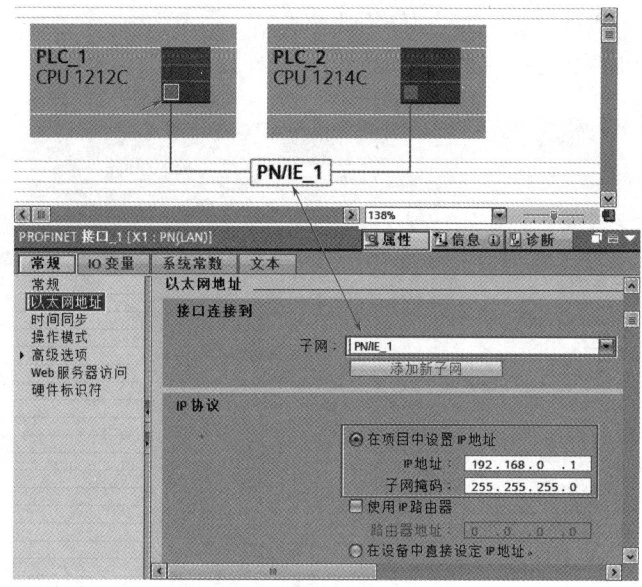

图 10-14　设置 PLC_1 和 PLC_2 的 IP 地址（当前设置 PLC_1 的 IP 地址）

（4）在通信设备的程序中插入发送和接收指令

通信设备之间的数据发送与接收是由程序指令控制的，如果是 PLC_1 发送、PLC_2 接收，则 PLC_1 的程序中需使用发送指令，PLC_2 程序中要用到接收指令，若 PLC_1 既发送数据又接收数据，那么 PLC_1 的程序中就需要同时使用发送和接收指令。

在通信设备的程序中插入发送和接收指令如图 10-15 所示。在 STEP7 软件窗口的左边项目树中双击打开 PLC_1 程序块中的“Main[OB1]”，然后在软件窗口右边的通信类指令中的“开放式用户通信”中找到“TSEND_C（通过以太网发送）”指令，将其拖放到中间的程序编辑区，如图 10-15（a）所示，拖放该指令时会自动创建一个名称为“TSEND_C_DB”的背景数据块 DB1。再在项目树中双击打开 PLC_2 程序块中的“Main[OB1]”，将“TRCV_C”指令拖放到 PLC_2 的“Main[OB1]”中，如图 10-15（b）所示。

（5）配置发送和接收指令的通信连接参数

打开 PLC_1 的“Main[OB1]”，单击 TSEND_C 指令右上角的图标（或在指令的右键菜单中选择“属性”），弹出 TSEND_C 指令的属性窗口，如图 10-16（a）所示。在窗口左边的组态选项卡中选择“连接参数”，在右方可以设置 TSEND_C 指令的本地设备（PLC_1）和伙伴设备（PLC_2）的连接参数，如图 10-16（b）所示。“连接类型”项有 TCP、ISO-on-TCP 和 UDP 三种通信协议可选，“连接数据”项用于选择描述连接的数据块，如果该项为空或不知如何选择，可单击该项的下三角按钮，在弹出的选项中选择“新建”，会自动建立一个适合当前指令的连接数据块（图中为 PLC_1_Send_DB）。如果先前已在 PLC_2 的程序中插入了 TRCV_C 指令，则可在 TSEND_C 指令属性窗口同时设置 PLC_2 的 TRCV_C 指令连接参数。

打开 PLC_2 的“Main[OB1]”，单击 TRCV_C 指令右上角的图标，弹出 TRCV_C 指令的属性窗口，如图 10-17 所示，在此窗口可以设置 TRCV_C 指令的本地设备（PLC_2）和伙伴设备（PLC_1）的连接参数。如果先前在 PLC_1 的 TSEND_C 指令属性窗口已设置了伙伴设备（PLC_2）的连接参数，则 PLC_2 的 TRCV_C 指令属性窗口中的连接参数会自动生成，无需再次设置。

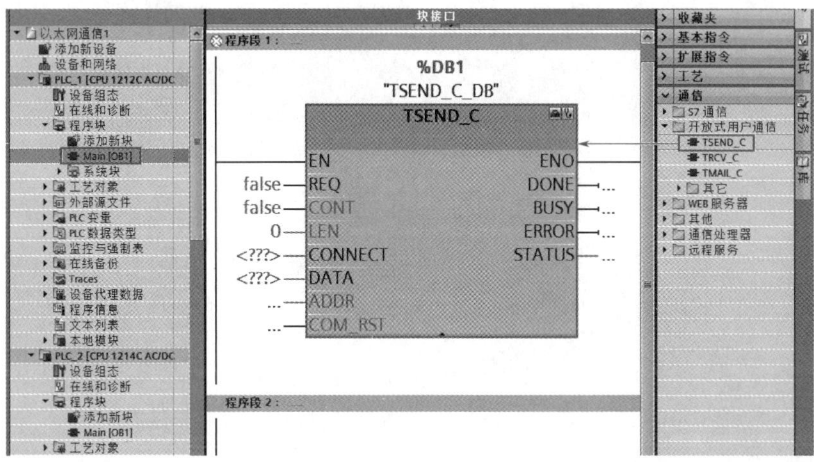

(a) 将TSEND_C指令插入到PLC_1的程序中

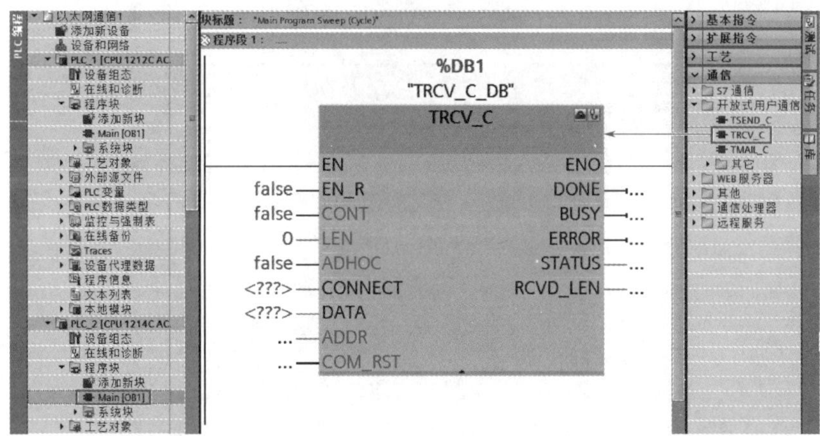

(b) 将TRCV_C指令插入到PLC_2的程序中

图 10-15　将发送和接收指令插入到 PLC 的程序中

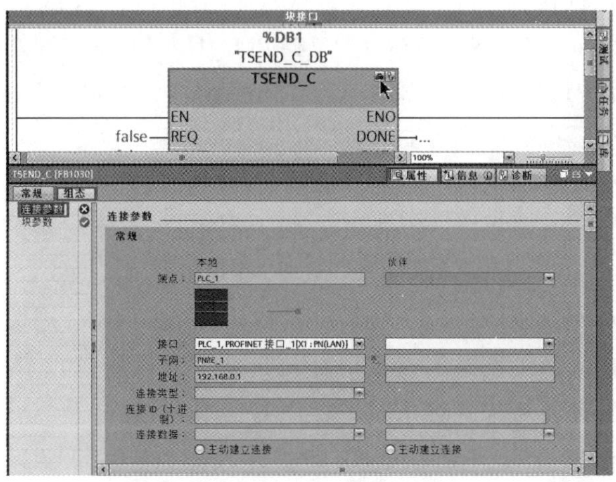

(a) PLC_1的TSEND_C指令属性窗口

图 10-16

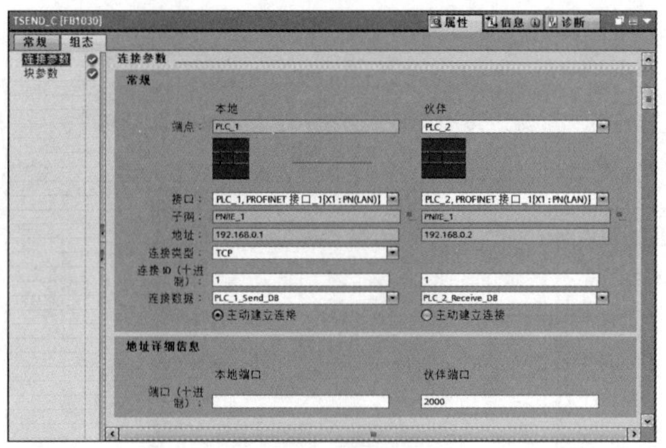

(b) 设置TSEND_C指令的通信连接参数

图 10-16 在 PLC_1 的 TSEND_C 指令属性窗口设置通信连接参数

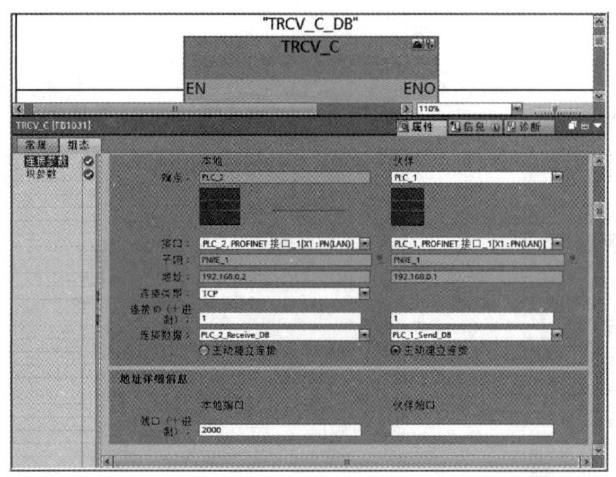

图 10-17 在 PLC_2 的 TRCV_C 指令属性窗口设置通信连接参数

PLC_1、PLC_2 程序中分别插入了 TSEND_C、TRCV_C 指令而具有单向发送和接收数据功能，若要 PLC_1 具有数据接收、PLC_2 具有数据发送功能，可在 PLC_1 程序中插入 TRCV_C 指令，在 PLC_2 程序中插入 TSEND_C 指令，这样 PLC_1、PLC_2 之间具有双向数据传送功能。在 PLC_1、PLC_2 程序中插入并配置 TRCV_C、TSEND_C 指令如图 10-18 所示。

（6）启用时钟存储器以定时执行发送指令

TSEND_C 指令的 REQ 端输入一个上升沿就会发送一次数据，如果需要每隔一定时间发送一次数据，可以使用定时器指令，但启用时钟存储器可无需定时器指令就能直接得到多种频率的时钟脉冲，选择其中一种时钟脉冲送到 REQ 端可以让 TSEND_C 指令周期性发送数据。

在 STEP7 项目树的“PLC_1...”设备上右击，在弹出右键菜单中选择“属性”，弹出图 10-19 所示的 PLC_1 设备属性窗口。先选择“常规”选项卡，再在左边选中“系统和时钟存储器”，在右边勾选“启用时钟存储器字节”，这样会默认将 MB0 字节用作时钟存储器字节，其中 M0.0 自动产生 10Hz 的时钟脉冲，M0.5 产生 1Hz 的时钟脉冲，也可以将其他编号的 M 存储器设为时钟字节，已设为时钟存储器的字节不能再当作普通存储器使用。

(a) 在PLC_1程序中插入并配置TRCV_C指令

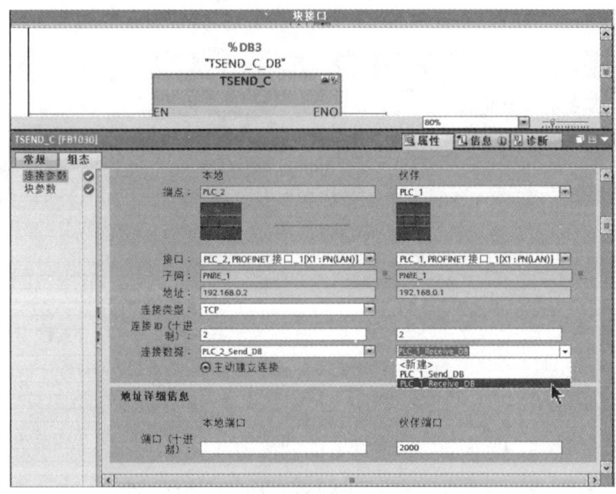

(b) 在PLC_2程序中插入并配置TSEND_C指令

图 10-18　在 PLC_1、PLC_2 程序中分别插入并配置 TRCV_C、TSEND_C 指令

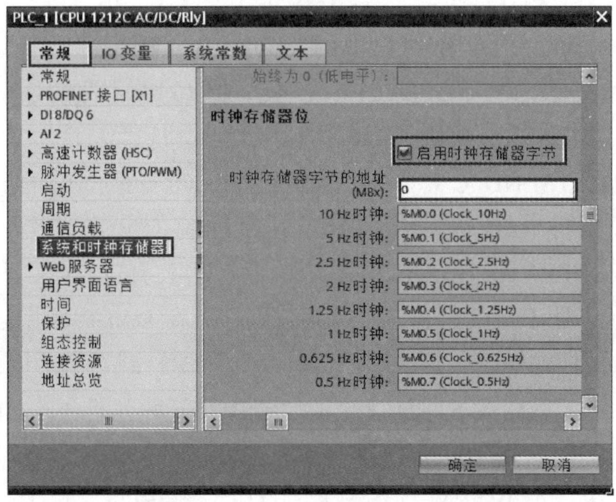

图 10-19　启用 MB0 为时钟存储器字节

（7）创建发送和接收数据块

TSEND_C（TRCV_C 指令）一次可以发送（接收）单个字节或多个字节，发送单个字节时直接给出该字节地址名称即可，发送多个字节则需要创建发送数据块，并在数据块中建立数组存放多个字节数据，在接收端要创建接收数据块和多字节数组，以存放接收的多字节数据。

在 PLC_1 中创建接收数据块如图 10-20 所示。在项目树双击 PLC_1 程序块中的“添加新块”，在弹出的“添加新块”中选择“数据块”，类型设为“全局 DB”，名称为“PLC1 接收 DB”，确定后在项目树出现创建的数据块，再双击打开该数据块，在数据块中建立一个名称为“R1”，数据类型为“Array[0..2] of Byte”的数组，该数组有 3 个字节数据，第 1 个字节名称（或称地址）为 R1[0]，该字节中的数据默认为 16#0。

用同样的方法在 PLC_2 中创建一个发送数据块“PLC2 发送 DB”，再在数据块中建立一个名称为“S1”，数据类型为“Array[0..2] of Byte”的数组，如图 10-21 所示，该数组有 3 个字节数据，将 3 个字节的数据分别设为 16#18、16#A6、16#3F。

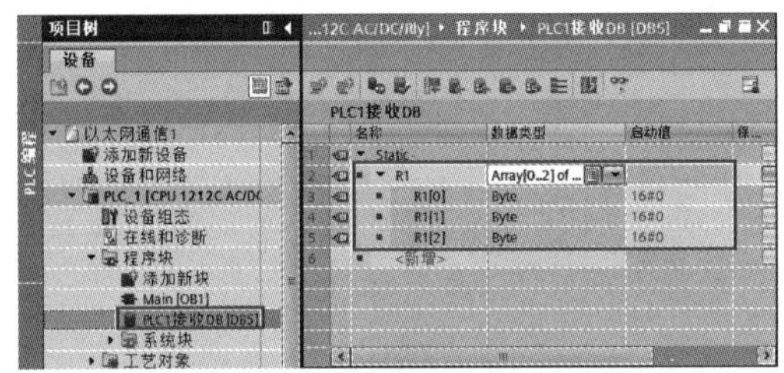

图 10-20　在 PLC_1 中创建接收数据块

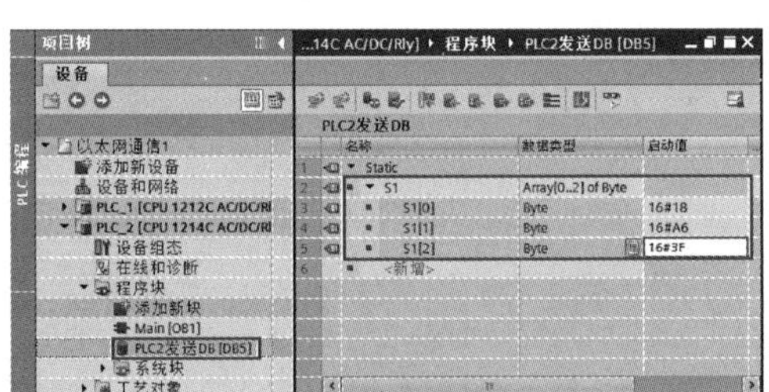

图 10-21　在 PLC_2 中创建发送数据块

（8）编写发送和接收程序

PLC_1、PLC_2 都具有数据发送和接收功能，故两设备的程序都要用到 TSEND_C 和 TRCV_C 指令。在 PLC_1、PLC_2 程序块的 Main[OB1] 中编写的程序如图 10-22（a）所示。

在下载程序时，先用网线将 CPU1212C（PLC_1）与编程计算机连接起来，再在 TIA STEP7 软件中打开 PLC_1 的 Main[OB1] 程序并执行下载操作，将 PLC_1 的 Main[OB1] 程序和组态内容下载到 CPU1212C。然后用网线将 CPU1214C（PLC_2）与编程计算机连接起来，在 TIA STEP7 软件中打开 PLC_2 的 Main[OB1] 程序并执行下载操作，将 PLC_2 的 Main[OB1] 程序和组态内容下载到 CPU1214C，最后用网线将 CPU1212C（PLC_1）与 CPU1214C（PLC_2）连接起来，两者就可以按程序要求进行通信了。

PLC_1 程序说明：TSEND_C（发送）指令的 REQ 端接 1Hz 的秒脉冲 M0.5，DATA 端接 IB0，这样每隔 1s 钟 REQ 端输入一个上升沿控制 TSEND_C 指令执行一次，将 IB0（I0.0 ～ I0.7）字节通过 PLC1 的 PROFINET 端口发送出去。TRCV_C（接收）指令的 EN_R 端固定为 1，该指令始终处于接收状态，接收到数据存放在 DATA 端指定的“PLC1 接收 DB”数据块的 R1 数组中。如果“PLC1 接收 DB”R1 数组的 R1[2] 字节的数据等于 16#3F（已接收到“PLC2 发送 DB”S1 数组的 S1[2] 字节），“==Byte”触点闭合，Q0.0 线圈得电。当 I0.7 常开触点闭合时，FILL_BLK 指令执行，用 0 填充“PLC1 接收 DB”R1 数组的 R1[0] 为起始地址的 3 个连续字节，R1 数组的 R1[2] 不再为 16#3F，“==Byte”触点断开，Q0.0 线圈失电。

PLC_2 程序说明：TRCV_C（接收）指令的 EN_R 端固定为 1，该指令始终处于接收状态，接收到的数据存放在 DATA 端指定的 QB0 字节。TSEND_C（发送）指令的 REQ 端接 I1.0 常开触点，当 I1.0 常开触点闭合时，REQ 端输入一个上升沿控制 TSEND_C 指令执行，将 DATA 端指定的“PLC2 发送 DB”数据块 S1 数组中的内容（S1[0] ～ S1[2] 共 3 个字节）通过 PLC2 的 PROFINET 端口发送出去。

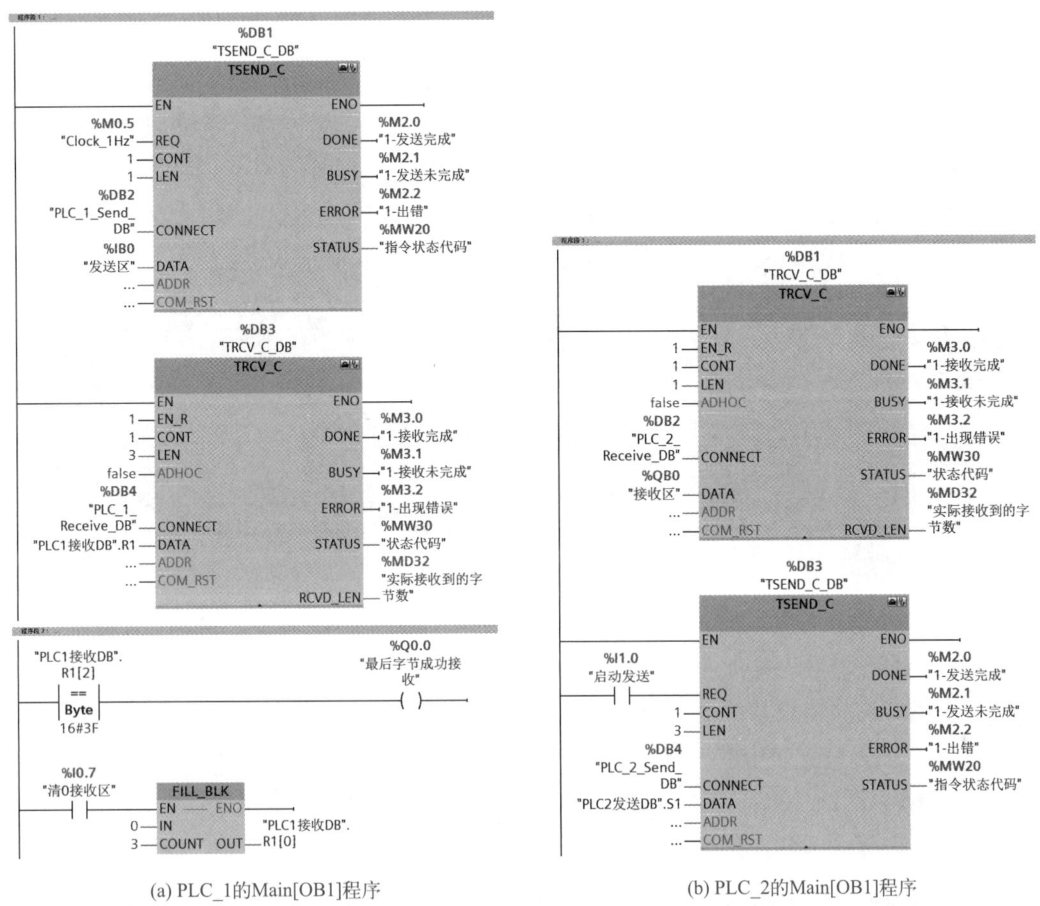

(a) PLC_1的Main[OB1]程序　　(b) PLC_2的Main[OB1]程序

图 10-22　在 PLC_1、PLC_2 程序块的 Main[OB1] 中编写的程序

（9）仿真测试和程序监视

若要在没有实体 PLC 的情况下查看通信效果，可使用软件仿真功能，即用软件模拟出 PLC，然后将程序和组态信息下载到软件 PLC（即 PLC 仿真器），再查看软件 PLC 之间的通信效果能否达到要求。

① 启动 PLC 仿真器并下载程序　在 TIA STEP7 软件的项目树打开 PLC_1 的 Main[OB1] 程序，再执行菜单命令“在线”→“仿真”→“启动”，启动 PLC 仿真器（S7-PLCSIM），如图 10-23（a）所示，接着出现图 10-23（b）所示的“扩展的下载到设备”窗口，在此设置编程计算机与 PLC 仿真器的连接参数。按图示设置后单击“开始搜索”，找到 PLC_1 仿真器后单击“下载”按钮，即可将程序下载到 PLC_1 仿真器。用同样的方法打开 PLC_2 的 Main[OB1] 程序并启动 PLC_2 仿真器，再设置编程计算机与 PLC_2 仿真器的连接参数，如图 10-23（c）所示，然后将程序下载到 PLC_2 仿真器。

(a) 启动PLC仿真器

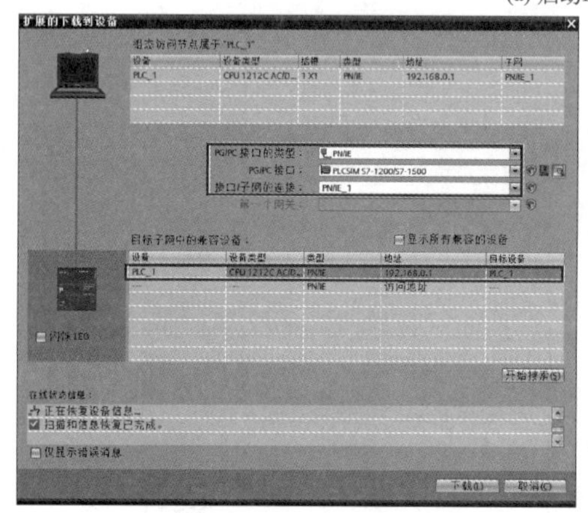

(b) 下载程序时设置计算机与PLC_1仿真器的连接参数

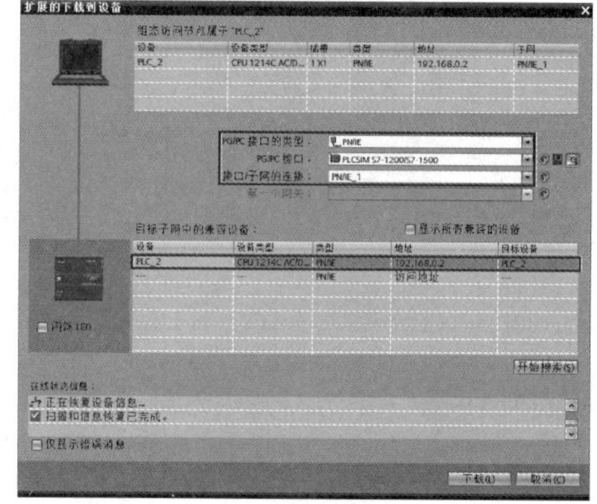

(c) 下载程序时设置计算机与PLC_2仿真器的连接参数

图 10-23　启动 PLC 仿真器并下载程序

② 仿真测试　启动 PLC 仿真器并下载程序后，双击 PLC_1 仿真器（S7-PLCSIM）窗口右下角的图标，将窗口切换到项目视图模式，如图 10-24 左图所示。在 PLC 仿真器窗口左边的项目树中双击 SIM 表中的“SIM 表 1”，右边打开 SIM 表 1，在表中建立 3 个测试监视条目“I0.0”“Q0.0”和“I0.7”，然后将 PLC_2 仿真器切换到项目视图模式，在其 SIM 表中建立 2 个测试监视条目“Q0.0”和“I1.0”，如图 10-24 右图所示。

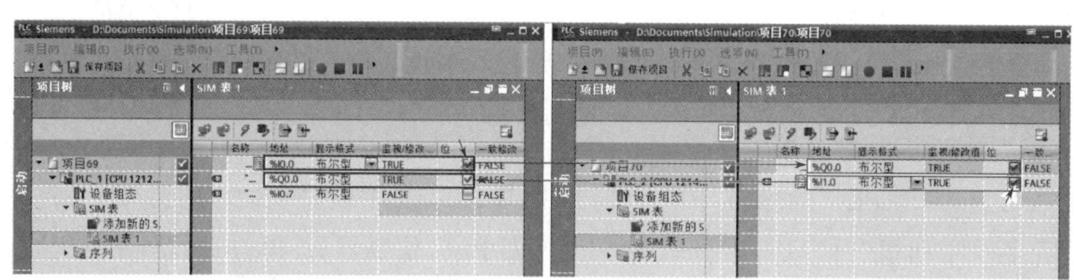

图 10-24　仿真测试

仿真测试主要是通过改变输入值来查看输出值的变化，如果输出值变化符合要求则说明程序满足要求。在 PLC_1 仿真器的 SIM 表中将 I0.0 值设为 1（勾选位值复选框），PLC_2 仿真器的 SIM 表中 Q0.0 值马上变为 1（Q0.0 的监视值变为“TRUE”，位值复选框自动勾选），表明 PLC_1 的 I0.0 值通信传送到 PLC_2 的 Q0.0；在 PLC_2 仿真器的 SIM 表中将 I1.0 值设为 1，PLC_1 仿真器的 SIM 表中 Q0.0 值马上变为 1，表明 PLC_2 发送数据块 S1 数组的第 3 个字节通信传送到 PLC_1 接收数据块 R1 数组的第 3 个字节。如果将 PLC_1 仿真器 SIM 表中的 I0.7

值设为 1，会发现该表中 Q0.0 值会变为 0，这是因为 PLC_1 接收数据块 R1 数组被清 0。

③ 程序在线监视　在进行程序在线监视前，需先启动 PLC_1、PLC_2 仿真器，然后打开 PLC_1 的 Main[OB1] 程序并执行菜单命令“在线”→“监视”，PLC_1 的 Main[OB1] 程序进入在线监视状态，如图 10-25（a）所示，再打开 PLC_2 的 Main[OB1] 程序执行菜单命令“在线”→“监视”，PLC_2 的 Main[OB1] 程序也进入在线监视状态，如图 10-25（b）所示。对于处于在线监视状态的程序，实线表示有能流通过（导通），虚线表示无能流通过（断开）。

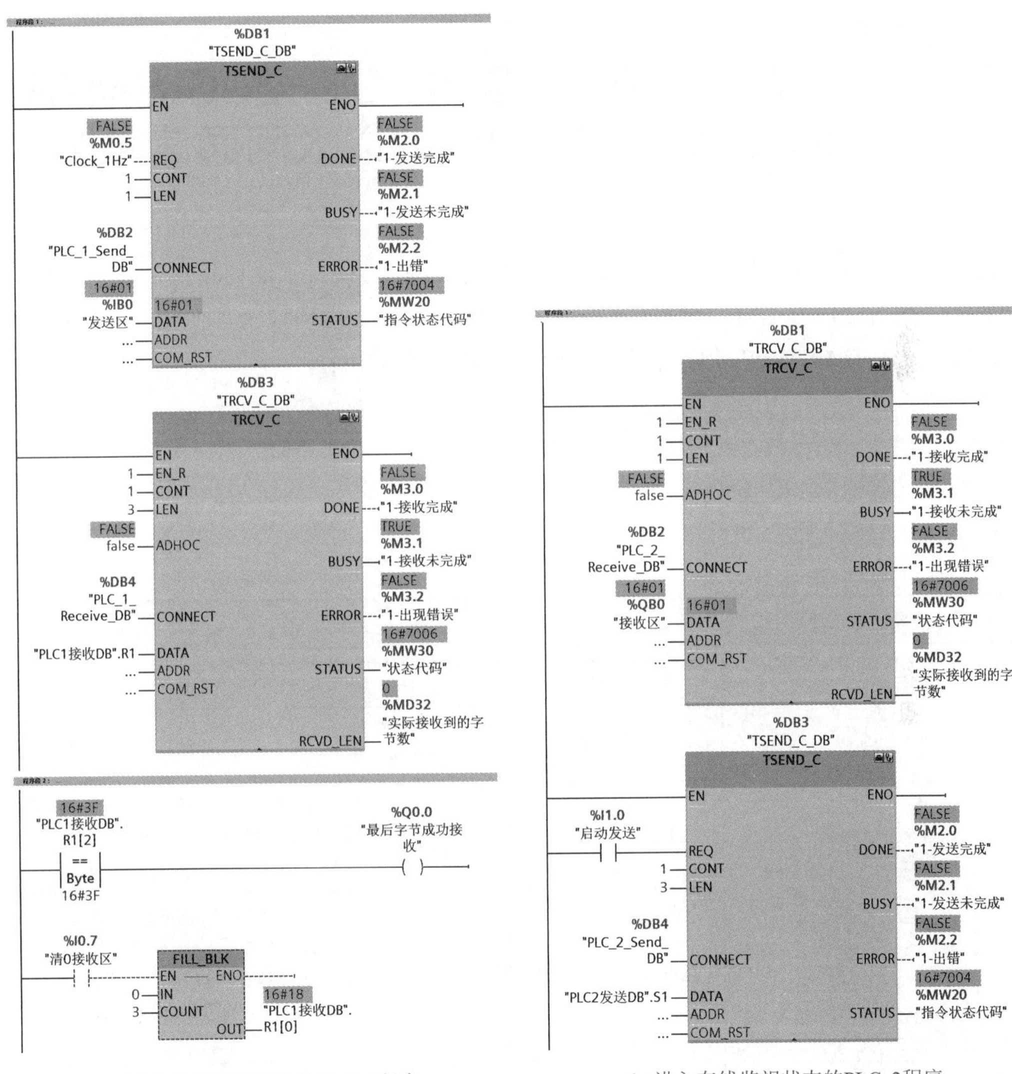

(a) 进入在线监视状态的PLC_1程序　　(b) 进入在线监视状态的PLC_2程序

图 10-25　程序在线监视

在监视 PLC_1 发送、PLC_2 接收数据时，将 PLC_1 仿真器 SIM 表中的 I0.0 值设为 1，PLC_1 程序中 TSEND_C（发送）指令 DATA 端的 IB0 值由 16#0 变成 16#01，因为 M0.5 每隔 1s 产生一个上升沿，故 TSEND_C 指令每隔 1s 将 DATA 端的 IB0 值往 PROFINET 接口发送一次，PLC_2 通过程序中 TRCV_C（接收）指令从 PROFINET 接口接收到 IB0 值，保存到 DATA 端的 QB0，QB0 的值由 16#0 变成 16#01。

在监视 PLC_2 发送、PLC_1 接收数据时，将 PLC_2 仿真器 SIM 表中的 I1.0 值设为 1，PLC_2 程序中 TSEND_C 指令 REQ 端因此输入一个上升沿而执行发送操作，将 DATA 端的“PLC2 发送 DB”中的 S1 数组数据往 PROFINET 接口发送一次，PLC_1 通过程序中 TRCV_C 指令从 PROFINET 接口接收到发送过来的数据，保存到 DATA 端的“PLC1 接收 DB”中的 R1 数组，其中 S1 数组的 S1[2] 字节值 16#3F 保存到 R1 数组的 R1[2] 字节，PLC_1 程序中的“==Byte”触点闭合，Q0.0 线圈得电。

10.3 S7-1200 PLC 与 S7-200 SMART PLC 基于 S7 协议的以太网通信实例

S7 协议是专为西门子控制产品之间通信设计的通信协议，不能使用该协议与其他品牌 PLC 通信，通信硬件连接可使用以太网口，也可使用串口。S7 协议通信使用 GET 和 PUT 指令，该指令位于 TIA STEP7 软件右侧指令卡的 S7 通信指令中。

10.3.1 GET/PUT（远程读 / 写）指令介绍

（1）从远程 CPU 读取数据（GET）指令（表 10-3）

表10-3　GET指令说明

符号、名称与功能	参数
<???> GET Remote - Variant EN　ENO REQ　NDR ID　ERROR ADDR_1　STATUS ADDR_2 ADDR_3 ADDR_4 RD_1 RD_2 RD_3 RD_4 从远程CPU读取数据 当 EN=1 时，若 REQ 输入上升沿启动读取数据操作，从远程 CPU 的 ADDR 地址读取数据，存放到本地 CPU 的 RD 地址	见下表

参数	数据类型	存储区	说明
REQ	BOOL	I、Q、M、D、L 或常数	输入上升沿时启动读取数据操作
ID	WORD	I、Q、M、D、L 或常数	用于指定与远程 CPU 连接的 ID（十六进制数）。对于同一个 S7 连接，GET/PUT 指令的 ID 要相同
ADDR	REMOTE	I、Q、M、D	远程 CPU 的读取区域的指针（地址），可设置 4 组读取地址。示例：P#DB1.DBX10.0 BYTE 5 表示 DB1 数据块中的 DBB10 ～ DBB14 共 5 个字节
RD	VARIANT	I、Q、M、D、L	本地 CPU 存放读取数据的指针（地址）
NDR	BOOL	I、Q、M、D、L	状态参数：0—作业未启动，或仍在执行；1—作业已成功完成
ERROR	BOOL	I、Q、M、D、L	状态参数：0—无错误；1—出错
STATUS	WORD	I、Q、M、D、L	指令的状态代码。0000—既无警告也无错误

（2）将数据写入远程 CPU（PUT）指令（表 10-4）

表10-4　PUT指令说明

符号、名称与功能	参数			
	参数	数据类型	存储区	说明
<???> PUT Remote - Variant EN ENO REQ DONE ID ERROR <???> ADDR_1 STATUS ADDR_2 ADDR_3 ADDR_4 <???> SD_1 SD_2 SD_3 SD_4 将数据写入远程CPU 当 EN=1 时，若 REQ 输入上升沿启动写数据操作，将本地 CPU 的 SD 地址的数据写入远程 CPU 的 ADDR 地址	REQ	BOOL	I、Q、M、D、L 或常数	输入上升沿时启动写数据操作
	ID	WORD	I、Q、M、D、L 或常数	用于指定与远程 CPU 连接的 ID（十六进制数）。对于同一个 S7 连接，GET/PUT 指令的 ID 要相同
	ADDR	REMOTE	I、Q、M、D	远程 CPU 的写入区域的指针（地址），可设置 4 组写入地址。示例：P#DB1.DBX10.0 BYTE 5 表示 DB1 数据块中的 DBB10 ～ DBB14 共 5 个字节
	SD	VARIANT	I、Q、M、D、L	本地 CPU 发送数据的指针（地址）
	DONE	BOOL	I、Q、M、D、L	状态参数：0—作业未启动，或仍在执行；1—作业已成功完成
	ERROR	BOOL	I、Q、M、D、L	状态参数：0—无错误；1—出错
	STATUS	WORD	I、Q、M、D、L	指令的状态代码。0000—既无警告也无错误

10.3.2　通信要求与硬件接线

S7-1200 PLC 与 S7-200 SMART PLC 使用 PROFINET 接口进行以太网通信连接，如图 10-26 所示。

通信要求如下：

① S7-1200 PLC 上电运行后，每隔 1s 从 S7-200 SMART PLC 指定地址（VB100、VB101、VB102）读取一次数据，若数据读取成功，当 S7-1200 PLC 的 I0.1 端子外接按钮 SB2 闭合时，其 Q0.0 端子外接指示灯 HL1 点亮，指示数据读取成功。

② 当 S7-1200 PLC 的 I0.0 端子外接按钮 SB1 由断开转为闭合时，S7-1200 PLC 往 S7-200 SMART PLC 发送一次数据，如果 S7-200 SMART PLC 接收到 S7-1200 PLC 发送过来的数据，其 Q0.0 端子外接指示灯 HL2 点亮。

10.3.3　创建项目

在 TIA STEP7 软件中创建一个名称为“S7 通信”的项目，系统默认会添加一个名称为“PLC_1”的设备（CPU1211C），再启用 MB0 为时钟存储器，如图 10-27 所示，这样 MB0 中的 M0.5 会产生 0.5s-ON、0.5s-OFF 的秒脉冲，用于控制通信指令每隔 1s 执行一次。

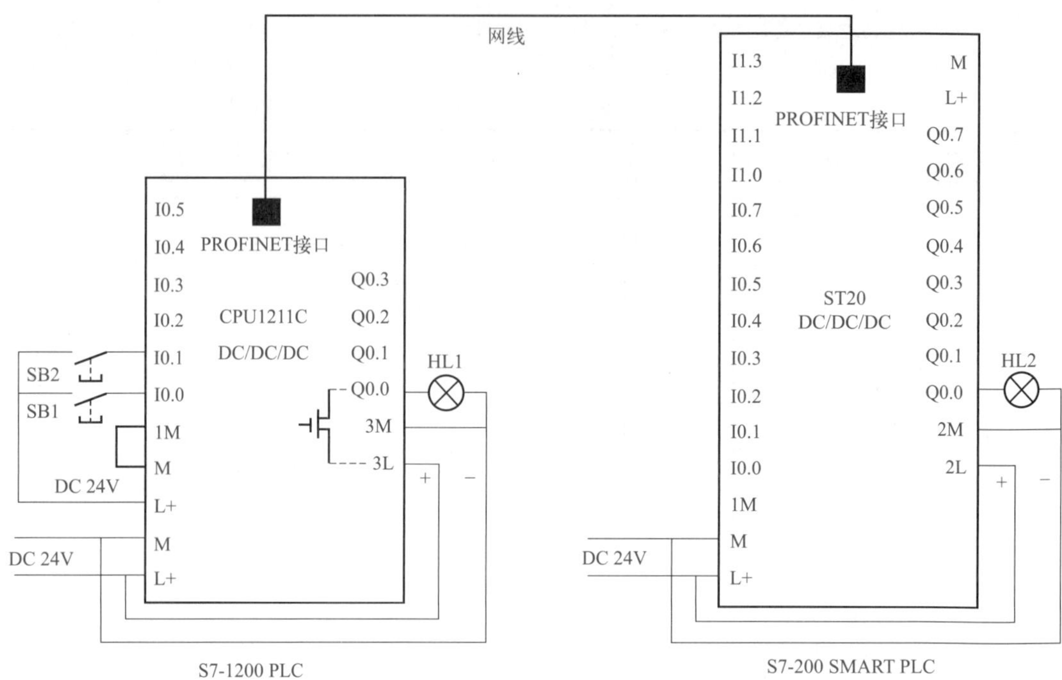

图 10-26　S7-1200 PLC 与 S7-200 SMART PLC 以太网通信的硬件连接

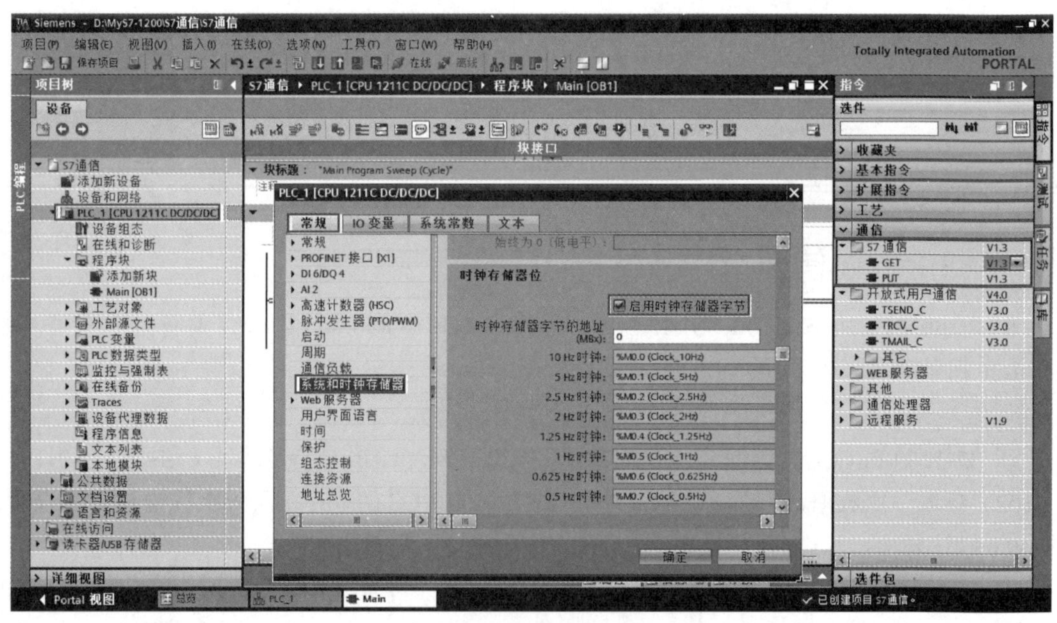

图 10-27　创建项目并启用时钟存储器

10.3.4　添加子网创建 S7 通信连接

（1）设置 S7-1200 CPU 的 IP 地址并添加子网

在 TIA STEP7 软件的项目树中双击“设备和网络”，弹出设备和网络窗口，如图 10-28 所示。右击窗口中 CPU1211C 设备上的 PROFINET 接口，在弹出的右键菜单中选择“属性”，在下方出现 PROFINET 接口属性窗口，在“常规”选项卡中选中“以太网地址”，在右边将当前 PROFINET 接口的 IP 地址设为“192.168.0.1”。再右击 CPU1211C 设备的 PROFINET 接口，在弹出的右键菜单中选择“添加子网”，如图 10-29 所示，CPU 的 PROFINET 接口马上出现名称为“PN/IE_1”的连接线。

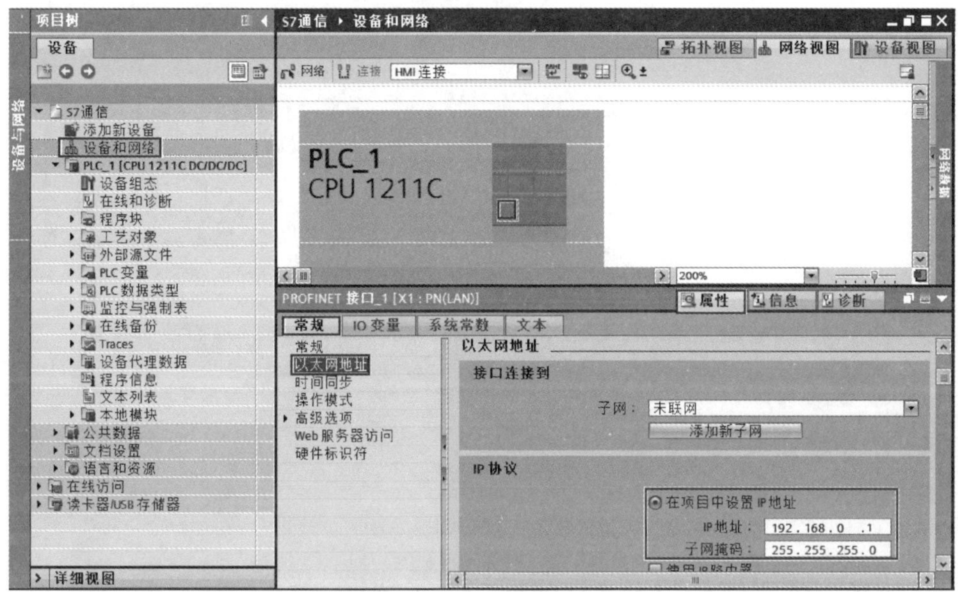

图 10-28　设置 S7-1200 CPU 的 PROFINET 接口的 IP 地址

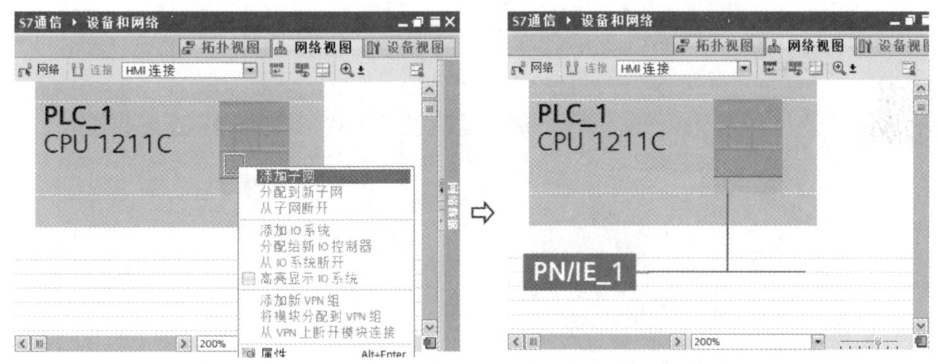

图 10-29　给 S7-1200 CPU 的 PROFINET 接口添加子网

（2）创建 S7 通信连接

在设备和网络窗口右击 CPU 设备，弹出右键菜单，选择“添加新连接”，弹出“创建新连接”窗口，如图 10-30（a）所示。在“创建新连接”窗口右上角的类型栏选择“S7 连接”，窗口其他内容会自动生成，如图 10-30（b）所示。窗口显示当前的 S7 连接分配的 ID 号为 100，再单击下方的“添加”按钮，即创建了一个 S7 连接，多次点击添加按钮可创建多个 S7 连接，分配的 ID 号会递增（如 101、102），单击“关闭”按钮关闭窗口。设备和网络窗口中的 CPU 设备“PN/IE_1”连接线上出现了“S7_ 连接 _1”，如图 10-30（c）所示，表明该网络已具有 S7 通信功能。

(a) 添加新连接操作

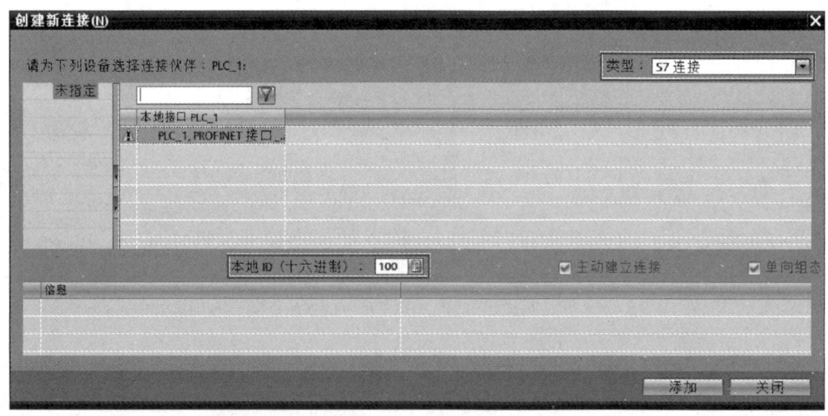

(b) 在类型栏选择“S7连接”后再单击“添加”按钮

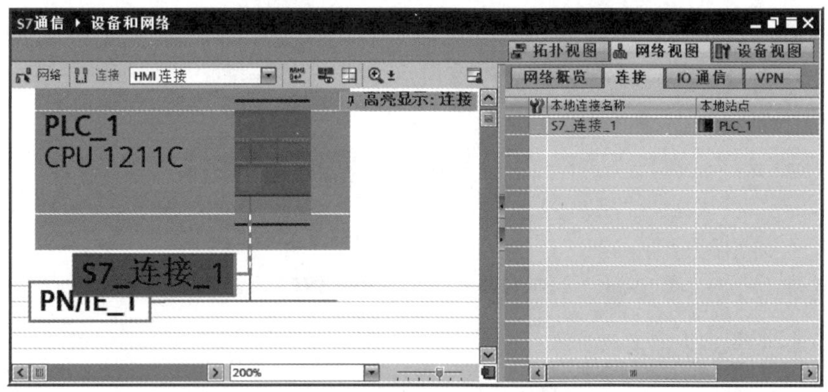

(c) 在“PN/IE_1”连接线上出现“S7_连接_1”

图 10-30　创建 S7 通信连接

10.3.5　配置 S7 通信连接

在设备和网络窗口单击 CPU 设备“PN/IE_1”连接线上的“S7_ 连接 _1”，下方出现 S7 连接属性窗口，如图 10-31（a）所示。如果“PN/IE_1”连接线上未显示“S7_ 连接 _1”，可单击窗口右边的“◀”按钮，向左展开隐藏的窗口，选择“连接”选项卡，单击其中的“S7_连接_1”，也会出现 S7 连接属性窗口。在属性窗口选择常规选项卡下的“常规”项，在右边将伙伴 CPU 的站点和接口均选择“未知”，IP 地址设为“192.168.0.2”，其他内容自动生成。再在窗口左边选择“地址详细信息”项，在右边将本地、伙伴的连接资源分别设为 10 和 03，两者的 TSAP（传输服务访问点）自动为 10.01 和 03.01，如图 10-31（b）所示。注意：去掉勾选“SIMATIC-ACC”才能设置连接资源和 TSAP。

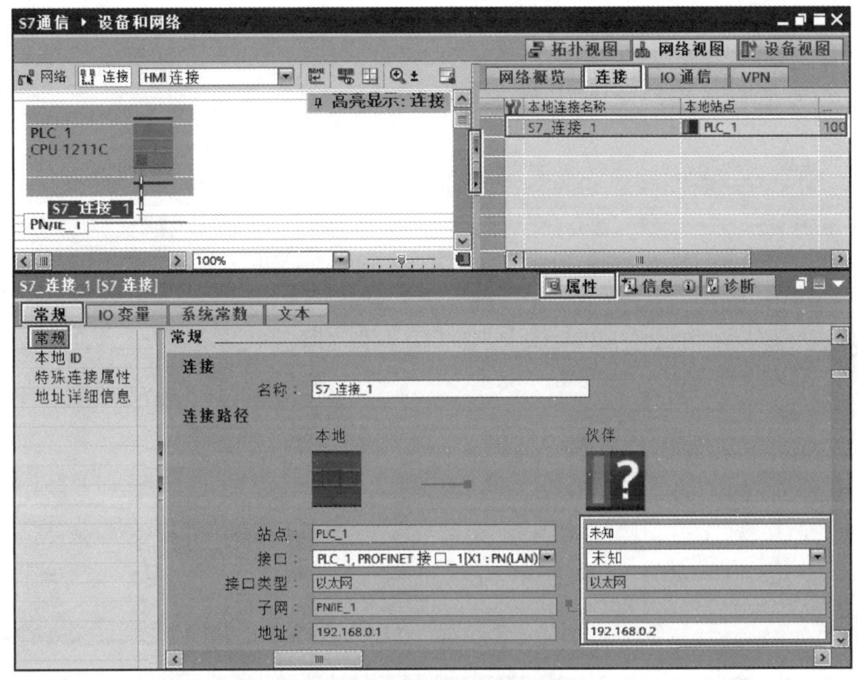

(a) 设置S7连接的常规内容

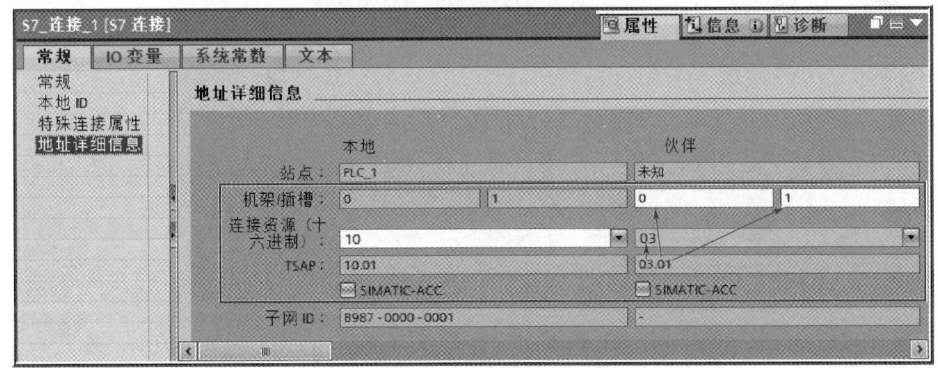

(b) 设置S7连接的地址详细信息

图 10-31　配置 S7 通信连接

10.3.6　创建接收和发送数据块

接收数据块用来接收 S7-200 SMART PLC 传送过来的数据，发送数据块用来存放发送给 S7-200 SMART PLC 的数据。在 STEP7 软件项目树中双击程序块中的“添加新块”，创建一个名称为“GET 接收 DB”的数据块，在该数据块中建立一个名称为“G1”，数据类型为 Byte 的数组（Array[0..2]），数组中有 3 个字节，名称分别为 G1[0]、G1[1]、G1[2]），如图 10-32（a）所示。

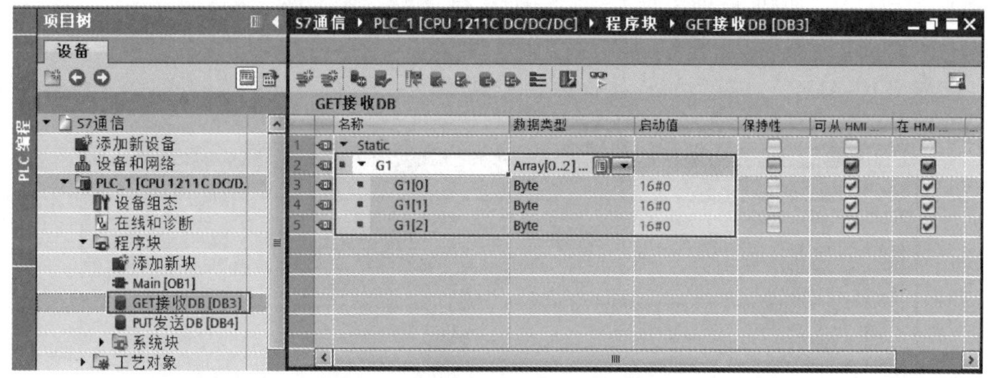

(a) 创建名称为“GET接收DB”的数据块

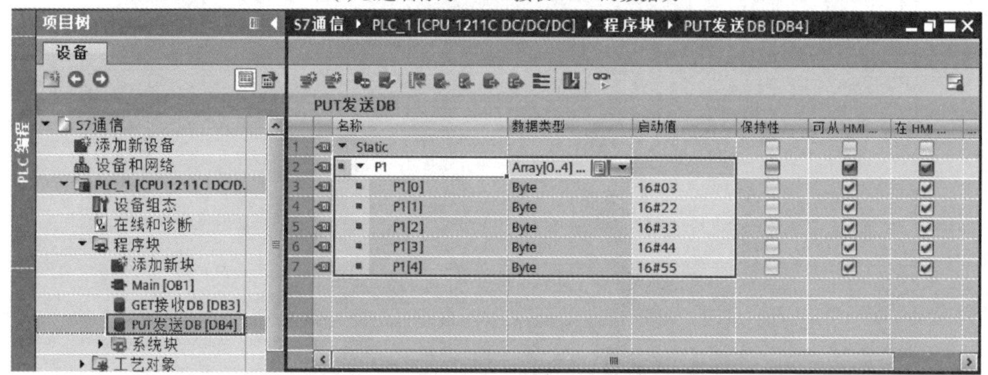

(b) 创建名称为“PUT发送DB”的数据块

图 10-32　创建接收和发送数据块

用同样的方法再创建一个名称为“PUT 发送 DB”的数据块，在该数据块中建立一个名称为“P1”，数据类型为 Byte 的数组（Array[0..4]），数组中有 5 个字节，名称分别 P1[0]、P1[1]、P1[2]、P1[3]、P1[4]，将其启动值（初始值）分别设为 16#03、16#22、16#33、16#44、16#55，如图 10-32（b）所示。

10.3.7　用 GET 和 PUT 指令为 S7-1200 PLC 编写通信程序

S7-1200 PLC 与 S7-200 SMART PLC 进行 S7 通信时，只需其中一方用 GET 和 PUT 指令编写通信程序，另一方无需使用 GET 和 PUT 指令。本例将 S7-1200 PLC 作为客户机，用 GET 和 PUT 指令编写主动读写的通信程序，S7-200 SMART PLC 用作服务器，准备客户机需要读取的数据和存放处理客户机发送过来的数据。

（1）在程序中插入 GET 和 PUT 指令并设置连接属性

在 STEP7 软件窗口右边的指令卡中按“通信”→“S7 通信”找到 GET 和 PUT 指令，将其拖到程序编程区，再单击 GET 指令右上角的▣图标，下方出现 GET 指令的属性窗口，如图 10-33（a）所示。选择组态选项卡中的“连接参数”，在右边的连接名称项选择“S7_

连接 _1”，由于前面已设置该连接，故选择该连接后其他设置内容会自动添加。再用同样的方法设置 PUT 指令的连接参数，如图 10-33（b）所示。

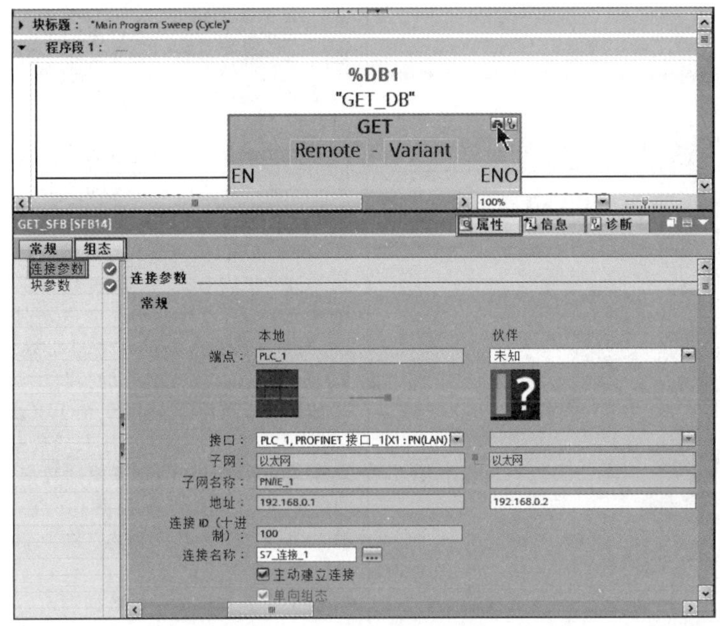

(a) 插入GET指令并设置连接属性

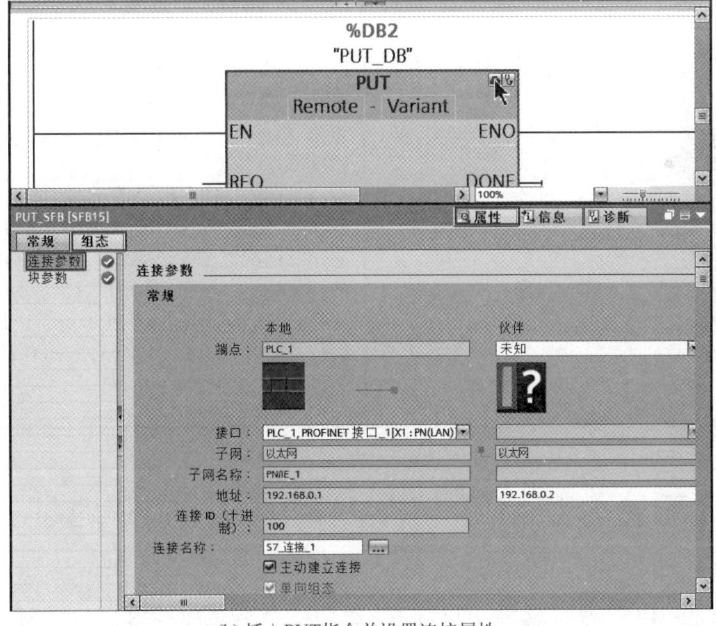

(b) 插入PUT指令并设置连接属性

图 10-33　在程序中插入 GET 和 PUT 指令并设置连接属性

（2）编写并下载程序

在 TIA STEP7 软件中使用 GET 和 PUT 指令编写的读写 S7-200 SMART PLC 的程序及说明见表 10-5，再将程序下载到 S7-1200 PLC。

表10-5　在TIA STEP7软件中使用GET和PUT指令编写的读写S7-200 SMART PLC的程序及说明

程序	说明
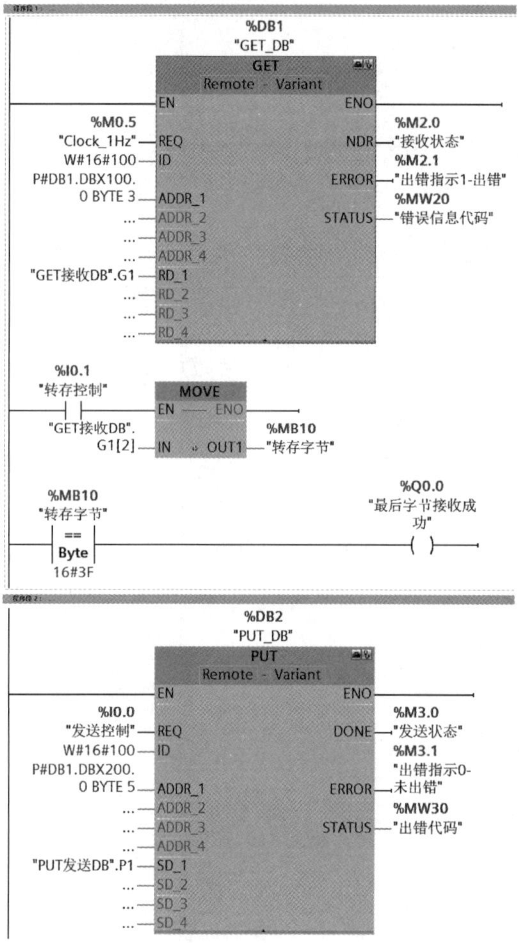 %DB1 "GET_DB" GET Remote - Variant EN　ENO %M0.5 "Clock_1Hz" — REQ　NDR — %M2.0 "接收状态" W#16#100 — ID　ERROR — %M2.1 "出错指示1-出错" P#DB1.DBX100.0 BYTE 3 — ADDR_1　STATUS — %MW20 "错误信息代码" … — ADDR_2 … — ADDR_3 … — ADDR_4 "GET接收DB".G1 — RD_1 … — RD_2 … — RD_3 … — RD_4 %I0.1 "转存控制" MOVE EN — ENO "GET接收DB".G1[2] — IN　OUT1 — %MB10 "转存字节" %MB10 "转存字节" == Byte 16#3F　%Q0.0 "最后字节接收成功" %DB2 "PUT_DB" PUT Remote - Variant EN　ENO %I0.0 "发送控制" — REQ　DONE — %M3.0 "发送状态" W#16#100 — ID　%M3.1 "出错指示0-未出错" P#DB1.DBX200.0 BYTE 5 — ADDR_1　ERROR … — ADDR_2　STATUS — %MW30 "出错代码" … — ADDR_3 … — ADDR_4 "PUT发送DB".P1 — SD_1 … — SD_2 … — SD_3 … — SD_4	GET 指令的功能是从远程 CPU 读取数据。M0.5 产生秒脉冲，REQ 端每秒输入一个上升沿，GET 指令每秒从 ID 号为 100 的 S7 连接的伙伴 CPU（S7-200 SMART CPU）读取一次数据。 ADDR 端的“P#DB1.DBX100.0 BYTE 3”为读取数据的地址，其指向为 S7-200 SMART CPU 以 VB100 为起始地址的 3 个字节（VB100、VB101、VB102）。 "GET 接收 DB".G1 为存放读取数据的地址，其含义是“GET 接收 DB”数据块中的 G1 数组，该数组在创建时已配置了 3 个字节，名称分别为 G1[0]、G1[1]、G1[2]，可依次存放从 S7-200 SMART CPU 的 VB100、VB101、VB102 传送过来的数据。 如果 I0.1 常开触点闭合，MOVE 指令执行，将“GET 接收 DB”数据块 G1[2] 字节的数据传送给 MB10，若从 S7-200 SMART CPU 读取到数据，那么 G1[2] 字节的数据应与 VB102 的数据（16#3F）相同，“==Byte”触点闭合，Q0.0 线圈得电，S7-1200 PLC 的 Q0.0 端子外接指示灯亮。 PUT 指令的功能是将数据写入远程 CPU。当 I0.0 值由 0 变为 1 时，REQ 端输入一个上升沿，PUT 指令往 ID 号为 100 的 S7 连接的伙伴 CPU（S7-200 SMART CPU）写入数据。 ADDR 端的“P#DB1.DBX200.0 BYTE 5”为写入数据的地址，其指向为 S7-200 SMART CPU 以 VB200 为起始地址的 5 个字节（VB200、VB201、VB202、VB203、VB204）。 "PUT 发送 DB".P1 为存放写（发送）数据的地址，其含义是“PUT 发送 DB”数据块中的 P1 数组，该数组在创建时已配置了 5 个字节，名称分别为 P1[0]、P1[1]、P1[2]、P1[3]、P1[4]，其数值分别为 16#03、16#22、16#33、16#44、16#55。PUT 指令执行后，这 5 个字节数据分别写入 S7-200 SMART CPU 的 VB200、VB201、VB202、VB203、VB204

10.3.8　配置 S7-200 SMART PLC 的 IP 地址并编写有关程序

前面在 S7-1200 PLC 编程软件中已将 S7 通信的伙伴 CPU（S7-200 SMART PLC）的 IP 地址设为“192.168.0.2”，而 S7-1200 PLC 编程软件不能对 S7-200 SMATR PLC 进行配置和编程。S7-200 SMART PLC 的编程软件 STEP 7-MicroWIN SMART。

在计算机中打开 STEP 7-MicroWIN SMART 软件，创建一个“1200-200SMARTgetput 通信”项目，S7-200 SMART CPU 类型选择“CPU ST20（DC/DC/DC）”，然后在软件左边的项目树中双击“系统块”，弹出“系统块”窗口，如图 10-34（a）所示，在窗口左边选择“通信”项，在右边设置 S7-200 SMART CPU 的 IP 地址为“192.168.0.2”。再在项目树的程序块中双击“MAIN（OB）”打开主程序编程器，编写图 10-34（b）所示的程序，最后执行菜单命令“PLC”→“下载”→“全部”，将编写的程序和配置的 IP 地址下载到 S7-200 SMART CPU。

在图 10-34（b）程序中，程序段 1 的功能是将数据 16#18、16#A6、16#3F 分别传送到 VB100、VB101、VB102，以供 S7-1200 PLC 的 GET 指令读取，程序段 2 的功能是用“==B”触点指令将 VB201 的数据与 16#22 比较，VB201 的数据由 S7-1200 PLC 用 PUT 指令写入，VB201 未写入数据时为 16#00，成功写入数据后为 16#22（来自 S7-1200 PLC“PUT 发送 DB”数据块中 P1 数组的 P1[1] 字节），两者相等则触点闭合，Q0.0 线圈得电，S7-200 SMART PLC 的 Q0.0 端子外接指示灯亮。

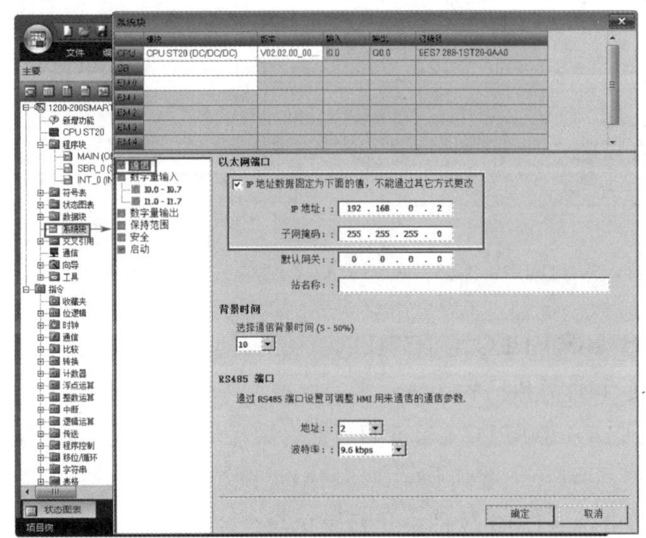

(a) 设置S7-200 SMART CPU的IP地址

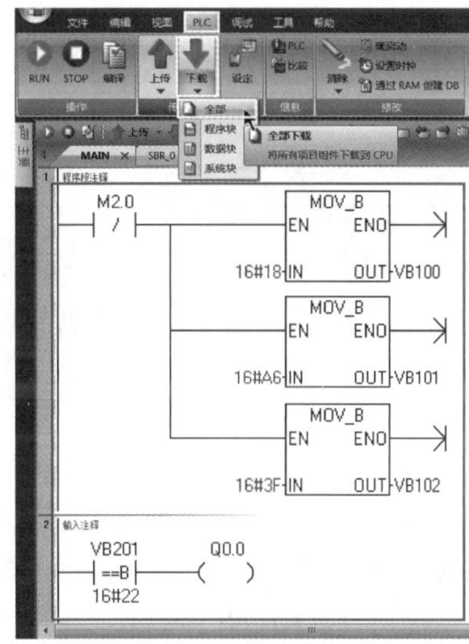

(b) 编写程序并下载

图 10-34　在 STEP 7-MicroWIN SMART 软件中配置 S7-200 SMART CPU 的 IP 地址并编写下载程序

10.3.9　计算机、S7-1200 PLC、S7-200 SMART PLC 三者的硬件连接与在线监视调试

（1）计算机、S7-1200 PLC 和 S7-200 SMART PLC 三者的硬件连接

若用网线直接将 S7-1200 PLC 和 S7-200 SMART PLC 连接起来通信，只能查看到通信的效果，无法查看到程序中各指令元件参数的变化，在通信未达到要求时查找问题不方便。为了能在查看到通信效果的同时了解通信程序中各指令元件参数情况，可使用编程软件的在线监视调试功能，使用该功能需要用以太网交换机将计算机、S7-1200 PLC 和 S7-200 SMART PLC 三者连接起来，连接如图 10-35 所示。

为了确保计算机、S7-1200 PLC 和 S7-200 SMART PLC 建立以太网通信连接，三者需要设置同一子网不同的 IP 地址，在图 10-35 中，计算机的 IP 地址设为“192.168.0.100”，S7-1200 PLC 的 IP 地址设为“192.168.0.1”，S7-200 SMART PLC 的 IP 地址设为“192.168.0.2”，三者 IP 地址前三组数都为“192.168.0”，表示属于同一子网，后一组数可设值为 0 ～ 255，同一子网中的通信设备 IP 地址后一组值不能相同，否则会产生冲突而无法通信。

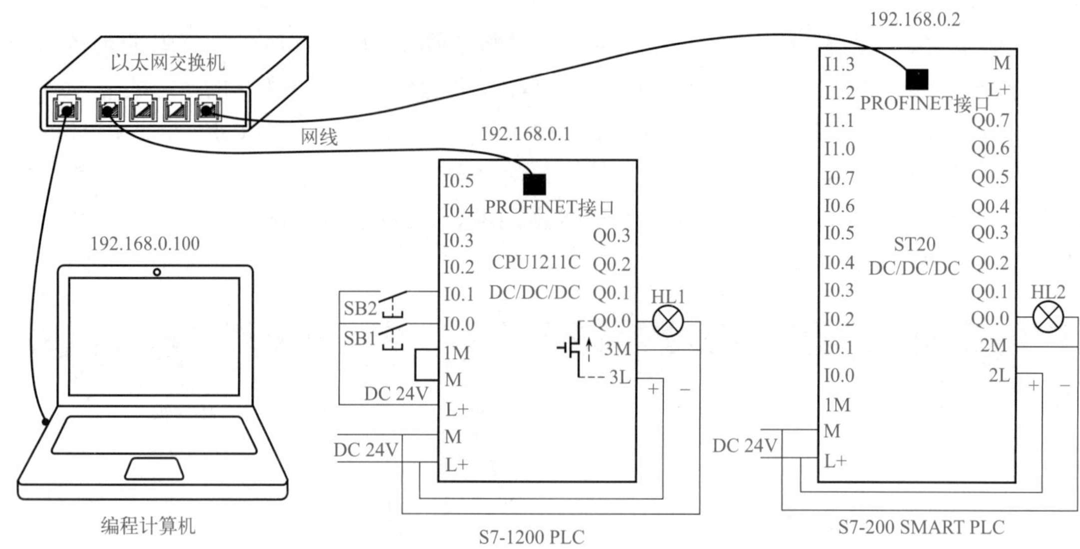

图 10-35　用以太网交换机将计算机、S7-1200PLC 和 S7-200 SMART PLC 三者连接起来

（2）S7-1200 PLC 与 S7-200 SMART PLC 通信的在线监视调试

S7-1200 PLC、S7-200 SMART PLC 和计算机三者连接起来并设置不同的 IP 地址后，打开 TIA STEP7 软件，将编写的程序下载到 S7-1200 PLC（配置的通信参数会同时下载），再打开 STEP 7-MicroWIN SMART 软件，将编写的程序下载到 S7-200 SMART PLC。

先启动 S7-1200 PLC 在线监视，在 TIA STEP7 软件中执行菜单命令“在线”→“监视”，程序进入监视状态，如图 10-36（a）所示，进入在线监视状态后，软件窗口中的程序与 PLC 内部的程序变化保持一致。再启动 S7-200 SMART PLC 的在线监视，在 STEP 7-MicroWIN SMART 软件中执行菜单命令“调试”→“程序状态”，程序会进入在线监视状态（程序元件中出现蓝色方块表示该元件处于导通状态），如图 10-36（b）所示，如果单击“调试”菜单中的“图表状态”，窗口下方会出现状态图表，在状态图表的地址栏输入要监视的变量，在当前值栏会显示该变量的值。

S7-1200 PLC 和 S7-200 SMART PLC 都进入在线监视状态后，让 S7-1200 PLC 的 I0.1 端子外接按钮 SB2 先闭合再断开，图 10-36（a）中的 MOVE 指令执行，将“GET 接收 DB”数据块 G1[2] 字节的数据传送给 MB10，程序中显示 G1[2] 字节和 MB10 的值均为 16#3F，说明 GET 指令已从 S7-200 SMART CPU 的 VB102 读到数据，“==Byte”触点闭合，Q0.0 线圈得电，S7-1200 PLC 的 Q0.0 端子外接指示灯亮。再让 S7-1200 PLC 的 I0.0 端子外接按钮 SB1 先闭合再断开，图 10-36（a）中的 PUT 指令执行一次，将“PUT 发送 DB”数据块中的 P1 数组 5 个字节（其值分别为 16#03、16#22、16#33、16#44、16#55）分别写入 S7-200 SMART CPU 的 VB200、VB201、VB202、VB203、VB204，在图 10-36（b）状态表中可以看到 VB200 ～ VB204 的值与“PUT 发送 DB”数据块中 P1 数组 5 个字节相同，说明 S7-200

SMART PLC 接收到了 S7-1200PLC 发送过来的数据，图 10-36（b）程序中的 VB201=16#22，“==B”触点闭合，Q0.0 线圈得电，S7-200 SMART PLC 的 Q0.0 端子外接指示灯亮，指示接收到 S7-1200 PLC 发送过来的数据。

如果在线监视时发现程序达不到预期效果，可查看分析程序各元件的参数值，找到问题后退出在线监视状态，对程序或组态内容进行修改，然后将程序下载到 PLC，再转入在线监视状态查看程序情况。

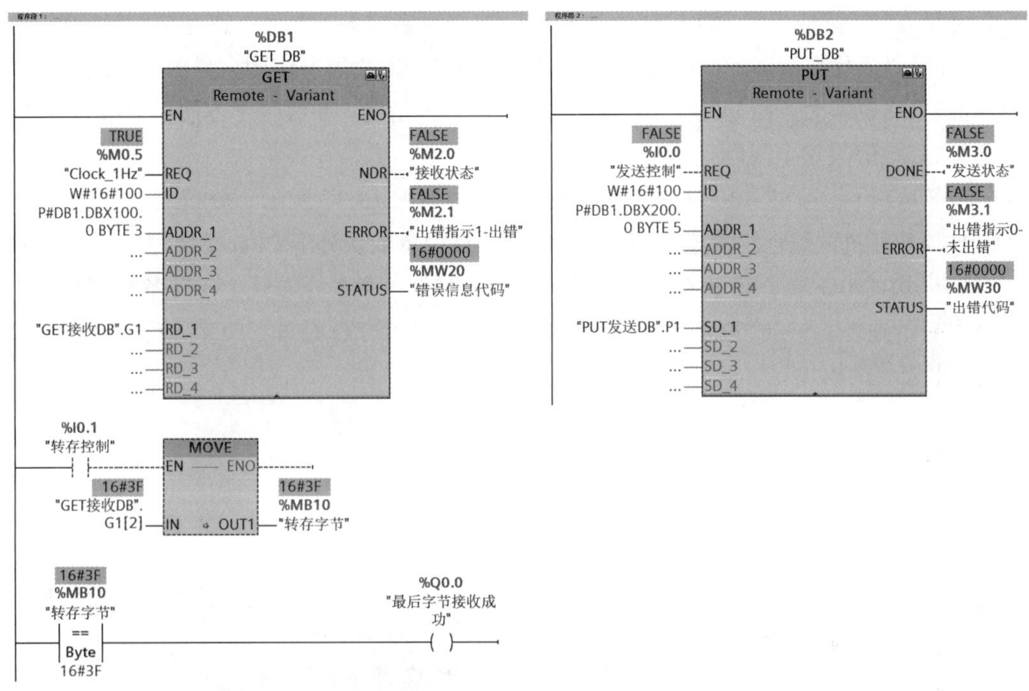

(a) 进入在线监视状态的S7-1200 PLC程序

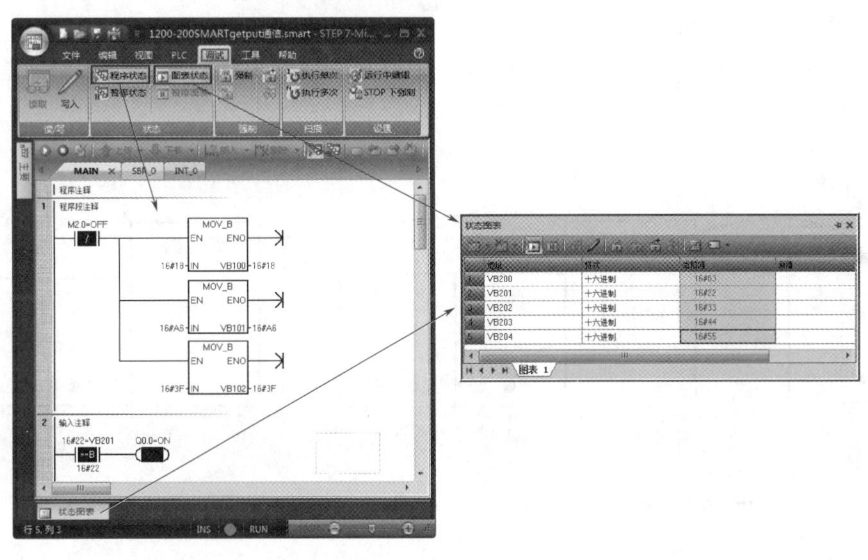

(b) 进入在线监视状态的S7-200 SMART PLC程序及状态表

图 10-36 在线监视 S7-1200 PLC 与 S7-200 SMART PLC 的通信

10.4 远程分布式 I/O 设备与 PLC 通信实例

10.4.1 分布式 I/O 设备与 S7-1200 CPU 模块通信实例

S7-1200 CPU 模块自带少量的 I/O 端子，能连接的 I/O 器件（如开关、接触器）有限，给 CPU 模块安装 I/O 信号板和 I/O 扩展模块则可以连接更多的 I/O 器件，在遇到 CPU 模块连接的 I/O 器件距离远且数量多的情况时，如果用普通的接线方法需要用到大量的长导线，这样会出现因导线长、电阻大而使 I/O 信号衰减严重、干扰大的情况，布线也不方便，采用分布式 I/O 通信可以很好地解决这个问题。

分布式 I/O 设备与 S7-1200 CPU 模块通信示意图如图 10-37 所示。分布式 I/O 设备与 S7-1200 CPU 模块通过网线远距离连接通信，分布式 I/O 设备默认分配 CPU 模块之后的 I/O 地址，例如 CPU 模块的 I/O 端子有 I0.0 ～ I0.5 和 Q0.0 ～ Q0.3，那么分布式 I/O 设备只能使用 I1.0 和 Q1.0 之后的地址。S7-1200 CPU 模块最多可以连接 16 个 I/O 设备，最多允许 256 个子模块（I/O 设备上安装的模块）。

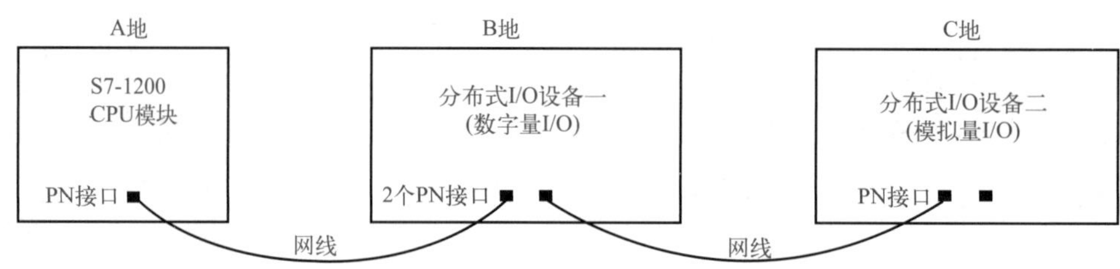

图 10-37 分布式 I/O 设备与 S7-1200 CPU 模块通信示意图

（1）通信要求与硬件连接

S7-1200 CPU 模块与 2 台分布式 I/O 设备使用 PROFINET 接口进行以太网通信的连接如图 10-38 所示。

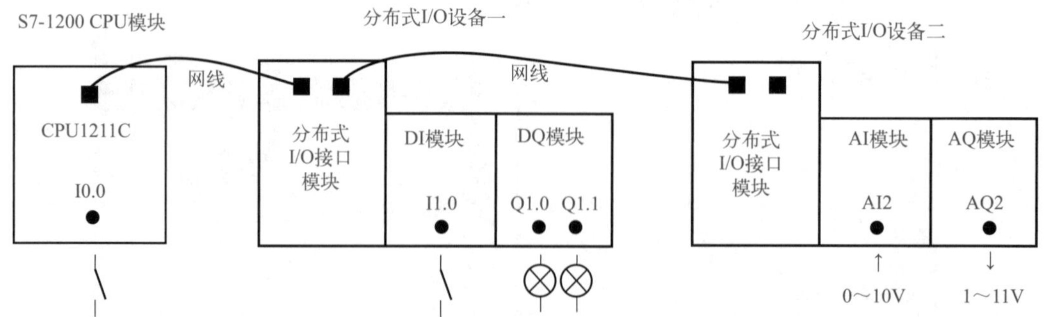

图 10-38 S7-1200 CPU 模块与 2 台分布式 I/O 设备以太网通信的硬件连接简图

通信要求：当 S7-1200 CPU 模块的 I0.0 端子外接开关处于闭合时，如果分布式 I/O 设备一的 DI 模块 I1.0 端子外接开关闭合，则将分布式 I/O 设备二的 AI 模块 AI2 端子的输入电压加 1V，再从 AQ 模块的 AQ2 端子输出，同时 DQ 模块 Q1.0 端子外接指示灯亮，如果 AQ 模块的 AQ2 端子输出电压大于 7.5V，DQ 模块 Q1.1 端子外接指示灯亮。

（2）创建项目和选择分布式 I/O 接口模块

在 TIA STEP7 软件中创建一个名称为“分布式 IO 通信”的项目，再双击项目树中“设备和网络”，弹出“设备和网络”窗口，如图 10-39（a）所示，在窗口右边的硬件目录中按“分布式 I/O”→“ET 200SP”→“接口模块”→“PROFINET”→“IM 155-6 PN ST”找到订货号为“6ES7 155-6AU00-0BN0”的分布式 I/O 接口模块，将该模块拖到“设备和网络”窗口，其名称自动为“IO device_1”，然后用同样的方法拖放一个相同的模块到“设备和网络”窗口，其名称自动为“IO device_2”。

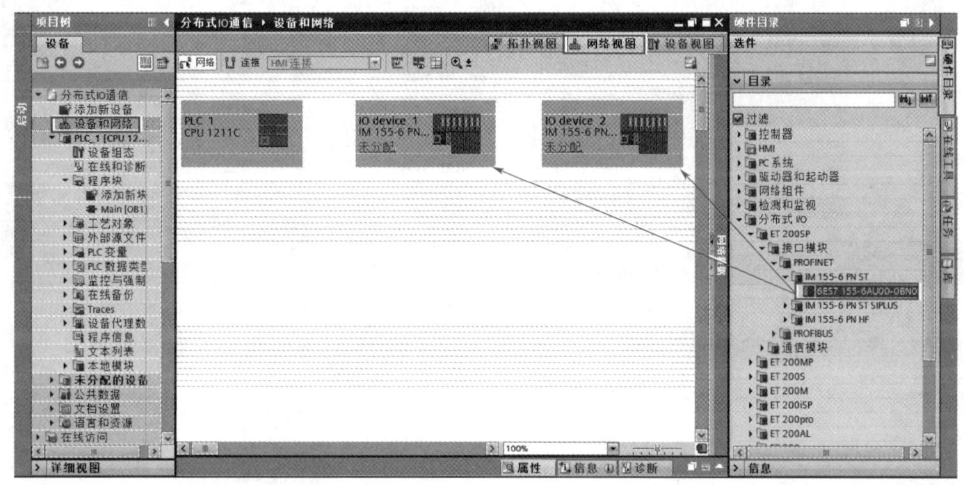

图 10-39　创建项目并选择分布式 I/O 接口模块

（3）在分布式 I/O 接口模块上安装 I/O 模块

分布式 I/O 接口模块的功能主要是负责通信和安装 I/O 模块，在使用时可安装需要的 I/O 模块。

在“设备和网络”窗口中双击“IO device_1”设备，打开该设备的“设备视图”，如图 10-40（a）所示，在窗口右边的硬件目录中按“DI”→“DI 8×24VDC ST”找到订货号为“6ES7 131-6BF00-0BA0”的 8 路数字量输入模块，将其拖放到“IO device_1”设备的 1 号位置，再按“DQ”→“DQ 4×24VDC/2A ST”找到订货号为“6ES7 132-6BD20-0BA0”的 4 路数字量输出模块，将其拖放到“IO device_1”设备的 2 号位置。

在“设备和网络”窗口上方单击“网络视图”选项卡，切换到图 10-39 所示的网络视图，双击“IO device_2”设备，打开该设备的“设备视图”，如图 10-40（b）所示，在窗口右边的硬件目录中按“AI”→“AI 2×U/I 2-，4-wire HF”找到订货号为“6ES7 134-6HB00-0CA1”的 2 路模拟量输入模块，将其拖放到“IO device_2”设备的 1 号位置，再按“AQ”→“AQ 2×U/I HF”找到订货号为“6ES7 135-6HB00-0CA1”的 2 路模拟量输出模块，将其拖放到“IO device_2”设备的 2 号位置。

（4）分布式 I/O 设备 IP 地址的查看与修改

在“设备和网络”窗口单击图标，窗口中的 PLC 和分布式 I/O 设备下方会显示各设备分配的 IP 地址，如图 10-41（a）所示，“IO device_1”设备分配的 IP 地址为“192.168.0.2”。

如果要修改某设备的 IP 地址，可单击选中该设备，下方会出现设备的属性窗口，如图 10-41（b）所示，选择常规选项卡中的“以太网地址”，在右边可以修改设备的 IP 地址。

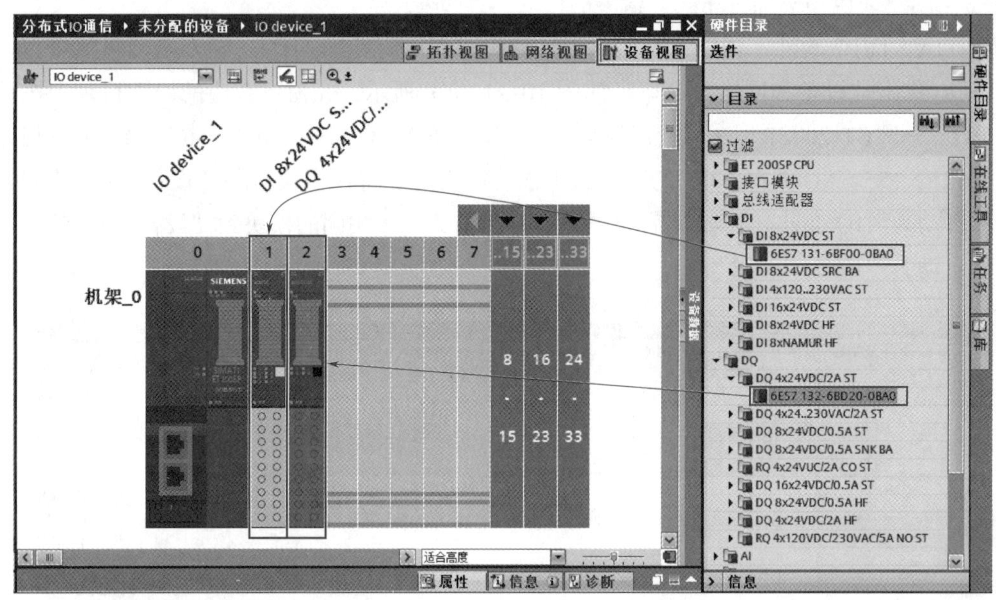

(a) 将数字量I/O模块拖放到“IO device_1”设备上

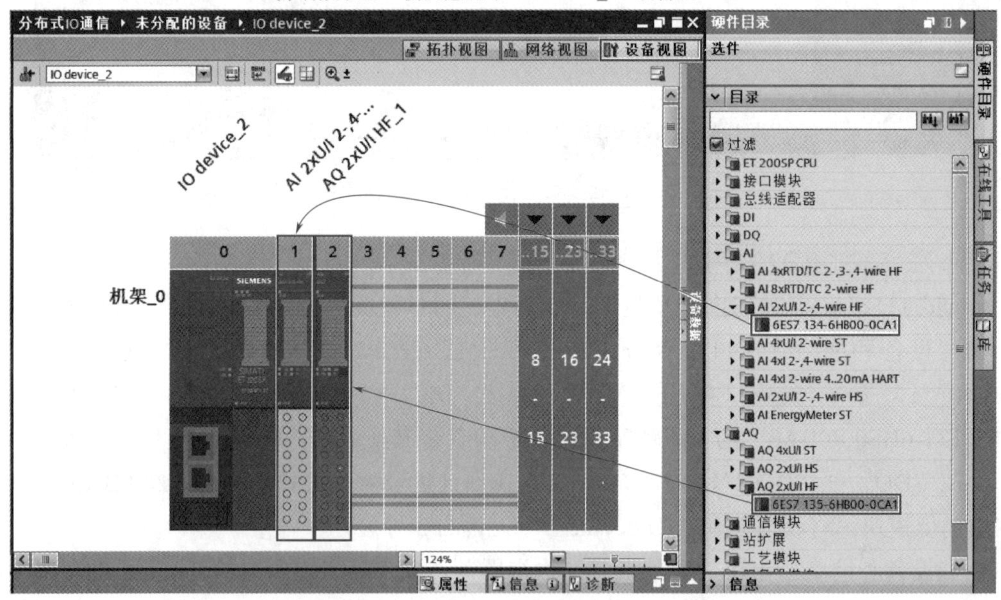

(b) 将模拟量I/O模块拖放到“IO device_2”设备上

图 10-40　在分布式 I/O 接口模块上安装 I/O 模块

（5）分布式 I/O 设备的 I/O 模块地址的查看与修改

在“设备和网络”窗口的网络视图中双击“IO device_1”设备，打开该设备的设备视图，如图 10-42（a）所示，单击选中“IO device_1”设备 1 号位置的 8 路 DI 模块，下方会出现该模块的属性窗口，选择“IO 变量”选项卡，会显示 8 路 DI 模块 8 个输入端子默认分配的地址（I1.0 ~ I1.7）。单击选中“IO device_1”设备 2 号位置的 4 路 DQ 模块，在下方出现的属性窗口中选择“IO 变量”选项卡，会显示 4 路 DQ 模块 4 个输出端子默认分配的地址（Q1.0 ～ Q1.3），如图 10-42（b）所示。如果要修改默认分配的 I/O 地址，可在模块的属性窗口选择常规选项卡中的“I/O 地址”，然后在右边修改 I/O 地址，如图 10-42（c）所示，例如将起始地址由 1 改为 6，则地址由 I1.0 ～ I1.7 改为 I6.0 ～ I6.7。

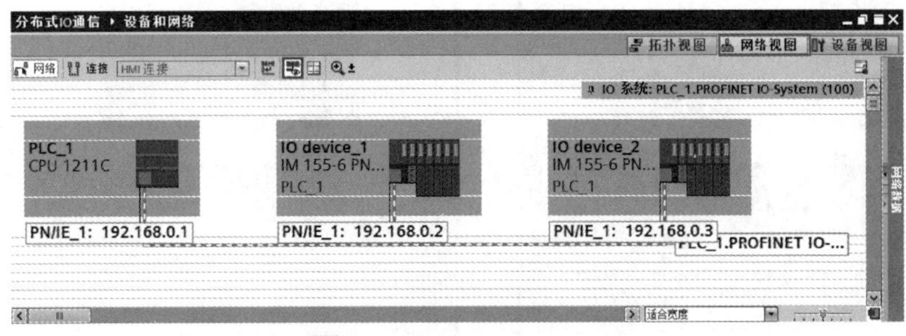

(a) 单击图标各设备下方会显示IP地址

(b) 在设备的属性窗口可修改IP地址

图 10-41　分布式 I/O 设备 IP 地址的查看与修改

用同样的方法查看或修改“IO device_2”设备中的 AI、AQ 模块的 I/O 地址，并将 AI 模块的测量类型、范围分别设为“电压”和“+/-10V（-10 ～ +10V）”，将 AQ 模块的输出类型、范围分别设为“电压”和“+/-10V”，如图 10-43 所示。

（6）PLC 程序

分布式 I/O 设备与 S7-1200 CPU 模块通过以太网连接并组态后，可以像本地 I/O 模块一样使用分布式 I/O 设备中的 I/O 模块，且只需为 S7-1200 CPU 模块编写程序，PLC 程序如图 10-44 所示。

程序说明：当 I0.0 常开触点闭合时，如果 I1.0 触点也闭合，Q1.0 线圈得电，同时执行 ADD 指令，将 IW2 值（AI 模块 AI2 端子输入 0 ～ 10V 模拟量电压转换成的 0 ～ 27648 数字量保存在该地址）加 2765，再保存到 QW2，AQ 模块将 QW2 中的数字量转换成模拟量电压从 AQ2 端子输出，如果 QW2 值大于 20736，AQ2 端子输出电压大于 7.5V，“QW2>20736”触点闭合，Q1.1 线圈得电。

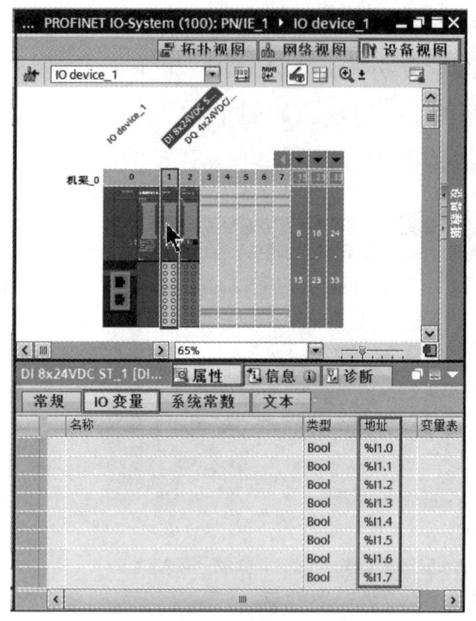

(a) 查看8路DI模块的I/O地址

(b) 查看4路DQ模块的I/O地址

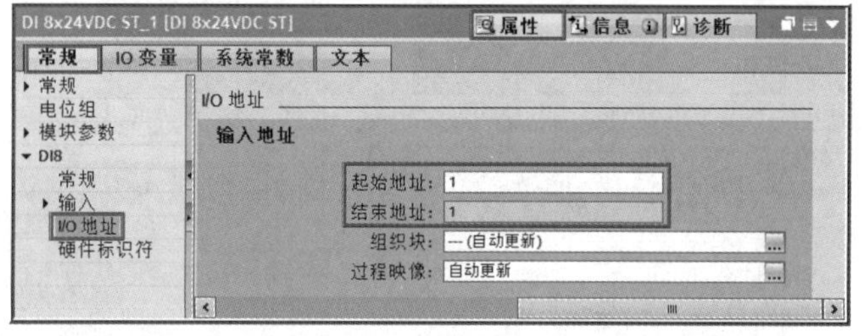

(c) 修改8路DI模块的I/O地址

图 10-42　查看和修改“IO device_1”设备的 DI、DQ 模块的 I/O 地址

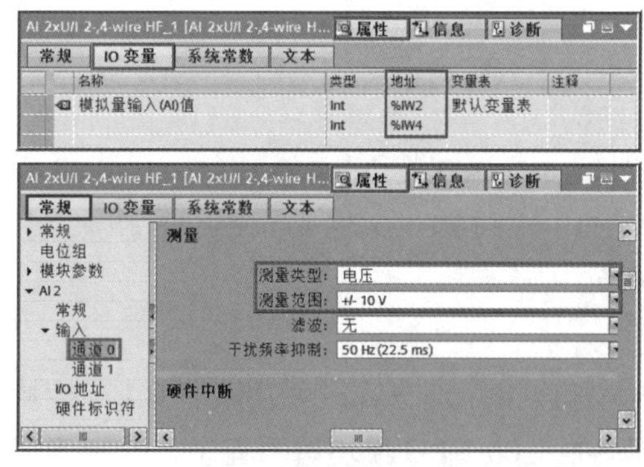

(a) 查看AI模块的I/O地址和修改测量类型范围

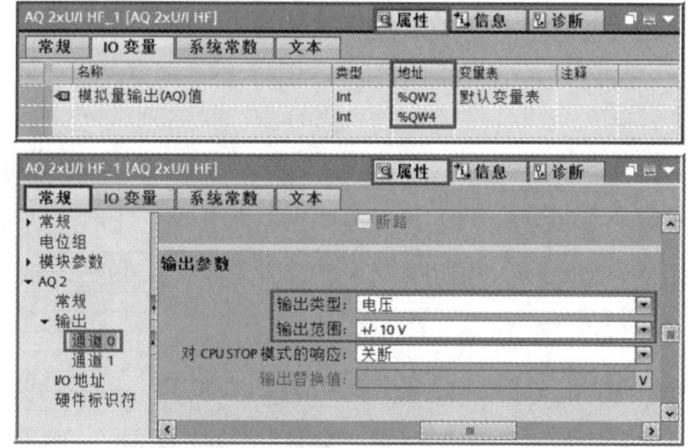

(b) 查看AQ模块的I/O地址和修改输出类型范围

图 10-43　查看 AI、AQ 模块的 I/O 地址和修改测量、输出参数

10.4.2　分布式 I/O 智能设备与 S7-1200 CPU 模块通信实例

前面介绍的分布式 I/O 设备有通信接口模块和 I/O 模块，因不含 CPU 模块而无法为其编写程序，功能不够强大，也可以将 S7-1200 CPU 模块用作分布式 I/O 设备，因其可

以编写程序而具有强大的处理功能。两个 S7-1200 CPU 模块进行分布式 I/O 通信时，用作分布式 I/O 设备的 CPU 模块称为分布式 I/O 智能设备，另一个 CPU 模块称为分布式 I/O 控制器。

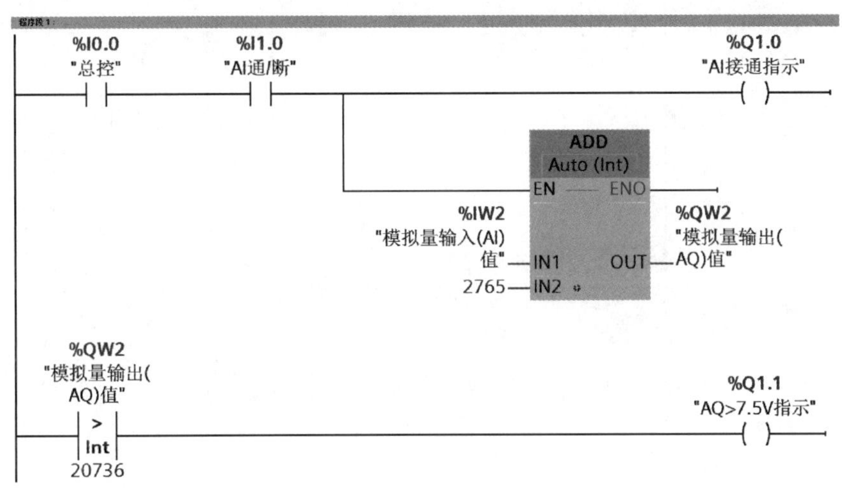

图 10-44　PLC 程序

（1）通信要求与硬件连接

一个 S7-1200 CPU 模块（用作控制器）与另一个 S7-1200 CPU 模块（用作 I/O 智能设备）使用 PROFINET 接口进行分布式 I/O 以太网通信的硬件连接如图 10-45 所示。

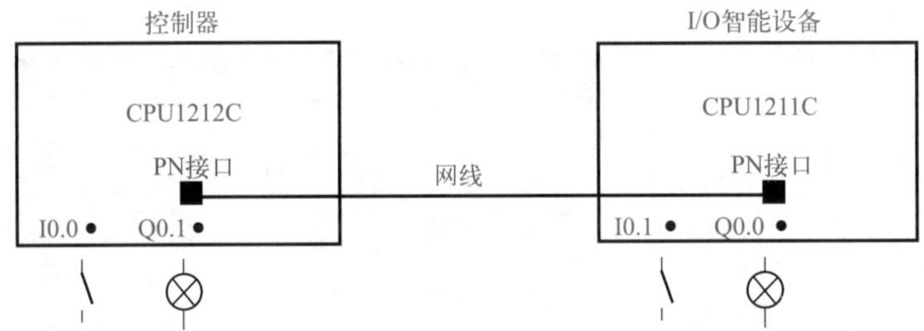

图 10-45　2 个 S7-1200 CPU 模块进行分布式 I/O 以太网通信的硬件连接

通信要求：当 CPU1212C（控制器）的 I0.0 端子外接开关闭合时，CPU1211C（I/O 智能设备）的 Q0.0 端子内部触点闭合，外接指示灯亮，当 CPU1211C 的 I0.1 端子外接开关闭合时，CPU1212C 的 Q0.1 端子内部触点闭合，外接指示灯亮。

（2）创建项目和添加用作 IO 智能设备的 CPU 模块

在 TIA STEP7 软件中创建一个名称为“分布式 IO 智能设备通信”的项目，再双击项目树中“设备和网络”，弹出“设备和网络”窗口，如图 10-46 所示。在窗口右边的硬件目录中按“控制器”→“SIMATIC S7-1200”→“CPU”→“CPU1211C DC/DC/DC”找到订货号为“6ES7 211-1AE40-0XB0”的 CPU 模块，将该模块拖到“设备和网络”窗口，其名称自动为“PLC_2”，同时 TIA STEP7 软件的项目树中新增“PLC_2［CPU1211C DC/DC/DC］”设备，展开后会发现其所含项目内容与“PLC_1［CPU1212C AC/DC/Rly］”设备相同。

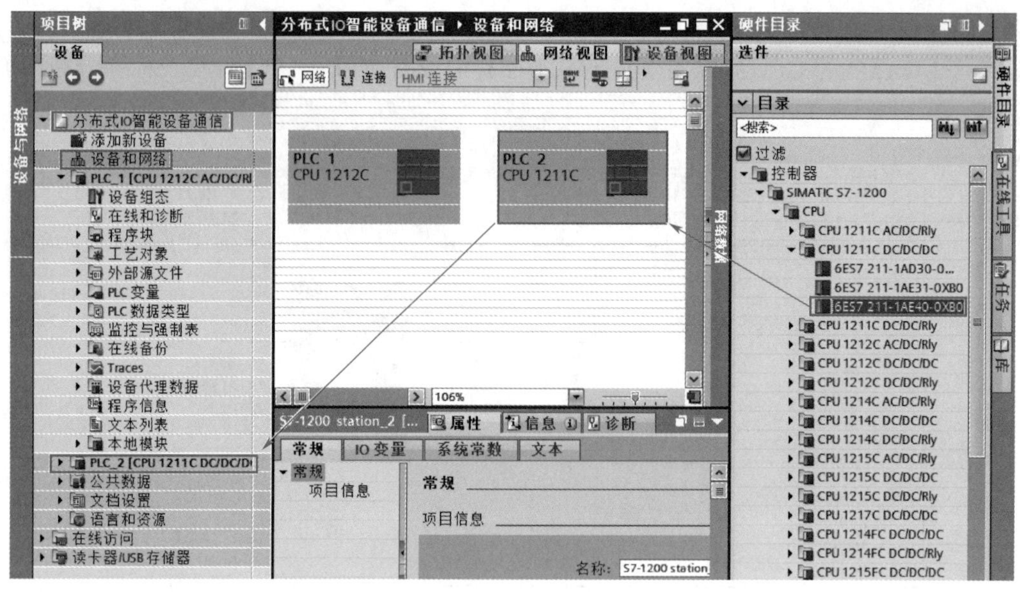

图 10-46　创建项目和添加第 2 个 S7-1200 CPU 模块

(3) 连接并配置 IO 智能设备

连接并配置 IO 智能设备的操作见表 10-6。

表10-6　连接并配置IO智能设备的操作

操作说明	操作图
在“设备和网络”窗口的 PLC_1 的 PROFINET 接口上单击，选中该接口后按住鼠标不放，拖出一根线到 PLC_2 的 PROFINET 接口，松开鼠标后出现一条网线将 PLC_1 和 PLC_2 连接起来。单击窗口上方的图标，PLC_1 和 PLC_2 下方显示本设备分配的 IP 地址。 单击 PLC_2 的 PROFINET 接口，或右击该接口，在右键菜单中选择“属性”，下方出现该接口的属性窗口，选择常规选项卡中的“操作模式”，在右方勾选“I/O 设备”，并将“已分配的 I/O 控制器”项设为“PLC_1.PROFINET_1”，即将 PLC_1 设为 I/O 控制器，将 PLC_2 设为 I/O 智能设备	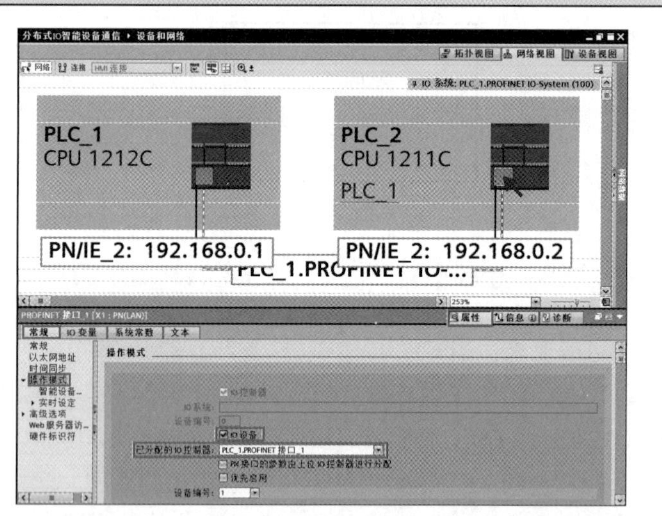
在属性窗口左边选择操作模式中的“智能设备通信”，在右边可设置 I/O 智能设备和 I/O 控制器的数据传输区	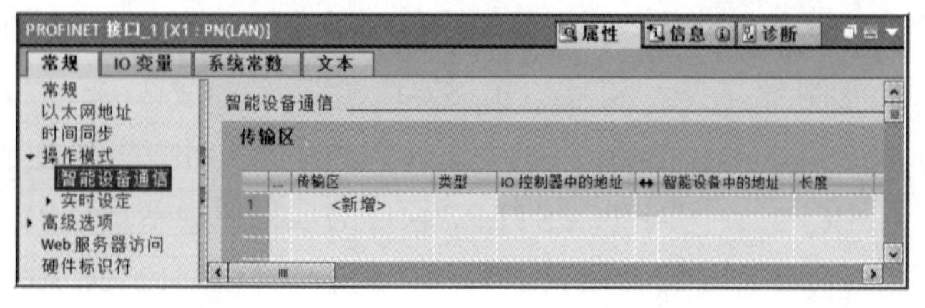

续表

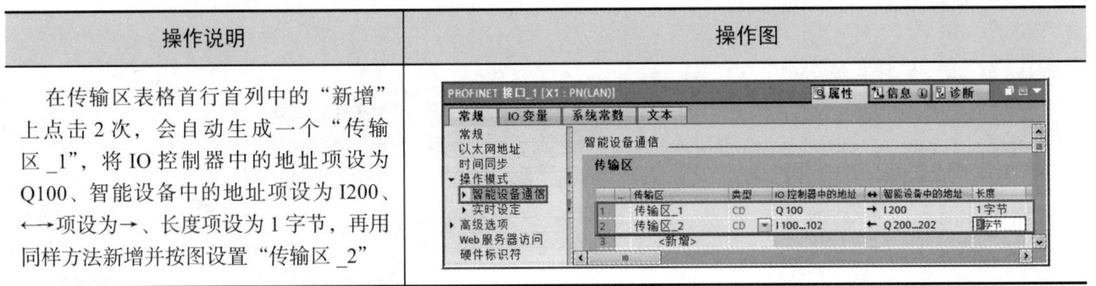

操作说明	操作图
在传输区表格首行首列中的“新增”上点击 2 次，会自动生成一个“传输区 _1”，将 IO 控制器中的地址项设为 Q100、智能设备中的地址项设为 I200、←→项设为→、长度项设为 1 字节，再用同样方法新增并按图设置“传输区 _2”	

(4) PLC 程序

2 个 S7-1200 CPU 模块连接进行分布式 I/O 通信时，双方都可以编写程序处理对方送来的数据。图 10-47（a）为 PLC_1（I/O 控制器）的程序，图 10-47（b）为 PLC_2（I/O 智能设备）的程序，分别将两程序下载到 PLC_1 和 PLC_2。

程序说明：当 PLC_1 的 I0.0 端子外接开关闭合时，I0.0 触点闭合，MOVE 指令执行，将数据 00000001 传送给 QB100。由于组态分布式 I/O 智能设备通信时，已将 PLC_1 的 QB100 传送目标设置为 PLC_2 的 IB200，故 PLC_1 的 QB100 值会通过网线传送给 PLC_2 的 IB200（即 I200.7 ～ I200.0），I200.0 值为 1，I200.0 常开触点闭合，Q0.0 线圈得电，PLC_2 的 Q0.0 端子外接指示灯亮。当 PLC_2 的 I0.1 端子外接开关闭合时，I0.1 常开触点闭合，MOVE 指令执行，将数据 00000010 传送给 QB200，QB200 值通过网线传送给 PLC_1 的 IB100（即 I100.7 ～ I100.0），I100.1 值为 1，I100.1 触点闭合，Q0.1 线圈得电，PLC_1 的 Q0.1 端子外接指示灯亮。

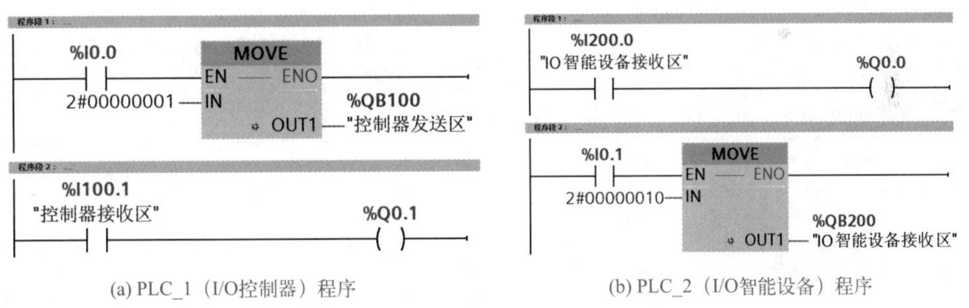

(a) PLC_1（I/O控制器）程序　　(b) PLC_2（I/O智能设备）程序

图 10-47　PLC_1 和 PLC_2 的程序

PLC

附录

CPU1215C 技术规范

CPU1215C 技术规范

型号	CPU 1215C AC/DC/RLY	CPU 1215（F）C DC/DC/RLY	CPU 1215（F）C DC/DC/DC
订货号（MLFB）	6ES7 215-1BG40-0XB0	6ES7 215-1HG（F）40-0XB0	6ES7 215-1AG（F）40-0XB0
常规			
尺寸 $W\times H\times D$/mm×mm×mm	130×100×75		
重量	585g	550g	520g
功耗	14W	12W	
可用电流（SM 和 CM 总线）	最大 1600mA（5V DC）		
可用电流（24V DC）	最大 400mA（传感器电源）		
数字输入电流消耗（24V DC）	所用的每点输入 4mA		
CPU 特征			
用户存储器	125 KB（故障安全型 150KB）工作存储器 /4MB 装载存储器，可用专用 SD 卡扩展 /10KB 保持性存储器		
板载数字 I/O	14 点输入 /10 点输出		
板载模拟 I/O	2 点输入 /2 点输出		
过程映像大小	1024 字节输入（I）/1024 字节输出（Q）		
位存储器（M）	8192 字节		

续表

临时（局部）存储器	• 16KB 用于启动和程序循环（包括相关的 FB 和 FC） • 6KB 用于其他各中断优先级（包括 FB 和 FC）	
信号模块扩展	最多 8 个信号模块	
信号板扩展	最多 1 块信号板	
通信模块扩展	最多 3 个通信模块	
高速计数器	最多可组态 6 个使用任意内置输入或信号板输入的高速计数器 100kHz/80kHz（Ia.0 ～ Ia.5），30kHz/20kHz（Ia.6 ～ Ib.5）	
脉冲输出	最多可组态 4 个使用任意内置 DC/DC/DC CPU 任意内置输出或信号板输出的脉冲输出 100kHz（Qa.0 ～ Qa.3），20kHz（Qa.4 ～ Qb.1）	
脉冲捕捉输入	14	
延时中断 / 循环中断	各 4 个，精度为 1ms	
沿中断	12 个上升沿和 12 个下降沿（使用可选信号板时，各为 16 个）	
存储卡	SIMATIC 存储卡（选件）	
实时时钟精度	±60 秒 / 月	
实时时钟保持时间	通常为 20 天，40℃时最少为 12 天（免维护超级电容）	
性能		
布尔运算执行速度	0.08μs/ 指令	
移动字执行速度	1.0μs/ 指令（DB 访问）	
实数数学运算执行加法速度	1.78μs/ 指令（DB 访问）	
通信		
端口数	2	
类型	以太网	
连接数	• 12 个用于 HMI • 8 个用于客户端 GET/PUT（CPU 间 S7 通信） • 4 个用于编程设备 • 8 个用于用户程序中的开放式用户通信指令 • 30 个用于 Web 浏览器 • 6 个动态资源	
数据传输率	10/100Mbps	
隔离（外部信号与 **PLC** 逻辑侧）	变压器隔离，1500V AC（型式测试）	
电缆类型	CAT5e 屏蔽电缆	
电源		
电压范围	85 ～ 264V AC	20.4 ～ 28.8V DC/22.0 ～ 28.8V DC（环境温度 -20 ～ 0℃）

续表

线路频率	47 ～ 63Hz	—
输入电流 最大负载时仅包括 **CPU** 最大负载时包括 **CPU** 和所有扩展附件	120V AC 时 100mA 240V AC 时 50mA 120V AC 时 300mA 240V AC 时 150mA	24V DC 时 500mA 24V DC 时 1500mA
浪涌电流（最大）	264V AC 时 20A	28.8V DC 时 12A
隔离（输入电源与逻辑侧）	1500V AC	未隔离
漏地电流，**AC** 线路对功能地	最大 0.5mA	—
保持时间（掉电）	120V AC 时 20ms 240V AC 时 80ms	24V DC 时 10ms
内部保险丝，用户不可更换	3A，250V，慢速熔断	—
传感器电源		
电压范围	20.4 ～ 28.8V DC	L+-4V DC（最小）/L+-5V DC（最小）（对于环境温度 -20 ～ 0℃）
额定输出电流（最大）	400mA（短路保护）	—
最大纹波噪声（**<10MHz**）	<1V 峰峰值	与输入线路相同
隔离（**CPU** 逻辑侧与传感器电源）	未隔离	—
数字输入		
输入点数	14	
类型	漏型 / 源型（IEC1 类漏型）	
额定电压	4mA 时 24V DC，额定值	
允许的连续电压	最大 30V DC	
浪涌电压	35V DC，持续 0.5s	
逻辑 **1** 信号（最小）	2.5mA 时 15V DC	
逻辑 **0** 信号（最大）	1mA 时 5V DC	
隔离（现场侧与逻辑侧）	707V DC（型式测试）	
隔离组	1	
滤波时间	μs 设置：0.1、0.2、0.4、0.8、1.6、3.2、6.4、10.0、12.8、20.0 ms 设置：0.05、0.1、0.2、0.4、0.8、1.6、3.2、6.4、10.0、12.8、20.0	
HSC 时钟输入频率（最大） （逻辑 **1** 电平 **=15 ～ 26V DC**）	单相：100kHz（Ia.0 ～ Ia.5）和 30kHz（Ia.6 ～ Ib.5） 正交相位：80kHz（Ia.0 ～ Ia.5）和 20kHz（Ia.6 ～ Ib.5）	
同时接通的输入数	• 7，无相邻点，60℃（水平）或 50℃（垂直）时 • 14，55℃（水平）或 45℃（垂直）时	
电缆长度	500m（屏蔽）；300m（非屏蔽）；50m（屏蔽，HSC 输入）	

续表

模拟输入		
输入路数	2	
类型	电压（单侧）	
范围	0 ～ 10V	
满量程范围（数据字）	0 ～ 27648	
过冲范围	10.001 ～ 11.759V	
过冲范围（数据字）	27649 ～ 32511	
上溢范围	11.760 ～ 11.852V	
溢出（数据字）	32512 ～ 32767	
分辨率	10 位	
最大耐压	35V DC	
平滑	无、弱、中或强	
噪声抑制	10Hz、50Hz 或 60Hz	
阻抗	≥ 100kΩ	
隔离（现场侧与逻辑侧）	无	
精度（25℃ /0 ～ 55℃）	满量程的 3.0%/3.5%	
电缆	100m 屏蔽双绞线	
数字输出		
输出点数	10	
类型	继电器，干触点	固态-MOSFET（源型）
电压范围	5 ～ 30V DC 或 5 ～ 250V DC	20.4 ～ 28.8V DC
最大电流时的逻辑 1 信号	—	最小 20V DC
具有 10kΩ 负载时的逻辑 0 信号	—	最大 0.1V DC
电流（最大）	2.0A	0.5A
灯负载	30W DC/200W AC	5W
通态电阻	新设备最大为 0.2Ω	最大 0.6Ω
每点的漏泄电流	—	最大 10μA
浪涌电流	触点闭合时为 7A	8A，最长持续 100ms
隔离（现场侧与逻辑侧）	1500V AC（线圈与触点）；无（线圈与逻辑侧）	707V DC（型式测试）
隔离组	2	1

续表

电感钳位电压	—	L+-48V DC，1W 损耗
开关延迟（Qa.0 ～ Qa.3）	最长 10ms	断开到接通最长为 1.0μs 接通到断开最长为 3.0μs
开关延迟（Qa.4 ～ Qb.1）	最长 10ms	断开到接通最长为 5μs 接通到断开最长为 20μs
继电器最大开关频率	1Hz	
脉冲串输出频率（Qa.0 和 Qa.2）	不推荐	最大 100kHz（Qa.0 ～ Qa.3） 最大 20kHz（Qa.4 ～ Qb.1） 最小 2Hz
机械寿命（无负载）	10000000 个断开 / 闭合周期	—
额定负载下的触点寿命	100000 个断开 / 闭合周期	—
RUN-STOP 时的行为	上一个值或替换值（默认值为 0）	
同时接通的输出数	5（无相邻点）/10	
电缆长度 /m	500（屏蔽）；150（非屏蔽）	
模拟输出		
输出点数	2	
类型	电流	
范围	0 ～ 20mA	
满量程范围（数据字）	0 ～ 27648	
过冲范围	20.01 ～ 23.52mA	
过冲范围（数据字）	27649 ～ 32511	
上溢范围	取决于“对 CPU STOP 的响应”参数设置：“使用替换值”或“保持上一个值”	
上溢范围（数据字）	32512 ～ 32767	
分辨率	10 位	
输出驱动阻抗	最大 500Ω	
隔离（现场侧与逻辑侧）	无	
精度（25℃ /-20 ～ 60℃）	满量程的 3.0%/3.5%	
稳定时间	2ms	
电缆	100m，屏蔽双绞线	